新工科视域下普通高等院校机器人学领域精品系列教材

机器人控制技术基础

王　巍　蔡月日　史震云　张天雪　编著

华中科技大学出版社
中国·武汉

内容简介

本书旨在为读者提供研究机器人控制系统的基础知识，使读者具备构建机器人控制系统的基本能力。为此，本书以机械臂为研究对象，系统地讨论了机器人控制系统架构、运动控制和力控制基本原理、机器人动力学模型在伺服控制中的应用。本书内容前后连贯、难度循序渐进，以单关节和平面 2R 机器人为贯穿全书的研究对象，通过实例分析和编程验证，使读者理解书中讨论的各种控制算法。

本书第 1 章概述机器人控制系统的演变过程，讨论控制系统软硬件架构和设计流程；第 2 章总结机器人系统建模方法，给出研究对象的动力学模型；第 3 章介绍实现机器人运动控制的基本原理；第 4 章讨论机器人常用电机的特性；第 5 章研究独立关节经典 PID 控制器在机器人控制中的适用条件和设计方法，给出速度、加速度和力矩前馈增益的计算方法；第 6 章研究基于逆动力学模型的机器人线性化控制方法；第 7 章讨论机器人力控制的基本概念、力位混合控制器和阻抗控制器设计方法。

本书可以作为高等工科院校机器人工程、机械工程、自动化工程等本科专业的专业课教材，也可供从事机器人研究开发的工程技术人员和科研人员使用与参考。

图书在版编目(CIP)数据

机器人控制技术基础/王巍等编著. —武汉：华中科技大学出版社，2023.7
ISBN 978-7-5680-9763-5

Ⅰ. ①机… Ⅱ. ①王… Ⅲ. ①智能机器人-机器人控制 Ⅳ. ①TP242.6

中国国家版本馆 CIP 数据核字(2023)第 131295 号

机器人控制技术基础 王　巍　蔡月日　史震云　张天雪　编著
Jiqiren Kongzhi Jishu Jichu

策划编辑：俞道凯　张少奇
责任编辑：程　青
封面设计：原色设计
责任监印：周治超
出版发行：华中科技大学出版社(中国・武汉)　电话：(027)81321913
武汉市东湖新技术开发区华工科技园　邮编：430223
录　　排：华中科技大学惠友文印中心
印　　刷：武汉市洪林印务有限公司
开　　本：787mm×1092mm　1/16
印　　张：18
字　　数：461 千字
版　　次：2023 年 7 月第 1 版第 1 次印刷
定　　价：49.80 元

前　言

机器人控制系统是机器人的核心子系统之一，它需要根据指令和环境变化，控制本体完成任务。其中，把任务指令转化为关节指令，进而实现运动和力控制，是机器人控制系统的基础功能。工业机器人是应用最广泛也最成熟的机器人系统，而运动和力控制正是工业机器人控制的核心问题。

本书围绕运动和力控制问题，以串联型工业机器人为研究对象，讨论机器人动力学建模方法、机器人运动控制的软硬件原理、机器人关节驱动器模型、独立关节经典运动控制算法、逆动力学控制算法、力位混合控制算法和阻抗控制算法。通过上述讨论，本书力求系统化地梳理机器人控制技术的基础理论和机器人控制系统的构建方法，为设计和实现机器人控制系统打下理论基础。

从控制的角度看，机器人的显著特点在于，它的动力学模型包含非线性参数和环境接触力。在设计机器人运动和力控制算法时，无论利用经典控制理论还是现代控制理论，都要充分考虑机器人动力学模型的特点并加以利用。因此，本书首先对机器人学的基础知识进行归纳，梳理建立机器人动力学模型的方法。

机器人控制系统的基础功能是运动控制，工业机器人的控制系统也因而被称为运动控制系统。运动控制系统并不仅仅完成关节指令的闭环控制，它还要把用户指令转换成机器人关节控制指令，其中涉及复杂的软硬件知识。在讨论抽象的控制算法之前，本书对机器人运动控制系统的硬件组成、软件模块和运行原理进行了概述，使读者直观而全面地认识机器人运动控制系统、了解控制算法的硬件载体以及算法在控制系统中的作用。

电机是机器人的主要驱动元件，也是控制算法的直接作用对象。本书结合机器人运动控制的需求，对机器人常用伺服电机及其驱动器进行了讨论，进一步从硬件层面阐述机器人关节驱动的实现原理。

在前述讨论的基础上，本书用三章的篇幅，系统而全面地讨论了机器人动力学模型的非线性特性、非线性对机器人关节控制的影响、经典 PID 控制算法的适用条件/设计方法、速度/加速度/力矩前馈的设计方法、机器人非线性控制方法和力控制方法。这三章内容难度循序渐进，在知识体系上有很强的连贯性，构成了机器人控制技术的基础理论体系，也是本书的核心内容。

本书以单关节和平面 2R 机器人为贯穿全书的研究对象，通过例题分析它们在开环控制、经典 PID 控制、前馈控制、逆动力学控制和力控制算法作用下的响应，使读者更直观地理解书中的理论知识。例题中以二维码的形式提供相应的仿真程序源码，帮助读者初步了解如何把理论知识转换为机器人控制系统中的软件代码。

本书遵照上述思路进行编写，总共包括七章，各章内容如下。

第 1 章绪论，对机器人控制系统发展历史进行了综述，归纳了机器人控制系统的软硬件架构和设计方法，给出了本书的研究重点、阅读方法和建议。

第 2 章机器人建模，对机器人学基础的主要内容进行归纳总结，包括位姿描述、机器人运动学和动力学，为控制算法的讨论打下理论基础。

第 3 章机器人轨迹生成与运动控制，介绍机器人运动控制的基本概念和流程、轨迹生成算法、控制指令生成原理、机器人运动控制系统硬件组成、软件运行原理、机器人控制问题和算法的分类。

第 4 章机器人常用电机及驱动器，介绍了步进电机及其驱动器的基本原理，由步进电机构成的位置控制系统，直流有刷、直流无刷和交流永磁同步电机及其驱动器的基本原理和模型。

第 5 章经典分散运动控制，讨论了伺服电机及驱动器的速度控制模式和力矩模式、电机开环控制模型、独立关节 PID 控制器、集中前馈补偿控制器、数字 PID 算法的实现。

第 6 章逆动力学运动控制，讨论了误差动力学模型、机器人系统的线性化方法、基于逆动力学模型的关节空间和操作空间运动控制方法。

第 7 章机器人力控制基础，介绍了力位混合控制、阻抗控制、导纳控制和力闭环控制方法。

本书在北京航空航天大学机器人工程专业本科核心专业课——“机器人控制技术基础”讲义的基础上编写而成，可以供机器人工程、机械工程、自动化工程等相关本科或研究生课程的教学使用。

本书在编写过程中，充分结合机器人控制系统的工程实现，力图把理论知识与实际硬件相结合，尽量结合实例和硬件对象对理论公式中的各参数进行对照说明，并指出实际使用中的注意事项。因此，本书的目标不仅仅是介绍机器人控制技术的基础理论，也希望从事机器人控制系统开发的工程人员和科研人员能从中有所收获。

本书由王巍、蔡月日、史震云、张天雪共同编写。其中，第 1 章由王巍、史震云编写，第 2 章由蔡月日、张天雪编写，第 3～7 章由王巍编写。

本书编写过程中，得到了遨博（北京）智能科技股份有限公司刘刚工程师，北京航空航天大学机器人工程专业姜凌霄、周淏宇、唐友康同学的帮助，在此表示感谢！

由于作者水平有限，本书中难免存在疏漏之处，恳请读者批评指正。

作　者

2023 年 4 月

扫码下载

教学大纲

目　　录

第1章 绪 论

扫码下载
本章课件

【内容导读与学习目标】

快速和准确的控制是机器人实现精确运动的必备能力，本书将围绕工业机器人控制的基础问题——运动和力控制，开展研究。本章将回顾机器人控制技术的发展历程，概述机器人控制系统的核心内容，整理全书的内容安排和学习目标。通过本章的学习，希望读者掌握：

（1）机器人控制技术的发展历程；

（2）机器人控制系统的总体架构和设计思路；

（3）本书的研究要点、思路和学习方法。

本章重点是机器人控制系统的软硬件架构。

1.1 机器人控制系统发展历史

机器人控制系统（robot control system）是控制机器人实现任务规划和执行规定动作的软件和硬件的总称。机器人控制系统赋予机器人可编程、主动适应环境、自主决策等特征，从而使机器人区别于其他自动化机电设备。从机器人诞生至今，它的控制系统不断演化和升级，复杂度越来越高，功能也日益强大。

1.1.1 基于伺服的机器人控制系统

三千多年前，能自动完成某些规定动作的“机器人”雏形，就出现在文献记载中。这些“机器人”没有控制系统，而是通过复杂的机构实现特定运动。

如东汉时期（公元100年前后），张衡发明了记里鼓车（图1.1(a)），当记里鼓车行驶的时候，车辆运动带动减速齿轮驱动车上的小木人击鼓，对行车里程进行计数。1495年，达·芬奇设计了“机器武士”（图1.1(b)），它的运动机构由一系列滑轮和齿轮组成，由风能和水力驱动，可模仿人类的各种动作：挥动胳膊、坐立、转头、开合下颌等。

18—19世纪，机器化大生产的诞生和普及促成了两次工业革命。为了使机器按照工艺要求平稳、准确地运转，人们发明了各种自动调节机构，例如，瓦特设计的离心式调速器。随着电气技术的发展，机器中越来越多地应用电气控制元件实现自动控制。

20世纪初，出现了一系列早期的机器人样机，它们利用继电器和电子管组成的模拟电路构成控制系统，实现运动控制。例如：1928年伦敦工程展览会上的Eric机器人（图1.2

(a) 记里鼓车　　(b) 机器武士（1495，意大利）

图 1.1　古代机器人模型

(a))；20 世纪 20 年代的 Televox 机器人(图 1.2(b))，它由美国西屋电气公司的工程师温斯利(Wensley)，利用自动变电站的远程遥控设备制造；1939 年美国纽约世博会上展出的家用机器人 Elektro(图 1.2(c))等。但是，这些样机仅用于技术展示，而不具有实际功用。

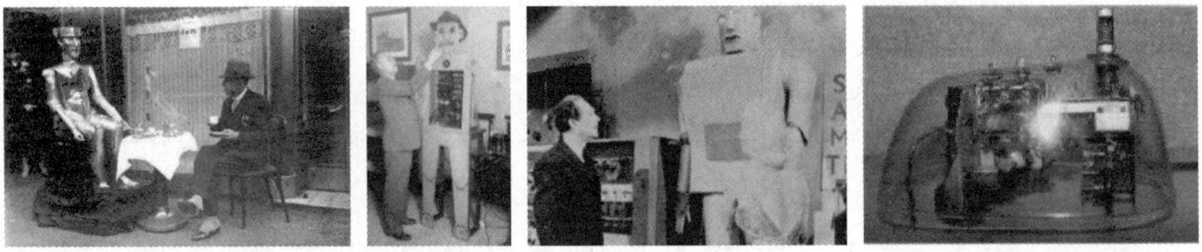

(a) Eric　　(b) Televox　　(c) Elektro　　(d) Elmer and Elsie

图 1.2　近代机器人模型

1948 年，英国布里斯托尔的 Burden 神经学研究所的威廉·格雷·沃尔特研制了"乌龟"机器人——Elmer and Elsie(图 1.2(d))。Elmer and Elsie 是世界上第一台能够对环境变化做出响应的机器人。它装备了由光敏传感器、碰撞传感器和电子管逻辑电路构成的控制系统，可以根据光线强度变化和碰撞情况来驱动转向轮和前进轮，使机器人表现出一种**"反应式智能**(reactive autonomy)"。这台机器人被用于证明生物神经细胞与运动的密切关系。

为了处理放射性物质，美国原子能委员会的阿贡研究所联合橡树岭国家实验室，于 1947 年和 1948 年分别开发了**遥控机械臂**(tele-manipulator)和**主从机械臂**(master-slave manipulator)，开启了机器人走向应用的历史。但是，很难说这种机器人具有真正的控制系统。因为，它的从手通过机械结构与主手相连，简单地复现主手运动，本质上还是一种人控系统。

为解决机器自动运行的稳定性、精确性、快速性等问题，经典控制理论应运而生，并在 19 世纪末到 20 世纪中期得到了蓬勃发展。1948 年，维纳(Wiener)出版了控制理论的奠基性科学著作《控制论：或关于在动物和机器中控制和通信的学科》，控制论就此诞生。自动化工厂、机器人和数字化装配线等概念也在这本书中被提出。以运动控制为研究对象的**伺服控制**(servo control)，是经典控制理论的主要研究内容。日益成熟的伺服控制理论和方法，为早期工业机器人的研制提供了理论指导。

20世纪50年代，伴随着计算机技术的出现，第一台具有完整自动控制系统的工业机器人，从想象走进了现实。

1954年，美国的德沃尔(Devol)提出了最早的**工业机器人**(industrial robot)概念雏形，并于1962年获得了专利授权。该专利主要描述如何借助伺服控制系统实现机器人的关节控制，以及如何通过人手对机器人进行动作示教，使机器人实现示教动作的记录与再现。

1956年，第一台工业机器人Unimate(图1.3(a))诞生，它主要用于压铸和焊接等有毒或危险作业。Unimate于1961年在通用汽车公司的压铸车间正式投入运行。作为第一台可编程机械臂，Unimate是今天广泛应用的工业机械臂的原型。

(a) 第一台工业机器人Unimate

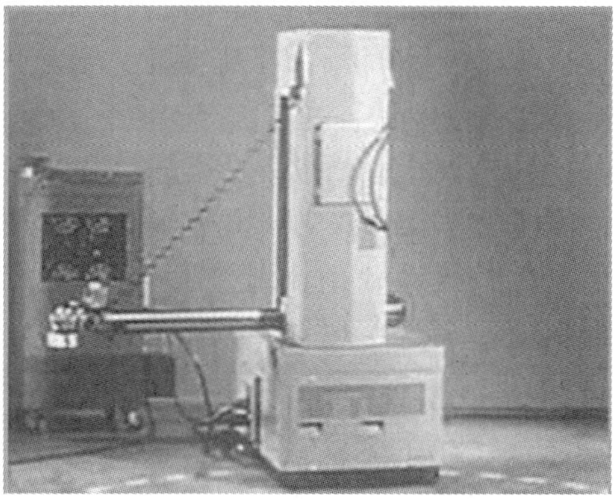

(b) 第一台圆柱坐标型机器人Versatran

图1.3 第一代机器人发展时期的代表

Unimate机器人控制系统的核心是可编程控制器，其主控元件包含位置传感器、程序存储装置和作为外存的磁鼓。Unimate的编程逻辑较为简单，最多可完成180个工作步骤的存储。在人手对机器人进行动作示教时，存储器将机器人经过的工作位置全部依次记录下来，进而实现动作的再现。

Unimate的运动完全通过位置控制实现，尽管在编程位置点附近有加减速过程，但该过程不可编程。在运动方向上，位置的最小精度为1/16 in(1 in=2.54 cm)，而移动速度则取决于控制率的参数设置。夹爪上安装有磁感应装置，机器人利用它读取物块上的磁性条码，来识别和验证物块。Unimate的液压系统采用的是模拟伺服控制器，而不是现在常用的数字伺服控制器，无法与外部通信。

1962年，美国机械铸造公司设计并制造了另一套示教再现型机械臂——Versatran(图1.3(b))。该机械臂包含中央立柱回转自由度和由液压驱动的升降自由度，最早用于福特汽车生产线的搬运工作。

机器人控制系统的发展与传感器、控制器和控制算法的进步密不可分。第一代机器人控制系统的传感器以位置传感器为主，采用简单的传感控制逻辑，具备一定的状态反馈控制，但不具备多轴协同和环境适应能力。

1.1.2 基于感知的机器人控制系统

20世纪60年代开始，一些知名大学或研究机构相继成立了机器人实验室或研究所，如美国麻省理工学院(MIT)的人工智能实验室、斯坦福大学人工智能研究室等，研究基于感知的第二代机器人，以使机器人具备一定的环境适应性，基本实现"**感知式自主**(perceptive autonomy)”。第二代机器人往往装备了更多的传感器(如力觉、触觉、视觉等传感器),在一定程度上能感知环境的变化及动作的结果,具有更强大的外部信息反馈能力,使其控制系统能利用控制算法进行规划决策。

1962 年,厄恩斯特(Ernst)研发了带有触觉传感器的机械手 MH-1。MH-1 可以感觉到块状材料,并把它们堆积起来。MH-1 的机械手是 6 轴的 ANL Model-8,它的控制系统采用了上-下位机结构,上位机为一台 TX-O 计算机。同年,威克(Wicker)等人研制出带有压力传感器的机械手,实现了物体大小与重量信息的反馈。1963 年,麦卡锡(McCarth)开始尝试将机器视觉加入机器人,于 1965 年研制出世界上第一台带有视觉传感器的机器人,并在 1968 年进一步展示了支持机器人语音识别和视觉伺服的指令操作系统。

1965 年,美国约翰斯·霍普金斯大学应用物理实验室,研制出了第一台能感知环境的移动机器人 Beast(图 1.4(a))。1968 年,斯坦福国际研究所研制出智能移动机器人 Shakey(图 1.4(b))。Shakey 是世界上第一台尝试使用智能算法的机器人。它可以自主进行环境感知、地图构建和运动规划。Shakey 配备有相机、三角测距仪、接触传感器等。但受限于当时的计算能力,Shakey 的地图构建和运动规划耗时较长。虽然它在当时仅解决了最简单的感知规划和控制问题,但是证实了**人工智能**(artificial intelligent,AI)领域的一些重要科学结论,并促成了两种经典导航算法——A* 算法和可视图算法。

(a) Beast　(b) Shakey　(c) PUMA机器人　(d) 仿人机器人Wabot-1

图 1.4　早期第二代机器人的代表

1969 年,斯坦福大学人工智能实验室的沙因曼(Scheinman),设计了第一台由计算机控制的纯电驱动六轴机械臂——Stanford Arm。该机械臂的手指和手腕分别安装了触觉传感器和 6 轴力/扭矩传感器。它的控制系统采用计算机作为主控制器,可以进行逆运动学求解。控制系统中包含了伺服控制器,通过位置和速度反馈实现了对机械臂的伺服控制。在全闭环控制系统的支持下,该机械臂具有极高的位置精度、较快的伺服性能和良好的运动特性。

PUMA(programmable universal machine for assembly)机器人由 Stanford Arm 机器人发展而来,是 Unimation 公司的一个机器人系列。1978 年,Unimation 公司发布了 PUMA560 机器人(图 1.4(c))。这款六轴机械臂由电缆连接关节伺服电机、制动器、位置传感器和控制单元。控制单元的主体是基于 LSI-11 架构的计算机,使用了 Unimation 公司针对机器人控制而设计的计算机编程语言 VAL(variable assembly language)。借助 VAL,计算机可以对机器人进行实时位置控制,也支持操作员利用手动控制盒,对机器人进行手动控制。

PUMA560 机器人控制系统的核心是关节伺服控制系统,其内部可进行机器人正逆运动学求解。PUMA560 关节伺服控制系统的软件架构,属于基础的反应式自主层级,可进行直流电机的速度 PI 控制和关节位置的实时控制。此类串联机械臂的早期控制方案多采用独立关节控制，关节电机上的惯性变化和动态耦合力没有得到较好的补偿；后期则通常采用前馈控制，并结合力矩控制，以获得更精准的控制效果。

1973 年，日本日立公司(Hitachi)开发出用于安装混凝土桩的自动螺栓连接机器人。这是第一台装有动态视觉传感器的工业机器人。它通过机器视觉算法检测浇铸模具上螺栓的位置，使机器人能够随着浇铸模具的移动，完成螺栓的拧紧和拧松。

应用场景的拓展，使第二代机器人逐步从工业领域扩展到服务业。1973 年，日本早稻田大学加藤一郎教授开发出世界上第一台全尺寸仿人机器人 Wabot-1(图 1.4(d))。该机器人装有视觉和语音系统，可实现自主导航与移动，具有初步的环境建模能力，能进行简单的对话。

随着多种微型传感器的出现以及智能算法的逐步成型，第二代机器人的整体构型变得更加精巧，更多种类的传感器被引入控制系统。

1981 年，雷波特(Raibert)等为满足力和位置精确控制的需求，提出了力位混合控制算法：在接触面的垂直方向上，通过力反馈信息对位置环境约束进行估算，并采用阻抗控制获得较好的柔顺性；在切向上，通过模糊控制获得适应环境刚度的轨迹规划。整个系统具有较高的力控制精度和表面跟踪能力。

1982 年，斯坦福大学的索尔兹伯里(Salisbury)教授设计出 9 轴 Stanford/JPL 多指灵巧手(图 1.5(a))。这款灵巧手引入了模块化设计方法，首次集成了位置传感器和力/触觉传感器，可实现基于力控制和刚度控制的抓取操作，开启了能感知外部环境的多手指研究，推动了力位混合控制算法的发展。

(a) Stanford/JPL多指灵巧手　(b) HelpMate　(c) 索杰纳

图 1.5 第二代机器人的代表(基于感知能力可实现一定程度的自主规划)

1981 年，瑞士洛桑联邦理工学院克拉韦尔(Clavel)教授设计出经典的高速并联机器人 Delta 的第一个版本。Delta 机器人最早为实现高速移动轻小物体——巧克力——而设计。相比于串联机器人，它结构更轻、更紧凑，适用于高速、高精度操作。这款机器人通过向伺服驱动器发送电脉冲信号，实现对电机的半闭环控制。早期的并联机器人仍然采用经典的线性 PID 控制算法。但是在高速工况下，并联机器人复杂的非线性动力学特性无法忽略。随后，基于非线性模型的控制方法被提出，并广泛应用在并联机器人控制系统中。然而，由于并联机器人动力学模型的精度问题，其非线性部分往往不能得到充分补偿，从而导致稳定性下降。因此，自适应控制方法在并联机器人中得到了越来越多的关注。

自 20 世纪 90 年代初起，基于激光和视觉的**同时定位与建图技术**(simultaneous localization and mapping，SLAM)逐步开始得到应用。1984 年，恩格尔伯格(Engelberger)

创建了面向服务业的 TRC 公司，1990 年该公司开始出售第一台商用的服务机器人 HelpMate(图 1.5(b))，在医院为病人送餐、发药、送邮件，并记录病人情况。它采用二维地图重建的方式进行自主导航和避障，通过结构光传感器和全向超声波传感器对环境进行检测建模，修正导航路径。它最早开启了 SLAM 技术的应用，并建立了基于屏幕的人机交互系统。

1997 年，NASA 研发的世界第一台自主星际探测机器人索杰纳(Sojourner，图 1.5(c))成功登陆火星。该机器人采用激光传感器结合摄像机识别环境障碍，能够自主规划安全路径。这款小型六轮机器人的控制模式为遥控结合自主规划，实际稳定运行时间超过 83 天。

值得一提的是，为了适应不同需求，第二代机器人的控制系统逐步采用了更有针对性的微型计算单元。20 世纪 60 年代，英特尔开发了世界上第一片微处理器 4004，最高主频为 740 kHz。80 年代，经典的 MCS51 单片机发布。与此同时，专门用于数字信号处理的 DSP (digital signal processor)，以及针对特殊需求的微控制器被设计出来，并随之出现了多种类型的多轴运动控制器。在此之后，小型化的 PC(personal computer)工控机设备、应用于工业场景的 PLC(programmable logical controller)等，被逐渐开发出来，为工业机器人、服务机器人和特种机器人提供了面向不同场景的核心控制器。这些硬件在软件的调度下，在控制系统中相互配合，共同完成任务处理。

在更强计算能力和更多传感信息的基础上，为进一步提高系统的稳定性、准确性和快速性，第二代机器人的控制方法从经典的 PID 控制，发展为以鲁棒控制和变结构控制为代表的现代控制方法，以及以模糊控制、神经网络控制、自适应控制和迭代学习控制为代表的智能控制方法。但是，第二代机器人对变化环境的适应性和自调节能力仍然不足。提升机器人的灵活性和自主性，并使其具备一定的识别、推理、规划和学习等“智能”，是第三代机器人要着重实现的目标。

1.1.3 基于智能的机器人控制系统

第三代机器人又称**智能机器人**(intelligent robot)。智能机器人装有丰富的传感器，运用最新的控制理论和人工智能技术，能够感知环境、建立和修正环境模型、做出决策及制定规划，并具有一定的学习功能。智能机器人的控制系统具有高度的自适应性及自治功能，逐步实现了“**审慎式自主**(deliberative autonomy)”。

众多研究人员的不断探索，促成了机构学、仿生学、智能材料、信息技术、传感技术、人工智能等多学科的交叉融合，使智能机器人技术迅猛发展。智能机器人的典型形态包括多臂机器人、协作机器人和仿生机器人。在不同应用场景中，智能机器人控制系统的侧重点和核心技术呈现出较大差异。

2000 年，美国 Intuitive Surgical 公司开发的达芬奇(Da Vinci)外科手术机器人(图 1.6(a))通过了美国食品药品监督管理局(FDA)审批。该机器人是一种具有复杂自由度和成像装置的多臂手系统。它可以较好地过滤人手的颤振，通过人的远程操控完成多项复杂操作。第四、第五代达芬奇外科手术机器人还逐步添加了远程观察和指导系统、声音系统、激光引导系统以及轻量级内窥镜。

2009 年，ABB 公司在德国汉诺威工业博览会上，推出了世界上首款双臂型人机协作机器人 YuMi(图 1.6(b))。该机器人的单臂具有 7 个自由度，小巧灵活、运动速度快。YuMi 采用 ABB IRC5 控制器和 RAPID 编程语言，支持定制化开发，抓手具有伺服抓取功能，可以

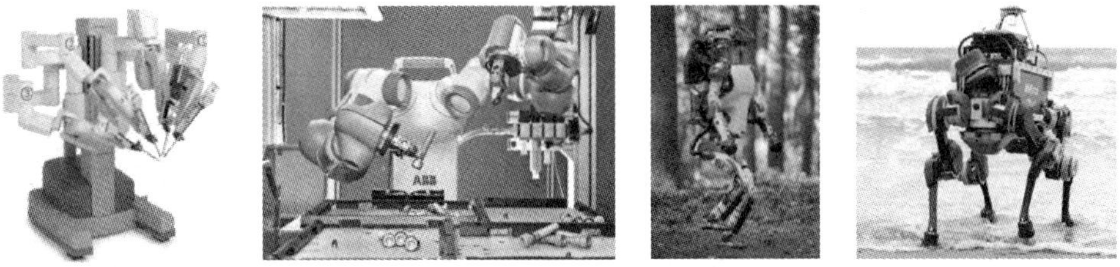

(a) Da Vinci (b) YuMi (c) Atlas (d) ANYmal

图 1.6 第三代智能机器人

提供实时抓取力和抓取位置反馈，并且可以加装摄像头，实现更强大的基于智能算法的控制。其中，基于力反馈的柔顺控制、恒接触力运动等算法都支持二次开发。

2005 年，美国波士顿动力(Boston Dynamics)公司推出了一款动态稳定性极强的四足机器人“Big Dog”。该机器人可以负载 45 kg，在雪地、冰面、沙石崎岖路面等复杂环境快速稳定运动，即使受到外部撞击也能恢复平衡。Big Dog 预设了一系列规划步态，通过关节和足底的传感器检测自身状态，借助陀螺仪和惯性传感器获得位姿信息，实现动态平衡；利用激光雷达和立体视觉感知环境信息，采用 SLAM 技术进行环境建模和路径规划。它的控制器能实时记录工程数据，以便进行性能分析、故障分析和操作支持。内置的工控机可实现低端和高端控制功能。之后，该公司不断推出新的系列产品，如猎豹 Cheetah、小狗 SpotMini、野猫 WildCat、仿人机器人 Atlas(图 1.6(c))等。

Atlas 是当今世界上最出色的双足机器人之一，有着极好的鲁棒性和柔顺性。Atlas 采用分层组合(sequential composition)的控制策略：第一层进行全局规划，将机器人当作一个质点，根据环境或者指令生成期望轨迹；第二层将机器人视为一个倒立摆，同时考虑稳定性约束，生成粗糙控制序列；第三层将机器人简化为单刚体模型，以足部和身体的约束进行模型预测控制；第四层建立完整的动力学模型，最终得出控制序列。

前面提到的绝大部分机器人，其控制算法都基于可解析的模型：先建立机器人的动力学模型，然后利用现代控制方法对机器人进行控制。近年来，随着深度学习和强化学习等智能算法的广泛应用，机器人控制也获得了一系列新的技术手段。

以瑞士苏黎世联邦理工大学的 ANYmal 四足机器人(图 1.6(d))为例，它基于强化学习方法实现运动控制，其基本思路是：通过训练出来的致动器网络，构建复杂的致动器动力机制，并结合机器人物理参数训练出完整的控制策略。为了弥补训练过程中仿真环境与实际环境的差异造成的不足，在仿真环境中加入了多种随机因素，例如随机变化的机器人关键结构参数、环境噪声、观测噪声等，从而进一步优化了训练模型，实现了性能出色的商业化四足机器人。

我国的机器人研究起步于 20 世纪 70 年代初。因为技术积累不足等，我国机器人控制系统研究的前期进展较为缓慢。20 世纪 80 年代中期，机器人被列为“七五”计划国家重点科研规划，科技部 863 计划启动时即设立了“智能机器人”主题，极大地促进了我国机器人控制技术的发展。近三十年来，我国机器人控制技术的研发取得了显著进步，基于传感的机器人控制系统已经获得广泛应用，基于智能算法的机器人控制系统也在诸如外科手术机器人(图 1.7(a))、协作机器人(图 1.7(b))、四足机器人(图 1.7(c))以及月球车(图 1.7(d))等领域取得重要进展。

值得一提的是，我国早期机器人控制系统的核心部件，如控制器、伺服电机和高端传感

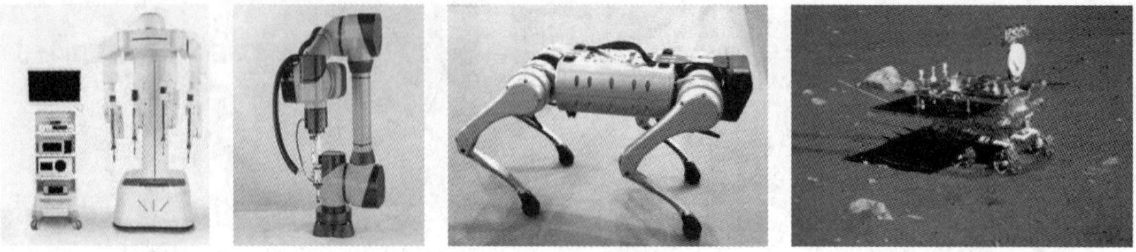

(a) 外科手术机器人　(b) 协作机器人　(c) 四足机器人　(d) 月球车

图 1.7　我国自主研发的智能机器人

器等的市场多被外企占据。近年来，随着我国在机器人零部件领域自主研发的进步，国产控制系统硬件平台的性能与国外产品的差距逐步缩小，已涌现出多家中高端国产供应商。但是，在控制算法的先进性和二次开发平台的易用性方面，我国还需努力追赶。

1.2　机器人控制系统概述

机器人是一类具备环境感知、自主任务规划和执行能力的智能机电装置，它遵循感知→决策→行动→感知的循环，不断与环境（人）交互，完成自主规划，控制本体执行既定任务。为实现上述功能，机器人控制系统应包含图 1.8 所示的基本要素。

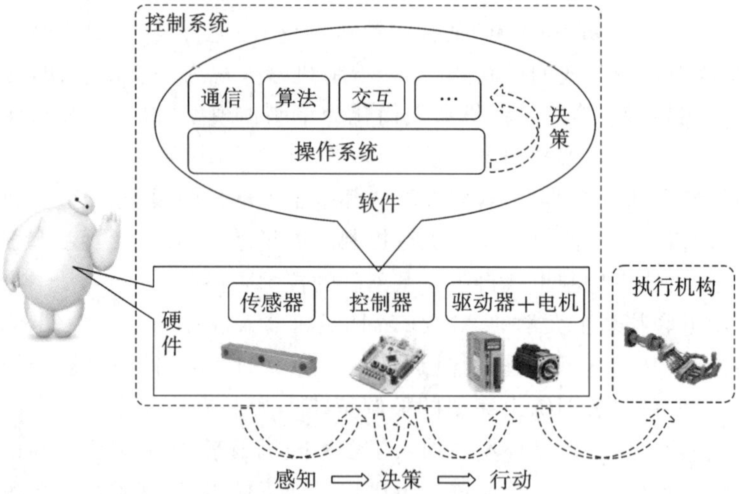

图 1.8　机器人控制系统的组成

机器人控制系统包括硬件和软件两个部分。硬件是控制系统的实体，也是软件的载体。软件运行于硬件内，是控制流程和算法的代码表示。不同类型机器人的硬件架构和器件差异较大，这取决于任务复杂度、运动精度和成本等多种因素。一般而言，任务越复杂、运动精度越高、速度越快，软件的复杂度就越高，对硬件性能的要求也越高。因而，硬件系统的复杂度和成本由软件复杂度决定。

1.2.1　机器人控制系统软件架构

机器人软件系统由多个软件模块组成，而软件模块通常根据机器人的功能定义来划分。

各软件模块必须按照合理的方式组成软件系统，才能有效运行。软件模块的组织形式就是软件架构。

按照智能程度和系统复杂度的不同，可以把机器人软件架构分为三个层级——反应式自主、感知式自主和审慎式自主，如图 1.9 所示，越往上越复杂。

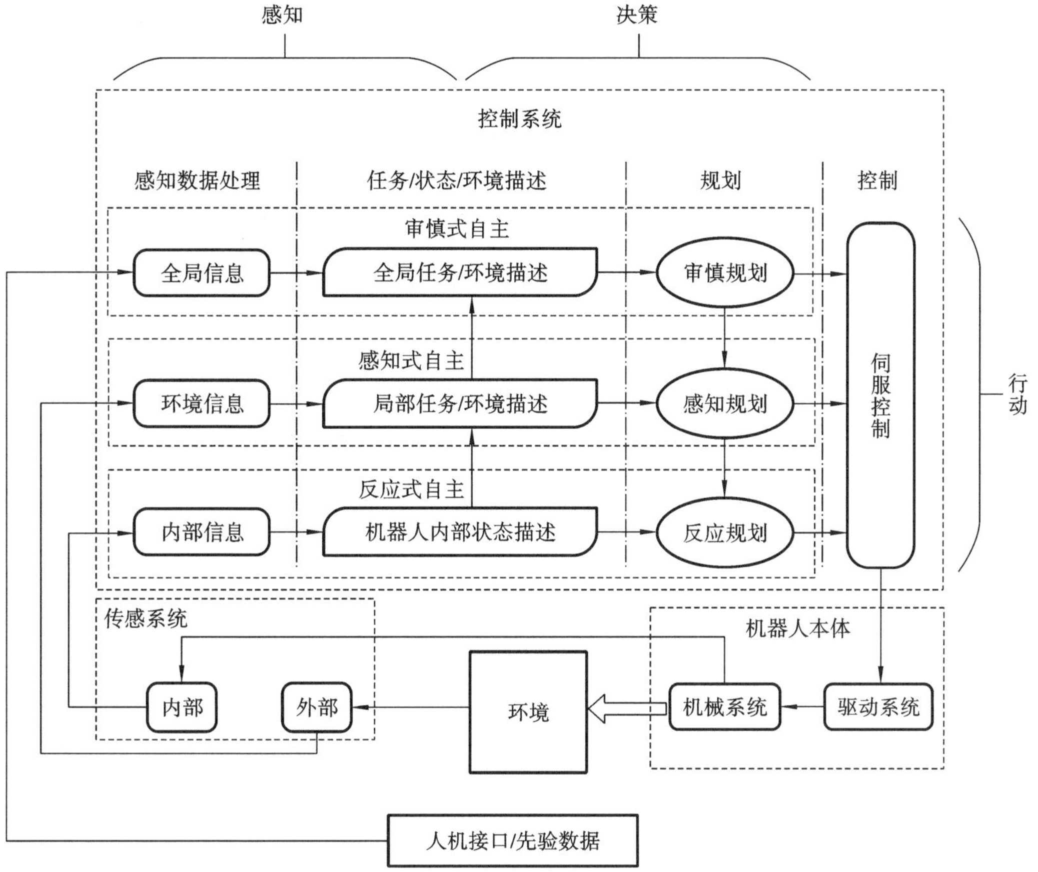

图 1.9 机器人控制系统的软件架构

(1) **反应式自主**——聚焦于机器人运动控制。它根据机器人内部传感器信号，估算自身状态，例如关节位置和坐标，根据用户或“感知规划”指定的动作序列，完成关节轨迹规划，将指令发送给伺服控制层，实现机器人的运动和/或力控制。

(2) **感知式自主**——根据外部传感器反馈的局部环境数据，进行环境识别和目标检测，完成机器人局部任务规划，如避障、跟踪移动目标或加工曲线等。它可以生成“反应规划”所需的动作序列，也可以把指令直接发送给伺服控制层，实现急停、修正轨迹等功能。

(3) **审慎式自主**——在决策中考虑宏观指令、全局任务和全局环境模型，实施全局最优的任务规划或运动规划，例如找到两点之间的无碰撞最短路径。它的规划结果可作为“感知规划”的输入参数。很多时候，审慎式自主层会把人的意图纳入任务规划中，甚至作为宏观任务规划的唯一来源，实现所谓“人在回路”的控制。

图 1.9 描述了软件系统中的各软件模块，它们被划分为感知数据处理、任务/状态/环境描述、规划和控制等类型。图中箭头指出了软件模块间的信息流动方向。

(1) **感知数据处理**——此软件模块对机器人内/外传感器数据信息进行加工，例如：信号滤波、特征提取和测量、目标识别、语义文本抽取等。越高层的自主行为，其数据处理算法越复杂，它是机器人实现感知功能的主要软件模块。

(2) **任务/状态/环境描述**——对于审慎式自主层，此类软件模块更多地聚焦于任务序列和全局状态的描述；在感知式自主层，它专注于对机器人周边的局部环境进行建模，记录局部动作序列；在反应式自主层，则记录机器人关节的运动状态。各层级的状态描述将逐次上传到高层级，供高层级规划器使用。这一类软件模块既服务于感知功能，也服务于决策功能。

(3) **规划**——审慎规划完成机器人全局任务规划，感知规划聚焦于局部任务，反应规划则指关节运动规划。各层级的规划结果，既可以是发送给低层级规划器的任务指令，也可以是发送给关节控制器的控制指令。规划模块是实现决策功能的主体。

(4) **控制**——该软件模块接收规划器的控制指令和内部传感器反馈值，完成关节控制，它包括所有的运动控制算法。控制模块与机器人本体驱动系统和机械系统共同构成行动的执行单元，完成指定动作，实现与环境的交互。

并非所有机器人的软件系统都需要包含上述三个层级和全部软件模块。研究人员应根据任务的不同，合理选择软件架构。这种选择取决于机器人的工作环境和任务类型。例如，对于多数示教再现型工业机器人，它的软件系统并不需要审慎式自主层；而在陌生环境中独自工作的火星车，其软件系统就应包含上述全部层级。

工业机器人工作在人为设计的结构化场景中，任务单一、与人交互的要求低，通常不需对环境/人进行识别和建模。作为生产工具，工业机器人的优先考虑事项往往是负载能力、效率和精度。于是，大负载、高速、高精度、高可靠性、复杂轨迹跟踪成为工业机器人要解决的主要问题。因此，工业机器人控制系统应当具备快速、准确、鲁棒和多轴协同等特点，其软件和硬件应围绕反应式自主的需求来强化。

移动机器人通常工作于动态场景，它面临的挑战包括：人机互动频繁、任务多样、工作环境多变、不确定性强等。另外，移动机器人对动作快速性和准确性的要求，通常没有工业机器人高。这些任务特点，要求移动机器人具备但不限于以下能力：更安全的动作控制、快速识别作业对象和人、动态环境的在线建模、支持语音/手势/力触觉等多种交互方式。因此，移动机器人控制系统应当支持柔顺运动控制、智能感知算法和复杂任务决策，其软件和硬件应当围绕感知式自主进行强化，部分机器人则需要支持审慎式自主。

1.2.2 机器人控制系统硬件架构

硬件架构指机器人控制系统各硬件实体的组成和通信方式。典型的硬件实体包括控制器、驱动器、传感器、通信模块等。控制器本体是机器人控制系统的核心硬件，它可以是单片机、工业 PC(工控机)、PLC、DSP 控制器中的一种，负责执行运行规划、控制、检测和交互算法。表 1.1 对常用控制器的性能进行了比较。

表 1.1 典型机器人控制器的性能比较

类型	类型及特点	优　　点	缺　　点
单片机	包括 ARM、AVR、DSP、FPGA 等	可定制、体积小、功耗小、实时性好，适用于运动控制，成本低	开发周期长，不适用于高级感知和决策算法，可靠性由控制器开发者保证

续表

类型	类型及特点	优 点	缺 点
PLC	专为工业环境应用而设计的微机系统。除了具有逻辑运算等功能外，还具有数据处理、故障自诊断、PID运算及网络等功能，广泛应用于单机自动化、工厂自动化、柔性制造系统和机器人	可靠性高，抗干扰能力强；编程简单，多采用梯形图编程；具有功率信号接口，一般可以直接连接小功率负载，简化了接口设计	成本高、体积大，不适用于实现复杂的程序和算法
工控机	一种加固的增强型PC机，可以作为一个工业控制器在工业环境中可靠运行	具有高可靠性和高实时性，环境适应能力强；输入输出处理能力强；具有很强的信息处理计算能力，适应复杂程序和算法	成本较高，功耗大，安装维修相对比较复杂

一个机器人可能包含多个控制器，以支持不同的软件模块。机器人控制系统采用何种硬件架构，由机器人软件的复杂度、运动快速性和精度等决定。

某些机器人的硬件相当简单，只需一个单片机即可支撑反应式自主和感知式自主两层软件架构，例如基于碰撞检测的扫地机器人。有的机器人硬件则按照图1.9所示的层级结构，为每一层设置一个独立的控制器，以满足不同层级的软件对计算性能的需求，各控制器之间通过内部总线传递信息，例如具有自主决策能力的智能移动工业机器人系统。还有的机器人则采用完全分布式的控制结构，甚至云端服务器，利用网络实现分布式计算和控制，例如聊天/陪伴型服务机器人等。

图1.10是一种典型的工业机器人控制系统的硬件架构。现代工业机器人内置的控制器通常采用工控机。它充分利用PC成熟稳定的操作系统、高速运算能力、图形显示能力、良好的可扩展性和互联性，实现人机交互、网络互联、路径规划等任务。为适应工业环境中的振动、高低温、电磁辐射等工况，工控机采用了加固结构。

为实现高速、高精度运动控制，多数工业机器人的控制系统配备了独立的**运动控制器**(motion controller)。作为工业机器人控制器的核心组件，运动控制器接收PC下发的运动指令，实现运动学解算、轨迹生成和各关节轴的伺服控制，因此，其也称为**多轴运动控制器**。现代运动控制器多以DSP为核心，通过扩展总线、网络等方式与PC通信。运动控制器向伺服驱动器发送控制信号，驱动关节电机运动。

工业机器人通常只是生产线上众多站点中的自动设备之一。为了与生产线上的其他自动设备协调工作，工业机器人控制器配备了丰富的外围接口I/O和工业现场总线。另外，工业机器人控制器也能连接互联网，与网络上的其他上位机通信，实现远程编程、多机协作等功能。

为充分利用PC的硬件和软件资源，并克服办公用PC操作系统实时性差的问题，工业界开发了支持高速实时通信的现场总线标准和软件插件，并以此为基础构造了高速工业互联网(例如：EtherCAT)，从而产生了图1.11所示的分布式运动控制系统。这种基于总线的分布式运动控制非常有利于系统的扩展，便于实现多机器人高速协同控制。

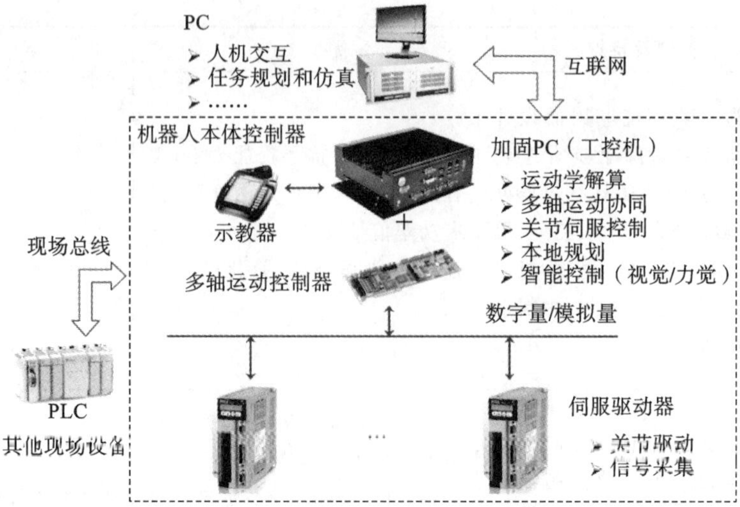

图 1.10　工业机器人控制系统的典型硬件架构

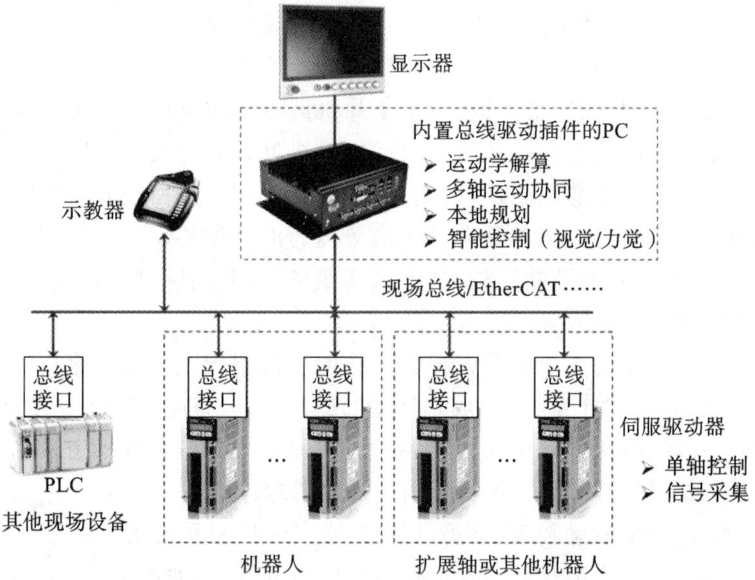

图 1.11　基于高速现场总线的分布式运动控制系统

图 1.12 是一种适用于小型移动机器人控制系统的典型硬件架构，例如物流机器人。在移动机器人中，由上-下位机组成的分布式结构是主流。因为小型移动机器人的应用场景通常没有高速、高精度运动的要求，所以，可以采用低成本控制器作为上位机，例如基于 ARM 的嵌入式控制系统；而各电机的控制则利用独立的下位机控制器来实现，例如基于 AVR 单片机的单轴位置/速度伺服控制器。

随着联网成本的降低，绝大多数机器人控制器都具备连接互联网的能力。这使得机器人软件的分布式部署方案得到了广泛应用。越来越多的机器人借助云端服务器，实现原来在本体控制器上执行的计算任务。于是，原本只在机器人本体硬件之间传递的信息，被分布于互联网。例如，服务机器人的运动规划、任务规划和人机交互等，这些实时性要求不高但

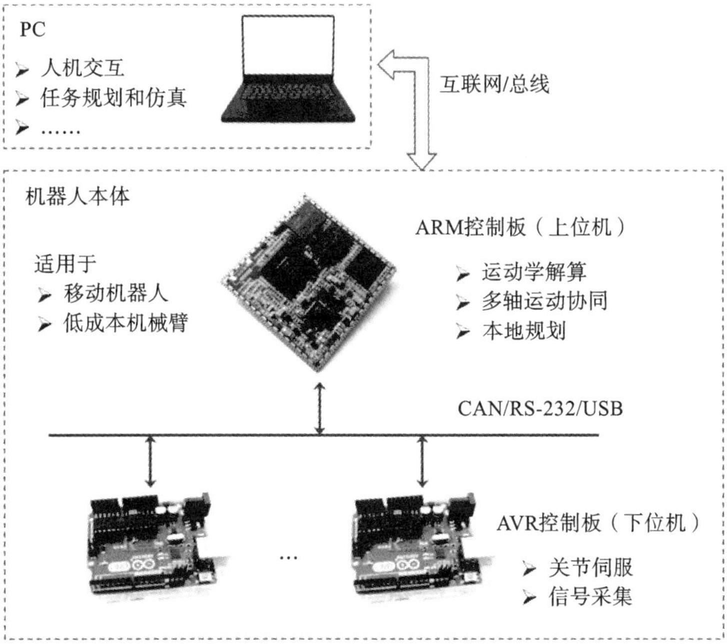

图 1.12 小型移动机器人控制系统的典型硬件架构

算法复杂的软件模块，完全可以在云端服务器中运行，而各软件模块之间的信息传递则基于互联网实现。这样，云端服务器就成了机器人控制系统的一部分。因此，当讨论机器人控制系统硬件或软件架构的时候，需要突破机器人本体的局限，而更多地从分布式计算和信息流的视角来考察。图 1.13 展示了一种商用服务机器人的硬件架构，它包含了云端服务器和本体控制器。

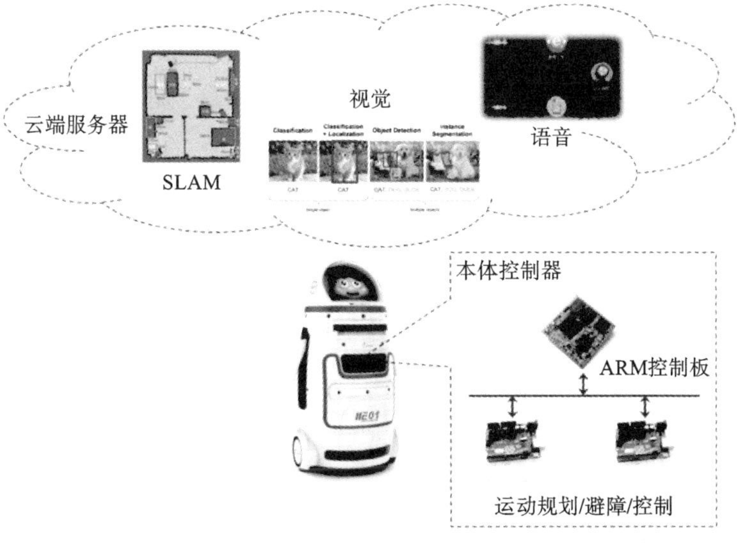

图 1.13 基于云端分布式计算的服务机器人硬件架构

需要认识到，机器人控制系统设计的核心是软件架构的规划和软件模块的部署，而硬件架构的设计则更多地表现为对性能和成本的权衡。

1.3 机器人控制系统设计的一般流程

为机器人设计一套合理的控制系统方案，要求设计者既深入理解机器人控制理论，又对计算机、通信、算法和检测技术等领域有广泛涉猎。此外，丰富的设计经验也会起到至关重要的作用。因此，很难把机器人控制系统的设计方法凝练成一套理论。尽管如此，本书仍然试图总结机器人控制系统设计的一般流程，如图 1.14 所示，以供读者参考。

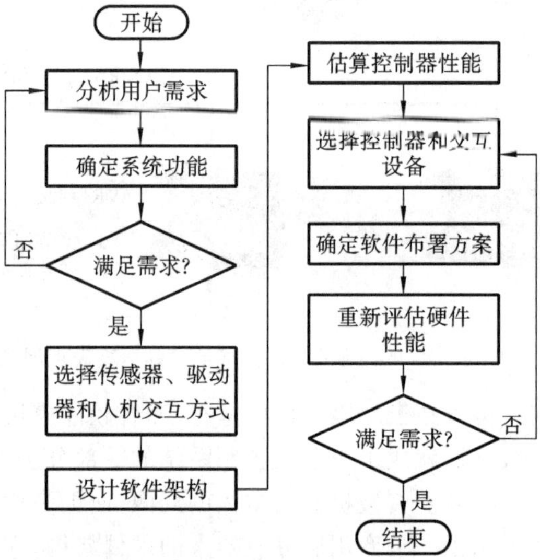

图 1.14　机器人控制系统设计的一般流程

该流程说明如下：

(1) **分析用户需求**——用户总是从自己的经验、需要和体验出发，提出对机器人的需求。非专业用户往往对机器人的能力、性能和成本不甚了解。设计者需要与用户进行细致沟通，明确机器人的工作场地(室内、室外)、工作环境(人造/自然、时段、有/无其他运动物体、温度、湿度等)、任务要求、运动范围、运动精度、与环境有无接触、交互方式等。

(2) **确定系统功能**——在初步了解用户需求的基础上，确定机器人系统的任务内容、操控方式和技术指标。

(3) **确认是否满足需求**——产品设计师和控制工程师需要编写机器人控制系统设计任务书，再次与用户沟通，确保系统功能和技术指标完备、合理，使其既能满足用户需求，又具有可实施性。

(4) **选择传感器、驱动器和人机交互方式**——控制系统工程师需要与机械工程师和产品设计师协同工作，根据系统功能选择传感器、驱动器，确定人机交互方式和设备类型。这些装置和设备是控制系统的输入和输出，在设计控制系统之前，必须加以明确。

(5) **设计软件架构**——软件本质上是机器人功能的代码表达，因此，软件模块与系统功能存在清晰的对应关系。软件架构设计需要把图 1.9 中的内容进行具体化、细致化，形成颗粒度更小的软件模块，并明确各软件模块之间的数据协议。在这个阶段，软件和硬件工程师需要评估核心算法的复杂度和响应时间，明确算法对控制器计算能力和实时性的要求。

(6) **估算控制器性能**——根据传感器、交互界面和算法的算力需求，软件和硬件工程师需要共同研究各软件模块在控制器中的可能部署方案，明确系统中控制器的数量和性能，例如主频、内存容量、存储空间、更新周期、通信带宽等。

(7) **选择控制器和交互设备**——在控制器性能评估的基础上，硬件工程师调研市场上的商用控制器、芯片和交互设备，根据性价比最优原则进行控制器选型，必要时可能需要根据外设接口要求，自行设计控制器。

(8) **确定软件部署方案**——在选定控制器之后，需要进一步明确软件部署方案，即确定各软件模块的运行载体。

(9) **重新评估硬件性能**——根据选定的控制器、通信方式和软件部署方案，再次校验硬件性能。

(10) **确认是否满足需求**——最后，控制工程师需再次与用户和产品设计师沟通，反馈设计方案和成本，如果不能满足需求，则需要重新进行控制器选型。

在上述流程中，严谨的需求分析和有效的用户沟通，是设计一个成功的控制系统的基础；产品设计师、软件工程师、硬件工程师和机械工程师的密切配合，是控制系统方案合理性的保障。

1.4　本书研究内容

如1.2.1小节所述，工业机器人的控制和感知，着重研究以运动/力控制为核心的反应式自主。它所涉及的硬件、软件、算法和传感器，是机器人控制和感知技术的基础内容。相较于工业机器人，移动机器人则强化了识别、交互和决策能力，适当弱化了运动控制能力。

本书将以**工业机器人**为研究对象，围绕如何使机器人完成与运动和力相关的操作任务展开讨论。如果不做特殊说明，后文中提及的机器人将专指工业机器人。本书的大部分研究内容都归属于图1.9中的反应式自主，重点讨论伺服控制的实现过程和算法原理。

图1.15展示了机器人控制系统实现运动和力控制的一般原理，其中，假定驱动系统由驱动器和电机构成。本书仅研究电动机的应用，不涉及发电机，为简明起见，书中将用电机指代电动机。

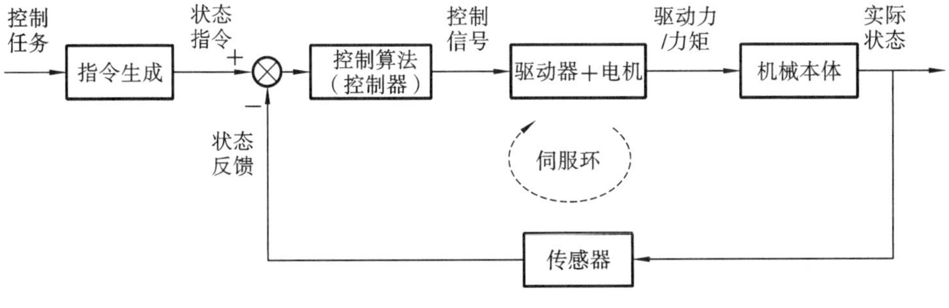

图1.15　机器人实现运动和力控制的一般原理

为了保证高精度输出，控制系统必须对运动和力实施闭环控制，构成**伺服环**(servo loop)。伺服环的输入是状态指令，它是机器人末端或关节的位置、速度、力/力矩的**时间函数**。控制算法把状态指令与系统实际输出状态进行比较，产生控制信号，发送给驱动器和电机，进而由电机输出关节力/力矩，驱动机器人机械本体运动或对环境施加作用力。由于控制算法是决定机器人控制性能的重要因素，因此，在自动控制领域，也把控制算法称为**伺服控制器**(servo controller)或者直接简称为**控制器**。在数字控制系统中，状态指令(简称指令)以固定的周期更新，更新后的指令是控制器的**期望值**。因此，期望值与指令等价，后文对这两个术语将不做区分。

需要注意的是，机器人控制系统接收的控制任务，通常并不是控制算法直接能用的状态指令，而是面向用户的、更直观的描述，例如，机器人末端需要经过的两空间点的坐标、一段路径、完成运动所需要的时间。把控制任务转化成状态指令的过程，称为**指令生成**。尽管图1.15中只用一个框图来表示，但是在工程实践中，生成伺服环需要的状态指令，却是机器人控制系统的一个主要工作。指令生成涉及大量的运动学逆解和速度调节计算，同时还要兼顾实时性，对软件架构的合理性和硬件性能的要求很高。

了解图1.15所示过程的实现原理，对机器人控制系统软硬件的设计至关重要，也会显著影响机器人实施闭环控制的效果。因此，本书将介绍机器人运动控制系统的硬件组成、软件流程、时序、指令生成过程、不同控制任务对应的控制算法类型，使读者了解机器人控制系统的工程实现方法。

驱动单元是控制系统的直接控制对象。在机器人中，由电机及其驱动器组成的电气驱动器单元最为常用。控制系统硬件需要与驱动器匹配，控制算法也需要驱动器和电机的准确模型。因此，本书将介绍常用电机及其驱动器的原理和特性，并建立伺服电机及其驱动器的控制模型。

在此基础上，本书将按照分散运动控制→逆动力学运动控制→力控制的顺序，用三章的篇幅循序渐进地讨论机器人经典控制方法，即伺服环中的控制器。这一部分是本书的核心内容，也是重点和难点。其中，力矩前馈补偿、逆动力学控制和力控制等内容，都以力矩模式电机为被控对象，这一部分内容前后知识点之间有很强的连贯性，需要按照书中的顺序学习。

在开始讨论控制问题之前，本书将用一章的篇幅概述机器人学的基础知识，供需要的读者参考。在这一章，还将建立典型机器人的运动学模型、雅可比矩阵和动力学模型，供后续章节讨论控制问题时使用。

尽管本书将要研究的控制算法并不局限于某种特定形式的机器人，但是，结合具体实例进行讨论，将有利于读者对本书内容的理解。为此，本书将以图1.16所示的单关节和平面

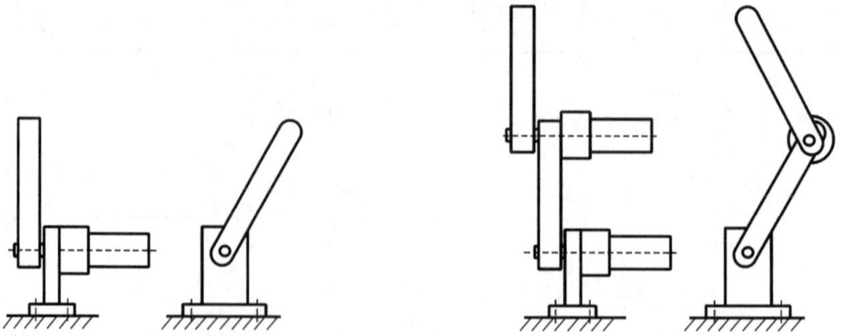

(a) 单关节机器人　　(b) 平面2R机器人

图1.16　本书控制算法的实例

2R 机器人为实例，贯穿后续章节。在所有章节中，这两种机器人都采用相同的结构、电机、减速器和驱动器参数。

1.5　章节安排与内容导读

本书共 7 章，除绪论外，每章均有小结和习题，后续各章的简介如下。

第 2 章机器人建模。本章对机器人学基础的主要内容进行归纳总结，包括位姿描述、机器人运动学和动力学，建立典型机器人的运动学和动力学模型，为控制算法的讨论打下理论基础。熟悉机器人学基础的读者可以跳过本章。

第 3 章机器人轨迹生成与运动控制。本章将介绍机器人运动控制的基本概念和流程、轨迹生成算法，并研究如何根据轨迹获得状态指令、机器人控制系统的硬件组成、软件运行原理、机器人控制问题和算法的分类。

第 4 章机器人常用电机及驱动器。本章将介绍机器人常用的四种电机及其驱动器，具体包括：步进电机及其驱动器的基本原理，由步进电机构成的位置控制系统，直流有刷、直流无刷和交流永磁同步电机及其驱动器的基本原理。

第 5 章经典分散运动控制。运动控制是机器人控制的基础问题。本章围绕最为基础的独立关节控制展开讨论，具体内容包括：伺服电机及其驱动器的速度模式和力矩模式，以及它们各自的开环控制模型，基于速度模式和力矩模式的独立关节 PID 控制器，集中前馈补偿控制器，以及数字 PID 算法的实现方法。

第 6 章逆动力学运动控制。机器人是一种时变、非线性的被控对象。利用逆动力学控制器可以实现机器人系统的线性化，它是机器人高级控制理论的基础。本章将在误差动力学模型的基础上，讨论如何利用逆动力学模型实现机器人系统的线性化，并据此研究关节空间和操作空间的运动控制方法。

第 7 章机器人力控制基础。机器人力控制研究机器人末端与环境接触时的控制问题。力控制通常与运动控制混杂在一起，随应用场景的不同而演变出多种控制方法，但是它们的基础都是逆动力学控制方法。本章将介绍力位混合控制和阻抗控制的基本原理，并简要讨论导纳控制和包含位置闭环的力闭环控制方法。

1.6　学 习 目 标

通过本书的学习，希望读者能够：

(1)（素质、思政层面）了解机器人控制技术的发展历程及现状，建立正确的机器人历史观和伦理观；

(2)（知识、能力层面）掌握机器人控制系统软硬件架构的基本概念，初步了解机器人控制系统方案设计的基本流程，初步具备设计机器人控制系统的能力；

(3)（知识、能力层面）了解常见的工业机器人控制算法，掌握独立关节 PID 控制、力矩前馈补偿控制、逆动力学控制和力控制的算法原理与实现方法，具备使用 MATLAB 进行辅助分析、撰写报告、清晰表达的能力等。

1.7　如何使用本书

本书适用于机器人工程、机械工程等专业本科高年级学生，可用于32学时的“机器人控制技术基础”课程教学，也可作为机器人相关专业师生或科研人员的参考资料。

本书按照总—分—总和由易到难的思路安排各章内容，建议读者按照章节顺序阅读。各章都有例题和习题，希望读者能结合例题和习题对所学理论知识进行再理解。鼓励读者自行编程完成习题中的编程题，不要简单调用仿真软件中自带的机器人工具箱。这将有助于读者真正理解书中的理论，并提升编程技巧。

为便于读者查阅，本书在第2章对位姿描述、D-H参数法、机器人运动学和动力学等机器人学基础知识进行了简要汇编。限于篇幅，第2章中只给出重要的结论、公式以及与控制相关的注意事项，而不进行公式推导。如果读者需要详细了解这些内容，可以阅读本书参考文献中的相关书籍。

习　　题

1-1　机器人控制系统软件架构可以分为几个层级？每个层级的作用和相互关系是什么？

1-2　为什么说机器人控制系统硬件取决于软件架构和算法复杂度？

1-3　工业机器人控制系统中，伺服环的定义是什么？

1-4　从“智能”系统的视角论述机器人的基本特征。

1-5　讨论图1.15中的伺服环和指令生成模块对应着图1.9的哪些模块。

1-6　简述机器人软件架构与软件模块之间的关系。

1-7　查阅资料，简述世界上第一台实用化工业机器人“PUMA”的控制和传感系统组成。

1-8　查阅资料，简述当前在役月球车、火星车的控制和传感系统组成。

1-9　假设需要设计一台桌面型写字机器人，文字来源于计算机文件。如果采用图1.12所示的硬件架构，试设计机器人软件系统架构、所需软件模块，并讨论如何在硬件系统中部署各软件模块。提示：在计算机或上位机中可能需要部署一个文字解析软件，以读取文件，并形成笔画序列。

1-10　如果需要为银行研制一台前台接待机器人，请简要描述其控制系统的设计过程，并给出你的设计方案。

第 2 章　机器人建模

扫码下载
本章课件

【内容导读与学习目标】

作为后续章节的理论基础，本章简要介绍刚体位姿表达、前置 D-H 参数法、机器人运动学模型和机器人动力学模型。已经系统学习过“机器人学基础”的读者，可以跳过本章。通过本章的学习，希望读者掌握：

(1) 基于位姿矩阵的机器人运动学建模方法；

(2) 机器人速度和静力雅可比矩阵的求解方法；

(3) 机器人动力学建模方法。

本章的重点和难点是机器人动力学建模。

本书仅讨论由刚性构件通过转动副和移动副连接的刚性机器人。在机器人中，运动副被称为**关节**(joint)。工业机器人的关节通常由电机通过传动机构来驱动。电机运动将带动机器人末端工具运动或对环境施加作用力。

在绝大多数场合，机器人控制就是通过控制关节电机的运动或力矩，使末端实现期望运动或力。为此，需要把末端期望运动和力换算为关节电机的期望运动和力矩，以作为电机的控制指令。控制过程中，如果能实时计算所需电机力矩，将有利于提高系统动态性能和精度。这些计算依赖于机器人的运动学和动力学模型。

研究机器人控制算法，必须了解机器人建模的相关知识。为了保持教材的完整性，便于读者学习，本章将对刚体位姿描述、D-H 参数法、机器人运动学正逆解、机器人动力学建模等内容进行概述，给出重要的概念和知识点，而不探讨其原理。需要深入了解这些知识点的读者，可以参阅有关机器人学基础的经典著作。本章各知识点仅以串联机器人为例，并联和混联机器人的建模问题可以参考其他著作。

2.1　刚体位姿描述

为了建立机器人的运动学和动力学模型，需要用数学符号描述刚性构件间的相对**位置**(position)和**姿态**(orientation)，简称**位姿**(pose)。轨迹生成问题还需要描述刚体位姿随时间变化的过程。因此，刚体位姿的数学描述是机器人建模和轨迹生成的基础。

2.1.1　坐标系定义

利用笛卡尔坐标系可以描述刚体位姿，本书用“{　}”表示坐标系。为描述刚体位姿，至少需要两个坐标系。一个是与地(或机架)固连的**参考坐标系**(reference coordinate frame),或称**固定坐标系**(fixed coordinate frame)、**惯性坐标系**(inertial coordinate frame)、**全局坐标系**(global coordinate frame)。在机器人学中,通常将惯性坐标系选在机器人基座处,因此,也称为**基坐标系**(base frame)。

另一个是与刚体固连并随之运动的坐标系,称为**相对坐标系**(relative coordinate frame),或**物体坐标系**(body coordinate frame)、**局部坐标系**(local coordinate frame)。通常,相对坐标系的原点选在机器人连杆或末端执行器的某些重要参考点处,如工具中心点(tool center point,TCP)处。

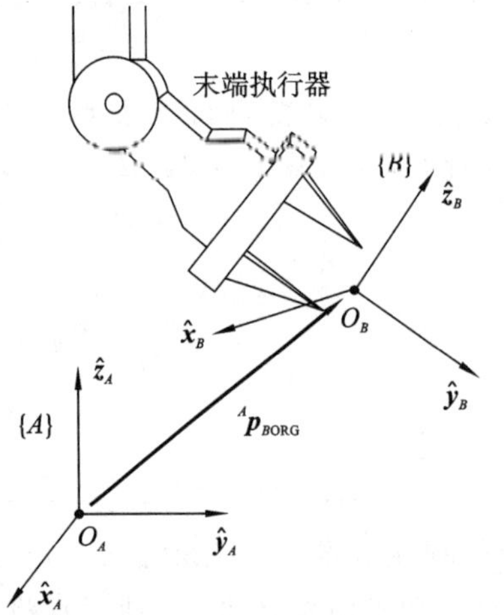

图 2.1　刚体相对位姿

例如,图 2.1 中有两个坐标系:$\{A\}$是参考坐标系,$\{B\}$是与机器人末端工具固连的物体坐标系。

图 2.2 给出了工业机器人常用坐标系的示例。

基坐标系$\{0\}$**或**$\{B\}$——与机器人基座固连的坐标系。

世界坐标系$\{U\}$——当描述两台及以上机器人的相对位姿时,需要定义一个共同的参考坐标系,即世界坐标系。单台机器人的世界坐标系与基坐标系重合。

腕部坐标系$\{W\}$——与机器人末端杆固连,原点位于手腕中心(法兰盘中心)。

工具坐标系$\{T\}$——与机器人末端工具固连,通常根据腕部坐标系来确定。

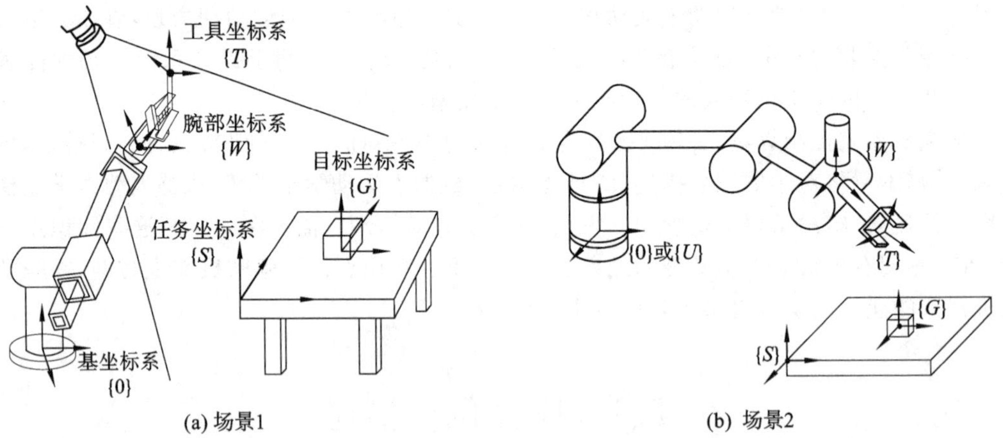

图 2.2　工业机器人常用坐标系

任务坐标系$\{S\}$——与机器人任务相关,一般位于工作台上,又称为工作台坐标系。

目标坐标系$\{G\}$——用于描述机器人执行任务结束时的工具位姿,相对于任务坐标系定义。

2.1.2　位姿矩阵

坐标系的坐标轴可以用从原点出发、与坐标轴同向的单位列向量描述。例如,$\{A\}$的三个坐标轴在$\{A\}$中的描述分别为 $\hat{\boldsymbol{x}}_A$、$\hat{\boldsymbol{y}}_A$、$\hat{\boldsymbol{z}}_A$，显然

$$\hat{\boldsymbol{x}}_A = \begin{pmatrix}1\\0\\0\end{pmatrix} \quad \hat{\boldsymbol{y}}_A = \begin{pmatrix}0\\1\\0\end{pmatrix} \quad \hat{\boldsymbol{z}}_A = \begin{pmatrix}0\\0\\1\end{pmatrix} \tag{2.1}$$

在坐标系中，点用向量描述。例如，图 2.1 中$\{B\}$的原点 O_B 在$\{A\}$坐标系中可用列向量${}^A\boldsymbol{p}_{\mathrm{BORG}}$描述，此时称$\{A\}$为**描述坐标系。变量的左上角标指明了描述坐标系，右下标则指明了被描述的对象。**列向量${}^A\boldsymbol{p}_{\mathrm{BORG}}$的表达式见式(2.2)，它的各元素表示${}^A\boldsymbol{p}_{\mathrm{BORG}}$在$\{A\}$各坐标轴上的投影值。$O_B$ 也可以在$\{B\}$坐标系中描述，记为${}^B\boldsymbol{p}_{\mathrm{BORG}}$。显然，${}^B\boldsymbol{p}_{\mathrm{BORG}}$是零向量。

$${}^A\boldsymbol{p}_{\mathrm{BORG}} = p_x\hat{\boldsymbol{x}}_A + p_y\hat{\boldsymbol{y}}_A + p_z\hat{\boldsymbol{z}}_A = \begin{pmatrix}p_x\\p_y\\p_z\end{pmatrix} \tag{2.2}$$

代表$\{B\}$坐标轴的单位列向量 $\hat{\boldsymbol{x}}_B$、$\hat{\boldsymbol{y}}_B$、$\hat{\boldsymbol{z}}_B$ 也可以在$\{A\}$中描述，记为${}^A\hat{\boldsymbol{x}}_B$、${}^A\hat{\boldsymbol{y}}_B$、${}^A\hat{\boldsymbol{z}}_B$，其元素为$\{B\}$坐标轴在$\{A\}$坐标轴上的投影值。因为坐标轴均为单位向量，所以，该投影值等于两坐标轴夹角的余弦。

$${}^A\hat{\boldsymbol{x}}_B = \begin{pmatrix}\cos(\hat{\boldsymbol{x}}_B \cdot \hat{\boldsymbol{x}}_A)\\ \cos(\hat{\boldsymbol{x}}_B \cdot \hat{\boldsymbol{y}}_A)\\ \cos(\hat{\boldsymbol{x}}_B \cdot \hat{\boldsymbol{z}}_A)\end{pmatrix} \tag{2.3}$$

$${}^A\hat{\boldsymbol{y}}_B = \begin{pmatrix}\cos(\hat{\boldsymbol{y}}_B \cdot \hat{\boldsymbol{x}}_A)\\ \cos(\hat{\boldsymbol{y}}_B \cdot \hat{\boldsymbol{y}}_A)\\ \cos(\hat{\boldsymbol{y}}_B \cdot \hat{\boldsymbol{z}}_A)\end{pmatrix} \tag{2.4}$$

$${}^A\hat{\boldsymbol{z}}_B = \begin{pmatrix}\cos(\hat{\boldsymbol{z}}_B \cdot \hat{\boldsymbol{x}}_A)\\ \cos(\hat{\boldsymbol{z}}_B \cdot \hat{\boldsymbol{y}}_A)\\ \cos(\hat{\boldsymbol{z}}_B \cdot \hat{\boldsymbol{z}}_A)\end{pmatrix} \tag{2.5}$$

合并式(2.3)至式(2.5)，得到一个 3×3 矩阵${}^A_B\boldsymbol{R}$，称为**姿态矩阵**、**方向余弦矩阵**或**旋转矩阵**，它描述了$\{B\}$相对于$\{A\}$的姿态。

$${}^A_B\boldsymbol{R} = \begin{pmatrix}r_{11} & r_{12} & r_{13}\\ r_{21} & r_{22} & r_{23}\\ r_{31} & r_{32} & r_{33}\end{pmatrix} = \begin{pmatrix}\cos(\hat{\boldsymbol{x}}_B \cdot \hat{\boldsymbol{x}}_A) & \cos(\hat{\boldsymbol{y}}_B \cdot \hat{\boldsymbol{x}}_A) & \cos(\hat{\boldsymbol{z}}_B \cdot \hat{\boldsymbol{x}}_A)\\ \cos(\hat{\boldsymbol{x}}_B \cdot \hat{\boldsymbol{y}}_A) & \cos(\hat{\boldsymbol{y}}_B \cdot \hat{\boldsymbol{y}}_A) & \cos(\hat{\boldsymbol{z}}_B \cdot \hat{\boldsymbol{y}}_A)\\ \cos(\hat{\boldsymbol{x}}_B \cdot \hat{\boldsymbol{z}}_A) & \cos(\hat{\boldsymbol{y}}_B \cdot \hat{\boldsymbol{z}}_A) & \cos(\hat{\boldsymbol{z}}_B \cdot \hat{\boldsymbol{z}}_A)\end{pmatrix} \tag{2.6}$$

姿态矩阵${}^A_B\boldsymbol{R}$ 具有如下特殊性质：

$${}^A_B\boldsymbol{R}^{-1} = {}^A_B\boldsymbol{R}^{\mathrm{T}} \tag{2.7}$$

$$\det({}^A_B\boldsymbol{R}) = 1 \tag{2.8}$$

$$|{}^A\hat{\boldsymbol{x}}_B| = |{}^A\hat{\boldsymbol{y}}_B| = |{}^A\hat{\boldsymbol{z}}_B| = 1, \quad {}^A\hat{\boldsymbol{x}}_B \cdot {}^A\hat{\boldsymbol{y}}_B = {}^A\hat{\boldsymbol{y}}_B \cdot {}^A\hat{\boldsymbol{z}}_B = {}^A\hat{\boldsymbol{z}}_B \cdot {}^A\hat{\boldsymbol{x}}_B = 0 \tag{2.9}$$

$${}^A_C\boldsymbol{R} = {}^A_B\boldsymbol{R}\,{}^B_C\boldsymbol{R} \tag{2.10}$$

旋转矩阵 $\boldsymbol{R}$ 的性质可总结为：

(1) 是一个单位正交阵；

(2) 9 个元素中只有 3 个独立参数；

(3) 对乘法封闭，即两个旋转矩阵相乘得到一个新的旋转矩阵；

(4) 满足乘法结合律，但不满足乘法交换律；

(5) 对加法不封闭，即两个旋转矩阵相加通常不会得到旋转矩阵。

【例 2-1】 如图 2.3 所示，$\{B\}$相对于$\{A\}$存在绕 $\hat{\boldsymbol{x}}_A$、$\hat{\boldsymbol{y}}_A$、$\hat{\boldsymbol{z}}_A$ 的偏移角，分别写出描述$\{B\}$相对于$\{A\}$的三个旋转矩阵。

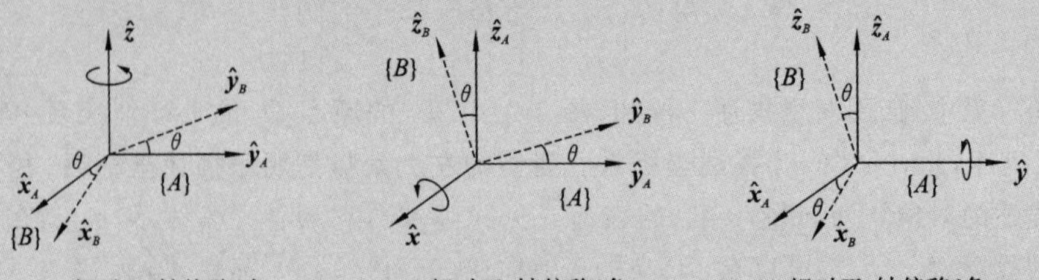

(a) 相对于z轴偏移θ角
(b) 相对于x轴偏移θ角
(c) 相对于y轴偏移θ角

图 2.3　相对于固定坐标系三个坐标轴的旋转偏移

解　绕坐标轴 z 偏移 θ 角时的旋转矩阵为

$$ {}^A_B\boldsymbol{R} = \boldsymbol{R}_z(\theta) = \begin{pmatrix} \cos\theta & -\sin\theta & 0 \\ \sin\theta & \cos\theta & 0 \\ 0 & 0 & 1 \end{pmatrix} $$

简写为

$$ \boldsymbol{R}_z(\theta) = \begin{pmatrix} \mathrm{c}\theta & -\mathrm{s}\theta & 0 \\ \mathrm{s}\theta & \mathrm{c}\theta & 0 \\ 0 & 0 & 1 \end{pmatrix} $$

其中，$\mathrm{c}\theta$ 和 $\mathrm{s}\theta$ 分别是 $\cos\theta$ 和 $\sin\theta$ 的简写。

绕坐标轴 x 偏移 θ 角时的旋转矩阵为

$$ \boldsymbol{R}_x(\theta) = \begin{pmatrix} 1 & 0 & 0 \\ 0 & \mathrm{c}\theta & -\mathrm{s}\theta \\ 0 & \mathrm{s}\theta & \mathrm{c}\theta \end{pmatrix} $$

绕坐标轴 y 偏移 θ 角时的旋转矩阵为

$$ \boldsymbol{R}_y(\theta) = \begin{pmatrix} \mathrm{c}\theta & 0 & \mathrm{s}\theta \\ 0 & 1 & 0 \\ -\mathrm{s}\theta & 0 & \mathrm{c}\theta \end{pmatrix} $$

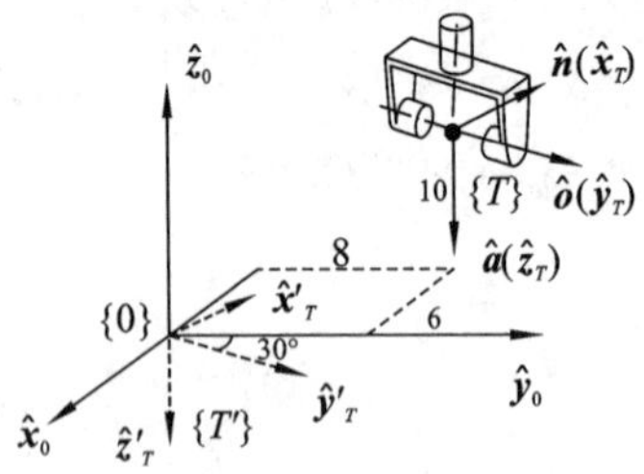

图 2.4　工业机器人中的常用坐标系

$\{B\}$相对于$\{A\}$的位姿可以用集合$\{{}^A_B\boldsymbol{R}, {}^A\boldsymbol{p}_{\mathrm{BORG}}\}$来描述。为便于位姿计算，定义 4×4 的齐次矩阵

$$ {}^A_B\boldsymbol{T} = \begin{pmatrix} {}^A_B\boldsymbol{R} & {}^A\boldsymbol{p}_{\mathrm{BORG}} \\ \boldsymbol{0} & 1 \end{pmatrix} \tag{2.11} $$

式中：${}^A_B\boldsymbol{T}$ 称为$\{B\}$相对于$\{A\}$的**位姿矩阵**。

例如，图 2.4 中，机器人末端工具坐标系$\{T\}$相对于基坐标系$\{0\}$的位姿可表示为${}^0_T\boldsymbol{T}$，见式(2.12)。其中，坐标轴 $\hat{\boldsymbol{n}}$、$\hat{\boldsymbol{o}}$、$\hat{\boldsymbol{a}}$ 是末端坐标系的习惯表示法，分别代表偏摆轴、方向轴和接近轴。

$$ {}^0_T\boldsymbol{T} = \begin{pmatrix} {}^0_T\boldsymbol{R} & {}^0\boldsymbol{p}_{\mathrm{TORG}} \\ \boldsymbol{0} & 1 \end{pmatrix} = \begin{pmatrix} \hat{\boldsymbol{n}} & \hat{\boldsymbol{o}} & \hat{\boldsymbol{a}} & \boldsymbol{p} \\ 0 & 0 & 0 & 1 \end{pmatrix}_{4\times4} = \begin{pmatrix} n_x & o_x & a_x & p_x \\ n_y & o_y & a_y & p_y \\ n_z & o_z & a_z & p_z \\ 0 & 0 & 0 & 1 \end{pmatrix} \tag{2.12} $$

【例 2-2】 对于图 2.4 所示机器人末端手爪所处状态，确定坐标系$\{T\}$相对于基坐标系$\{0\}$的位姿矩阵${}^0_T\boldsymbol{T}$。

解　图 2.4 中，为了更清晰地表达末端工具坐标系$\{T\}$相对于基坐标系$\{0\}$的姿态，给出了一个原点与$\{0\}$重合、方向与$\{T\}$一致的中间坐标系$\{T'\}$。

观察图中标记的尺寸和角度，可写出两坐标系之间的相对位姿关系为

$$^0\boldsymbol{p}_{TORG}=\begin{pmatrix}-6\\8\\10\end{pmatrix},\quad {}^0_T\boldsymbol{R}=\begin{pmatrix}-0.866&0.5&0\\0.5&0.866&0\\0&0&-1\end{pmatrix}$$

因此，根据位姿矩阵的定义，得手爪坐标系$\{T\}$相对于基坐标系$\{0\}$的位姿矩阵为

$${}^0_T\boldsymbol{T}=\begin{pmatrix}{}^0_T\boldsymbol{R}&{}^0\boldsymbol{p}_{TORG}\\\boldsymbol{0}&1\end{pmatrix}=\begin{pmatrix}-0.866&0.5&0&-6\\0.5&0.866&0&8\\0&0&-1&10\\0&0&0&1\end{pmatrix}$$

位姿矩阵 $\boldsymbol{T}$ 的性质如下：

(1) 有 6 个独立参数；

(2) 对乘法封闭；

(3) 满足乘法结合律，但是不满足乘法交换律；

(4) 对加法不封闭。

2.1.3　位姿变换

1. 映射

在机器人学中，经常需要把在某坐标系中的向量，变换到其他坐标系中来描述。例如，把末端坐标系中表示焊枪位姿的向量变换到基坐标系中，以确定焊枪在空间中的位姿。完成这种坐标变换的操作称为**映射**(mapping)。

对于图 2.5 所示的一般情况，坐标系$\{A\}$与$\{B\}$的姿态不同，原点也不重合，若已知${}^B\boldsymbol{p}$、${}^A\boldsymbol{p}_{BORG}$和${}^A_B\boldsymbol{R}$，则

$${}^A\boldsymbol{p}={}^A_B\boldsymbol{R}\,{}^B\boldsymbol{p}+{}^A\boldsymbol{p}_{BORG}\qquad(2.13)$$

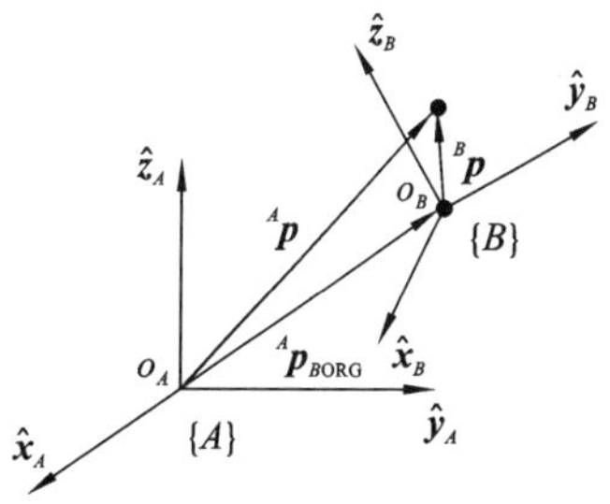

图 2.5　一般映射

式(2.13)给出了将某一向量从一个坐标系变换到另一坐标系的一般映射公式。该式可以写成等价的**齐次坐标**(homogenous coordinate)形式：

$$\begin{pmatrix}{}^A\boldsymbol{p}\\1\end{pmatrix}=\begin{pmatrix}{}^A_B\boldsymbol{R}&{}^A\boldsymbol{p}_{BORG}\\\boldsymbol{0}&1\end{pmatrix}\begin{pmatrix}{}^B\boldsymbol{p}\\1\end{pmatrix}\qquad(2.14)$$

或者简写为

$${}^A\overline{\boldsymbol{p}}={}^A_B\boldsymbol{T}\,{}^B\overline{\boldsymbol{p}}\qquad(2.15)$$

式中：${}^A\overline{\boldsymbol{p}}$ 为 P 点在坐标系$\{A\}$中的齐次坐标描述，${}^A\overline{\boldsymbol{p}}=({}^A\boldsymbol{p},1)^{\mathrm{T}}$；${}^B\overline{\boldsymbol{p}}$ 为 P 点在坐标系$\{B\}$中的齐次坐标描述，${}^B\overline{\boldsymbol{p}}=({}^B\boldsymbol{p},1)^{\mathrm{T}}$；${}^A_B\boldsymbol{T}$ 为从$\{B\}$到$\{A\}$的**齐次变换矩阵**(homogeneous transformation matrix)，且

$${}^A_B\boldsymbol{T}=\begin{pmatrix}{}^A_B\boldsymbol{R}&{}^A\boldsymbol{p}_{BORG}\\\boldsymbol{0}&1\end{pmatrix}_{4\times4}\qquad(2.16)$$

为方便表示，一般不区分点的齐次坐标表达与向量表达，即 $\bar{\boldsymbol{p}}$ 与 $\boldsymbol{p}$ 等价，于是式(2.14)也可简写为

$$^{A}\boldsymbol{p} = {}^{A}_{B}\boldsymbol{T}\,^{B}\boldsymbol{p} \tag{2.17}$$

可以看到，把向量从{B}映射到{A}的齐次变换矩阵${}^{A}_{B}\boldsymbol{T}$，就是{B}相对于{A}的位姿矩阵${}^{A}_{B}\boldsymbol{T}$。

仅存在姿态变换的情况可以用符号 rot($\hat{\boldsymbol{k}}$,θ)来表示，称为**旋转映射**。其中，$\hat{\boldsymbol{k}}$ 为空间任一转轴。特殊地，当 $\hat{\boldsymbol{k}}$ 为参考系的坐标轴时，旋转映射表示为

$$\mathrm{rot}(\hat{\boldsymbol{x}},\theta)\qquad \mathrm{rot}(\hat{\boldsymbol{y}},\theta)\qquad \mathrm{rot}(\hat{\boldsymbol{z}},\theta)$$

仅存在位置变换的情况可以用符号 tran($\hat{\boldsymbol{p}}$)来表示，称为**平移映射**。其中，$\hat{\boldsymbol{p}}$ 为空间任一向量。特殊地，当 $\hat{\boldsymbol{p}}$ 为参考系的坐标轴时，平移映射表示为

$$\mathrm{tran}(\hat{\boldsymbol{x}},l)\qquad \mathrm{tran}(\hat{\boldsymbol{y}},l)\qquad \mathrm{tran}(\hat{\boldsymbol{z}},l)$$

其中，l 为两坐标系沿坐标轴偏移的距离。

【例 2-3】 已知{B}相对于{A}的 z 轴存在 30°的方位偏移、x 轴 10 个单位的位置偏移、y 轴 5 个单位的位置偏移，点 P 在{B}中的向量描述为$^{B}\boldsymbol{p}=(3,7,0)^{\mathrm{T}}$，求$^{A}\boldsymbol{p}$。

解　根据已知条件可知，

$$ {}^{A}_{B}\boldsymbol{T} = \begin{pmatrix} {}^{A}_{B}\boldsymbol{R} & {}^{A}\boldsymbol{p}_{\mathrm{BORG}} \\ \boldsymbol{0} & 1 \end{pmatrix} = \begin{pmatrix} \sqrt{3}/2 & -1/2 & 0 & 10 \\ 1/2 & \sqrt{3}/2 & 0 & 5 \\ 0 & 0 & 1 & 0 \\ 0 & 0 & 0 & 1 \end{pmatrix} $$

根据式(2.14)，可得

$$ ^{A}\boldsymbol{p} = {}^{A}_{B}\boldsymbol{T}\,^{B}\boldsymbol{p} = \begin{pmatrix} \sqrt{3}/2 & -1/2 & 0 & 10 \\ 1/2 & \sqrt{3}/2 & 0 & 5 \\ 0 & 0 & 1 & 0 \\ 0 & 0 & 0 & 1 \end{pmatrix} \begin{pmatrix} 3 \\ 7 \\ 0 \\ 1 \end{pmatrix} = \begin{pmatrix} 9.098 \\ 12.562 \\ 0 \\ 1 \end{pmatrix} $$

2. 算子

当机器人关节运动时，会带动末端工具运动，这种运动将带来末端工具向量在基坐标系中的变化。描述一个向量在同一个坐标系中位姿变化的操作，称为**算子**(operator)。

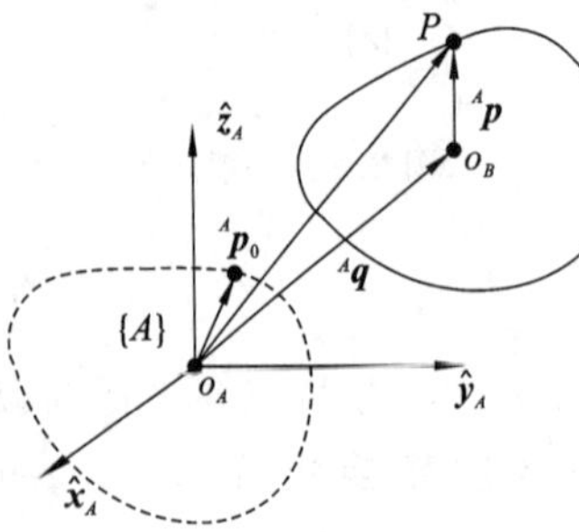

图 2.6　一般算子

图 2.6 中，把刚体从虚线位姿移动到实线位姿。此时，刚体相对于原位置平移了$^{A}\boldsymbol{q}$，相对于原姿态旋转了 $\boldsymbol{R}$。于是，刚体上一点 P 从$^{A}\boldsymbol{p}_0$ 变化到了$^{A}\boldsymbol{p}$。如果$^{A}\boldsymbol{p}_0$、$^{A}\boldsymbol{q}$ 和 $\boldsymbol{R}$ 均已知，则

$$^{A}\boldsymbol{p} = \boldsymbol{T}\,^{A}\boldsymbol{p}_0 \tag{2.18}$$

式中：$\boldsymbol{T}$ 也是齐次变换矩阵，即

$$\boldsymbol{T} = \begin{pmatrix} \boldsymbol{R} & ^{A}\boldsymbol{q} \\ \boldsymbol{0} & 1 \end{pmatrix} \tag{2.19}$$

仅存在姿态变化的情况用符号 Rot($\hat{\boldsymbol{k}}$,θ)来表示，称为旋转算子。其中，$\hat{\boldsymbol{k}}$ 为空间任一转轴，θ 为转角。特殊地，当 $\hat{\boldsymbol{k}}$ 为坐标轴时，旋转算子表示为

$$\mathrm{Rot}(\hat{\boldsymbol{x}},\theta) \qquad \mathrm{Rot}(\hat{\boldsymbol{y}},\theta) \qquad \mathrm{Rot}(\hat{\boldsymbol{z}},\theta)$$

仅存在位置变化的情况用符号 $\mathrm{Tran}(\hat{\boldsymbol{p}})$来表示，称为**平移算子**。其中，$\hat{\boldsymbol{p}}$ 为空间任一向量。特殊地，当 $\hat{\boldsymbol{p}}$ 为坐标轴时，平移算子表示为

$$\mathrm{Tran}(\hat{\boldsymbol{x}},l) \qquad \mathrm{Tran}(\hat{\boldsymbol{y}},l) \qquad \mathrm{Tran}(\hat{\boldsymbol{z}},l)$$

其中，l 为沿坐标轴移动的距离。

【例 2-4】 已知一个向量 $\boldsymbol{p}=(5,10,2)^{\mathrm{T}}$，先将其沿 z 轴旋转 30°，再将其沿 x 轴平移 10 个单位，沿 y 轴平移 5 个单位，沿 $-z$ 轴方向平移 2 个单位，求得到的新向量。

解　直接写出该算子对应的齐次变换矩阵为

$$\boldsymbol{T}=\begin{pmatrix}\boldsymbol{R} & \boldsymbol{p}\\ \boldsymbol{0} & 1\end{pmatrix}=\begin{pmatrix}\mathrm{Rot}(\hat{\boldsymbol{z}},30^\circ) & \boldsymbol{p}\\ \boldsymbol{0} & 1\end{pmatrix}=\begin{pmatrix}\frac{\sqrt{3}}{2} & -\frac{1}{2} & 0 & 10\\ \frac{1}{2} & \frac{\sqrt{3}}{2} & 0 & 5\\ 0 & 0 & 1 & -2\\ 0 & 0 & 0 & 1\end{pmatrix}$$

因此，根据式(2.18)，可得

$$\boldsymbol{p}=\boldsymbol{T}\boldsymbol{p}_0=\begin{pmatrix}\frac{\sqrt{3}}{2} & -\frac{1}{2} & 0 & 10\\ \frac{1}{2} & \frac{\sqrt{3}}{2} & 0 & 5\\ 0 & 0 & 1 & -2\\ 0 & 0 & 0 & 1\end{pmatrix}\begin{pmatrix}5\\10\\2\\1\end{pmatrix}=\begin{pmatrix}\frac{5\sqrt{3}+10}{2}\\ \frac{15+10\sqrt{3}}{2}\\ 0\\ 1\end{pmatrix}$$

尽管映射和算子都利用齐次变换矩阵实现了刚体的坐标变换，但是两者的物理意义不同。映射不引起刚体运动，而只改变刚体的描述坐标系，即“移动坐标系”；算子仅在一个坐标系内起作用，它实现刚体在坐标系内的变动，即“移动刚体”。从图 2.5 和图 2.6 中参考点 o 的位置变化也可以直观看出两者的区别：映射可视为坐标系$\{B\}$的原点 o_B 沿${}^{A}\boldsymbol{p}_{BORG}$向后移动到了$\{A\}$的原点 o_A；而算子则把刚体参考点 o_A 沿${}^{A}\boldsymbol{q}$ 向前移动到了 o_B。

3. 逆变换

如果已知坐标系$\{B\}$相对于坐标系$\{A\}$的位姿矩阵${}^{A}_{B}\boldsymbol{T}$，则可以得到$\{A\}$相对于$\{B\}$的位姿矩阵${}^{B}_{A}\boldsymbol{T}$。${}^{B}_{A}\boldsymbol{T}$ 也称为${}^{A}_{B}\boldsymbol{T}$ 的逆变换。根据位姿矩阵的定义和旋转矩阵的性质可得

$${}^{B}_{A}\boldsymbol{T}={}^{A}_{B}\boldsymbol{T}^{-1}=\begin{pmatrix}{}^{A}_{B}\boldsymbol{R}^{\mathrm{T}} & -{}^{A}_{B}\boldsymbol{R}^{\mathrm{T}\,A}\boldsymbol{p}_{BORG}\\ \boldsymbol{0} & 1\end{pmatrix} \tag{2.20}$$

4. 复合变换

齐次变换支持复合变换，即，可以通过齐次矩阵相乘得到新的齐次矩阵，以表示新的位姿关系。

对于图 2.7 所示空间中三个刚体坐标系，如果已知${}^{A}_{B}\boldsymbol{T}$ 和${}^{B}_{C}\boldsymbol{T}$，则

$${}^{A}_{C}\boldsymbol{T}={}^{A}_{B}\boldsymbol{T}\,{}^{B}_{C}\boldsymbol{T}=\begin{pmatrix}{}^{A}_{C}\boldsymbol{R} & {}^{A}\boldsymbol{p}_{CORG}\\ \boldsymbol{0} & 1\end{pmatrix} \tag{2.21}$$

其中，

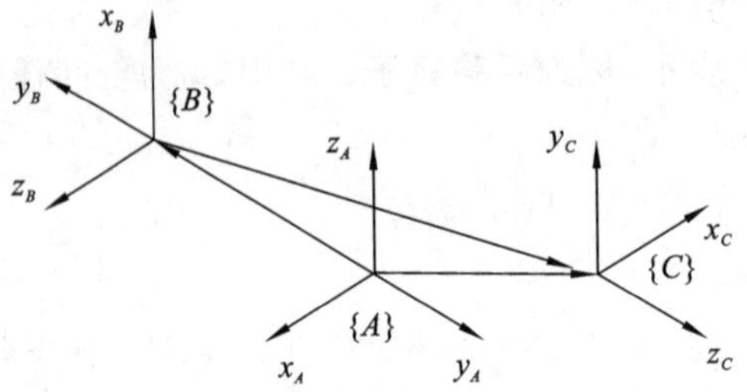

图 2.7　空间中三个刚体坐标系

$$\begin{cases}{}_{C}^{A}\boldsymbol{R}={}_{B}^{A}\boldsymbol{R}{}_{C}^{B}\boldsymbol{R}\\ {}^{A}\boldsymbol{p}_{\mathrm{CORG}}={}_{B}^{A}\boldsymbol{R}{}^{B}\boldsymbol{p}_{\mathrm{CORG}}+{}^{A}\boldsymbol{p}_{\mathrm{BORG}}\end{cases}$$

式(2.21)说明,齐次变换对乘法封闭,具有递推特性。

5. 变换方程

利用齐次变换的递推特性,可以建立多个坐标系映射关系的**变换方程**(transform equation),进而求取某两个特定坐标系之间的齐次变换矩阵。

如图 2.8(a)所示,对于$\{U\}$、$\{A\}$、$\{B\}$、$\{C\}$、$\{D\}$五个坐标系,坐标系原点之间的向量箭头表示两坐标系之间的齐次变换矩阵。其中,实线表示对应的齐次变换矩阵已知,虚线代表对应的齐次变换矩阵未知,即${}_{C}^{D}\boldsymbol{T}$未知,则可以通过建立变换方程来求解${}_{C}^{B}\boldsymbol{T}$。

$$ {}_{C}^{B}\boldsymbol{T}={}_{B}^{U}\boldsymbol{T}^{-1}{}_{A}^{U}\boldsymbol{T}{}_{D}^{A}\boldsymbol{T}{}_{D}^{C}\boldsymbol{T}^{-1}={}_{U}^{B}\boldsymbol{T}{}_{A}^{U}\boldsymbol{T}{}_{D}^{A}\boldsymbol{T}{}_{C}^{D}\boldsymbol{T} \tag{2.22}$$

式(2.22)的图示化表达如图 2.8(c)所示。注意,图 2.8(c)中有些表示变换的向量箭头方向与图 2.8(b)相反,这意味着它们是原齐次变换矩阵的逆变换。

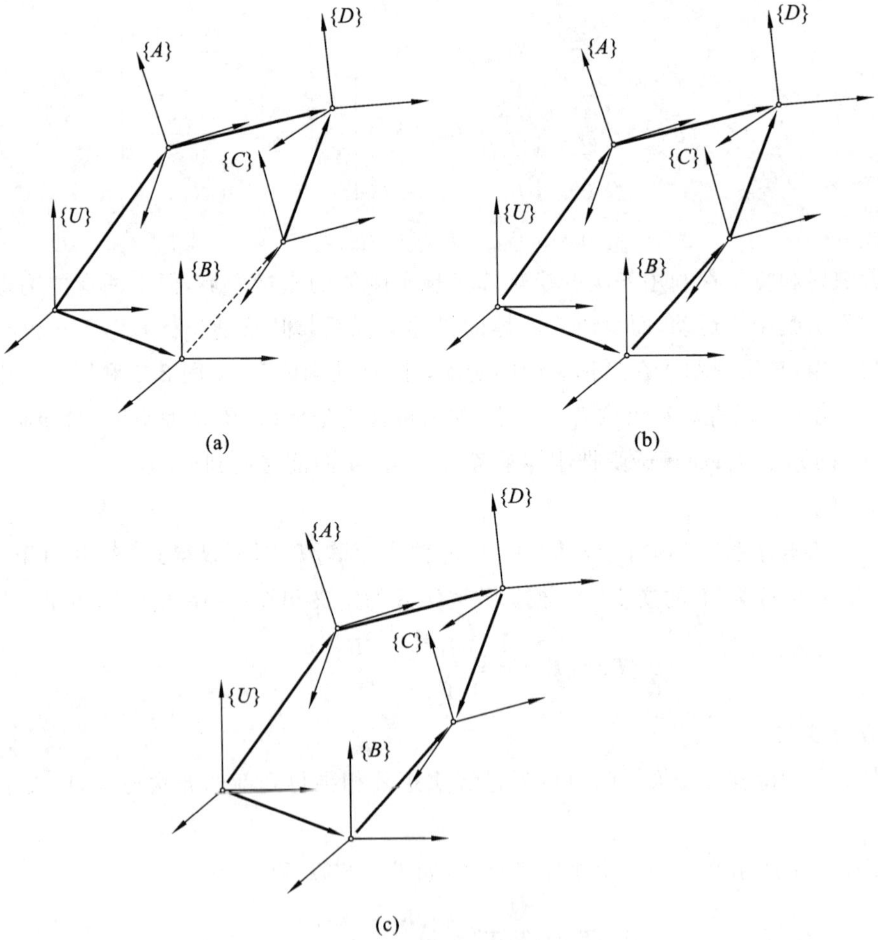

图 2.8　利用递推特性建立变换方程

【例 2-5】 在图 2.9(a)所示的工业机器人系统中，假设已知机器人末端手爪坐标系$\{T\}$到基坐标系$\{0\}$的变换矩阵${}^0_T\boldsymbol{T}$，又已知工作台$\{S\}$相对基座的坐标变换矩阵${}^0_S\boldsymbol{T}$，以及螺栓$\{G\}$相对工作台的坐标变换矩阵${}^S_G\boldsymbol{T}$，求螺栓相对手爪的坐标变换矩阵${}^T_G\boldsymbol{T}$(注：在实际操作中，该变换矩阵描述了手爪与目标对象之间的位姿偏差)。

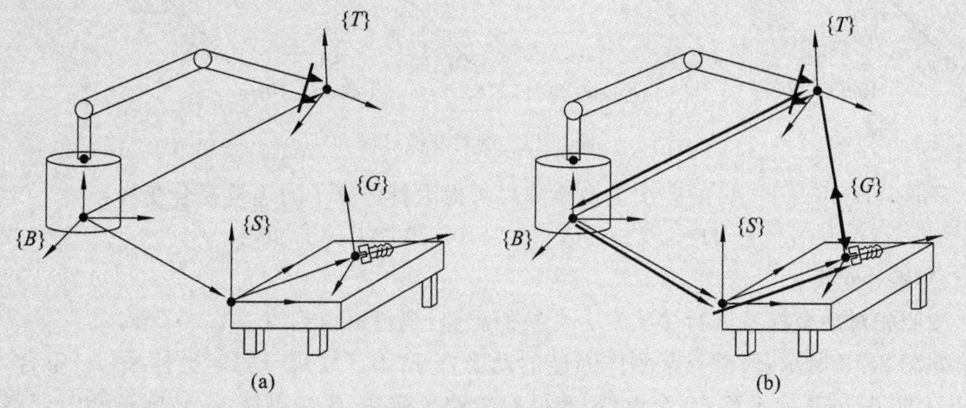

图 2.9　拧螺栓的机械手爪

解　根据图 2.9(b)中所示的变换路径，可得螺栓相对手爪的坐标变换矩阵${}^T_G\boldsymbol{T}$的计算公式为

$$ {}^T_G\boldsymbol{T} = {}^T_0\boldsymbol{T}{}^0_S\boldsymbol{T}{}^S_G\boldsymbol{T} = {}^0_T\boldsymbol{T}^{-1}{}^0_S\boldsymbol{T}{}^S_G\boldsymbol{T} $$

在工程实现中，工作台相对机器人基座的变换矩阵${}^0_S\boldsymbol{T}$在安装时确定，螺栓相对工作台的变换矩阵${}^S_G\boldsymbol{T}$可以由视觉传感器测量得到，机器人末端手爪相对基座的变换矩阵${}^0_T\boldsymbol{T}$可以通过关节角度推算得到。为了抓住螺栓，控制的目标是使${}^T_G\boldsymbol{T}$成为单位阵。

6. 绝对变换与相对变换

如果两个坐标系存在一般位姿偏移，则一次性写出它们之间的位姿矩阵可能存在困难。此时，可以利用复合变换的思路，把它们的位姿矩阵用“绕”坐标轴的特殊旋转变换或者“沿”坐标轴的特殊平移变换得到。有两种思路可以实现这种复合变换：一种是相对固定坐标系的多次算子变换，称为**绝对变换**(absolute transformation)；另一种是相对动坐标系的多次映射变换，称为**相对变换**(relative transformation)。

下面结合图 2.10 所示的两个坐标系$\{A\}$和$\{B\}$，分别按照绝对变换和相对变换的思路实施复合变换，得到$\{B\}$相对$\{A\}$的齐次变换矩阵${}^A_B\boldsymbol{T}$。图中，$\{B\}$原点相对于$\{A\}$原点的 x 轴偏移了 10 个单位。

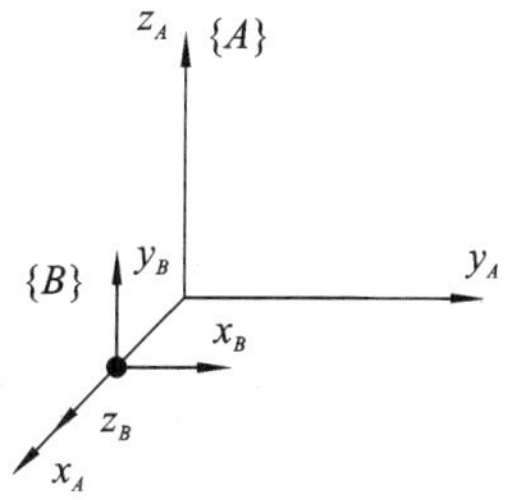

图 2.10　两坐标系的关系

1) 绝对变换

假设$\{A\}$为固定坐标系，$\{B\}$为与某刚体固连的动坐标系，且初始状态下两坐标系重合。为了获得图 2.10 所示状态，进行如下操作：动坐标系$\{B\}$先绕固定坐标系$\{A\}$的 z_A 轴旋转 90°，再绕 y_A 轴旋转 90°，最后相对 x_A 轴正向平移 10 个单位，如图 2.11 所示。

由于绝对变换都相对固定坐标系$\{A\}$进行，因此可以把上述过程理解为对刚体$\{B\}$的**算子操作**。多次算子操作的复合变换，应当按照操作顺序，把每一次操作对应的齐次变换矩阵**依次左乘**。

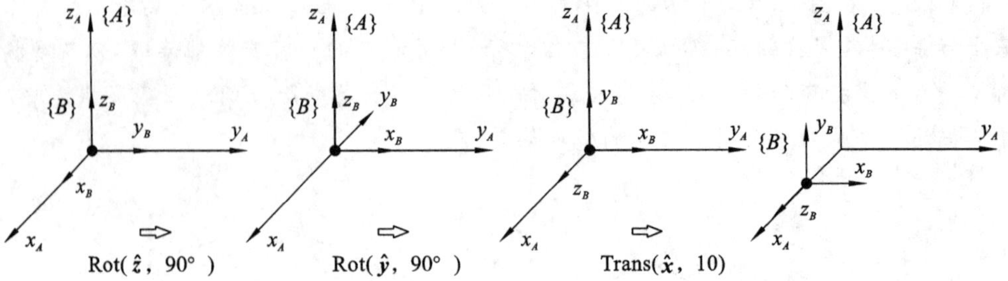

图 2.11　绝对变换过程

于是，$\{B\}$相对于$\{A\}$的齐次变换矩阵可考虑为特殊算子的连续复合变换：

$$ {}_B^A\boldsymbol{T} = \text{Trans}(\hat{\boldsymbol{x}},10)\text{Rot}(\hat{\boldsymbol{y}},90°)\text{Rot}(\hat{\boldsymbol{z}},90°) \tag{2.23}$$

2）相对变换

按照相对动坐标系进行多次复合变换的思路，也可以得到${}_B^A\boldsymbol{T}$。

如图 2.12 所示，假设与某刚体固连的动坐标系$\{B_0\}$最初与固定坐标系$\{A\}$重合，首先沿$\{B_0\}$的 x_{B0} 轴正向平移 10 个单位，获得新的动坐标系$\{B'\}$，再绕 $y_{B'}$ 轴旋转 90°，获得新的动坐标系$\{B''\}$，最后绕新的 $z_{B''}$ 轴旋转 90°，得到最终的刚体位姿$\{B\}$。可以看到，运动刚体$\{B\}$的最终位姿与图 2.11 相同，但是两种复合变换的操作顺序却相反。

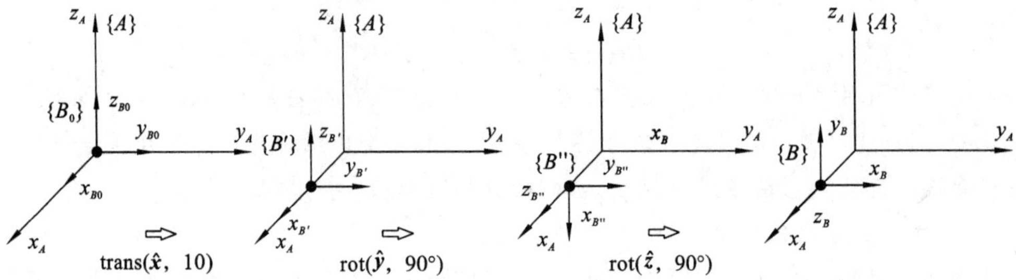

图 2.12　相对变换过程

可以从**坐标映射**的角度来理解图 2.12 中的相对变换：如果希望将最终坐标系$\{B\}$中的某向量${}^B\boldsymbol{p}$ 映射回固定坐标系$\{A\}$，可通过中间坐标系$\{B''\}$、$\{B'\}$逐次进行变换，即$\{B\}\to\{B''\}\to\{B'\}\to\{A\}$。显然，为实现这一过程，需要把图 2.12 中的特殊映射矩阵按从右到左的顺序连续左乘${}^B\boldsymbol{p}$。于是，$\{B\}$相对$\{A\}$的齐次变换矩阵为

$$ {}_B^A\boldsymbol{T} = \text{trans}(\hat{\boldsymbol{x}},10)\text{rot}(\hat{\boldsymbol{y}},90°)\text{rot}(\hat{\boldsymbol{z}},90°) \tag{2.24}$$

式(2.24)与式(2.23)结果相同。由此可知，如果按照相对变换的思路来考虑，则应以相对变换的实际操作顺序，将各特殊映射矩阵**连续右乘**得到${}_B^A\boldsymbol{T}$。

2.1.4　其他姿态描述法

在生成末端轨迹时，需要利用位姿差分来表达一系列中间位姿。差分涉及加法运算。位置向量对加法运算封闭，而姿态矩阵对加法运算却不封闭。为此，有必要讨论对加法封闭的姿态描述方法。

姿态矩阵 $\boldsymbol{R}$ 只包含 3 个独立变量，因此，用一个三维列向量 $\boldsymbol{\eta}=(\alpha,\beta,\gamma)^{\mathrm{T}}$ 表示姿态是合理的。对于一个姿态矩阵 $\boldsymbol{R}$，可以用不同的方法来确定 α、β 和 γ。常用的有三角度法和等效轴-角法。表示方法不同，α、β 和 γ 的几何意义不同，取值也不同。

1. 三角度法

总可以把两刚体坐标系的相对姿态，用绕三个坐标轴的旋转来描述。此时，α、β 和 γ 对应着绕坐标轴的转角，称为**姿态角**。用三个姿态角组成的列向量来表示姿态，就是三角度法，它对加法运算封闭。

根据相对变换原理，按照“绕动坐标系三个轴旋转的思路”获得的姿态角称为**欧拉角**。根据绝对变换原理，按照“绕定坐标系三个轴旋转的思路”获得的姿态角称为**固定角**。显然，对于两坐标系间某个确定的姿态矩阵，按照不同顺序绕不同的坐标轴旋转，会得到不同的姿态角。排除连续绕同一个轴旋转的情况，一个姿态矩阵对应的欧拉角和固定角各有 12 种。

1）欧拉角

图 2.13 给出了一种典型的欧拉角——Z-Y-X 欧拉角。Z-Y-X 欧拉角利用连续绕动坐标系 Z、Y、X 轴的旋转变换来描述姿态，这种旋转变换是一种**相对变换**，应遵循**矩阵右乘原则**。因此，姿态矩阵${}^{A}_{B}\boldsymbol{R}$ 与 Z-Y-X 欧拉角的关系可表示为

$$
\begin{aligned}
{}^{A}_{B}\boldsymbol{R} &= \boldsymbol{R}_{zyx}(\phi,\theta,\psi) = {}^{A}_{B'}\boldsymbol{R}\,{}^{B'}_{B''}\boldsymbol{R}\,{}^{B''}_{B}\boldsymbol{R} = \boldsymbol{R}_{z}(\phi)\boldsymbol{R}_{y'}(\theta)\boldsymbol{R}_{x''}(\psi) \\
&= \begin{pmatrix} \mathrm{c}\phi & -\mathrm{s}\phi & 0 \\ \mathrm{s}\phi & \mathrm{c}\phi & 0 \\ 0 & 0 & 1 \end{pmatrix}
\begin{pmatrix} \mathrm{c}\theta & 0 & \mathrm{s}\theta \\ 0 & 1 & 0 \\ -\mathrm{s}\theta & 0 & \mathrm{c}\theta \end{pmatrix}
\begin{pmatrix} 1 & 0 & 0 \\ 0 & \mathrm{c}\psi & -\mathrm{s}\psi \\ 0 & \mathrm{s}\psi & \mathrm{c}\psi \end{pmatrix} \\
&= \begin{pmatrix} \mathrm{c}\theta\mathrm{c}\phi & \mathrm{s}\psi\mathrm{s}\theta\mathrm{c}\phi - \mathrm{c}\psi\mathrm{s}\phi & \mathrm{c}\psi\mathrm{s}\theta\mathrm{c}\phi + \mathrm{s}\psi\mathrm{s}\phi \\ \mathrm{c}\theta\mathrm{s}\phi & \mathrm{s}\psi\mathrm{s}\theta\mathrm{s}\phi + \mathrm{c}\psi\mathrm{c}\phi & \mathrm{c}\psi\mathrm{s}\theta\mathrm{s}\phi - \mathrm{s}\psi\mathrm{c}\phi \\ -\mathrm{s}\theta & \mathrm{s}\psi\mathrm{c}\theta & \mathrm{c}\psi\mathrm{c}\theta \end{pmatrix}
\end{aligned}
$$

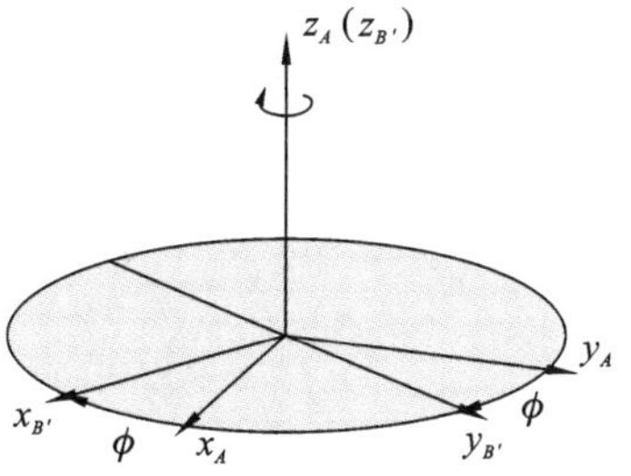

(a) 首先绕z_B轴旋转角度 ϕ

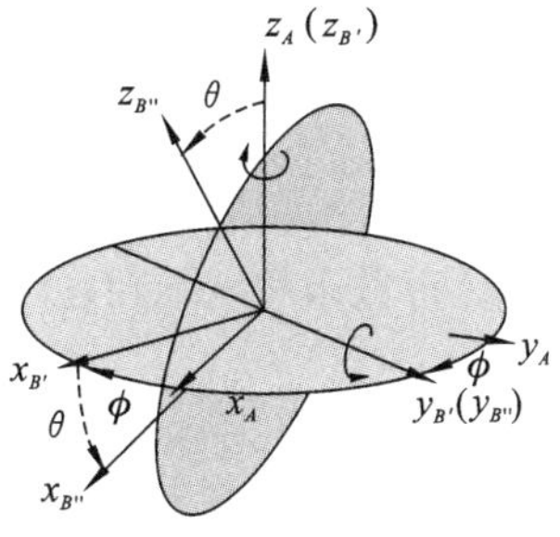

(b) 再绕新的$y_{B'}$轴旋转角度θ

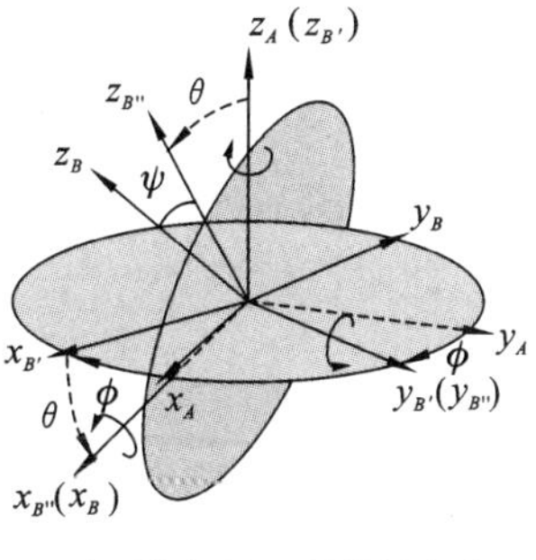

(c) 最后绕新的$x_{B''}$轴旋转角度ψ

图 2.13　Z-Y-X 欧拉角变换

如果${}^{A}_{B}\boldsymbol{R}$ 已知，则

$$
{}^{A}_{B}\boldsymbol{R}=\begin{bmatrix} r_{11} & r_{12} & r_{13} \\ r_{21} & r_{22} & r_{23} \\ r_{31} & r_{32} & r_{33} \end{bmatrix}=\begin{bmatrix} \mathrm{c}\theta\mathrm{c}\phi & \mathrm{s}\psi\mathrm{s}\theta\mathrm{c}\phi-\mathrm{c}\psi\mathrm{s}\phi & \mathrm{c}\psi\mathrm{s}\theta\mathrm{c}\phi+\mathrm{s}\psi\mathrm{s}\phi \\ \mathrm{c}\theta\mathrm{s}\phi & \mathrm{s}\psi\mathrm{s}\theta\mathrm{s}\phi+\mathrm{c}\psi\mathrm{c}\phi & \mathrm{c}\psi\mathrm{s}\theta\mathrm{s}\phi-\mathrm{s}\psi\mathrm{c}\phi \\ -\mathrm{s}\theta & \mathrm{s}\psi\mathrm{c}\theta & \mathrm{c}\psi\mathrm{c}\theta \end{bmatrix} \tag{2.25}
$$

于是，根据${}^{A}_{B}\boldsymbol{R}$中各参数，可以求解 Z-Y-X 欧拉角 ϕ、θ 和 ψ。求解时，需要根据 $\cos\theta$ 是否等于零分别考虑。

（1）若 $\cos\theta\neq0$，存在两组解

$$
\begin{cases} \theta=\mathrm{Atan2}(-r_{31},\sqrt{r_{11}^2+r_{21}^2}) \\ \phi=\mathrm{Atan2}(r_{21},r_{11}) \\ \psi=\mathrm{Atan2}(r_{32},r_{33}) \end{cases} \quad \theta\in(-\pi/2,\pi/2) \tag{2.26}
$$

$$
\begin{cases} \theta=\mathrm{Atan2}(-r_{31},-\sqrt{r_{11}^2+r_{21}^2}) \\ \phi=\mathrm{Atan2}(-r_{21},-r_{11}) \\ \psi=\mathrm{Atan2}(-r_{32},-r_{33}) \end{cases} \quad \theta\in(\pi/2,3\pi/2) \tag{2.27}
$$

式中：$\mathrm{Atan2}(x,y)$ 为四象限反正切函数形式的表达，内置于大多数编程语言中，其优点在于可以根据 x、y 的符号给出不同的角度值。例如，$\mathrm{Atan2}(1,1)=45°$，$\mathrm{Atan2}(-1,-1)=135°$。

（2）若 $\cos\theta=0$，则出现**奇异**（singularity）现象，此时一般取 $\phi=0°$，即

$$
\begin{cases} \phi=0° \\ \theta=90° \\ \psi=\mathrm{Atan2}(r_{12},r_{22}) \end{cases} \quad 或 \quad \begin{cases} \phi=0° \\ \theta=270° \\ \psi=-\mathrm{Atan2}(r_{12},r_{22}) \end{cases} \tag{2.28}
$$

另一种常用的欧拉角是 Z-Y-Z 欧拉角，它与旋转矩阵${}^{A}_{B}\boldsymbol{R}$的关系为

$$
{}^{A}_{B}\boldsymbol{R}=\begin{bmatrix} r_{11} & r_{12} & r_{13} \\ r_{21} & r_{22} & r_{23} \\ r_{31} & r_{32} & r_{33} \end{bmatrix}=\begin{bmatrix} \mathrm{c}\phi\mathrm{c}\theta\mathrm{c}\psi-\mathrm{s}\phi\mathrm{s}\psi & -\mathrm{c}\phi\mathrm{c}\theta\mathrm{s}\psi-\mathrm{s}\phi\mathrm{c}\psi & \mathrm{c}\phi\mathrm{s}\theta \\ \mathrm{s}\phi\mathrm{c}\theta\mathrm{c}\psi+\mathrm{c}\phi\mathrm{s}\psi & -\mathrm{s}\phi\mathrm{c}\theta\mathrm{s}\psi+\mathrm{c}\phi\mathrm{c}\psi & \mathrm{s}\phi\mathrm{s}\theta \\ -\mathrm{s}\theta\mathrm{c}\psi & \mathrm{s}\theta\mathrm{s}\psi & \mathrm{c}\theta \end{bmatrix} \tag{2.29}
$$

已知${}^{A}_{B}\boldsymbol{R}$各元素，可以求得 ϕ、θ 和 ψ。求解时，需要考虑 $\sin\theta$ 等于零的奇异情况。

（1）若 $\sin\theta\neq0$，有

$$
\begin{cases} \phi=\mathrm{Atan2}(r_{23},r_{13}) \\ \theta=\mathrm{Atan2}(\sqrt{r_{31}^2+r_{32}^2},r_{33}) \\ \psi=\mathrm{Atan2}(r_{32},-r_{31}) \end{cases} \quad \theta\in(0,\pi) \tag{2.30}
$$

$$
\begin{cases} \phi=\mathrm{Atan2}(-r_{23},-r_{13}) \\ \theta=\mathrm{Atan2}(-\sqrt{r_{31}^2+r_{32}^2},r_{33}) \\ \psi=\mathrm{Atan2}(-r_{32},r_{31}) \end{cases} \quad \theta\in(\pi,2\pi) \tag{2.31}
$$

（2）若 $\sin\theta=0$，则出现奇异现象，此时一般取 $\phi=0°$。即

$$
\begin{cases} \phi=0° \\ \theta=0° \\ \psi=\mathrm{Atan2}(-r_{12},r_{11}) \end{cases} \quad 或 \quad \begin{cases} \phi=0° \\ \theta=180° \\ \psi=\mathrm{Atan2}(r_{12},-r_{11}) \end{cases} \tag{2.32}
$$

2）固定角

图 2.14 给出了一种常用的固定角——X-Y-Z 固定角。由于所有旋转变换都相对固定坐标系进行，因此应遵循**矩阵左乘原则**，即

$$
{}_B^A\boldsymbol{R} = \boldsymbol{R}_{xyz}(\psi,\theta,\phi) = \boldsymbol{R}_{z_A}(\phi)\boldsymbol{R}_{y_A}(\theta)\boldsymbol{R}_{x_A}(\psi)
$$

$$
= \begin{pmatrix} c\theta c\phi & s\psi s\theta c\phi - c\psi s\phi & c\psi s\theta c\phi + s\psi s\phi \\ c\theta s\phi & s\psi s\theta s\phi + c\psi c\phi & c\psi s\theta s\phi - s\psi c\phi \\ -s\theta & s\psi c\theta & c\psi c\theta \end{pmatrix} \tag{2.33}
$$

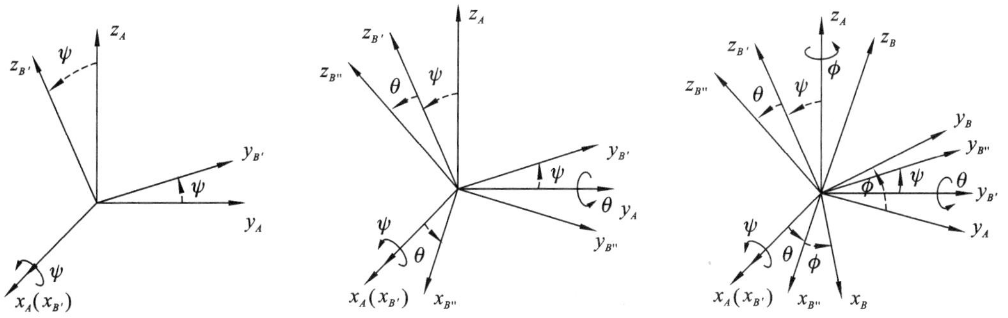

(a) 首先绕x_A轴旋转角度ψ　　(b) 再绕y_A轴旋转角度θ　　(c) 最后绕z_A轴旋转角度ϕ

图 2.14　X-Y-Z 固定角变换

如果${}_B^A\boldsymbol{R}$ 已知，也可以求得 ψ、θ、ϕ 的值。求解时，也存在奇异情况。

实际上，如果图 2.13 和图 2.14 中的旋转矩阵${}_B^A\boldsymbol{R}$ 相同，则求解得到的 Z-Y-X 欧拉角与 X-Y-Z 固定角的三个角度相等。因此，欧拉角与固定角存在对应关系。

提示

在实施控制时，可以用由三角度法得到的姿态向量 $\boldsymbol{\eta}=(\alpha,\beta,\gamma)^{\mathrm{T}}$ 表示机器人末端姿态。若已知初始和终止姿态向量 $\boldsymbol{\eta}_{\mathrm{I}}=(\alpha_{\mathrm{I}},\beta_{\mathrm{I}},\gamma_{\mathrm{I}})^{\mathrm{T}}$ 和 $\boldsymbol{\eta}_{\mathrm{F}}=(\alpha_{\mathrm{F}},\beta_{\mathrm{F}},\gamma_{\mathrm{F}})^{\mathrm{T}}$，为了描述从 $\boldsymbol{\eta}_{\mathrm{I}}$ 到 $\boldsymbol{\eta}_{\mathrm{F}}$ 的变化过程，可以定义姿态向量的差分 $\Delta\boldsymbol{\eta}$；然后，从 $\boldsymbol{\eta}_{\mathrm{I}}$ 开始，不断地把 $\Delta\boldsymbol{\eta}$ 与当前姿态向量求和，生成一系列中间姿态向量 $\boldsymbol{\eta}_i$，直至 $\boldsymbol{\eta}_i$ 等于 $\boldsymbol{\eta}_{\mathrm{F}}$。指定了 $\Delta\boldsymbol{\eta}$ 随时间变化的规律，也就确定了末端姿态的变化过程。但是，如果机器人末端按照由三角度姿态向量差分得到的姿态轨迹运行，其运动一般不是绕空间定轴的连续旋转。

2. 等效轴-角法

由欧拉旋转定理可知，空间两刚体的相对姿态${}_B^A\boldsymbol{R}$，总可以表示为绕空间一个固定轴转过某个角度，称为**等效轴-角**，如图 2.15 所示。

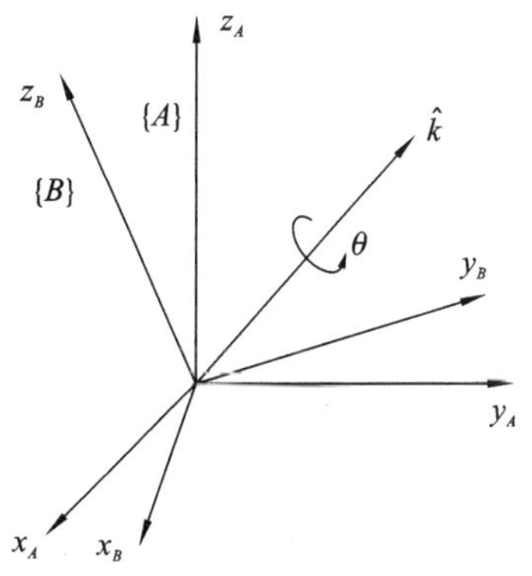

图 2.15　用等效轴-角表示旋转变换

图 2.15 中，$\hat{\boldsymbol{k}}$ 为单位转轴，θ 为绕 $\hat{\boldsymbol{k}}$ 的转角。设 $\hat{\boldsymbol{k}}=(k_x,k_y,k_z)^{\mathrm{T}}$，则存在如下关系

$$ {}^{A}_{B}\boldsymbol{R}=\boldsymbol{R}_k(\theta)=\begin{bmatrix} k_x^2(1-\mathrm{c}\theta)+\mathrm{c}\theta & k_xk_y(1-\mathrm{c}\theta)-k_z\mathrm{s}\theta & k_xk_z(1-\mathrm{c}\theta)+k_y\mathrm{s}\theta \\ k_xk_y(1-\mathrm{c}\theta)+k_z\mathrm{s}\theta & k_y^2(1-\mathrm{c}\theta)+\mathrm{c}\theta & k_yk_z(1-\mathrm{c}\theta)-k_x\mathrm{s}\theta \\ k_xk_z(1-\mathrm{c}\theta)-k_y\mathrm{s}\theta & k_yk_z(1-\mathrm{c}\theta)+k_x\mathrm{s}\theta & k_z^2(1-\mathrm{c}\theta)+\mathrm{c}\theta \end{bmatrix} \tag{2.34} $$

若${}^{A}_{B}\boldsymbol{R}$已知，则

$$ \theta=\arccos\left(\frac{r_{11}+r_{22}+r_{33}-1}{2}\right) \tag{2.35} $$

当 $\sin\theta\neq 0$ 时，得

$$ \hat{\boldsymbol{k}}=\frac{1}{2\sin\theta}\begin{bmatrix} r_{32}-r_{23} \\ r_{13}-r_{31} \\ r_{21}-r_{12} \end{bmatrix} \tag{2.36} $$

当 $\sin\theta=0$ 时，$\hat{\boldsymbol{k}}$ 无解。这说明等效轴-角法也存在奇异问题。

向量 $\boldsymbol{k}_\theta=\theta\hat{\boldsymbol{k}}=(\theta k_x,\theta k_y,\theta k_z)^{\mathrm{T}}$，是姿态向量 $\boldsymbol{\eta}=(\alpha,\beta,\gamma)^{\mathrm{T}}$ 的另一种形式。由于 $\hat{\boldsymbol{k}}$ 是单位向量，因此，等效轴-角法也只有三个独立参数。

提示

（1）当利用等效轴-角法生成机器人末端姿态的运动规律时，一般假定末端绕空间某固定轴 $\hat{\boldsymbol{k}}$ 旋转，实现姿态变化。此时，仅需对转角 θ 进行差分运算即可，并且，末端沿由差分运算得到的姿态轨迹运行，表现为绕空间固定轴 $\hat{\boldsymbol{k}}$ 的连续旋转。

（2）在工程中，为了简洁，**经常用六维列向量 $\boldsymbol{x}=(x,y,z,\alpha,\beta,\gamma)^{\mathrm{T}}$ 表示机器人末端位姿**。$\boldsymbol{x}$ 的前三个元素构成位置向量 $\boldsymbol{p}=(x,y,z)^{\mathrm{T}}$，它就是位姿矩阵 $\boldsymbol{T}$ 第 4 列的前三个元素。$\boldsymbol{x}$ 的后三个元素构成姿态向量 $\boldsymbol{\eta}=(\alpha,\beta,\gamma)^{\mathrm{T}}$，它可以是欧拉角、固定角或等效轴-角中的任意一种，且与旋转矩阵 $\boldsymbol{R}$ 之间存在确定的转换关系。因此，位姿向量是位置向量与姿态向量的合成向量 $\boldsymbol{x}=(\boldsymbol{p}^{\mathrm{T}},\boldsymbol{\eta}^{\mathrm{T}})^{\mathrm{T}}$，它与位姿矩阵 $\boldsymbol{T}$ 可以相互转换。

3. 单位四元数

无论三角度法还是等效轴-角法，都存在奇异问题。与等效轴-角对应的**单位四元数**(unitary quaternion)可以避免姿态表示中的奇异问题。

四元数(quaternion)是一种超复数，具体表示为一个实数与一个三维向量的组合：

$$ \tilde{\boldsymbol{q}}=q_0+\boldsymbol{q}=q_0+q_1\boldsymbol{i}+q_2\boldsymbol{j}+q_3\boldsymbol{k} \tag{2.37} $$

式中：$\boldsymbol{i},\boldsymbol{j},\boldsymbol{k}$ 为算子，且满足如下运算规则，即

$$ \begin{cases} \boldsymbol{i}^2=\boldsymbol{j}^2=\boldsymbol{k}^2=\boldsymbol{ijk}=-1 \\ \boldsymbol{ij}=\boldsymbol{k}=-\boldsymbol{ji} \\ \boldsymbol{jk}=\boldsymbol{i}=-\boldsymbol{kj} \\ \boldsymbol{ki}=\boldsymbol{j}=-\boldsymbol{ik} \end{cases} \tag{2.38} $$

为表达简单，四元数可写成 $\tilde{\boldsymbol{q}}=(q_0,\boldsymbol{q})=(q_0,q_1,q_2,q_3)^{\mathrm{T}}$ 的形式。

令 $\tilde{\boldsymbol{p}}=(p_0,\boldsymbol{p})$，$\tilde{\boldsymbol{q}}=(q_0,\boldsymbol{q})$，四元数的运算法则如下。

（1）四元数的加法

$$ \tilde{\boldsymbol{p}}+\tilde{\boldsymbol{q}}=(p_0+q_0,\boldsymbol{p}+\boldsymbol{q}) \tag{2.39} $$

（2）四元数的乘法

$$ \tilde{\boldsymbol{p}}\tilde{\boldsymbol{q}}=(p_0q_0-\boldsymbol{p}\cdot\boldsymbol{q},q_0\boldsymbol{p}+p_0\boldsymbol{q}+\boldsymbol{p}\times\boldsymbol{q}) \tag{2.40} $$

(3) 共轭四元数

$$\tilde{\boldsymbol{q}}^{*} = (q_0, -\boldsymbol{q}) \tag{2.41}$$

(4) 四元数的逆

$$\tilde{\boldsymbol{q}}^{-1} = \frac{\tilde{\boldsymbol{q}}^{*}}{\tilde{\boldsymbol{q}} \cdot \tilde{\boldsymbol{q}}} \tag{2.42}$$

(5) 四元数的模

$$|\tilde{\boldsymbol{q}}| = \sqrt{\tilde{\boldsymbol{q}} \cdot \tilde{\boldsymbol{q}}} = \sqrt{\tilde{\boldsymbol{q}}\tilde{\boldsymbol{q}}^{*}} = \sqrt{q_0^2 + q_1^2 + q_2^2 + q_3^2} \tag{2.43}$$

当用四元数表示三维空间向量 $\boldsymbol{p}=(p_x, p_y, p_z)^{\mathrm{T}}$ 时，其对应的四元数形式为 $\tilde{\boldsymbol{p}}=(0, p_x, p_y, p_z)^{\mathrm{T}}$。

模为 1 的四元数称为**单位四元数**，单位四元数满足

$$\tilde{\boldsymbol{q}}^{-1} = \tilde{\boldsymbol{q}}^{*} \tag{2.44}$$

单位四元数可以描述刚体姿态，此时，通常将其定义为

$$\tilde{\boldsymbol{\varepsilon}} = \varepsilon_0 + \varepsilon_1 \boldsymbol{i} + \varepsilon_2 \boldsymbol{j} + \varepsilon_3 \boldsymbol{k} \tag{2.45}$$

其中，4 个参数 $\varepsilon_0, \varepsilon_1, \varepsilon_2, \varepsilon_3$ 称为**欧拉参数**(Euler parameters)，且

$$\varepsilon_0^2 + \varepsilon_1^2 + \varepsilon_2^2 + \varepsilon_3^2 = 1 \tag{2.46}$$

等效轴-角向量 $\boldsymbol{k}_\theta = \theta\hat{\boldsymbol{k}} = (\theta k_x, \theta k_y, \theta k_z)^{\mathrm{T}}$ 也可以写成四元数的形式 $(\theta, \hat{\boldsymbol{k}})^{\mathrm{T}}$。如果 $(\theta, \hat{\boldsymbol{k}})^{\mathrm{T}}$ 已知，则对应的欧拉参数定义为

$$\begin{cases} \varepsilon_0 = \cos(\theta/2) \\ \varepsilon_1 = k_x \sin(\theta/2) \\ \varepsilon_2 = k_y \sin(\theta/2) \\ \varepsilon_3 = k_z \sin(\theta/2) \end{cases} \tag{2.47}$$

如果把单位向量 $\hat{\boldsymbol{k}}$ 用复数的形式表达，即 $\hat{\boldsymbol{k}} = k_x \boldsymbol{i} + k_y \boldsymbol{j} + k_z \boldsymbol{k}$，则单位四元数 $\tilde{\boldsymbol{\varepsilon}}$ 可表示为

$$\tilde{\boldsymbol{\varepsilon}} = \varepsilon_0 + \varepsilon_1 \boldsymbol{i} + \varepsilon_2 \boldsymbol{j} + \varepsilon_3 \boldsymbol{k} = \cos(\theta/2) + \hat{\boldsymbol{k}}\sin(\theta/2) \tag{2.48}$$

可见，单位四元数 $\tilde{\boldsymbol{\varepsilon}}$ 就是等效轴-角四元组 $(\theta, \hat{\boldsymbol{k}})^{\mathrm{T}}$ 的单位化。

根据式(2.34)和式(2.47)，可得欧拉参数与姿态矩阵 $\boldsymbol{R}$ 的关系

$$\boldsymbol{R}_{\tilde{\varepsilon}} = \begin{pmatrix} r_{11} & r_{12} & r_{13} \\ r_{21} & r_{22} & r_{23} \\ r_{31} & r_{32} & r_{33} \end{pmatrix} = \begin{pmatrix} 1-2(\varepsilon_2^2+\varepsilon_3^2) & 2(\varepsilon_1\varepsilon_2-\varepsilon_0\varepsilon_3) & 2(\varepsilon_1\varepsilon_3+\varepsilon_0\varepsilon_2) \\ 2(\varepsilon_1\varepsilon_2+\varepsilon_0\varepsilon_3) & 1-2(\varepsilon_1^2+\varepsilon_3^2) & 2(\varepsilon_2\varepsilon_3-\varepsilon_0\varepsilon_1) \\ 2(\varepsilon_1\varepsilon_3-\varepsilon_0\varepsilon_2) & 2(\varepsilon_2\varepsilon_3+\varepsilon_0\varepsilon_1) & 1-2(\varepsilon_1^2+\varepsilon_2^2) \end{pmatrix} \tag{2.49}$$

如果旋转矩阵已知，则可以求得欧拉参数

$$\begin{cases} \varepsilon_0 = \dfrac{1}{2}\sqrt{1+r_{11}+r_{22}+r_{33}} \\ \varepsilon_1 = \dfrac{r_{32}-r_{23}}{4\varepsilon_0} \\ \varepsilon_2 = \dfrac{r_{13}-r_{31}}{4\varepsilon_0} \\ \varepsilon_3 = \dfrac{r_{21}-r_{12}}{4\varepsilon_0} \end{cases} \qquad \begin{cases} \varepsilon_0 = \dfrac{1}{2}\sqrt{1+r_{11}-r_{22}-r_{33}} \\ \varepsilon_1 = \dfrac{r_{21}+r_{12}}{4\varepsilon_0} \\ \varepsilon_2 = \dfrac{r_{31}+r_{13}}{4\varepsilon_0} \\ \varepsilon_3 = \dfrac{r_{32}-r_{23}}{4\varepsilon_0} \end{cases}$$

$$\begin{cases} \varepsilon_0 = \dfrac{1}{2}\sqrt{1-r_{11}+r_{22}-r_{33}} \\ \varepsilon_1 = \dfrac{r_{21}+r_{12}}{4\varepsilon_0} \\ \varepsilon_2 = \dfrac{r_{32}+r_{23}}{4\varepsilon_0} \\ \varepsilon_3 = \dfrac{r_{13}-r_{31}}{4\varepsilon_0} \end{cases} \qquad \begin{cases} \varepsilon_0 = \dfrac{1}{2}\sqrt{1-r_{11}-r_{22}+r_{33}} \\ \varepsilon_1 = \dfrac{r_{31}+r_{13}}{4\varepsilon_0} \\ \varepsilon_2 = \dfrac{r_{32}+r_{23}}{4\varepsilon_0} \\ \varepsilon_3 = \dfrac{r_{21}-r_{12}}{4\varepsilon_0} \end{cases} \tag{2.50}$$

无论 $\boldsymbol{R}$ 如何取值，式(2.50)中总有一组公式的分母不为零。可见，**欧拉参数总可以求解**。利用欧拉参数表达姿态不存在奇异现象，它具有全局特性，因此称**欧拉参数为全局参数**。这是单位四元数在工业机器人中得到广泛应用的一个原因。

利用单位四元数 $\tilde{\boldsymbol{\varepsilon}}$ 及其共轭(conjugate)$\tilde{\boldsymbol{\varepsilon}}^*$，可实现对向量的旋转操作。将三维向量 $\boldsymbol{p}=(p_x,p_y,p_z)^{\mathrm{T}}$ 绕轴线 $\hat{\boldsymbol{k}}=(k_x,k_y,k_z)^{\mathrm{T}}$ 旋转 θ 角后，得到新的向量 $\boldsymbol{p}'$。这一过程的单位四元数计算形式为

$$\tilde{\boldsymbol{p}}' = \tilde{\boldsymbol{\varepsilon}}\tilde{\boldsymbol{p}}\tilde{\boldsymbol{\varepsilon}}^* \tag{2.51}$$

式中：共轭四元数 $\tilde{\boldsymbol{\varepsilon}}^*$ 为

$$\tilde{\boldsymbol{\varepsilon}}^* = \varepsilon_0 - \varepsilon_1\boldsymbol{i} - \varepsilon_2\boldsymbol{j} - \varepsilon_3\boldsymbol{k} = \cos(\theta/2) - \hat{\boldsymbol{k}}\sin(\theta/2) \tag{2.52}$$

而 $\tilde{\boldsymbol{p}}$、$\tilde{\boldsymbol{p}}'$分别是 $\boldsymbol{p}$ 和 $\boldsymbol{p}'$的四元数表示。

利用单位四元数也可实现连续旋转。例如，用单位四元数实现连续两次旋转，可以先计算单位四元数的乘积(复合旋转)，再与被旋转的向量相乘，即

$$\tilde{\boldsymbol{p}}'' = \tilde{\boldsymbol{\varepsilon}}_2\tilde{\boldsymbol{p}}'\tilde{\boldsymbol{\varepsilon}}_2^* = \tilde{\boldsymbol{\varepsilon}}_2(\tilde{\boldsymbol{\varepsilon}}_1\tilde{\boldsymbol{p}}\tilde{\boldsymbol{\varepsilon}}_1^*)\tilde{\boldsymbol{\varepsilon}}_2^* = (\tilde{\boldsymbol{\varepsilon}}_2\tilde{\boldsymbol{\varepsilon}}_1)\tilde{\boldsymbol{p}}(\tilde{\boldsymbol{\varepsilon}}_1^*\tilde{\boldsymbol{\varepsilon}}_2^*) = (\tilde{\boldsymbol{\varepsilon}}_2\tilde{\boldsymbol{\varepsilon}}_1)\tilde{\boldsymbol{p}}(\tilde{\boldsymbol{\varepsilon}}_2\tilde{\boldsymbol{\varepsilon}}_1)^* = \tilde{\boldsymbol{\varepsilon}}\tilde{\boldsymbol{p}}\tilde{\boldsymbol{\varepsilon}}^* \tag{2.53}$$

两个旋转矩阵的乘积运算涉及 27 次乘法和 18 次加法，而两个单位四元数的乘积运算仅涉及 16 次乘法和 12 次加法。显然后者的计算效率更高，这是单位四元数得到广泛应用的另一原因。第 2.5.4 小节将介绍如何利用单位四元数生成姿态轨迹。

2.2　机器人运动学建模

在控制机器人时，经常会进行两类计算：①根据关节位置的测量值计算末端工具位姿；②根据指定的末端工具位姿，计算关节位置指令，作为控制器的期望值。为此，需要建立关节位置与末端位姿之间的映射关系。

以图 2.16 所示的 6 自由度串联机器人为例，由于其末端位姿由关节位置决定，因此，末端工具的位姿矩阵${}^0_T\boldsymbol{T}$ 一定与关节变量$(q_1,q_2,\cdots,q_n)^{\mathrm{T}}$ 有关。

如果关节变量已知，则${}^0_T\boldsymbol{T}$ 可表示为

$$\begin{gathered} {}^0_T\boldsymbol{T} = \begin{pmatrix} {}^0_T\boldsymbol{R} & {}^0\boldsymbol{p}_{\mathrm{TORG}} \\ \boldsymbol{0} & 1 \end{pmatrix} = \begin{pmatrix} r_{11} & r_{12} & r_{13} & p_1 \\ r_{21} & r_{22} & r_{23} & p_2 \\ r_{31} & r_{32} & r_{33} & p_3 \\ 0 & 0 & 0 & 1 \end{pmatrix} \\ r_{i,j} = f_{i,j}(q_1,\cdots,q_6),\quad p_i = g_i(q_1,\cdots,q_6), \\ i,j = 1 \sim 3 \end{gathered} \tag{2.54}$$

反之，若${}^{0}_{T}\boldsymbol{T}$已知，则$(q_1,q_2,\cdots,q_n)^{\mathrm{T}}$也应该可求解

$$q_i = f_i(r_{11},\cdots,r_{33},p_1,p_2,p_3) \quad (i=1,2,\cdots,6) \tag{2.55}$$

式(2.54)称为机器人**正运动学**(forward kinematics)**模型**，或**运动学正解**。它是机器人运动分析和静力分析的基础，在机器人设计阶段用于评估工作空间、运动灵活性等。式(2.55)称为机器人**逆运动学**(inverse kinematics)**模型**，或**运动学反解**，在控制机器人时，需要利用它解算关节控制指令。

构成机器人的每个连杆 i，都可以由与之固连的坐标系$\{i\}$表示。建立相邻连杆坐标系的位姿矩阵${}^{i-1}_{i}\boldsymbol{T}$，然后运用递推计算，即可获得${}^{0}_{T}\boldsymbol{T}$。${}^{i-1}_{i}\boldsymbol{T}$中应包含对应的关节变量，这样才能建立机器人正运动学模型。

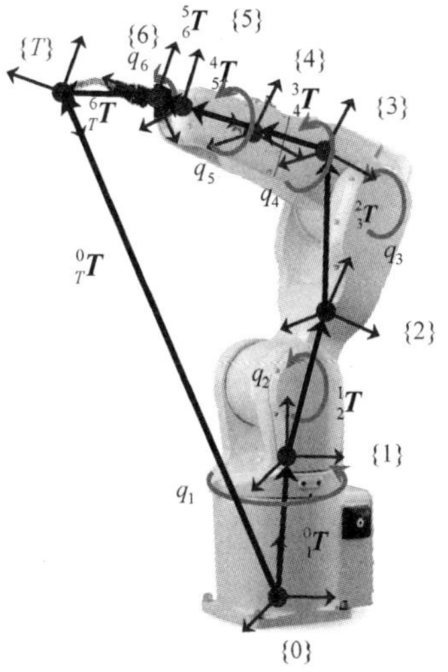

图 2.16　6 自由度串联机器人各连杆坐标系及其位姿矩阵

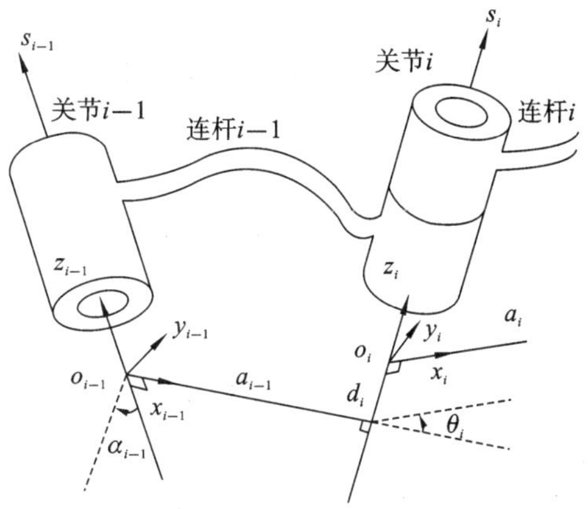

图 2.17　相邻连杆的前置 D-H 参数和坐标系定义

2.2.1　前置D-H参数法

机器人相邻连杆位姿矩阵${}^{i-1}_{i}\boldsymbol{T}$中各元素的取值，与坐标系$\{i\}$和$\{i-1\}$的定义有关。D-H参数法是一种建立机器人构件坐标系的方法，它能简化${}^{i-1}_{i}\boldsymbol{T}$的形式。D-H 参数法分为后置 D-H 参数法(也称标准 D-H 参数法)和前置 D-H 参数法(也称改进 D-H 参数法)。本书仅介绍前置 D-H 参数法，因为根据它建立的${}^{i-1}_{i}\boldsymbol{T}$更为简洁。

图 2.17 标记了 D-H 参数，并利用前置 D-H 参数法建立了机器人中间任意两连杆的坐标系。D-H 参数的定义和建立前置 D-H 坐标系的规则如下：

(1) 连杆 $i-1$ 的长度 a_{i-1}——关节 $i-1$ 轴线 s_{i-1} 与关节 i 轴线 s_i 的公垂线(或公法线)长度。当两轴线相交时，$a_{i-1}=0$。a_{i-1}为结构参数(常值)。

(2) 连杆 $i-1$ 的扭角 α_{i-1}——关节 $i-1$ 轴线 s_{i-1} 与关节 i 轴线 s_i 之间的夹角，取值范围为±90°。假定扭角 α_{i-1}的旋转轴沿公垂线 a_{i-1} 从轴 s_{i-1} 指向轴 s_i，遵循右手定则，规定从轴 s_{i-1}转到轴 s_i 为正。若关节轴线平行，则 $\alpha_{i-1}=0$。α_{i-1}为结构参数(常值)。

(3) 连杆 i 的偏距 d_i——从 a_{i-1} 与轴线 s_i 的交点到 a_i 与轴线 s_i 的交点的有向距离。如果关节 i 是移动关节，则 d_i 为变量；如果是旋转关节，则 d_i 为结构参数(常值)。

(4) 关节 i 的转角 θ_i——连杆公法线 a_{i-1} 与 a_i 之间的夹角，以 d_i 方向为转轴方向，遵循右手定则绕 s_i 旋转，从 a_{i-1} 到 a_i 为正。如果关节 i 是旋转关节，则 θ_i 为变量；如果是移动关节，则 θ_i 为结构参数(常值)。

根据 D-H 参数建立连杆 i 固连坐标系$\{i\}$的规则为：原点取 a_i 与关节轴线 s_i 的交点，z_i 轴与关节轴线 s_i 重合，x_i 轴沿 a_i 由关节 i 指向关节 $i+1$，y_i 轴由右手定则确定；如果轴线 s_i 与轴线 s_{i+1} 相交，则原点在交点处，x_i 垂直于 s_i 和 s_{i+1} 构成的平面，有两个可选方向。

对于基坐标系和末端连杆坐标系，需要做一些特殊规定，如图 2.18 所示。

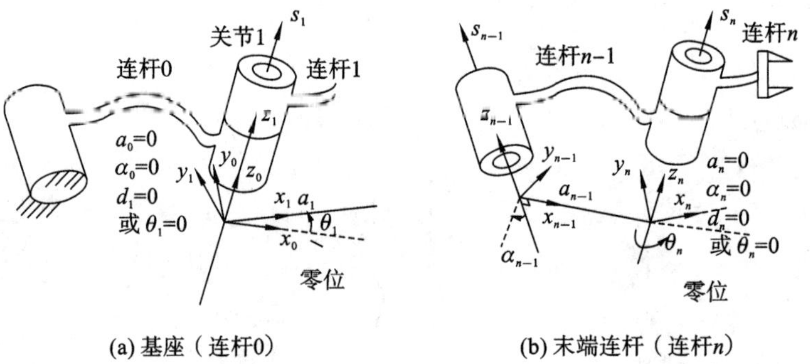

图 2.18　特殊连杆坐标系的定义

基坐标系$\{0\}$：该坐标系为惯性坐标系(固定不动)，规定 $a_0=0$，$\alpha_0=0$，令$\{0\}$的原点与$\{1\}$的原点重合，z_0 轴与 z_1 轴重合，规定当关节变量 $q_1=0$ 时，$\{0\}$与$\{1\}$重合。

末端连杆坐标系$\{n\}$：规定$\{n\}$的原点在 a_{n-1} 与关节 n 轴线 s_n 的交点处，z_n 轴与关节 n 轴线 s_n 重合，当关节变量 $q_n=0$ 时，x_n 与 x_{n-1} 共线且同向。

以上规则能够让尽可能多的 D-H 参数等于 0，可简化运算。

建立了连杆坐标系之后，利用连续坐标变换的原理，可给出相邻连杆间的位姿矩阵。如图 2.19 所示，假定连杆坐标系$\{i-1\}$到坐标系$\{i\}$的齐次变换矩阵为${}^{i-1}_{i}\boldsymbol{T}$，通过以下四步可导出：

(1) $\{i-1\}$绕 x_{i-1} 轴(a_{i-1})旋转角 α_{i-1}，得到中间坐标系$\{R\}$(图 2.19(b))；

(2) $\{R\}$沿 x_{i-1} 轴平移 a_{i-1}，得到中间坐标系$\{Q\}$(图 2.19(c))；

(3) $\{Q\}$绕 z_i 轴(s_i)旋转角 θ_i，得到中间坐标系$\{P\}$(图 2.19(d))；

(4) $\{P\}$沿 z_i 轴平移 d_i，与坐标系$\{i\}$重合(图 2.19(d))。

以上四步都是相对动坐标系描述的，遵循映射矩阵“从左到右”相乘的原则，得

$$ {}^{i-1}_{i}\boldsymbol{T}={}^{i-1}_{R}\boldsymbol{T}{}^{R}_{Q}\boldsymbol{T}{}^{Q}_{P}\boldsymbol{T}{}^{P}_{i}\boldsymbol{T}=\mathrm{rot}(\hat{\boldsymbol{x}},\alpha_{i-1})\mathrm{trans}(\hat{\boldsymbol{x}},a_{i-1})\mathrm{rot}(\hat{\boldsymbol{z}},\theta_i)\mathrm{trans}(\hat{\boldsymbol{z}},d_i) \tag{2.56} $$

把式(2.56)中的各特殊变换矩阵连乘，得

$$ {}^{i-1}_{i}\boldsymbol{T}=\begin{pmatrix} \cos\theta_i & -\sin\theta_i & 0 & a_{i-1} \\ \sin\theta_i\cos\alpha_{i-1} & \cos\theta_i\cos\alpha_{i-1} & -\sin\alpha_{i-1} & -d_i\sin\alpha_{i-1} \\ \sin\theta_i\sin\alpha_{i-1} & \cos\theta_i\sin\alpha_{i-1} & \cos\alpha_{i-1} & d_i\cos\alpha_{i-1} \\ 0 & 0 & 0 & 1 \end{pmatrix} \tag{2.57} $$

式(2.57)就是表示机器人相邻连杆位姿的**前置** D-H **矩阵**。

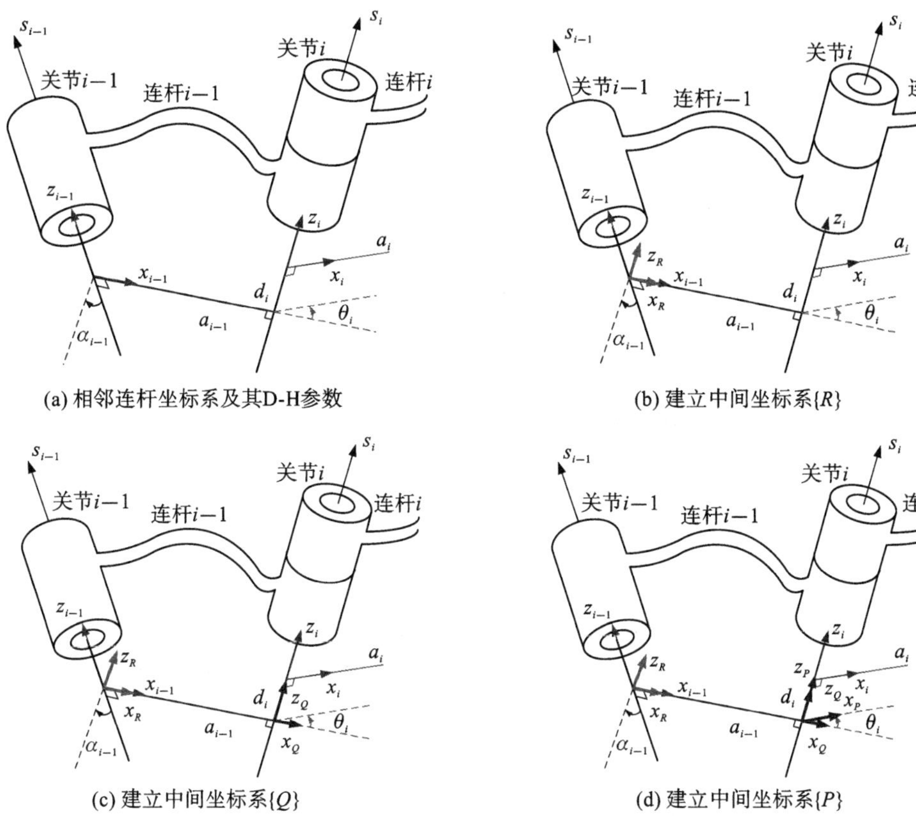

(a) 相邻连杆坐标系及其D-H参数　　(b) 建立中间坐标系$\{R\}$

(c) 建立中间坐标系$\{Q\}$　　(d) 建立中间坐标系$\{P\}$

图 2.19　中间坐标系的定义

2.2.2　典型机器人的正运动学模型

下面利用前置 D-H 参数法，给出 4 种典型机器人的正运动学模型。

1. 平面 2R 机器人

图 2.20 所示为平面 2R 机器人，它包含两个旋转关节，且两关节轴线平行。希望建立连杆 2 和末端相对于基座的位姿矩阵。利用前置 D-H 参数法建立连杆坐标系，各坐标系的 D-H 参数见表 2.1。

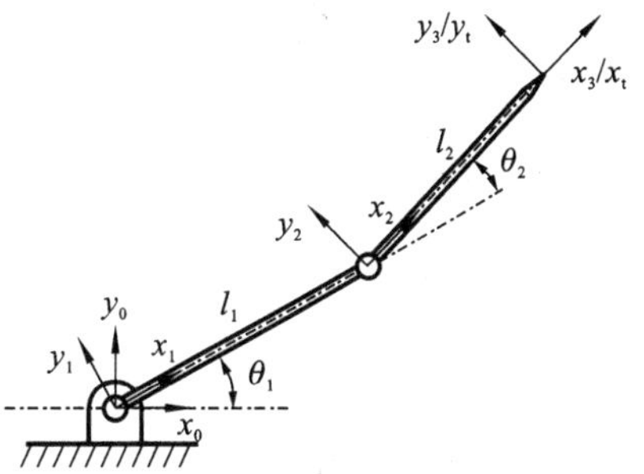

图 2.20　平面 2R 机器人

表 2.1　平面 2R 机器人的前置 D-H 参数

i	α_{i-1}	a_{i-1}	θ_i	d_i
1	0	0	θ_1	0
2	0	l_1	θ_2	0
3	0	l_2	0	0

根据式(2.57)，可得相邻坐标系间的 D-H 矩阵

$$
{}^{0}_{1}\boldsymbol{T}=\begin{pmatrix}\cos\theta_1 & -\sin\theta_1 & 0 & 0\\ \sin\theta_1 & \cos\theta_1 & 0 & 0\\ 0 & 0 & 1 & 0\\ 0 & 0 & 0 & 1\end{pmatrix},\quad {}^{1}_{2}\boldsymbol{T}=\begin{pmatrix}\cos\theta_2 & -\sin\theta_2 & 0 & l_1\\ \sin\theta_2 & \cos\theta_2 & 0 & 0\\ 0 & 0 & 1 & 0\\ 0 & 0 & 0 & 1\end{pmatrix},\quad {}^{2}_{3}\boldsymbol{T}=\begin{pmatrix}1 & 0 & 0 & l_2\\ 0 & 1 & 0 & 0\\ 0 & 0 & 1 & 0\\ 0 & 0 & 0 & 1\end{pmatrix} \tag{2.58}
$$

于是,连杆 2 相对于基座的位姿矩阵为

$$
{}^{0}_{2}\boldsymbol{T}={}^{0}_{1}\boldsymbol{T}{}^{1}_{2}\boldsymbol{T}=\begin{pmatrix}\mathrm{c}_{12} & -\mathrm{s}_{12} & 0 & l_1\mathrm{c}_1\\ \mathrm{s}_{12} & \mathrm{c}_{12} & 0 & l_1\mathrm{s}_1\\ 0 & 0 & 1 & 0\\ 0 & 0 & 0 & 1\end{pmatrix} \tag{2.59}
$$

末端相对于基座的位姿矩阵为

$$
{}^{0}_{T}\boldsymbol{T}={}^{0}_{3}\boldsymbol{T}={}^{0}_{2}\boldsymbol{T}{}^{2}_{3}\boldsymbol{T}=\begin{pmatrix}\mathrm{c}_{12} & -\mathrm{s}_{12} & 0 & l_1\mathrm{c}_1+l_2\mathrm{c}_{12}\\ \mathrm{s}_{12} & \mathrm{c}_{12} & 0 & l_1\mathrm{s}_1+l_2\mathrm{s}_{12}\\ 0 & 0 & 1 & 0\\ 0 & 0 & 0 & 1\end{pmatrix} \tag{2.60}
$$

式中采用了缩写形式:$\mathrm{s}_1=\sin\theta_1$,$\mathrm{c}_1=\cos\theta_1$,$\mathrm{s}_{12}=\sin(\theta_1+\theta_2)$,$\mathrm{c}_{12}=\cos(\theta_1+\theta_2)$。

式(2.59)和式(2.60)分别是平面 2R 机器人连杆 2 和末端的正运动学模型。

平面 2R 机器人的末端位姿向量为

$$
\begin{cases}\boldsymbol{x}_T=(x,y,\gamma)^{\mathrm{T}}\\ x=l_1\mathrm{c}_1+l_2\mathrm{c}_{12}\\ y=l_1\mathrm{s}_1+l_2\mathrm{s}_{12}\\ \gamma=\theta_1+\theta_2\end{cases} \tag{2.61}
$$

式(2.61)中位姿向量的三个非零元素仅有两个独立分量。由于末端姿态仅存在绕 z_0 旋转的自由度,因此可以认为姿态角 γ 是欧拉角、固定角和等效轴角表示法中的任意一种。

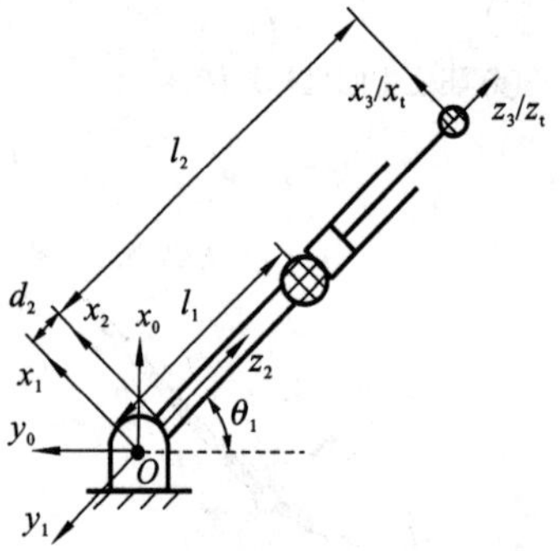

图 2.21 平面 RP 机器人

2. 平面 RP 机器人

图 2.21 所示为平面 RP 机器人,它的第 2 关节为移动关节,当关节变量 $d_2=0$ 时,末端与关节 1 轴线的距离为 l_2。利用前置 D-H 参数法建立坐标系,各坐标系的 D-H 参数见表 2.2。

表 2.2 平面 RP 机器人的前置 D-H 参数

i	α_{i-1}	a_{i-1}	θ_i	d_i
1	0	0	θ_1	0
2	90°	0	0	d_2
3	0	0	0	l_2

根据式(2.57),可得相邻坐标系间的 D-H 矩阵

$$
{}^0_1\boldsymbol{T}=\begin{pmatrix}\cos\theta_1 & -\sin\theta_1 & 0 & 0\\ \sin\theta_1 & \cos\theta_1 & 0 & 0\\ 0 & 0 & 1 & 0\\ 0 & 0 & 0 & 1\end{pmatrix},\quad {}^1_2\boldsymbol{T}=\begin{pmatrix}1 & 0 & 0 & 0\\ 0 & 0 & -1 & -d_2\\ 0 & 1 & 0 & 0\\ 0 & 0 & 0 & 1\end{pmatrix},\quad {}^2_3\boldsymbol{T}=\begin{pmatrix}1 & 0 & 0 & 0\\ 0 & 1 & 0 & 0\\ 0 & 0 & 1 & l_2\\ 0 & 0 & 0 & 1\end{pmatrix} \tag{2.62}
$$

于是,连杆 2 相对于基座的位姿矩阵为

$$
{}^0_2\boldsymbol{T}={}^0_1\boldsymbol{T}{}^1_2\boldsymbol{T}=\begin{pmatrix}c_1 & 0 & s_1 & d_2 s_1\\ s_1 & 0 & -c_1 & -d_2 c_1\\ 0 & 1 & 0 & 0\\ 0 & 0 & 0 & 1\end{pmatrix} \tag{2.63}
$$

末端相对于基座的位姿矩阵为

$$
{}^0_T\boldsymbol{T}={}^0_3\boldsymbol{T}={}^0_2\boldsymbol{T}{}^2_3\boldsymbol{T}=\begin{pmatrix}c_1 & 0 & s_1 & (d_2+l_2)s_1\\ s_1 & 0 & -c_1 & -(d_2+l_2)c_1\\ 0 & 1 & 0 & 0\\ 0 & 0 & 0 & 1\end{pmatrix} \tag{2.64}
$$

平面 RP 机器人的末端位姿向量为

$$
\begin{cases}\boldsymbol{x}_T=(x,y,\gamma)^{\mathrm T}\\ x=(d_2+l_2)s_1\\ y=-(d_2+l_2)c_1\\ \gamma=\theta_1\end{cases} \tag{2.65}
$$

3. 空间 3R 机器人

在平面 2R 机器人的基座上增加一个回转关节,就构成了图 2.22 所示的空间 3R 机器人。利用前置 D-H 参数法建立连杆坐标系,各坐标系的 D-H 参数见表 2.3。

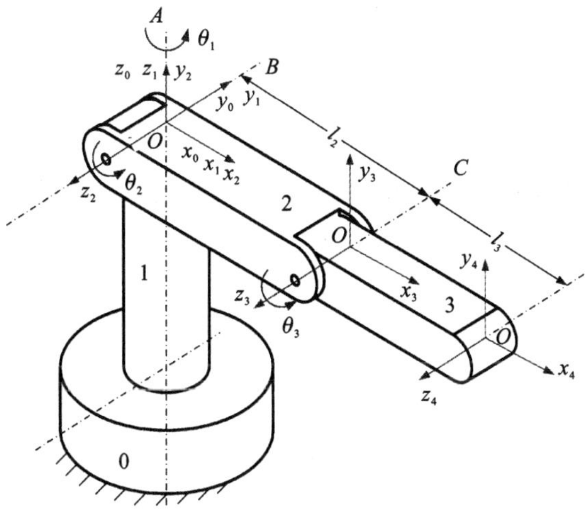

图 2.22　空间 3R 机器人的前置 D-H 坐标系

表 2.3　空间 3R 机器人的前置 D-H 参数

i	α_{i-1}	a_{i-1}	θ_i	d_i
1	0	0	θ_1	0
2	90°	0	θ_2	0
3	0	l_2	θ_3	0
4	0	l_3	0	0

根据式(2.57)，可得相邻坐标系间的 D-H 矩阵

$$
\begin{aligned}
&{}^0_1\boldsymbol{T}=\begin{bmatrix}\cos\theta_1 & -\sin\theta_1 & 0 & 0\\ \sin\theta_1 & \cos\theta_1 & 0 & 0\\ 0 & 0 & 1 & 0\\ 0 & 0 & 0 & 1\end{bmatrix},\quad {}^1_2\boldsymbol{T}=\begin{bmatrix}\cos\theta_2 & \sin\theta_2 & 0 & 0\\ 0 & 0 & -1 & 0\\ \sin\theta_2 & \cos\theta_2 & 0 & 0\\ 0 & 0 & 0 & 1\end{bmatrix}\\
&{}^2_3\boldsymbol{T}=\begin{bmatrix}\cos\theta_3 & -\sin\theta_3 & 0 & l_2\\ \sin\theta_3 & \cos\theta_3 & 0 & 0\\ 0 & 0 & 1 & 0\\ 0 & 0 & 0 & 1\end{bmatrix},\quad {}^3_4\boldsymbol{T}=\begin{bmatrix}1 & 0 & 0 & l_3\\ 0 & 1 & 0 & 0\\ 0 & 0 & 1 & 0\\ 0 & 0 & 0 & 1\end{bmatrix}
\end{aligned}
\tag{2.66}
$$

于是，连杆 3 相对于基座的位姿矩阵为

$$
{}^0_3\boldsymbol{T}={}^0_1\boldsymbol{T}{}^1_2\boldsymbol{T}{}^2_3\boldsymbol{T}=\begin{bmatrix}c_1c_{23} & -c_1s_{23} & s_1 & l_2c_1c_2\\ s_1c_{23} & -s_1s_{23} & -c_1 & l_2s_1s_2\\ s_{23} & c_{23} & 0 & l_2s_2\\ 0 & 0 & 0 & 1\end{bmatrix}
\tag{2.67}
$$

末端相对于基座的位姿矩阵为

$$
{}^0_T\boldsymbol{T}={}^0_4\boldsymbol{T}={}^0_3\boldsymbol{T}{}^3_4\boldsymbol{T}=\begin{bmatrix}c_1c_{23} & -c_1s_{23} & s_1 & l_2c_1c_2+l_3c_1c_{23}\\ s_1c_{23} & -s_1s_{23} & -c_1 & l_2s_1s_2+l_3s_1c_{23}\\ s_{23} & c_{23} & 0 & l_2s_2+l_3s_{23}\\ 0 & 0 & 0 & 1\end{bmatrix}
\tag{2.68}
$$

选择等效轴-角法表示末端姿态，则空间 3R 机器人的位姿向量可表示为

$$
\begin{cases}
\boldsymbol{x}_T=(x,y,z,\alpha,\beta,\gamma)^{\mathrm{T}}\\
x=l_2c_1c_2+l_3c_1c_{23}\\
y=l_2s_1s_2+l_3s_1c_{23}\\
z=l_2s_2+l_3s_{23}\\
\alpha=\dfrac{\theta}{2\sin\theta}(c_{23}+c_1)\\
\beta=\dfrac{\theta}{2\sin\theta}(s_1-s_{23})\\
\gamma=\dfrac{\theta}{2\sin\theta}s_{123}
\end{cases}
\tag{2.69}
$$

其中：
$$\theta=\arccos\left(\frac{c_{123}-1}{2}\right)$$

可见，仅有三个自由度的空间 3R 机器人末端姿态角的解析式比较复杂，且存在奇异解。因此，在工程中通常不使用姿态角的解析表达式，而是根据需要，由已知的姿态矩阵求解姿态角。

4. PUMA560 机器人

图 2.23 所示为 PUMA560 机器人，可将其视为在空间 3R 机器人末端附加了三个转轴交于一点的腕部旋转关节 θ_4、θ_5、θ_6。图 2.23 给出了各连杆的前置 D-H 坐标系，其中坐标系 {6} 又称为腕部坐标系，D-H 参数见表 2.4。

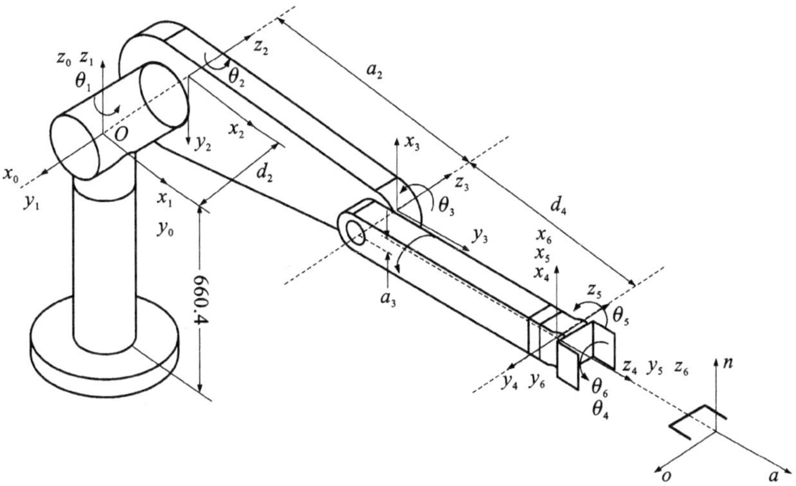

图 2.23　PUMA560 机器人的前置 D-H 坐标系

表 2.4　空间 3R 机器人的前置 D-H 参数

i	α_{i-1}	a_{i-1}	θ_i（变量）	d_i	变量范围
1	0°	0	θ_1	0	−160°～160°
2	−90°	0	θ_2	d_2	−225°～45°
3	0°	a_2	θ_3	0	−45°～225°
4	−90°	a_3	θ_4	d_4	−110°～170°
5	90°	0	θ_5	0	−100°～100°
6	−90°	0	θ_6	0	−266°～266°

相邻坐标系间的 D-H 矩阵为

$$
{}^0_1\boldsymbol{T}=\begin{pmatrix} c\theta_1 & -s\theta_1 & 0 & 0 \\ s\theta_1 & c\theta_1 & 0 & 0 \\ 0 & 0 & 1 & 0 \\ 0 & 0 & 0 & 1 \end{pmatrix},\ {}^1_2\boldsymbol{T}=\begin{pmatrix} c\theta_2 & -s\theta_2 & 0 & 0 \\ 0 & 0 & 1 & d_2 \\ -s\theta_2 & -c\theta & 0 & 0 \\ 0 & 0 & 0 & 1 \end{pmatrix},\ {}^2_3\boldsymbol{T}=\begin{pmatrix} c\theta_3 & -s\theta_3 & 0 & a_2 \\ s\theta_3 & c\theta_3 & 0 & 0 \\ 0 & 0 & 1 & 0 \\ 0 & 0 & 0 & 1 \end{pmatrix}
$$

$$
{}^3_4\boldsymbol{T}=\begin{pmatrix} c\theta_4 & -s\theta_4 & 0 & a_3 \\ 0 & 0 & 1 & d_4 \\ -s\theta_4 & -c\theta_4 & 0 & 0 \\ 0 & 0 & 0 & 1 \end{pmatrix},\ {}^4_5\boldsymbol{T}=\begin{pmatrix} c\theta_5 & -s\theta_5 & 0 & 0 \\ 0 & 0 & -1 & 0 \\ s\theta_5 & c\theta_5 & 0 & 0 \\ 0 & 0 & 0 & 1 \end{pmatrix},\ {}^5_6\boldsymbol{T}=\begin{pmatrix} c\theta_6 & -s\theta_6 & 0 & 0 \\ 0 & 0 & 1 & 0 \\ -s\theta_6 & -c\theta_6 & 0 & 0 \\ 0 & 0 & 0 & 1 \end{pmatrix} \tag{2.70}
$$

连杆 6 相对于基座的位姿矩阵为

$$
\begin{aligned}
{}^0_6\boldsymbol{T} &= \begin{pmatrix} n_x & o_x & a_x & p_x \\ n_y & o_y & a_y & p_y \\ n_z & o_z & a_z & p_z \\ 0 & 0 & 0 & 1 \end{pmatrix} \\
n_x &= c_1[c_{23}(c_4c_5c_6-s_4s_6)-s_{23}s_5c_6]+s_1(s_4c_5c_6+c_4s_6) \\
n_y &= s_1[c_{23}(c_4c_5c_6-s_4s_6)-s_{23}s_5c_6]-c_1(s_4c_5c_6+c_4s_6) \\
n_z &= -s_{23}(c_4c_5c_6-s_4s_6)-c_{23}s_5c_6 \\
o_x &= c_1[c_{23}(-c_4c_5s_6-s_4c_6)+s_{23}s_5s_6]+s_1(c_4c_6-s_4c_5s_6) \\
o_y &= s_1[c_{23}(-c_4c_5s_6-s_4c_6)+s_{23}s_5s_6]-c_1(c_4c_6-s_4c_5c_6) \\
o_z &= -s_{23}(-c_4c_5c_6-s_4s_6)+c_{23}s_5s_6 \\
a_x &= -c_1(c_{23}c_4s_5+s_{23}c_5)-c_1s_4s_5 \\
a_y &= -s_1(c_{23}c_4s_5+s_{23}c_5)+c_1s_4s_5 \\
a_z &= s_{23}c_4s_5-c_{23}c_5 \\
p_x &= c_1(a_2c_2+a_3c_{23}-d_4s_{23})-d_2s_1 \\
p_y &= s_1(a_2c_2+a_3c_{23}-d_4s_{23})-d_2c_1 \\
p_z &= -a_3s_{23}-a_2s_2-d_4c_{23}
\end{aligned} \tag{2.71}
$$

2.2.3　机器人状态描述

对于 n 自由度机器人，如果每个关节都由独立的驱动器驱动，则无论中间连杆位姿还是末端位姿，都可由 n 个关节变量加以确定。这样的一组变量称为**关节向量**(joint vector)，通常用符号 $\boldsymbol{q}=(q_1,q_2,\cdots,q_n)^{\mathrm{T}}$ 表达。由关节向量构成的空间称为**关节空间**(joint space)。显然，关节空间表示了机器人的空间状态。

机器人的空间状态还可以用所有活动连杆的位姿或者末端位姿来描述。

连杆位姿表征了机器人本体占据的空间，称为机器人的**位形空间**(configuration space)。关节空间与位形空间存在一一对应的关系。空间路径规划中的避碰问题，需要在位形空间中进行讨论。

机器人末端位姿的重要性显而易见，因为工具通常安装在末端。末端位姿通常在基坐标系这样的笛卡尔坐标系中描述，因此，机器人末端位姿空间又称为**笛卡尔空间**(Cartesian space)。笛卡尔空间更普遍的称谓是**操作空间**(operational space)或**任务空间**(task space)。

2.2.2 小节的运动学建模，就是讨论如何建立关节空间与操作空间的映射关系。机器人操作空间的维数由使用者定义，可以小于 6，例如，平面机器人操作空间的维数通常等于 3。

大多数工业机器人的关节驱动电机与关节之间都有减速器，有些还有其他中间传动机构。因此，电机转角通常不等于关节位移。由各电机转角组成的向量称为**驱动向量**(actuation vector)。由驱动向量构成的空间称为**驱动空间**(actuation space)，通常用符号 $\boldsymbol{\theta}=(\theta_1,\theta_2,\cdots,\theta_n)^{\mathrm{T}}$ 表达。

机器人的运动控制问题最终都需要变换到驱动空间。通过一个传动矩阵，可以把 $\boldsymbol{q}$ 转换为 $\boldsymbol{\theta}$。对于图 2.21 所示平面 RP 机器人，假设其关节 1 由电机 1 通过传动比为 N 的减速器驱动，关节 2 由电机 2 通过导程为 P 的丝杠螺母驱动，定义关节向量为 $\boldsymbol{q}=(q_1,d_2)^{\mathrm{T}}$，驱动向量为 $\boldsymbol{\theta}=(\theta_1,\theta_2)^{\mathrm{T}}$，则

$$\boldsymbol{\theta}=\begin{pmatrix} N & 0 \\ 0 & \dfrac{2\pi}{P} \end{pmatrix}\boldsymbol{q}$$

显然，上述传动矩阵为常数对角阵。但是，并不是所有机器人都具有如此简单的传动矩阵。例如，为了减轻末端连杆质量，重载机器人会把末端关节的驱动电机安装在基座附近，并采用连杆机构把电机运动传递到末端，这样，其传动矩阵的某些元素就是非线性的，且不是对角阵。

图 2.24 表示了驱动空间、关节空间与操作空间三者之间的映射关系。

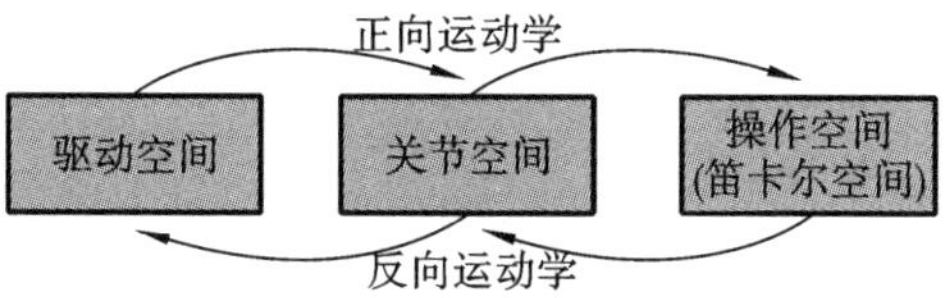

图 2.24　机器人三种空间的映射关系示意图

2.2.4　机器人运动学逆解

在控制中，需要利用逆解根据指定的末端位姿解算关节位移。解析法能给出逆运动学模型的解析式。用于控制时，解析法具有计算效率高的优点，但是，并不是所有的串联机器人都有解析解。数值法是一种数值迭代方法，它并不给出逆运动学模型的解析式，而是针对给定的末端位姿计算关节位移的数值解。数值法通用性强，但是在实时控制中却计算效率较低。因此，应尽量利用解析法建立机器人逆运动学模型。

1. 解析法

对于一个 6 自由度机器人，只有当它的**三个相邻轴交于一点或相互平行时，该机器人的逆运动学问题才有解析解**。这也是多数工业机器人腕部三个旋转自由度轴线交于一点的原因。

当已知位姿矩阵或位姿向量的解析表达式时，对于简单的串联机器人，例如前述平面 2R 机器人和平面 RP 机器人，可以根据运动学模型的位姿向量表达式，利用消元法获得关节表达式。

【例 2-6】 根据平面 2R 机器人运动学模型的位姿向量表达式，求其运动学逆解解析式。

解 根据式(2.61)，可知平面 2R 机器人位姿向量各元素表达式为

$$x = l_1 c_1 + l_2 c_{12}$$
$$y = l_1 s_1 + l_2 s_{12}$$

对于逆解问题，x、y 已知，求上述两式平方和得

$$\theta_2 = \pm \arccos \frac{x^2 + y^2 - l_1^2 - l_2^2}{2 l_1 l_2}$$

θ_2 符号根据机器人初始位形确定。

将 θ_2 代入 y 的表达式，得

$$A s_1 + B c_1 = C$$

其中

$$A = l_1 + l_2 c_2, \quad B = l_2 s_2, \quad C = y$$

可求得

$$\theta_1 = \arcsin \frac{C}{\sqrt{A^2 + B^2}} - \arctan \frac{B}{A}$$

【例 2-7】 根据平面 RP 机器人运动学模型的位姿向量表达式，求其运动学逆解解析式。

解 根据式(2.65)，可知平面 RP 机器人位姿向量各元素表达式为

$$x = (d_2 + l_2) s_1$$
$$y = -(d_2 + l_2) c_1$$
$$\gamma = \theta_1$$

对于逆解问题，如果 x、y 已知，可求得逆解解析式

$$\theta_1 = -\mathrm{Atan2}(x, y)$$
$$d_2 = \sqrt{x^2 + y^2} - l_2$$

对于更复杂的串联机器人，常用 Paul 反变换法求解，这里简要介绍其基本原理。对于一般的串联机器人运动学模型

$${}^0_1\boldsymbol{T}(\theta_1)\,{}^1_2\boldsymbol{T}(\theta_2)\cdots{}^{n-1}_{n}\boldsymbol{T}(\theta_n) = {}^0_n\boldsymbol{T} \tag{2.72}$$

第 n 杆位姿矩阵中各元素已知

$${}^0_n\boldsymbol{T} = \begin{bmatrix} n_x & o_x & a_x & p_x \\ n_y & o_y & a_y & p_y \\ n_z & o_z & a_z & p_z \\ 0 & 0 & 0 & 1 \end{bmatrix}$$

为求关节变量 θ_1，在式(2.72)两边同时左乘 ${}^0_1\boldsymbol{T}(\theta_1)^{-1}$，得

$${}^1_2\boldsymbol{T}(\theta_2)\cdots{}^{n-1}_{n}\boldsymbol{T}(\theta_n) = {}^0_1\boldsymbol{T}(\theta_1)^{-1}\,{}^0_n\boldsymbol{T} \tag{2.73}$$

式(2.73)的右边只有待求变量 θ_1。把式(2.73)左右矩阵相乘合并，各得到一个 4×4 矩阵，它们的对应元素相等，可得到 12 个等式。在这些等式中，通过方程组运算，找到仅含一个关节变量 θ_1 的等式，即可求得 θ_1。不断重复此过程，直到解出所有变量。

实际上，对于 PUMA 机器人，根据式(2.73)即可求解 θ_1、θ_2 和 θ_3；然后，再根据等

式${}^{0}_{3}\boldsymbol{T}^{-1}\,{}^{0}_{6}\boldsymbol{T}={}^{3}_{4}\boldsymbol{T}(\theta_4)\,{}^{4}_{5}\boldsymbol{T}(\theta_5)\,{}^{5}_{6}\boldsymbol{T}(\theta_6)$，可求得 θ_4 和 θ_5；最后，根据等式${}^{0}_{5}\boldsymbol{T}^{-1}(\theta_1,\theta_2,\theta_3,\cdots,\theta_5)\,{}^{0}_{6}\boldsymbol{T}={}^{5}_{6}\boldsymbol{T}(\theta_6)$，可求得 θ_6。

2. 数值法

数值法是一种通用的近似求解方法，能够得到复杂超越方程的**数值解**(numerical solution)，可用于求解串联机器人的运动学逆解和并联机器人的运动学正解。这里介绍常用的牛顿迭代法。

如果已知机器人运动学正解以及末端位姿矩阵的值，则${}^{0}_{n}\boldsymbol{T}$ 的前三行各元素可写成方程组的形式，其中的关节变量是待求变量。一般的，对于具有 n 个变量 $\boldsymbol{q}=(q_1,q_2,\cdots,q_n)^{\mathrm{T}}$ 的多元方程组

$$\begin{cases} f_1(q_1,q_2,\cdots,q_n)=0 \\ f_2(q_1,q_2,\cdots,q_n)=0 \\ \vdots \qquad\qquad\qquad \vdots \\ f_n(q_1,q_2,\cdots,q_n)=0 \end{cases} \tag{2.74}$$

采用牛顿法求根的具体步骤如下：

(1) 对于初始近似解 $\boldsymbol{q}^k=(q_1^k,q_2^k,\cdots,q_n^k)^{\mathrm{T}}$，判断其是否满足

$$|\boldsymbol{f}(\boldsymbol{q}^k)|\leqslant\varepsilon \tag{2.75}$$

(2) 如果不满足式(2.75)，则将其代入

$$\Delta\boldsymbol{q}^k=\begin{pmatrix}\Delta q_1^k\\ \Delta q_2^k\\ \vdots\\ \Delta q_n^k\end{pmatrix}=\begin{pmatrix}\dfrac{\partial f_1}{\partial q_1} & \dfrac{\partial f_1}{\partial q_2} & \cdots & \dfrac{\partial f_1}{\partial q_n}\\ \dfrac{\partial f_2}{\partial q_1} & \dfrac{\partial f_2}{\partial q_2} & \cdots & \dfrac{\partial f_2}{\partial q_n}\\ \vdots & \vdots & & \vdots\\ \dfrac{\partial f_n}{\partial q_1} & \dfrac{\partial f_n}{\partial q_2} & \cdots & \dfrac{\partial f_n}{\partial q_n}\end{pmatrix}^{-1}_{|\boldsymbol{q}=\boldsymbol{q}^k}\begin{pmatrix}-f_1\\ -f_2\\ \vdots\\ -f_n\end{pmatrix}_{|\boldsymbol{q}=\boldsymbol{q}^k} \tag{2.76}$$

求得迭代增量 $\Delta\boldsymbol{q}^k=(\Delta q_1^k,\Delta q_2^k,\cdots,\Delta q_n^k)^{\mathrm{T}}$。

(3) 得到新的近似解

$$\boldsymbol{q}^{k+1}=\boldsymbol{q}^k+\Delta\boldsymbol{q}^k \tag{2.77}$$

(4) 利用新得到的近似解 $\boldsymbol{q}^{k+1}$，重复步骤(1)～(3)，直至满足终止条件式(2.75)。

如果把 $\boldsymbol{q}$ 和 $\boldsymbol{f}(\boldsymbol{q})$ 表示在二维平面上，则上述迭代求根的过程可用图 2.25 表示。

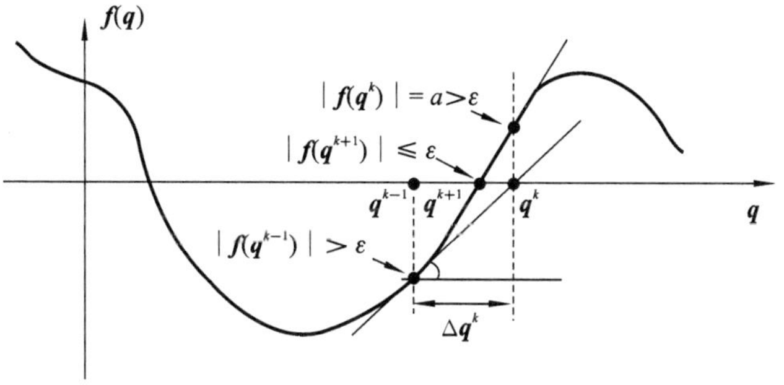

图 2.25　牛顿迭代求根原理

2.3 速度和静力雅可比

2.3.1 机器人速度雅可比的定义

雅可比矩阵(Jacobian matrix)简称为**雅可比**(Jacobian),其数学意义为向量值函数的一阶全微分。对于向量值函数

$$\boldsymbol{x}=\begin{pmatrix}x_1\\ \vdots\\ x_m\end{pmatrix}=\begin{pmatrix}f_1(q_1,q_2,\cdots,q_n)\\ \vdots\\ f_m(q_1,q_2,\cdots,q_n)\end{pmatrix}\tag{2.78}$$

其全微分为

$$\begin{pmatrix}\delta x_1\\ \vdots\\ \delta x_m\end{pmatrix}=\begin{pmatrix}\dfrac{\partial f_1}{\partial q_1} & \cdots & \dfrac{\partial f_1}{\partial q_n}\\ \vdots & & \vdots\\ \dfrac{\partial f_m}{\partial q_1} & \cdots & \dfrac{\partial f_m}{\partial q_n}\end{pmatrix}\begin{pmatrix}\delta q_1\\ \vdots\\ \delta q_n\end{pmatrix}\tag{2.79}$$

令

$$\delta\boldsymbol{x}=\begin{pmatrix}\delta x_1\\ \vdots\\ \delta x_m\end{pmatrix},\quad \boldsymbol{J}=\begin{pmatrix}\dfrac{\partial f_1}{\partial q_1} & \cdots & \dfrac{\partial f_1}{\partial q_n}\\ \vdots & & \vdots\\ \dfrac{\partial f_m}{\partial q_1} & \cdots & \dfrac{\partial f_m}{\partial q_n}\end{pmatrix},\quad \delta\boldsymbol{q}=\begin{pmatrix}\delta q_1\\ \vdots\\ \delta q_n\end{pmatrix}$$

则式(2.79)可以写为用矩阵表达的通式,即

$$\delta\boldsymbol{x}=\boldsymbol{J}(\boldsymbol{q})\delta\boldsymbol{q}\tag{2.80}$$

式中:$\boldsymbol{J}(\boldsymbol{q})$就是**雅可比矩阵**。

将式(2.80)两端同时除以 δt,得到关于时间的导数

$$\dot{\boldsymbol{x}}=\boldsymbol{J}(\boldsymbol{q})\dot{\boldsymbol{q}}\tag{2.81}$$

若 $\boldsymbol{x}$ 表示机器人末端位姿向量($m=6$),$\boldsymbol{q}$ 表示机器人关节向量(n 为机器人关节数),那么 $\boldsymbol{J}(\boldsymbol{q})$就是**机器人速度雅可比**。它把关节速度向量 $\dot{\boldsymbol{q}}$ 映射为末端速度向量 $\dot{\boldsymbol{x}}$,**可以把速度雅可比视为关节空间速度与操作空间速度之间的广义传动比**。式(2.81)称为机器人的**微分运动学方程**。

根据速度雅可比和末端期望速度计算关节期望速度,是实施机器人速度控制或速度前馈位置控制的基础。

2.3.2 速度雅可比的解析解

设机器人末端工具相对于惯性参考系{0}的位姿向量为

$$^{0}\boldsymbol{x}_T=(^{0}\boldsymbol{p}_T^{\mathrm{T}},{}^{0}\boldsymbol{\eta}_T^{\mathrm{T}})^{\mathrm{T}}=(x,y,z,\alpha,\beta,\gamma)^{\mathrm{T}}\tag{2.82}$$

其中:$^{0}\boldsymbol{p}_T=(x,y,z)^{\mathrm{T}}$ 为位置向量;$^{0}\boldsymbol{\eta}_T=(\alpha,\beta,\gamma)^{\mathrm{T}}$ 为姿态向量。

对应的速度向量为

$$^{0}\dot{\boldsymbol{x}}_T=(^{0}\boldsymbol{v}_T,{}^{0}\boldsymbol{\omega}_T)^{\mathrm{T}}\tag{2.83}$$

其中：${}^0\boldsymbol{v}_T=({}^0v_{Tx},{}^0v_{Ty},{}^0v_{Tz})^{\mathrm{T}}$ 为线速度向量；${}^0\boldsymbol{\omega}_T=({}^0\omega_{Tx},{}^0\omega_{Ty},{}^0\omega_{Tz})^{\mathrm{T}}$ 为角速度向量。

1. 线速度向量

如果已知末端相对于基座的位姿矩阵${}^0_T\boldsymbol{T}$ 的表达式

$$
{}^0_T\boldsymbol{T}=\begin{bmatrix} {}^0_T\boldsymbol{R} & {}^0\boldsymbol{p}_{\mathrm{TORG}} \\ \boldsymbol{0} & 1 \end{bmatrix}_{4\times4} \tag{2.84}
$$

其中，

$$
{}^0\boldsymbol{p}_{\mathrm{TORG}}=\begin{bmatrix} {}^0p_{Tx} \\ {}^0p_{Ty} \\ {}^0p_{Tz} \end{bmatrix},\ {}^0_T\boldsymbol{R}=\begin{bmatrix} r_{11} & r_{12} & r_{13} \\ r_{21} & r_{22} & r_{23} \\ r_{31} & r_{32} & r_{33} \end{bmatrix}
$$

则${}^0\boldsymbol{v}_T$ 的解析式为

$$
{}^0\boldsymbol{v}_T={}^0\dot{\boldsymbol{p}}_T=\begin{bmatrix} {}^0v_{Tx} \\ {}^0v_{Ty} \\ {}^0v_{Tz} \end{bmatrix}=\begin{bmatrix} {}^0\dot{p}_{Tx} \\ {}^0\dot{p}_{Ty} \\ {}^0\dot{p}_{Tz} \end{bmatrix}=\begin{bmatrix} \dfrac{{}^0p_{Tx}}{\partial q_1}, & \cdots, & \dfrac{{}^0p_{Tx}}{\partial q_n} \\ \dfrac{{}^0p_{Ty}}{\partial q_1}, & \cdots, & \dfrac{{}^0p_{Ty}}{\partial q_n} \\ \dfrac{{}^0p_{Tz}}{\partial q_1}, & \cdots, & \dfrac{{}^0p_{Tz}}{\partial q_n} \end{bmatrix}\dot{\boldsymbol{q}}_{n\times1}={}^0\boldsymbol{J}_{Tv}(\boldsymbol{q})_{3\times n}\dot{\boldsymbol{q}}_{n\times1} \tag{2.85}
$$

式中：${}^0\boldsymbol{J}_{Tv}(\boldsymbol{q})$是 $3\times n$ 矩阵，它是雅可比 $\boldsymbol{J}_T(\boldsymbol{q})$的前三行，反映了关节速度向量与末端线速度向量的映射关系，下标 Tv 表明这是末端线速度向量对应的雅可比。

2. 角速度向量

如 2.2.2 小节所述，对于一般的空间机器人，难以得到姿态分量的解析式。不过，根据姿态矩阵 $\boldsymbol{R}$ 的特殊性质，可以由 $\boldsymbol{R}$ 的时间微分 $\dot{\boldsymbol{R}}$ 直接求取角速度向量。

如图 2.26 所示，考虑以等效轴-角表示末端工具$\{T\}$相对于惯性参考系$\{0\}$的姿态。为表述清晰，图中假定两坐标系原点重合。于是，$\{T\}$相对于$\{0\}$的角速度${}^0\boldsymbol{\omega}_T$ 可以认为是绕轴${}^0\hat{\boldsymbol{k}}$ 的瞬时转动，其方向与${}^0\hat{\boldsymbol{k}}$ 一致，大小为 $\dot{\theta}$。${}^0\boldsymbol{\omega}_T$ 和${}^0\hat{\boldsymbol{k}}$ 的左上标意味着其在$\{0\}$中描述。

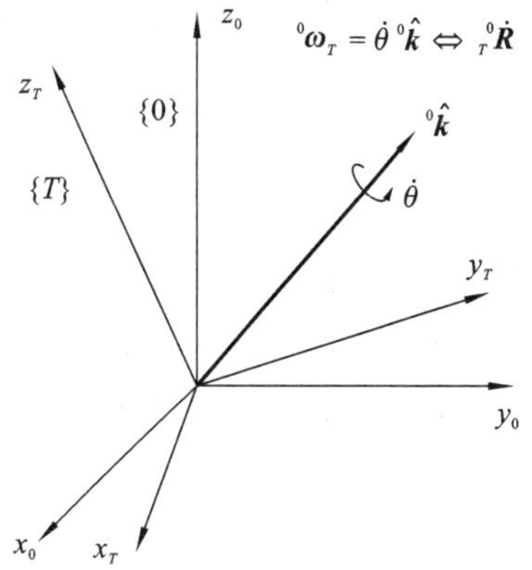

图 2.26　绕等效轴-角的旋转变换

根据姿态矩阵${}^0_T\boldsymbol{R}$ 与等效轴-角${}^0\boldsymbol{k}_\theta=\theta{}^0\hat{\boldsymbol{k}}=(\theta{}^0k_x,\theta{}^0k_y,\theta{}^0k_z)^{\mathrm{T}}$ 的关系式(2.34)，以及时间微分的定义，可得姿态矩阵的时间微分${}^0_T\dot{\boldsymbol{R}}$ 满足如下关系

$$
{}^0_T\dot{\boldsymbol{R}}\,{}^0_T\boldsymbol{R}^{-1}={}^0_T\dot{\boldsymbol{R}}\,{}^0_T\boldsymbol{R}^{\mathrm{T}}={}^0_T\boldsymbol{S} \tag{2.86}
$$

式中：

$$
{}^0_T\boldsymbol{S}=\begin{bmatrix} 0 & -{}^0\omega_{Tz} & {}^0\omega_{Ty} \\ {}^0\omega_{Tz} & 0 & -{}^0\omega_{Tx} \\ -{}^0\omega_{Ty} & {}^0\omega_{Tx} & 0 \end{bmatrix},
$$

$$
{}^0\boldsymbol{\omega}_T=\begin{bmatrix} {}^0\omega_{Tx} \\ {}^0\omega_{Ty} \\ {}^0\omega_{Tz} \end{bmatrix}=\dot{\theta}\begin{bmatrix} {}^0k_x \\ {}^0k_y \\ {}^0k_z \end{bmatrix}=\dot{\theta}{}^0\hat{\boldsymbol{k}}
$$

反对称矩阵${}_T^0\boldsymbol{S}$中的非零元素就是角速度向量${}^0\boldsymbol{\omega}_T$的元素。由式(2.86)可得$\dot{\boldsymbol{R}}$的定义

$$\dot{\boldsymbol{R}} = \boldsymbol{SR} \tag{2.87}$$

若${}_T^0\boldsymbol{R}$解析式已知,则${}_T^0\dot{\boldsymbol{R}}$的解析式可通过${}_T^0\boldsymbol{R}$的时间微分得到,即,${}_T^0\boldsymbol{R}$和${}_T^0\dot{\boldsymbol{R}}$各元素表达式已知

$${}_T^0\boldsymbol{R} = \begin{pmatrix} r_{11} & r_{12} & r_{13} \\ r_{21} & r_{22} & r_{23} \\ r_{31} & r_{32} & r_{33} \end{pmatrix},\quad {}_T^0\dot{\boldsymbol{R}} = \begin{pmatrix} \dot{r}_{11} & \dot{r}_{12} & \dot{r}_{13} \\ \dot{r}_{21} & \dot{r}_{22} & \dot{r}_{23} \\ \dot{r}_{31} & \dot{r}_{32} & \dot{r}_{33} \end{pmatrix}$$

于是,式(2.86)中${}_T^0\dot{\boldsymbol{R}}$与${}_T^0\boldsymbol{R}^{\mathrm{T}}$相乘,就可以得到${}_T^0\boldsymbol{S}$中非零元素项的表达式

$$\begin{cases} {}^0\omega_{Tx} = \dot{r}_{31}r_{21} + \dot{r}_{32}r_{22} + \dot{r}_{33}r_{23} \\ {}^0\omega_{Ty} = \dot{r}_{11}r_{31} + \dot{r}_{12}r_{32} + \dot{r}_{13}r_{33} \\ {}^0\omega_{Tz} = \dot{r}_{21}r_{11} + \dot{r}_{22}r_{12} + r_{23}r_{13} \end{cases} \tag{2.88}$$

将式(2.88)对关节变量进行全微分展开,即可得到${}^0\boldsymbol{\omega}_T$的解析式

$$\begin{aligned} {}^0\boldsymbol{\omega}_T = \begin{pmatrix} {}^0\omega_{Tx} \\ {}^0\omega_{Ty} \\ {}^0\omega_{Tz} \end{pmatrix} &= \begin{pmatrix} \frac{\partial r_{31}}{\partial q_1}r_{21} + \frac{\partial r_{32}}{\partial q_1}r_{22} + \frac{\partial r_{33}}{\partial q_1}r_{23}, & \cdots, & \frac{\partial r_{31}}{\partial q_n}r_{21} + \frac{\partial r_{32}}{\partial q_n}r_{22} + \frac{\partial r_{33}}{\partial q_n}r_{23} \\ \frac{\partial r_{11}}{\partial q_1}r_{31} + \frac{\partial r_{12}}{\partial q_1}r_{32} + \frac{\partial r_{13}}{\partial q_1}r_{33}, & \cdots, & \frac{\partial r_{11}}{\partial q_n}r_{31} + \frac{\partial r_{12}}{\partial q_n}r_{32} + \frac{\partial r_{13}}{\partial q_n}r_{33} \\ \frac{\partial r_{21}}{\partial q_1}r_{11} + \frac{\partial r_{22}}{\partial q_1}r_{12} + \frac{\partial r_{23}}{\partial q_1}r_{13}, & \cdots, & \frac{\partial r_{21}}{\partial q_n}r_{11} + \frac{\partial r_{22}}{\partial q_n}r_{12} + \frac{\partial r_{23}}{\partial q_n}r_{13} \end{pmatrix} \dot{\boldsymbol{q}}_{n\times 1} \\ &= {}^0\boldsymbol{J}_{T\omega}(\boldsymbol{q})_{3\times n}\dot{\boldsymbol{q}}_{n\times 1} \end{aligned} \tag{2.89}$$

式中:${}^0\boldsymbol{J}_{T\omega}(\boldsymbol{q})$也是$3\times n$阶矩阵,是雅可比$\boldsymbol{J}_T(\boldsymbol{q})$的后三行,反映了关节速度向量与末端角速度向量的映射关系,下标$T\omega$表明这是末端线速度向量对应的雅可比。

3. 完整的雅可比解析式

合并式(2.85)和式(2.89),即可得到完整的雅可比${}^0\boldsymbol{J}_T(\boldsymbol{q})$解析式

$${}^0\dot{\boldsymbol{x}}_T = \begin{pmatrix} {}^0\boldsymbol{v}_T \\ {}^0\boldsymbol{\omega}_T \end{pmatrix}_{6\times 1} = \begin{pmatrix} {}^0\boldsymbol{J}_v(\boldsymbol{q}) \\ {}^0\boldsymbol{J}_\omega(\boldsymbol{q}) \end{pmatrix}_{6\times n} \dot{\boldsymbol{q}}_{n\times 1} = {}^0\boldsymbol{J}(\boldsymbol{q})_{6\times n}\dot{\boldsymbol{q}}_{n\times 1} \tag{2.90}$$

式中:${}^0\dot{\boldsymbol{x}}_T$是机器人末端在笛卡尔空间的速度向量,在机器人的操作空间度量,故又称为**操作空间速度向量**;而$\dot{\boldsymbol{q}}$在机器人关节空间内度量,也称为**关节空间速度向量**。

4. 不同坐标系间雅可比的变换

利用式(2.90)得到的是在惯性参考系{0}中描述的雅可比。如果希望在末端坐标系{T}中描述以{0}为参考系的速度向量${}^T\dot{\boldsymbol{x}}_T = ({}^T\boldsymbol{v}_T^{\mathrm{T}}, {}^T\boldsymbol{\omega}_T^{\mathrm{T}})^{\mathrm{T}}$,则对应的雅可比将变为

$${}^T\boldsymbol{J}_T = \begin{pmatrix} {}_0^T\boldsymbol{R} & \boldsymbol{0} \\ \boldsymbol{0} & {}_0^T\boldsymbol{R} \end{pmatrix} {}^0\boldsymbol{J}_T \tag{2.91}$$

递推法是多数机器人教材中介绍的经典方法,它不需要求解雅可比的解析式,就可以根据连杆间的D-H矩阵,直接编程计算雅可比矩阵在每个位形的数值解。本书将在2.4.2小节,结合牛顿-欧拉法简要介绍递推法。

提示

1）姿态角速度向量

根据等效轴-角定义的角速度向量，称为广义角速度向量，它与理论力学中角速度向量的定义一致。如果用固定角或欧拉角的时间微分表示角速度，则称为姿态角速度向量。它们与广义角速度向量存在固定的变换关系。

例如，对于 Z-Y-Z 欧拉角 $\boldsymbol{\gamma}_{zyz}$，有

$$\boldsymbol{\omega} = \boldsymbol{E}_{zyz}(\boldsymbol{\gamma}_{zyz})\dot{\boldsymbol{\gamma}}_{zyz}$$

式中：变换矩阵

$$\boldsymbol{E}_{zyz}(\boldsymbol{\gamma}_{zyz}) = \begin{pmatrix} 0 & -\mathrm{s}\phi & \mathrm{c}\phi\mathrm{s}\theta \\ 0 & \mathrm{c}\phi & \mathrm{s}\phi\mathrm{s}\theta \\ 1 & 0 & \mathrm{c}\theta \end{pmatrix}$$

2）"$\boldsymbol{\omega}\times$"、"$[\boldsymbol{\omega}]$"与 $\boldsymbol{S}$

$\boldsymbol{S}$ 是广义角速度向量 $\boldsymbol{\omega}$ 对应的反对称矩阵，利用运算符[　]，可以由 $\boldsymbol{\omega}$ 得到 $\boldsymbol{S}$

$$\boldsymbol{S} = [\boldsymbol{\omega}]$$

同时，也可以把 $\boldsymbol{S}$ 理解为 $\boldsymbol{\omega}$ 的叉乘运算符，即

$$\boldsymbol{S} \Leftrightarrow \boldsymbol{\omega}\times$$

于是，以角速度 $\boldsymbol{\omega}$ 旋转的向量 $\boldsymbol{r}$，其末端线速度 $\boldsymbol{v}$ 可表示为

$$\boldsymbol{v} = \boldsymbol{\omega}\times\boldsymbol{r} = [\boldsymbol{\omega}]\boldsymbol{r} = \boldsymbol{S}\boldsymbol{r} = \dot{\boldsymbol{R}}\boldsymbol{R}^{\mathrm{T}}\boldsymbol{r} \tag{2.92}$$

在利用牛顿-欧拉法求解机器人连杆的速度和加速度递推公式时，将用到式(2.87)和式(2.92)。

3）物体坐标系中的 $\dot{\boldsymbol{R}}$

如果希望在物体坐标系(例如末端坐标系)中描述角速度，那么 $\hat{\boldsymbol{k}}$ 也应当在物体坐标系中描述。此时，姿态矩阵的微分表达式变为

$$\dot{\boldsymbol{R}} = \boldsymbol{R}\boldsymbol{S}$$

2.3.3　典型机器人的速度雅可比

1. 平面 2R 机器人

根据平面 2R 机器人的位姿向量表达式(2.61)，可以直接求得其末端广义速度向量的解析解

$$^{0}\dot{\boldsymbol{x}}_T = \begin{pmatrix} ^{0}\boldsymbol{v}_T \\ ^{0}\boldsymbol{\omega}_T \end{pmatrix} = \begin{pmatrix} ^{0}v_{Tx} \\ ^{0}v_{Ty} \\ ^{0}v_{Tz} \\ ^{0}\omega_{Tx} \\ ^{0}\omega_{Ty} \\ ^{0}\omega_{Tz} \end{pmatrix} = \begin{pmatrix} -l_1\mathrm{s}\theta_1 - l_2\mathrm{s}\theta_{12} & -l_2\mathrm{s}\theta_{12} \\ l_1\mathrm{c}\theta_1 + l_2\mathrm{c}\theta_{12} & l_2\mathrm{c}\theta_{12} \\ 0 & 0 \\ 0 & 0 \\ 0 & 0 \\ 1 & 1 \end{pmatrix} \begin{pmatrix} \dot{\theta}_1 \\ \dot{\theta}_2 \end{pmatrix} = {}^{0}\boldsymbol{J}_T \begin{pmatrix} \dot{\theta}_1 \\ \dot{\theta}_2 \end{pmatrix} \tag{2.93}$$

式中：速度雅可比为

$$
{}^0\boldsymbol{J}_T=\begin{pmatrix}
-l_1\mathrm{s}\theta_1-l_2\mathrm{s}\theta_{12} & -l_2\mathrm{s}\theta_{12}\\
l_1\mathrm{c}\theta_1+l_2\mathrm{c}\theta_{12} & l_2\mathrm{c}\theta_{12}\\
0 & 0\\
0 & 0\\
0 & 0\\
1 & 1
\end{pmatrix}_{6\times 2}
$$

2. 平面 RP 机器人

根据平面 RP 机器人的位姿向量表达式(2.65),可以直接求得其末端广义速度向量的解析解

$$
{}^0\dot{\boldsymbol{x}}_T=\begin{pmatrix}{}^0\boldsymbol{v}_T\\ {}^0\boldsymbol{\omega}_T\end{pmatrix}=\begin{pmatrix}{}^0v_{Tx}\\ {}^0v_{Ty}\\ {}^0v_{Tz}\\ {}^0\omega_{Tx}\\ {}^0\omega_{Ty}\\ {}^0\omega_{Tz}\end{pmatrix}=\begin{pmatrix}
(d_2+l_2)\mathrm{c}_1 & (1+l_2)\mathrm{s}_1\\
(d_2+l_2)\mathrm{s}_1 & -(1+l_2)\mathrm{c}_1\\
0 & 0\\
0 & 0\\
0 & 0\\
1 & 0
\end{pmatrix}\begin{pmatrix}\dot{\theta}_1\\ \dot{d}_2\end{pmatrix}={}^0\boldsymbol{J}_T\begin{pmatrix}\dot{\theta}_1\\ \dot{d}_2\end{pmatrix}\tag{2.94}
$$

式中:速度雅可比为

$$
{}^0\boldsymbol{J}_T=\begin{pmatrix}
(d_2+l_2)\mathrm{c}_1 & (1+l_2)\mathrm{s}_1\\
(d_2+l_2)\mathrm{s}_1 & -(1+l_2)\mathrm{c}_1\\
0 & 0\\
0 & 0\\
0 & 0\\
1 & 0
\end{pmatrix}_{6\times 2}
$$

3. 空间 3R 机器人

根据空间 3R 机器人的末端位姿矩阵表达式(2.68),可以求得其末端广义速度向量的解析解

$$
{}^0\dot{\boldsymbol{x}}_T=\begin{pmatrix}{}^0\boldsymbol{v}_T\\ {}^0\boldsymbol{\omega}_T\end{pmatrix}=\begin{pmatrix}{}^0v_{Tx}\\ {}^0v_{Ty}\\ {}^0v_{Tz}\\ {}^0\omega_{Tx}\\ {}^0\omega_{Ty}\\ {}^0\omega_{Tz}\end{pmatrix}=\begin{pmatrix}
-l_2\mathrm{s}\theta_1\mathrm{c}\theta_2-l_3\mathrm{s}\theta_1\mathrm{c}\theta_{23} & -l_2\mathrm{c}\theta_1\mathrm{s}\theta_2-l_3\mathrm{c}\theta_1\mathrm{s}\theta_{23} & -l_3\mathrm{c}\theta_1\mathrm{s}\theta_{23}\\
l_2\mathrm{c}\theta_1\mathrm{c}\theta_2-l_3\mathrm{s}\theta_1\mathrm{c}\theta_{23} & -l_2\mathrm{s}\theta_1\mathrm{s}\theta_2-l_3\mathrm{c}\theta_1\mathrm{s}\theta_{23} & -l_3\mathrm{c}\theta_1\mathrm{s}\theta_{23}\\
0 & l_2\mathrm{c}\theta_2+l_3\mathrm{c}\theta_{23} & l_3\mathrm{c}\theta_{23}\\
0 & \mathrm{s}\theta_1 & \mathrm{s}\theta_1\\
0 & -\mathrm{c}\theta_1 & -\mathrm{c}\theta_1\\
1 & 0 & 0
\end{pmatrix}\begin{pmatrix}\dot{\theta}_1\\ \dot{\theta}_2\\ \dot{\theta}_3\end{pmatrix}\tag{2.95}
$$

式中:速度雅可比为

$$
{}^0\boldsymbol{J}_T=\begin{pmatrix}
-l_2\mathrm{s}\theta_1\mathrm{c}\theta_2-l_3\mathrm{s}\theta_1\mathrm{c}\theta_{23} & -l_2\mathrm{c}\theta_1\mathrm{s}\theta_2-l_3\mathrm{c}\theta_1\mathrm{s}\theta_{23} & -l_3\mathrm{c}\theta_1\mathrm{s}\theta_{23}\\
l_2\mathrm{c}\theta_1\mathrm{c}\theta_2-l_3\mathrm{s}\theta_1\mathrm{c}\theta_{23} & -l_2\mathrm{s}\theta_1\mathrm{s}\theta_2-l_3\mathrm{c}\theta_1\mathrm{s}\theta_{23} & -l_3\mathrm{c}\theta_1\mathrm{s}\theta_{23}\\
0 & l_2\mathrm{c}\theta_2+l_3\mathrm{c}\theta_{23} & l_3\mathrm{c}\theta_{23}\\
0 & \mathrm{s}\theta_1 & \mathrm{s}\theta_1\\
0 & -\mathrm{c}\theta_1 & -\mathrm{c}\theta_1\\
1 & 0 & 0
\end{pmatrix}_{6\times 3}
$$

2.3.4 逆雅可比与速度反解

1. 全自由度机器人的雅可比

一般情况下，串联机器人的自由度数就是主动关节数 n。假设机器人末端操作空间的维数为 m，根据自由度的多少，可定义如下机器人类型。

(1) 全自由度机器人：$m=n$。

(2) 少自由度机器人：$m>n$。

(3) 冗余自由度机器人(简称冗余度机器人)：$m<n$。

实际工程中通常不考虑少自由度机器人的情况，因为，操作空间维数可人为定义，而合理的操作空间维数应当小于或等于机器人自由度数。例如，平面 2R 机器人末端的独立可控变量数为 2，因此，合理的操作空间维数应小于或等于 2。

全自由度机器人的雅可比是方阵，例如 PUMA 机器人的雅可比是 6×6 方阵。前述平面 2R 机器人、平面 RP 机器人和空间 3R 机器人，如果以末端可控位姿向量的维数为操作空间维数，则它们的雅可比也都是方阵。

(1) $m=2$ 时，平面 2R 机器人末端雅可比为

$$^{0}\boldsymbol{J}_T=\begin{pmatrix}-l_1\mathrm{s}\theta_1-l_2\mathrm{s}\theta_{12} & -l_2\mathrm{s}\theta_{12}\\ l_1\mathrm{c}\theta_1+l_2\mathrm{c}\theta_{12} & l_2\mathrm{c}\theta_{12}\end{pmatrix}$$

(2) $m=2$ 时，平面 RP 机器人末端雅可比为

$$^{0}\boldsymbol{J}_T=\begin{pmatrix}(d_2+l_2)\mathrm{c}_1 & (1+l_2)\mathrm{s}_1\\ (d_2+l_2)\mathrm{s}_1 & -(1+l_2)\mathrm{c}_1\end{pmatrix}$$

(3) $m=3$ 时，空间 3R 机器人末端雅可比为

$$^{0}\boldsymbol{J}_T=\begin{pmatrix}-l_2\mathrm{s}\theta_1\mathrm{c}\theta_2-l_3\mathrm{s}\theta_1\mathrm{c}\theta_{23} & -l_2\mathrm{c}\theta_1\mathrm{s}\theta_2-l_3\mathrm{c}\theta_1\mathrm{s}\theta_{23} & -l_3\mathrm{c}\theta_1\mathrm{s}\theta_{23}\\ l_2\mathrm{c}\theta_1\mathrm{c}\theta_2-l_3\mathrm{s}\theta_1\mathrm{c}\theta_{23} & -l_2\mathrm{s}\theta_1\mathrm{s}\theta_2-l_3\mathrm{c}\theta_1\mathrm{s}\theta_{23} & -l_3\mathrm{c}\theta_1\mathrm{s}\theta_{23}\\ 0 & l_2\mathrm{c}\theta_2+l_3\mathrm{c}\theta_{23} & l_3\mathrm{c}\theta_{23}\end{pmatrix}$$

2. 全自由度机器人的速度反解

根据末端速度向量计算关节速度向量，可以获得关节速度的理论值，即关节控制器的速度期望值。此时，需要用到逆雅可比。

$$\dot{\boldsymbol{q}}=\boldsymbol{J}^{-1}\dot{\boldsymbol{x}} \tag{2.96}$$

对于全自由度机器人，其雅可比为方阵，如果 $|\boldsymbol{J}|\neq 0$，则 $\boldsymbol{J}^{-1}$ 可求解。在机器人的全工作空间中，对于某些位形，会存在 $|\boldsymbol{J}|=0$ 的情况。此时，$\boldsymbol{J}^{-1}$ 无解，只能用奇异值分解(SVD)等方法求 $\boldsymbol{J}$ 的广义逆。

拟人机械臂的可能奇异位形包括：相邻连杆共线、关节轴线平行、腕部回转中心位于腰部轴线上(肩关节奇异)等，如图 2.27 所示。

在奇异位形处，机器人将损失某些方向的自由度。规划机器人末端轨迹时，要考虑奇异位形的影响。一般应尽量让机器人远离奇异位形，因为，在奇异位形附近的空间，如果在不可运动方向上的末端速度分量不为零，关节速度会异常大。

3. 冗余度机器人的速度反解

冗余度机器人的雅可比是列数大于行数的非方阵，它的一般形式如图 2.28 所示。对于特定的末端速度，关节速度存在无穷解。这意味着，当试图控制机器人关节使末端到达某一个位姿时，有 $n-m$ 个关节是“多余”的。简单的控制策略是“锁定”$n-m$ 个关节，使其转换

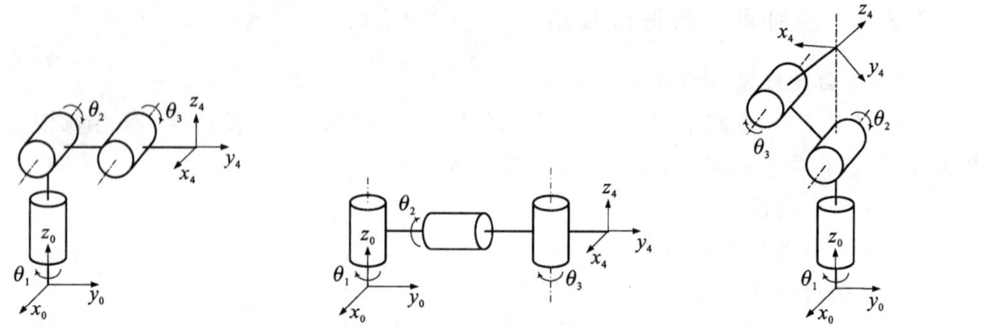

(a) 相邻连杆共线　　(b) 关节轴线平行　　(c) 肩关节奇异

图 2.27　几种典型的奇异位形

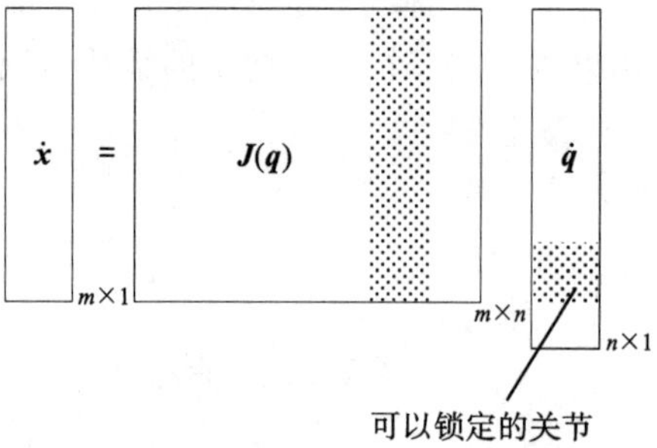

图 2.28　冗余度机器人雅可比形式($m<n$)

为全自由度机器人,得到关节向量的唯一解。但是,这样显然丧失了冗余的意义。

合理的做法是利用式(2.97)求解非方阵 $\boldsymbol{J}$ 的右广义逆 $\boldsymbol{J}^{\dagger}$,然后据此计算关节速度向量。

$$\boldsymbol{J}^{\dagger}=\boldsymbol{J}^{\mathrm{T}}(\boldsymbol{J}\boldsymbol{J}^{\mathrm{T}})^{-1} \tag{2.97}$$

如果没有特殊要求,可以根据式(2.98)求解关节速度向量,它具有最低能耗的意义。

$$\dot{\boldsymbol{q}}=\boldsymbol{J}^{\dagger}\dot{\boldsymbol{x}} \tag{2.98}$$

如果有特殊要求,则按下式求解

$$\dot{\boldsymbol{q}}=\boldsymbol{J}^{\dagger}\dot{\boldsymbol{x}}+(\boldsymbol{I}_n-\boldsymbol{J}^{\dagger}\boldsymbol{J})\dot{\boldsymbol{q}}_0 \tag{2.99}$$

式中:$(\boldsymbol{I}_n-\boldsymbol{J}^{\dagger}\boldsymbol{J})\dot{\boldsymbol{q}}_0$ 生成一个既不产生额外的末端速度,又满足特殊要求的关节速度向量。

$\dot{\boldsymbol{q}}_0$ 的定义为

$$\dot{\boldsymbol{q}}_0=k_0\left(\frac{\partial w(\boldsymbol{q})}{\partial \boldsymbol{q}}\right) \tag{2.100}$$

式中:k_0 为加权值,可根据需要确定;$w(\boldsymbol{q})$是为满足特殊需求而构造的优化函数。经常遇到的特殊需求及其对应的优化函数如下。

1）远离奇异点

$$w(\boldsymbol{q})=\sqrt{\det(\boldsymbol{J}(\boldsymbol{q})\boldsymbol{J}^{\mathrm{T}}(\boldsymbol{q}))} \tag{2.101}$$

式中:$w(\boldsymbol{q})$称为**可操作度**(manipulability)。$w(\boldsymbol{q})$的值随机器人位形变化。$w(\boldsymbol{q})$取值越大,说明当前位形下机器人灵活度越高;在奇异位形处,$w(\boldsymbol{q})$等于零。

2）远离关节极限

$$w(\boldsymbol{q})=\frac{1}{2n}\sum_{i=1}^{n}\left(\frac{q_i-\bar{q}_i}{q_{i\max}-q_{i\min}}\right)^2 \tag{2.102}$$

式中:$q_{i\max}$和 $q_{i\min}$表示关节 i 的最大和最小位置值;$\bar{q}_i$ 表示关节 i 的中值。

3）与障碍物保持距离

$$w(\boldsymbol{q})=\min_{\boldsymbol{p},\boldsymbol{o}}\|\boldsymbol{p}(\boldsymbol{q})-\boldsymbol{o}\| \tag{2.103}$$

式中:$\boldsymbol{o}$ 是障碍物上某点的空间位置向量;$\boldsymbol{p}$ 是机器人结构上距离 $\boldsymbol{o}$ 最近的点。

2.3.5 静力雅可比

静力雅可比 $\boldsymbol{J}_{\mathrm{F}}$ 反映了平衡状态下，末端力向量到关节力向量之间的映射。利用静力雅可比，可以根据末端力计算关节力/力矩，这是实施力控制和阻抗控制的基础。

根据虚功原理，可知静力雅可比与速度雅可比互为转置

$$\boldsymbol{J}_{\mathrm{F}} = \boldsymbol{J}^{\mathrm{T}} \tag{2.104}$$

如果已知末端力向量 $\boldsymbol{F}_{\mathrm{e}}$，则可计算关节力

$$\boldsymbol{\tau} = \boldsymbol{J}_{\mathrm{F}}\boldsymbol{F}_{\mathrm{e}} \tag{2.105}$$

在使用中，需要注意末端力向量的描述坐标系。对于同一个末端力向量，设其在末端坐标系{T}和参考坐标系{0}中的描述分别为 ${}^{T}\boldsymbol{F}_{\mathrm{e}}$ 和 ${}^{0}\boldsymbol{F}_{\mathrm{e}}$，则式(2.105)中对应的静力雅可比分别为 ${}^{T}\boldsymbol{J}_{\mathrm{F}}$ 和 ${}^{0}\boldsymbol{J}_{\mathrm{F}}$，它们之间存在如下关系

$${}^{0}\boldsymbol{J}_{\mathrm{F}} = {}^{T}\boldsymbol{J}_{\mathrm{F}}\begin{pmatrix} {}^{T}_{0}\boldsymbol{R} & \boldsymbol{0} \\ \boldsymbol{0} & {}^{T}_{0}\boldsymbol{R} \end{pmatrix} \tag{2.106}$$

当机器人处于奇异位形时，静力雅可比不满秩。在几何上，这种情况对应着机构的死点位置(连杆间的压力角为 90°)，它意味着微小的关节力/力矩就可抵抗极大的末端力。

2.3.6 刚体上两点间速度和力的关系

机器人腕部有时安装有力/力矩传感器，称为腕力传感器。机器人末端会根据任务需要安装不同的工具，如图 2.29(a)所示。当工具安装好之后，可以认为工具与传感器是一个刚体，它们之间的相对位姿矩阵 ${}^{T}_{S}\boldsymbol{T}$ 已知，且为常数矩阵。

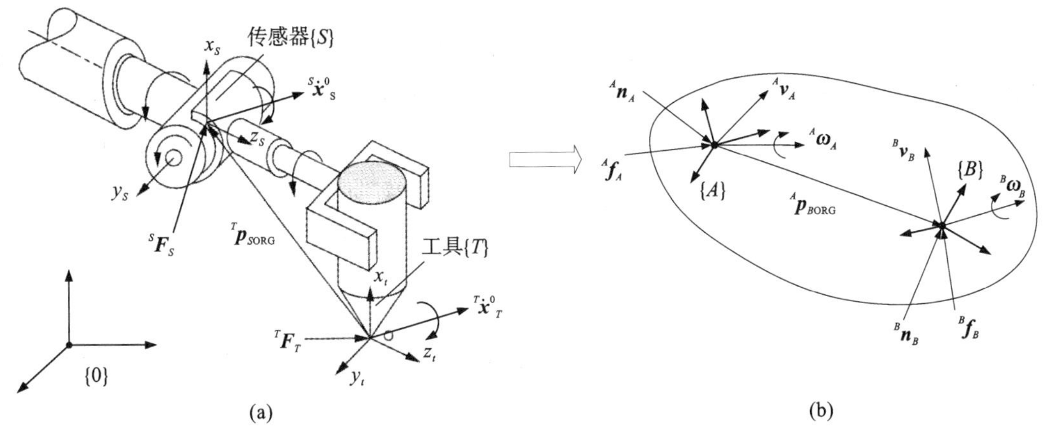

图 2.29 同一刚体上两坐标系间的速度和力关系

腕力传感器坐标系{S}原点的广义速度向量和广义力向量分别为 ${}^{S}\dot{\boldsymbol{x}}_{S}^{0}$、${}^{S}\boldsymbol{F}_{S}$。因为腕力传感器不会经常拆卸，它的雅可比解析式不随工具变化，所以，通常会在控制器中把腕力传感器的雅可比，以及 ${}^{S}\dot{\boldsymbol{x}}_{S}^{0}$ 和 ${}^{S}\boldsymbol{F}_{S}$ 与关节速度和力的关系封装成函数。然而，使用者关心的通常是工具坐标系{T}原点的广义速度向量 ${}^{T}\dot{\boldsymbol{x}}_{T}^{0}$ 和广义力向量 ${}^{T}\boldsymbol{F}_{T}$。由于工具会随需求的不同而更换，因此，经常需要在 ${}^{S}\dot{\boldsymbol{x}}_{S}^{0}$、${}^{S}\boldsymbol{F}_{S}$ 与 ${}^{T}\dot{\boldsymbol{x}}_{T}^{0}$、${}^{T}\boldsymbol{F}_{T}$ 之间进行换算。

这一问题的一般情况如图 2.29(b)所示。对处于静力平衡状态的刚体，若已知某坐标系{B}处的速度 ${}^{B}\boldsymbol{v}_{B}$、${}^{B}\boldsymbol{\omega}_{B}$(注意：参考坐标系为{0})及作用在{$B$}上的静力 ${}^{B}\boldsymbol{f}_{B}$ 和静力矩 ${}^{B}\boldsymbol{n}_{B}$，

则刚体上另一个坐标系$\{A\}$的${}^{A}\boldsymbol{v}_{A}$、${}^{A}\boldsymbol{\omega}_{A}$为

$$\begin{pmatrix} {}^{A}\boldsymbol{\omega}_{A} \\ {}^{A}\boldsymbol{v}_{A} \end{pmatrix} = \begin{pmatrix} {}^{A}_{B}\boldsymbol{R} & \boldsymbol{0} \\ [{}^{A}\boldsymbol{p}_{BORG}]{}^{A}_{B}\boldsymbol{R} & {}^{A}_{B}\boldsymbol{R} \end{pmatrix} \begin{pmatrix} {}^{B}\boldsymbol{\omega}_{B} \\ {}^{B}\boldsymbol{v}_{B} \end{pmatrix} \tag{2.107}$$

式中：[　]是求向量对应的反对称矩阵的运算符。

作用在$\{A\}$上的${}^{A}\boldsymbol{f}_{A}$、${}^{A}\boldsymbol{n}_{A}$为

$$\begin{pmatrix} {}^{A}\boldsymbol{f}_{A} \\ {}^{A}\boldsymbol{n}_{A} \end{pmatrix} = \begin{pmatrix} {}^{A}_{B}\boldsymbol{R} & \boldsymbol{0} \\ [{}^{A}\boldsymbol{p}_{BORG}]{}^{A}_{B}\boldsymbol{R} & {}^{A}_{B}\boldsymbol{R} \end{pmatrix} \begin{pmatrix} {}^{B}\boldsymbol{f}_{B} \\ {}^{B}\boldsymbol{n}_{B} \end{pmatrix} \tag{2.108}$$

定义**伴随矩阵**(adjoint matrix)为

$${}^{A}_{B}\mathrm{Ad}_{T} = \begin{pmatrix} {}^{A}_{B}\boldsymbol{R} & \boldsymbol{0} \\ [{}^{A}\boldsymbol{p}_{BORG}]{}^{A}_{B}\boldsymbol{R} & {}^{A}_{B}\boldsymbol{R} \end{pmatrix}_{6\times 6} \tag{2.109}$$

则式(2.107)和式(2.108)可简写为

$${}^{A}\dot{\boldsymbol{x}}^{0}_{A} = {}^{A}_{B}\mathrm{Ad}_{T}\,{}^{B}\dot{\boldsymbol{x}}^{0}_{B} \tag{2.110}$$

$${}^{A}\boldsymbol{F}_{A} = {}^{A}_{B}\mathrm{Ad}_{T}\,{}^{B}\boldsymbol{F}_{B} \tag{2.111}$$

式中：速度向量$\dot{\boldsymbol{x}}=(\boldsymbol{\omega}^{\mathrm{T}},\boldsymbol{v}^{\mathrm{T}})^{\mathrm{T}}$(注意，它与之前的排列顺序不同)；力向量$\boldsymbol{F}=(\boldsymbol{f}^{\mathrm{T}},\boldsymbol{n}^{\mathrm{T}})^{\mathrm{T}}$。

2.4　机器人动力学建模

机器人动力学建模涵盖正、反两类问题。正问题是指给定关节力/力矩、末端外界负载，求解机器人的真实运动，需要用到**机器人动力学模型**；逆问题是指已知机器人的运动规律(如关节轨迹点或末端轨迹点)，以及末端外界负载，求解理论关节力/力矩，需要用到**机器人逆动力学模型。正问题主要用于机器人的动力学仿真，实现对机器人性能的评价；而逆问题主要用于驱动器选型与机器人控制**。图2.30所示是PUMA560机器人的控制仿真框图，其中既用到了逆动力学模型，也用到了动力学模型。

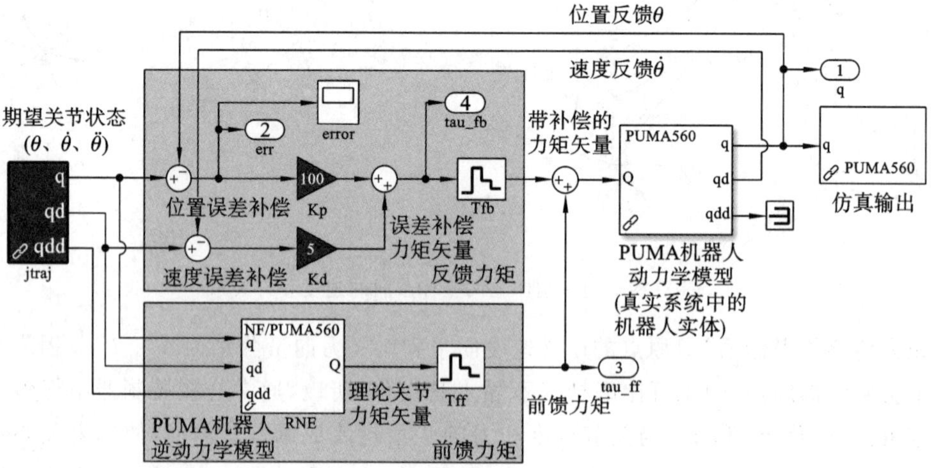

图2.30　动力学模型在PUMA560机器人仿真控制中的应用

建立机器人动力学模型的方法有多种，这里仅介绍利于编程实现的牛顿-欧拉法。牛顿-欧拉法是一种递推法，需要用到机器人连杆间的速度、加速度和力的递推关系。因此，有必

要先建立刚体间的速度和加速度关系。

2.4.1　刚体间速度和加速度关系

1. 刚体速度的符号表达

表达速度既需要描述坐标系，又需要参考坐标系，其符号表达需要反映这些信息。下面以速度向量的符号定义来说明。

对于图 2.31 所示的两个刚体坐标系$\{A\}$、$\{B\}$和一个全局惯性坐标系$\{0\}$，假定$\{A\}$、$\{B\}$存在一般相对运动，$\{0\}$与$\{A\}$相对静止，空间点 Q 相对于各坐标系速度不为零，用图 2.32 定义的符号表示。

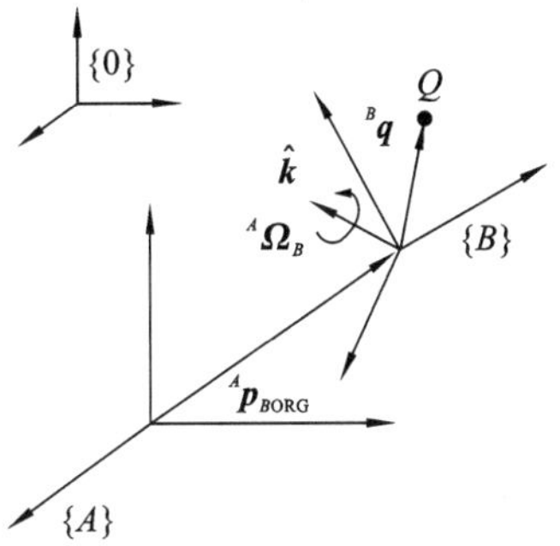

图 2.31　刚体间的速度关系

图 2.32 中的简写规则为：如果参考坐标系与描述坐标系相同，则省略右上标；如果参考坐标系和描述坐标系均为全局惯性坐标系，则省略左上标和右上标，并以小写字母表示速度向量。

2. 刚体间点的线速度关系

设图 2.31 中两个刚体存在一般运动，即：$\{B\}$相对$\{A\}$既有转动速度$^{A}\boldsymbol{\Omega}_{B}$，也有平动速度$^{A}\boldsymbol{V}_{\mathrm{BORG}}$，空间中一点 Q 在$\{B\}$中的位置向量表示为$^{B}\boldsymbol{q}$，且以$\{B\}$为参考坐标系时的线速度为$^{B}\boldsymbol{V}_{Q}$。现在要考察 Q 点以$\{A\}$为参考坐标系时的线速度$^{A}\boldsymbol{V}_{Q}$。

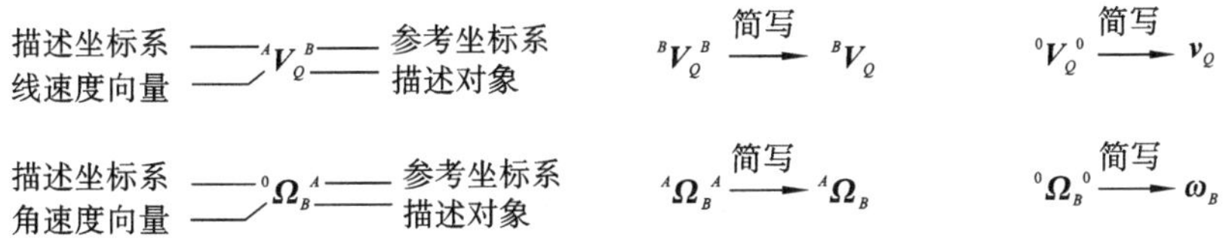

图 2.32　速度的符号表示

点 Q 在$\{A\}$中的位置向量表示为

$$^{A}\boldsymbol{q}={}^{A}\boldsymbol{p}_{\mathrm{BORG}}+{}^{A}_{B}\boldsymbol{R}\,{}^{B}\boldsymbol{q} \tag{2.112}$$

对式(2.112)求导，得

$$^{A}\boldsymbol{V}_{Q}={}^{A}\boldsymbol{V}_{\mathrm{BORG}}+{}^{A}_{B}\boldsymbol{R}\,{}^{B}\boldsymbol{V}_{Q}+{}^{A}_{B}\dot{\boldsymbol{R}}\,{}^{B}\boldsymbol{q} \tag{2.113}$$

由式(2.92)可知

$${}^{A}_{B}\dot{\boldsymbol{R}}={}^{A}\boldsymbol{\Omega}_{B}\times{}^{A}_{B}\boldsymbol{R} \tag{2.114}$$

代入式(2.113)，得

$$^{A}\boldsymbol{V}_{Q}={}^{A}\boldsymbol{V}_{\mathrm{BORG}}+{}^{A}_{B}\boldsymbol{R}\,{}^{B}\boldsymbol{V}_{Q}+{}^{A}\boldsymbol{\Omega}_{B}\times{}^{A}_{B}\boldsymbol{R}\,{}^{B}\boldsymbol{q} \tag{2.115}$$

如果 Q 点是刚体$\{B\}$上的一个定点，即$^{B}\boldsymbol{V}_{Q}=\boldsymbol{0}$，则式(2.115)变为

$$^{A}\boldsymbol{V}_{Q}={}^{A}\boldsymbol{V}_{\mathrm{BORG}}+{}^{A}\boldsymbol{\Omega}_{B}\times{}^{A}_{B}\boldsymbol{R}\,{}^{B}\boldsymbol{q} \tag{2.116}$$

建立机器人连杆间的线速度递推公式时会用到式(2.116)。

3. 刚体间点的线加速度关系

仍然利用图 2.31 进行说明。已知点 Q 相对于$\{B\}$的线加速度、$\{B\}$相对于$\{A\}$的线加速度和角加速度，欲求点 Q 以$\{A\}$为参考系时的线加速度。

将式(2.115)对时间求导，得

$$ {}^{A}\dot{\boldsymbol{V}}_Q = {}^{A}\dot{\boldsymbol{V}}_{BORG} + {}^{A}_{B}\dot{\boldsymbol{R}}\,{}^{B}\boldsymbol{V}_Q + {}^{A}_{B}\boldsymbol{R}\,{}^{B}\dot{\boldsymbol{V}}_Q + {}^{A}\dot{\boldsymbol{\Omega}}_B \times ({}^{A}_{B}\boldsymbol{R}\,{}^{B}\boldsymbol{q}) + {}^{A}\boldsymbol{\Omega}_B \times ({}^{A}_{B}\dot{\boldsymbol{R}}\,{}^{B}\boldsymbol{q}) + {}^{A}\boldsymbol{\Omega}_B \times ({}^{A}_{B}\boldsymbol{R}\,{}^{B}\dot{\boldsymbol{q}}) \tag{2.117} $$

由于

$$ {}^{A}_{B}\dot{\boldsymbol{R}} = {}^{A}\boldsymbol{\Omega}_B \times {}^{A}_{B}\boldsymbol{R}, \quad {}^{B}\dot{\boldsymbol{q}} = {}^{B}\boldsymbol{V}_Q $$

将其代入式(2.117),得

$$ \begin{aligned} {}^{A}\dot{\boldsymbol{V}}_Q &= {}^{A}\dot{\boldsymbol{V}}_{BORG} + {}^{A}\boldsymbol{\Omega}_B \times ({}^{A}_{B}\boldsymbol{R}\,{}^{B}\boldsymbol{V}_Q) + {}^{A}_{B}\boldsymbol{R}\,{}^{B}\dot{\boldsymbol{V}}_Q + {}^{A}\dot{\boldsymbol{\Omega}}_B \times ({}^{A}_{B}\boldsymbol{R}\,{}^{B}\boldsymbol{q}) \\ &\quad + {}^{A}\boldsymbol{\Omega}_B \times ({}^{A}\boldsymbol{\Omega}_B \times {}^{A}_{B}\boldsymbol{R}\,{}^{B}\boldsymbol{q}) + {}^{A}\boldsymbol{\Omega}_B \times ({}^{A}_{B}\boldsymbol{R}\,{}^{B}\boldsymbol{V}_Q) \\ &= \underbrace{{}^{A}\dot{\boldsymbol{V}}_{BORG} + {}^{A}_{B}\boldsymbol{R}\,{}^{B}\dot{\boldsymbol{V}}_Q}_{\text{线性加速度}} + \underbrace{2\,{}^{A}\boldsymbol{\Omega}_B \times ({}^{A}_{B}\boldsymbol{R}\,{}^{B}\boldsymbol{V}_Q)}_{\text{科氏加速度}} + \underbrace{{}^{A}\dot{\boldsymbol{\Omega}}_B \times ({}^{A}_{B}\boldsymbol{R}\,{}^{B}\boldsymbol{q})}_{\text{欧拉加速度}} + \underbrace{{}^{A}\boldsymbol{\Omega}_B \times ({}^{A}\boldsymbol{\Omega}_B \times {}^{A}_{B}\boldsymbol{R}\,{}^{B}\boldsymbol{q})}_{\text{向心加速度}} \end{aligned} \tag{2.118} $$

如果 Q 是刚体$\{B\}$上一定点,则${}^{B}\boldsymbol{q}$ 是常量,于是

$$ \begin{cases} {}^{B}\boldsymbol{V}_Q = \boldsymbol{0} \\ {}^{B}\dot{\boldsymbol{V}}_Q = \boldsymbol{0} \end{cases} $$

则式(2.118)可简化为

$$ {}^{A}\dot{\boldsymbol{V}}_Q = {}^{A}\dot{\boldsymbol{V}}_{BORG} + {}^{A}\dot{\boldsymbol{\Omega}}_B \times ({}^{A}_{B}\boldsymbol{R}\,{}^{B}\boldsymbol{q}) + {}^{A}\boldsymbol{\Omega}_B \times ({}^{A}\boldsymbol{\Omega}_B \times {}^{A}_{B}\boldsymbol{R}\,{}^{B}\boldsymbol{q}) \tag{2.119} $$

建立机器人连杆间的线加速度递推公式时会用到式(2.119)。

4. 刚体间角速度和角加速度关系

假设坐标系$\{B\}$以角速度${}^{A}\boldsymbol{\Omega}_B$ 和角加速度${}^{A}\dot{\boldsymbol{\Omega}}_B$ 相对于坐标系$\{A\}$转动,坐标系$\{C\}$以角速度${}^{B}\boldsymbol{\Omega}_C$ 和角加速度${}^{B}\dot{\boldsymbol{\Omega}}_C$ 相对于坐标系$\{B\}$转动,则$\{C\}$相对于$\{A\}$的角速度可以通过向量相加得到,即

$$ {}^{A}\boldsymbol{\Omega}_C = {}^{A}\boldsymbol{\Omega}_B + {}^{A}_{B}\boldsymbol{R}\,{}^{B}\boldsymbol{\Omega}_C \tag{2.120} $$

式(2.120)对时间求导,得

$$ {}^{A}\dot{\boldsymbol{\Omega}}_C = {}^{A}\dot{\boldsymbol{\Omega}}_B + {}^{A}_{B}\boldsymbol{R}\,{}^{B}\dot{\boldsymbol{\Omega}}_C + {}^{A}_{B}\dot{\boldsymbol{R}}\,{}^{B}\boldsymbol{\Omega}_C \tag{2.121} $$

把${}^{A}_{B}\dot{\boldsymbol{R}} = {}^{A}\boldsymbol{\Omega}_B \times {}^{A}_{B}\boldsymbol{R}$ 代入式(2.121),可得到$\{C\}$相对于$\{A\}$的角加速度

$$ {}^{A}\dot{\boldsymbol{\Omega}}_C = {}^{A}\dot{\boldsymbol{\Omega}}_B + {}^{A}_{B}\boldsymbol{R}\,{}^{B}\dot{\boldsymbol{\Omega}}_C + {}^{A}\boldsymbol{\Omega}_B \times ({}^{A}_{B}\boldsymbol{R}\,{}^{B}\boldsymbol{\Omega}_C) \tag{2.122} $$

建立机器人连杆间的角速度和角加速度递推公式时会用到式(2.120)和式(2.122)。

2.4.2　牛顿-欧拉法

1. 牛顿-欧拉方程

由理论力学知识可知,一般刚体运动可以分解为随质心的平动与绕质心的转动。其中,随质心平动的动力学特性可通过牛顿方程来描述,绕质心转动的动力学特性可通过欧拉方程来表达,简称为牛顿-欧拉方程。

1) 牛顿方程

$$ \boldsymbol{f} = \frac{\mathrm{d}(m\boldsymbol{v}_C)}{\mathrm{d}t} = m\dot{\boldsymbol{v}}_C \tag{2.123} $$

式中:m 为刚体的质量;$\dot{\boldsymbol{v}}_C$ 为刚体质心相对于惯性坐标系$\{0\}$的线加速度;$\boldsymbol{f}$ 为作用在刚体质心处的合力在$\{0\}$中的描述。

2) 欧拉方程

$$ {}^{C}\boldsymbol{m} = \frac{\mathrm{d}({}^{C}\mathcal{I}\,{}^{C}\boldsymbol{\omega})}{\mathrm{d}t} = {}^{C}\mathcal{I}\,{}^{C}\dot{\boldsymbol{\omega}} + {}^{C}\boldsymbol{\omega} \times {}^{C}\mathcal{I}\,{}^{C}\boldsymbol{\omega} \tag{2.124} $$

式中：${}^{C}\mathcal{I}$为定义在质心坐标系$\{C\}$的刚体惯性张量；${}^{C}\boldsymbol{\omega}$与${}^{C}\dot{\boldsymbol{\omega}}$分别为刚体相对于$\{0\}$的角速度和角加速度在$\{C\}$中的描述；${}^{C}\boldsymbol{m}$为作用在刚体上的合力矩在$\{C\}$中的描述(图 2.33)。

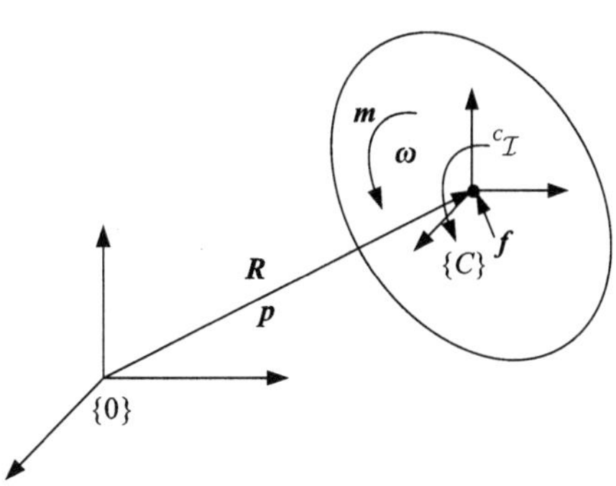

图 2.33　作用在刚体上的力

把式(2.124)变换到惯性坐标系$\{0\}$中，得

$$
{}^{0}\boldsymbol{m}={}^{0}_{C}\boldsymbol{R}\,{}^{C}\mathcal{I}\,{}^{0}_{C}\boldsymbol{R}^{\mathrm{T}}\,{}^{0}\dot{\boldsymbol{\omega}}+{}^{0}\boldsymbol{\omega}\times({}^{0}_{C}\boldsymbol{R}\,{}^{C}\mathcal{I}\,{}^{0}_{C}\boldsymbol{R}^{\mathrm{T}})\,{}^{0}\boldsymbol{\omega} \tag{2.125}
$$

化简后可得

$$
\boldsymbol{m}=\mathcal{I}\dot{\boldsymbol{\omega}}+\boldsymbol{\omega}\times(\mathcal{I}\boldsymbol{\omega}) \tag{2.126}
$$

式中省略了表示惯性坐标系的左上标。

利用牛顿-欧拉方程可以递推性地建立机器人各连杆的动力学方程，进而建立整个机器人系统的动力学方程。

为此，需要根据关节速度，从基座向末端“外向”递推，逐次计算机器人各连杆的质心线速度和线加速度、连杆的角速度和角加速度。同时，还需要根据外界接触力和各连杆质心加速度，从末端向基座“内向”递推，逐次计算各连杆关节上的力和力矩，其中包含了关节驱动力和力矩。

2. 连杆间速度的“外向”递推公式

图 2.34 所示为机器人两相邻连杆坐标系$\{i\}$和$\{i+1\}$及其前置 D-H 坐标系。两连杆的速度向量都以惯性坐标系$\{0\}$为参考坐标系，符号说明如下。

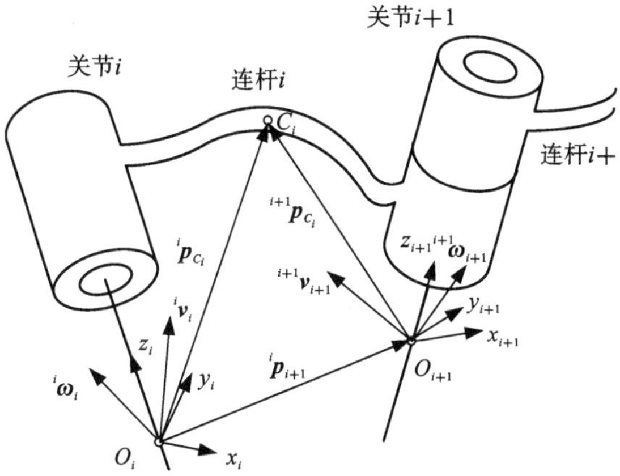

图 2.34　连杆间速度和加速度传递

${}^{i}\boldsymbol{v}_i$ 和${}^{i}\boldsymbol{\omega}_i$：杆 i 以$\{0\}$为参考坐标系的线速度和角速度向量在$\{i\}$中的描述。

${}^{i}\boldsymbol{v}_{i+1}$和${}^{i}\boldsymbol{\omega}_{i+1}$：杆 $i+1$ 以$\{0\}$为参考坐标系的线速度和角速度向量在$\{i\}$中的描述。

${}^{i+1}\boldsymbol{v}_{i+1}$和${}^{i+1}\boldsymbol{\omega}_{i+1}$：杆 $i+1$ 以$\{0\}$为参考坐标系的线速度和角速度向量在$\{i+1\}$中的描述。

$\dot{\theta}_{i+1}$：转动关节速度，为标量。

$\dot{d}_{i+1}$：移动关节速度，为标量。

${}^{i+1}\hat{\boldsymbol{z}}_{i+1}$：$i+1$ 关节轴线在$\{i+1\}$中的描述，其值为$(0\quad 0\quad 1)^{\mathrm{T}}$。

${}^{i}\boldsymbol{p}_{i+1}$：$\{i+1\}$原点在$\{i\}$中的位置向量。

${}^{i+1}\boldsymbol{p}_{C_{i+1}}$：杆 $i+1$ 质心在$\{i+1\}$中的位置向量。

根据式(2.116)和式(2.120)，可以建立$\{i+1\}$杆与$\{i\}$杆之间的速度递推关系。

(1) $i+1$ 关节为旋转关节的速度递推公式为

$$\begin{cases} {}^{i+1}\boldsymbol{\omega}_{i+1} = {}^{i+1}_{i}\boldsymbol{R}\,{}^{i}\boldsymbol{\omega}_{i} + \dot{\theta}_{i+1}\,{}^{i+1}\hat{\boldsymbol{z}}_{i+1} \\ {}^{i+1}\boldsymbol{v}_{i+1} = {}^{i+1}_{i}\boldsymbol{R}({}^{i}\boldsymbol{v}_{i} + {}^{i}\boldsymbol{\omega}_{i} \times {}^{i}\boldsymbol{p}_{i+1}) \\ {}^{0}\boldsymbol{\omega}_{0} = \boldsymbol{0} \\ {}^{0}\boldsymbol{v}_{0} = \boldsymbol{0} \end{cases} \tag{2.127}$$

(2) $i+1$ 关节为移动关节的速度递推公式为

$$\begin{cases} {}^{i+1}\boldsymbol{\omega}_{i+1} = {}^{i+1}_{i}\boldsymbol{R}\,{}^{i}\boldsymbol{\omega}_{i} \\ {}^{i+1}\boldsymbol{v}_{i+1} = {}^{i+1}_{i}\boldsymbol{R}({}^{i}\boldsymbol{v}_{i} + {}^{i}\boldsymbol{\omega}_{i} \times {}^{i}\boldsymbol{p}_{i+1}) + \dot{d}_{i+1}\,{}^{i+1}\hat{\boldsymbol{z}}_{i+1} \\ {}^{0}\boldsymbol{\omega}_{0} = \boldsymbol{0} \\ {}^{0}\boldsymbol{v}_{0} = \boldsymbol{0} \end{cases} \tag{2.128}$$

(3) $i+1$ 杆质心速度公式为

$${}^{i+1}\boldsymbol{v}_{C_{i+1}} = {}^{i+1}\boldsymbol{v}_{i+1} + {}^{i+1}\boldsymbol{\omega}_{i+1} \times {}^{i+1}\boldsymbol{p}_{C_{i+1}} \tag{2.129}$$

$\{0\}$杆为基座，其速度为零。可以从$\{0\}$逐次递推计算，得到所有杆件的速度表达式。把末端速度表达式进行合并，然后分离出关节向量，可以得到在末端坐标系$\{T\}$中描述的末端速度雅可比${}^{T}\boldsymbol{J}_{T}$ 的显式表达式。第 2.3.2 小节中根据位姿矩阵直接微分得到的${}^{0}\boldsymbol{J}_{T}$，可以用式(2.91)转换为${}^{T}\boldsymbol{J}_{T}$。

根据 D-H 参数和当前时刻的关节速度值，可以利用迭代计算程序直接获得当前末端速度，而不需要写出速度雅可比的显式表达式。这种方法具有通用性强的优点，可以用于离线仿真和分析，但是它的计算效率低于解析法，用于实时控制时，需要评估控制器的计算速度。

3. 连杆间加速度的"外向"递推公式

在速度递推公式的基础上，根据式(2.118)和式(2.122)可以得到机器人两相邻连杆$\{i\}$和$\{i+1\}$之间的加速度递推公式。

(1) $i+1$ 关节为旋转关节的加速度递推公式为

$$\begin{cases} {}^{i+1}\dot{\boldsymbol{\omega}}_{i+1} = {}^{i+1}_{i}\boldsymbol{R}\,{}^{i}\dot{\boldsymbol{\omega}}_{i} + {}^{i+1}\hat{\boldsymbol{z}}_{i+1}\ddot{\theta}_{i+1} + {}^{i+1}_{i}\boldsymbol{R}\,{}^{i}\boldsymbol{\omega}_{i} \times {}^{i+1}\hat{\boldsymbol{z}}_{i+1}\dot{\theta}_{i+1} \\ {}^{i+1}\dot{\boldsymbol{v}}_{i+1} = {}^{i+1}_{i}\boldsymbol{R}[{}^{i}\dot{\boldsymbol{v}}_{i} + {}^{i}\dot{\boldsymbol{\omega}}_{i} \times {}^{i}\boldsymbol{p}_{i+1} + {}^{i}\boldsymbol{\omega}_{i} \times ({}^{i}\boldsymbol{\omega}_{i} \times {}^{i}\boldsymbol{p}_{i+1})] \\ {}^{0}\dot{\boldsymbol{\omega}}_{0} = \boldsymbol{0} \\ {}^{0}\dot{\boldsymbol{v}}_{0} = \boldsymbol{G} \end{cases} \tag{2.130}$$

(2) $i+1$ 关节为移动关节的加速度递推公式为

$$\begin{cases} {}^{i+1}\dot{\boldsymbol{\omega}}_{i+1} = {}^{i+1}_{i}\boldsymbol{R}\,{}^{i}\dot{\boldsymbol{\omega}}_{i} \\ {}^{i+1}\dot{\boldsymbol{v}}_{i+1} = {}^{i+1}_{i}\boldsymbol{R}[{}^{i}\dot{\boldsymbol{v}}_{i} + {}^{i}\dot{\boldsymbol{\omega}}_{i} \times {}^{i}\boldsymbol{p}_{i+1} + {}^{i}\boldsymbol{\omega}_{i} \times ({}^{i}\boldsymbol{\omega}_{i} \times {}^{i}\boldsymbol{p}_{i+1})] + 2\,{}^{i+1}\boldsymbol{\omega}_{i+1} \times {}^{i+1}\hat{\boldsymbol{z}}_{i+1}\dot{\boldsymbol{d}}_{i+1} + {}^{i+1}\hat{\boldsymbol{z}}_{i+1}\ddot{\boldsymbol{d}}_{i+1} \\ {}^{0}\dot{\boldsymbol{\omega}}_{0} = \boldsymbol{0} \\ {}^{0}\dot{\boldsymbol{v}}_{0} = \boldsymbol{G} \end{cases} \tag{2.131}$$

(3) $i+1$ 连杆质心加速度公式为

$${}^{i+1}\dot{\boldsymbol{v}}_{C_{i+1}} = {}^{i+1}\dot{\boldsymbol{v}}_{i+1} + {}^{i+1}\dot{\boldsymbol{\omega}}_{i+1} \times {}^{i+1}\boldsymbol{p}_{C_{i+1}} + {}^{i+1}\boldsymbol{\omega}_{i+1} \times ({}^{i+1}\boldsymbol{\omega}_{i+1} \times {}^{i+1}\boldsymbol{p}_{C_{i+1}}) \tag{2.132}$$

需要注意的是，**考虑重力时，基座$\{0\}$的线加速度不为零**。通过对基座施加一个与重力

方向相反的加速度 $\boldsymbol{G}$,可以把重力的作用从基座逐级传递到末端,例如,如果坐标系{0}的 z_0 轴竖直向上,则 $\boldsymbol{G}=(0,0,g)^{\mathrm{T}}$。

4. 连杆力和力矩的“内向”递推公式

图 2.35 是以任意连杆 i 的质心为惯性力矩参考点的受力图,符号说明如下。

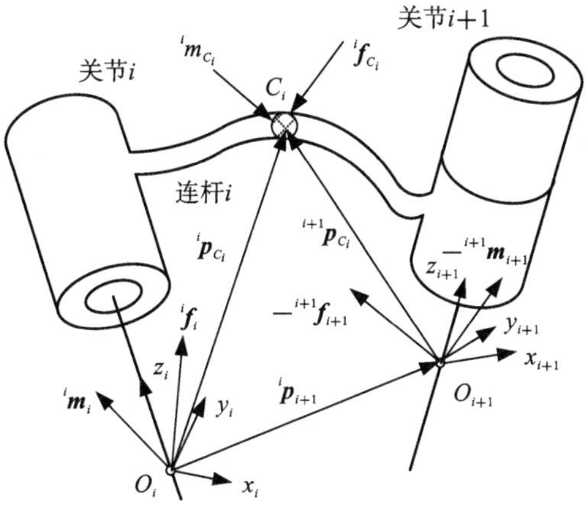

图 2.35　作用在杆 i 上的力

${}^i\boldsymbol{f}_i$ 和${}^i\boldsymbol{m}_i$:连杆 $i-1$ 作用在连杆 i 上的力和力矩。

${}^{i+1}\boldsymbol{f}_{i+1}$和${}^{i+1}\boldsymbol{m}_{i+1}$:连杆 i 作用在连杆 $i+1$ 上的力和力矩。

${}^i\boldsymbol{f}_{C_i}$和${}^i\boldsymbol{m}_{C_i}$:作用在连杆 i 质心处的惯性力和惯性力矩。

1) 作用在关节上的力

根据牛顿公式,可得

$$\begin{cases} {}^i\boldsymbol{f}_{C_i} = \boldsymbol{m}_i \dot{\boldsymbol{v}}_{C_i} \\ {}^i\boldsymbol{f}_i = {}^i\boldsymbol{f}_{C_i} + {}^{i}_{i+1}\boldsymbol{R}\,{}^{i+1}\boldsymbol{f}_{i+1} \end{cases} \tag{2.133}$$

2) 作用在关节上的力矩

根据欧拉公式,可得

$$\begin{cases} {}^i\boldsymbol{m}_{C_i} = {}^C\mathcal{I}_i\,{}^i\dot{\boldsymbol{\omega}}_i + ({}^i\boldsymbol{\omega}_i \times {}^C\mathcal{I}_i\,{}^i\boldsymbol{\omega}_i) \\ {}^i\boldsymbol{m}_i = {}^i\boldsymbol{m}_{C_i} + {}^{i}_{i+1}\boldsymbol{R}\,{}^{i+1}\boldsymbol{m}_{i+1} + {}^i\boldsymbol{p}_{i+1} \times {}^{i}_{i+1}\boldsymbol{R}\,{}^{i+1}\boldsymbol{f}_{i+1} + {}^i\boldsymbol{p}_{C_i} \times {}^i\boldsymbol{f}_{C_i} \end{cases} \tag{2.134}$$

根据式(2.133)和式(2.134),可以由连杆末端“向内递推”,计算出作用在各关节坐标轴上的力和力矩。

3) 末端力和力矩

对于末端连杆 n,迭代公式中的${}^{n+1}\boldsymbol{f}_{n+1}$和${}^{n+1}\boldsymbol{m}_{n+1}$是它**作用在环境上的接触力和力矩**。特别地,当机器人在自由空间运动时,末端对环境施加的力和力矩为零,即

$$ {}^{n+1}\boldsymbol{f}_{n+1} = \boldsymbol{0}, \quad {}^{n+1}\boldsymbol{m}_{n+1} = \boldsymbol{0} \tag{2.135}$$

4) 关节驱动力/力矩

若关节 i 为转动关节,则关节驱动力矩为

$$\tau_i = {}^i\boldsymbol{m}_i^{\mathrm{T}}\,{}^i\hat{\boldsymbol{z}}_i \tag{2.136}$$

若关节 i 为移动关节,则关节驱动力为

$$\tau_i = {}^i\boldsymbol{f}_i^{\mathrm{T}}\,{}^i\hat{\boldsymbol{z}}_i \tag{2.137}$$

2.4.3 典型机器人动力学模型

利用牛顿-欧拉法，求得平面 2R 机器人和平面 RP 机器人的动力学模型。

1. 平面 2R 机器人动力学模型

如图 2.36 所示的平面 2R 机器人，假设杆的质心都位于各杆末端，质量分别为 m_1 和 m_2，杆 1 质心到关节 1 转轴的距离为 l_1，杆 2 质心到关节 2 转轴的距离为 l_2，重力方向与 y_0 相反，末端没有接触力，其动力学方程为

$$\underbrace{\begin{pmatrix} m_1 l_1^2 + m_2(l_1^2 + 2l_1 l_2 \cos\theta_2 + l_2^2) & m_2(l_1 l_2 \cos\theta_2 + l_2^2) \\ m_2(l_1 l_2 \cos\theta_2 + l_2^2) & m_2 l_2^2 \end{pmatrix}}_{\boldsymbol{M}(\boldsymbol{q})} \begin{pmatrix} \ddot{\theta}_1 \\ \ddot{\theta}_2 \end{pmatrix} + \underbrace{\begin{pmatrix} 0 & -m_2 l_1 l_2 \mathrm{s}_2 (2\dot{\theta}_1 + \dot{\theta}_2) \\ m_2 l_1 l_2 \mathrm{s}_2 \dot{\theta}_1 & 0 \end{pmatrix}}_{\boldsymbol{V}(\boldsymbol{q},\dot{\boldsymbol{q}})} \begin{pmatrix} \dot{\theta}_1 \\ \dot{\theta}_2 \end{pmatrix} + \underbrace{\begin{pmatrix} (m_1 + m_2) l_1 g \mathrm{c}_1 + m_2 g l_2 \mathrm{c}_{12} \\ m_2 g l_2 \mathrm{c}_{12} \end{pmatrix}}_{\boldsymbol{G}(\boldsymbol{q})} = \underbrace{\begin{pmatrix} \tau_1 \\ \tau_2 \end{pmatrix}}_{\boldsymbol{\tau}_{\mathrm{f}}} \tag{2.138}$$

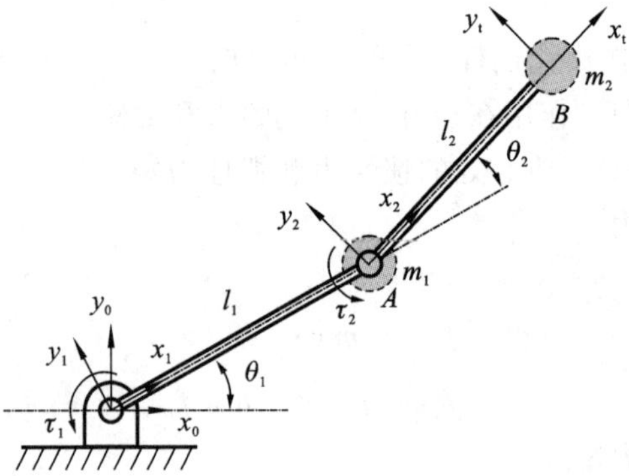

图 2.36 平面 2R 机器人

2. 平面 RP 机器人动力学模型

如图 2.37 所示平面 RP 操作臂，假设杆的质心都位于杆的末端，质量分别为 m_1 和 m_2，杆 1 的质心到转动关节 1 转轴的距离为 l_1，杆 2 的质心到转动关节 1 转轴的距离为 d_2，重力方向与 y_0 相反，末端没有接触力，其动力学方程为

$$\underbrace{\begin{pmatrix} m_1 l_1^2 + I_{1zz} + I_{2yy} + m_2 d_2^2 & 0 \\ 0 & m_2 \end{pmatrix}}_{\boldsymbol{M}(\boldsymbol{q})} \begin{pmatrix} \ddot{\theta}_1 \\ \ddot{d}_2 \end{pmatrix} + \underbrace{\begin{pmatrix} 0 & 2m_2 d_2 \dot{\theta}_1 \\ -m_2 d_2 \dot{\theta}_1 & 0 \end{pmatrix}}_{\boldsymbol{V}(\boldsymbol{q},\dot{\boldsymbol{q}})} \begin{pmatrix} \dot{\theta}_1 \\ \dot{d}_2 \end{pmatrix} + \underbrace{\begin{pmatrix} (m_1 l_1 + m_2 d_2) g \cos\theta_1 \\ m_2 g \sin\theta_1 \end{pmatrix}}_{\boldsymbol{G}(\boldsymbol{q})} = \underbrace{\begin{pmatrix} \tau_1 \\ f_2 \end{pmatrix}}_{\boldsymbol{\tau}_{\mathrm{f}}} \tag{2.139}$$

3. 动力学方程的标准形式

式(2.138)和式(2.139)所示的动力学方程按照加速度、速度和位置三类相关项进行了合并。事实上，如果再考虑**关节线性阻尼力**和**末端接触力**，任何机器人的动力学方程都可以

写成如下标准形式

$$M(q)\ddot{q}+V(q,\dot{q})\dot{q}+B\dot{q}+G(q)+J^{\mathrm{T}}F_{\mathrm{e}}=\tau \tag{2.140}$$

式中：q 为 $n\times1$ 关节位移向量；$M(q)$ 为 $n\times n$ 关节空间广义质量矩阵，它与机器人构型相关；$V(q,\dot{q})$ 为 $n\times n$ 关节空间科氏力和离心力耦合系数矩阵，它与机器人构型和速度相关；B 为关节空间黏滞阻尼系数矩阵，可近似为 $n\times n$ 常值对角阵；$G(q)$ 为抵抗重力的 $n\times1$ 关节力向量，它与机器人构型相关；F_{e} 为机器人作用于环境的 6×1 接触力向量，它定义在操作空间；J 为机器人的 $6\times n$ 速度雅可比矩阵；τ 为 $n\times1$ 关节力向量。

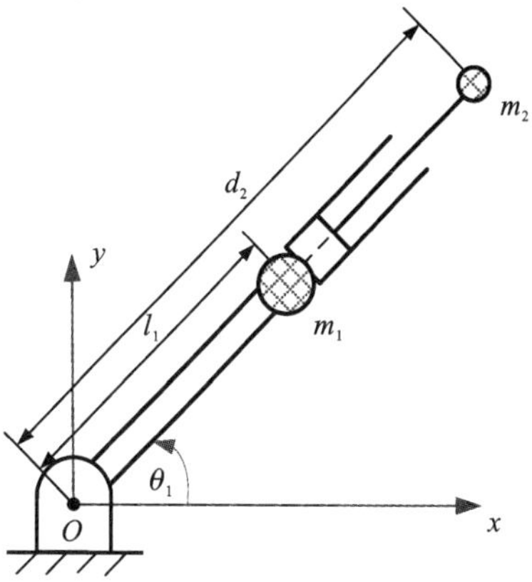

图 2.37　平面 RP 操作臂

因为式(2.140)中的状态变量均在关节空间表达，所以，它被称为**关节空间动力学方程**。

2.4.4　机器人动力学模型的变换

1. 驱动空间动力学模型

当关节由电机驱动时，机器人控制系统的直接控制对象是关节电机，而电机与关节之间通常存在传动机构。为此，需要把动力学模型转换到驱动空间，建立描述驱动空间状态变量的动力学模型，称为**驱动空间动力学模型**。

假定机器人以减速器为驱动电机到各关节的传动机构，则可以用对角阵 N 表示传动比，其对角线元素为各关节减速器传动比 N_i。于是，关节空间和驱动空间的力矩、速度和加速度向量关系为

$$\tau=N\tau_{\mathrm{m}},\quad \dot{q}=N^{-1}\dot{\theta}_{\mathrm{m}},\quad \ddot{q}=N^{-1}\ddot{\theta}_{\mathrm{m}} \tag{2.141}$$

把式(2.141)代入式(2.140)，得到机器人的**驱动空间动力学方程**

$$M_{\mathrm{m}}(q)\ddot{\theta}_{\mathrm{m}}+V_{\mathrm{m}}(q,\dot{q})\dot{\theta}_{\mathrm{m}}+B_{\mathrm{m}}\dot{\theta}_{\mathrm{m}}+G_{\mathrm{m}}(q)+N^{-1}J^{\mathrm{T}}F_{\mathrm{e}}=\tau_{\mathrm{m}} \tag{2.142}$$

式中：$M_{\mathrm{m}}(q)=N^{-1}M(q)N^{-1}$，为驱动空间广义质量矩阵，关节广义质量矩阵中的主对角线元素中应包含电机转子惯量，具体见例 2-8；$V_{\mathrm{m}}(q,\dot{q})=N^{-1}V(q,\dot{q})N^{-1}$，为驱动空间科氏力和离心力耦合项矩阵；$B_{\mathrm{m}}=N^{-1}BN^{-1}$，为驱动空间黏滞阻尼项矩阵，一般可简化为对角阵，同样也应包含电机转子阻尼，见例 2-8；$G_{\mathrm{m}}(q)=N^{-1}G(q)$，为驱动空间重力项矩阵；$N^{-1}J^{\mathrm{T}}F_{\mathrm{e}}$ 为换算到关节电机的环境接触力，无接触力时，此项为零。

为每个电机设计独立的位置闭环控制器时，可根据式(2.142)建立电机动力学模型。

【例 2-8】　对于图 2.36 所示的平面 2R 机器人，设关节阻尼系数分别为 B_{l1}、B_{l2}，两关节由电机和减速器直接驱动，两关节电机的转子惯量分别为 I_{r1}、I_{r2}，转子阻尼系数分别为 B_{r1}、B_{r2}，减速器传动比分别为 N_1、N_2，电机和减速器的质量已包含在末端集中质量 m_1、m_2 中，且忽略电机 2 转子惯量 I_{r2} 对关节 1 的影响，列出驱动空间动力学方程。

解　因为关节由电机和减速器直接驱动，所以，关节空间向量与驱动空间向量的关系为

$$\begin{pmatrix}\ddot{\theta}_1\\ \ddot{\theta}_2\end{pmatrix}=N^{-1}\begin{pmatrix}\varepsilon_{\mathrm{m1}}\\ \varepsilon_{\mathrm{m2}}\end{pmatrix},\quad \begin{pmatrix}\dot{\theta}_1\\ \dot{\theta}_2\end{pmatrix}=N^{-1}\begin{pmatrix}\omega_{\mathrm{m1}}\\ \omega_{\mathrm{m2}}\end{pmatrix},\quad \begin{pmatrix}\tau_1\\ \tau_2\end{pmatrix}=N\begin{pmatrix}\tau_{\mathrm{m1}}\\ \tau_{\mathrm{m2}}\end{pmatrix} \tag{2.143}$$

式中：$\boldsymbol{N}=\begin{pmatrix} N_1 & 0 \\ 0 & N_2 \end{pmatrix}$。

把式(2.143)代入式(2.142)，并考虑电机惯量和阻尼，忽略末端接触力，得到驱动空间动力学方程

$$\boldsymbol{M}_{\mathrm{m}}(\boldsymbol{\theta})\begin{pmatrix} \varepsilon_{\mathrm{m1}} \\ \varepsilon_{\mathrm{m2}} \end{pmatrix}+\boldsymbol{V}_{\mathrm{m}}(\boldsymbol{\theta},\dot{\boldsymbol{\theta}})\begin{pmatrix} \omega_{\mathrm{m1}} \\ \omega_{\mathrm{m2}} \end{pmatrix}+\boldsymbol{B}_{\mathrm{m}}\begin{pmatrix} \omega_{\mathrm{m1}} \\ \omega_{\mathrm{m2}} \end{pmatrix}+\boldsymbol{G}_{\mathrm{m}}(\boldsymbol{\theta})=\boldsymbol{\tau}_{\mathrm{m}} \tag{2.144}$$

式中：

$$\boldsymbol{M}_{\mathrm{m}}(\boldsymbol{\theta})=\begin{pmatrix} \dfrac{m_1 l_1^2+m_2(l_1^2+2l_1 l_2\cos\theta_2+l_2^2)}{N_1^2}+I_{\mathrm{r1}} & \dfrac{m_2(l_1 l_2\cos\theta_2+l_2^2)}{N_1 N_2} \\ \dfrac{m_2(l_1 l_2\cos\theta_2+l_2^2)}{N_1 N_2} & \dfrac{m_2 l_2^2}{N_2^2}+I_{\mathrm{r2}} \end{pmatrix}$$

$$\boldsymbol{V}_{\mathrm{m}}(\boldsymbol{\theta},\dot{\boldsymbol{\theta}})=\begin{pmatrix} 0 & \dfrac{m_2 l_1 l_2(2\dot{\theta}_1+\dot{\theta}_2)\sin\theta_2}{N_1 N_2} \\ \dfrac{m_2 l_1 l_2\dot{\theta}_1\sin\theta_2}{N_1 N_2} & 0 \end{pmatrix}$$

$$\boldsymbol{B}_{\mathrm{m}}=\begin{pmatrix} \dfrac{B_{\mathrm{l1}}}{N_1^2}+B_{\mathrm{r1}} & 0 \\ 0 & \dfrac{B_{\mathrm{l2}}}{N_2^2}+B_{\mathrm{r2}} \end{pmatrix}$$

$$\boldsymbol{G}_{\mathrm{m}}(\boldsymbol{\theta})=\begin{pmatrix} \dfrac{(m_1+m_2)gl_1\cos\theta_1+m_2 gl_2\cos(\theta_1+\theta_2)}{N_1} \\ \dfrac{m_2 gl_2\cos(\theta_1+\theta_2)}{N_2} \end{pmatrix}$$

$\boldsymbol{\tau}_{\mathrm{m}}=\begin{pmatrix} \tau_{\mathrm{m1}} \\ \tau_{\mathrm{m2}} \end{pmatrix}$ 为满足式(2.144)的电机输出力矩向量。

分析：$\boldsymbol{M}_{\mathrm{m}}$ 主对角线元素包含常值电机转子惯量和随构型变化的等效负载惯量，从电机的角度看，转子惯量不受传动比影响，所以可以直接加在与该电机对应的主对角线元素上；$\boldsymbol{M}_{\mathrm{m}}$ 的非对角线元素反映了关节间的加速度耦合；$\boldsymbol{V}_{\mathrm{m}}$ 反映了关节间速度耦合，随机器人构型和速度变化；$\boldsymbol{G}_{\mathrm{m}}$ 随机器人构型变化；$\boldsymbol{B}_{\mathrm{m}}$ 中包含了转子阻尼。

【例 2-9】 对于图 2.37 所示的平面 RP 机器人，设关节阻尼系数分别为 B_{l1}、B_{l2}，关节 1 由电机通过传动比为 N 的减速器驱动，而关节 2 由电机通过导程为 P 的丝杠螺母机构驱动，不考虑电机和传动机构的质量、惯量和阻尼，写出其驱动空间动力学方程。

解　因为关节由电机通过线性传动机构驱动，所以，关节空间向量与驱动空间向量的关系为

$$\begin{pmatrix} \ddot{\theta}_1 \\ \ddot{d}_2 \end{pmatrix}=\boldsymbol{N}^{-1}\begin{pmatrix} \varepsilon_{\mathrm{m1}} \\ \varepsilon_{\mathrm{m2}} \end{pmatrix},\quad \begin{pmatrix} \dot{\theta}_1 \\ \dot{d}_2 \end{pmatrix}=\boldsymbol{N}^{-1}\begin{pmatrix} \omega_{\mathrm{m1}} \\ \omega_{\mathrm{m2}} \end{pmatrix},\quad \begin{pmatrix} \tau_1 \\ f_2 \end{pmatrix}=\boldsymbol{N}\begin{pmatrix} \tau_{\mathrm{m1}} \\ \tau_{\mathrm{m2}} \end{pmatrix} \tag{2.145}$$

式中：$\boldsymbol{N}=\begin{pmatrix} N & 0 \\ 0 & 2\pi/P \end{pmatrix}$。

把式(2.145)代入式(2.142)，得到驱动空间动力学方程

$$\boldsymbol{M}_{\mathrm{m}}(\boldsymbol{q})\begin{pmatrix} \varepsilon_{\mathrm{m1}} \\ \varepsilon_{\mathrm{m2}} \end{pmatrix}+\boldsymbol{V}_{\mathrm{m}}(\boldsymbol{q},\dot{\boldsymbol{q}})\begin{pmatrix} \omega_{\mathrm{m1}} \\ \omega_{\mathrm{m2}} \end{pmatrix}+\boldsymbol{B}_{\mathrm{m}}\begin{pmatrix} \omega_{\mathrm{m1}} \\ \omega_{\mathrm{m2}} \end{pmatrix}+\boldsymbol{G}_{\mathrm{m}}(\boldsymbol{q})=\boldsymbol{\tau}_{\mathrm{m}} \tag{2.146}$$

式中：

$$\boldsymbol{M}_{\mathrm{m}}(\boldsymbol{q})=\begin{bmatrix}\dfrac{m_1 l_1^2+I_{1zz}+I_{2yy}+m_2 d_2^2}{N^2} & 0\\ 0 & \dfrac{m_2}{(2\pi/P)^2}\end{bmatrix}$$

$$\boldsymbol{V}_{\mathrm{m}}(\boldsymbol{q},\dot{\boldsymbol{q}})=\begin{bmatrix}0 & \dfrac{2m_2 d_2\dot{\theta}_1}{N(2\pi/P)}\\ \dfrac{-m_2 d_2\dot{\theta}_1}{N(2\pi/P)} & 0\end{bmatrix}$$

$$\boldsymbol{B}_{\mathrm{m}}=\begin{bmatrix}\dfrac{B_{l1}}{N^2} & 0\\ 0 & \dfrac{B_{l2}}{(2\pi/P)^2}\end{bmatrix}$$

$$\boldsymbol{G}_{\mathrm{m}}(\boldsymbol{q})=\begin{bmatrix}\dfrac{(m_1 l_1+m_2 d_2)g\cos\theta_1}{N}\\ \dfrac{m_2 g\sin\theta_1}{2\pi/P}\end{bmatrix}$$

$\boldsymbol{\tau}_{\mathrm{m}}=\begin{bmatrix}\tau_{\mathrm{m1}}\\ \tau_{\mathrm{m2}}\end{bmatrix}$ 为满足式(2.146)的电机输出力矩向量。

分析：在驱动空间动力学方程中，$\boldsymbol{M}_{\mathrm{m}}(\boldsymbol{q})$、$\boldsymbol{V}_{\mathrm{m}}(\boldsymbol{q},\dot{\boldsymbol{q}})$ 和 $\boldsymbol{G}_{\mathrm{m}}(\boldsymbol{q})$ 也随机器人构型和速度变化。$\boldsymbol{V}_{\mathrm{m}}(\boldsymbol{q},\dot{\boldsymbol{q}})$ 反映了两个关节之间的速度耦合。

2. 操作空间动力学模型

在有些应用场合，控制的期望值是末端工具的位姿向量或力向量，例如，要求机器人实时跟踪具有不确定轨迹的运动目标、控制机器人与环境的接触力等。此时，控制的目标状态变量是操作空间的位置向量或力向量，需要利用机器人的**操作空间动力学模型**，也称为**笛卡尔空间动力学模型**或**任务空间动力学模型**。

在操作空间定义广义坐标和广义力，根据虚功原理，得到操作空间广义力与关节空间力向量之间的关系：

$$\begin{cases}\boldsymbol{\tau}=\boldsymbol{J}^{\mathrm{T}}\boldsymbol{F}_x\\ \boldsymbol{F}_x=\boldsymbol{J}^{-\mathrm{T}}\boldsymbol{\tau}\end{cases}\tag{2.147}$$

式中：$\boldsymbol{\tau}$ 为关节空间中的驱动力/力矩向量；$\boldsymbol{F}_x$ 为与操作空间广义坐标对应的广义力向量。

在机器人关节空间动力学方程式(2.140)两边同时乘以 $\boldsymbol{J}^{-\mathrm{T}}$，可以把力向量转换到操作空间，即

$$\boldsymbol{J}^{-\mathrm{T}}\boldsymbol{M}(\boldsymbol{q})\ddot{\boldsymbol{q}}+\boldsymbol{J}^{-\mathrm{T}}\boldsymbol{V}(\boldsymbol{q},\dot{\boldsymbol{q}})\dot{\boldsymbol{q}}+\boldsymbol{J}^{-\mathrm{T}}\boldsymbol{B}\dot{\boldsymbol{q}}+\boldsymbol{J}^{-\mathrm{T}}\boldsymbol{G}(\boldsymbol{q})+\boldsymbol{F}_{\mathrm{e}}=\boldsymbol{J}^{-\mathrm{T}}\boldsymbol{\tau}\tag{2.148}$$

末端位姿向量 $\boldsymbol{x}$ 与关节向量 $\boldsymbol{q}$ 的微分存在如下关系

$$\dot{\boldsymbol{q}}=\boldsymbol{J}^{-1}\dot{\boldsymbol{x}}\tag{2.149}$$

$$\ddot{\boldsymbol{q}}=\boldsymbol{J}^{-1}\ddot{\boldsymbol{x}}-\boldsymbol{J}^{-1}\dot{\boldsymbol{J}}\dot{\boldsymbol{q}}=\boldsymbol{J}^{-1}\ddot{\boldsymbol{x}}-\boldsymbol{J}^{-1}\dot{\boldsymbol{J}}\boldsymbol{J}^{-1}\dot{\boldsymbol{x}}\tag{2.150}$$

将式(2.149)和式(2.150)代入式(2.148)，得到机器人**操作空间动力学方程**

$$\boldsymbol{M}_x(\boldsymbol{q})\ddot{\boldsymbol{x}}+\boldsymbol{N}_x(\boldsymbol{q},\dot{\boldsymbol{q}})\dot{\boldsymbol{x}}+\boldsymbol{G}_x(\boldsymbol{q})+\boldsymbol{F}_{\mathrm{e}}=\boldsymbol{F}_x\tag{2.151}$$

式中：$\boldsymbol{M}_x(\boldsymbol{q})=\boldsymbol{J}^{-\mathrm{T}}\boldsymbol{M}(\boldsymbol{q})\boldsymbol{J}^{-1}$ 为等效到操作空间的机器人广义质量矩阵；$\boldsymbol{N}_x(\boldsymbol{q},\dot{\boldsymbol{q}})=\boldsymbol{J}^{-\mathrm{T}}[\boldsymbol{V}(\boldsymbol{q},\dot{\boldsymbol{q}})+\boldsymbol{B}(\boldsymbol{q})-\boldsymbol{M}\boldsymbol{J}^{-1}\dot{\boldsymbol{J}}]\boldsymbol{J}^{-1}$ 为等效到操作空间与广义速度有关的耦合力和阻尼力矩阵；

$\boldsymbol{G}_x(\boldsymbol{q})=\boldsymbol{J}^{-\mathrm{T}}\boldsymbol{G}(\boldsymbol{q})$为等效到操作空间的重力向量；$\boldsymbol{F}_x$ 为等效到操作空间的虚拟广义驱动力；$\boldsymbol{F}_e$ 为环境接触力。

注意：上述矩阵参数、力向量和状态向量定义在**末端工具坐标系或基坐标系中**，为了简洁，省略了表示该坐标系的左上标。

式(2.151)意味着用一个虚拟的质量-阻尼系统来等效整个机器人系统。该虚拟系统具有等效质量 $\boldsymbol{M}_x(\boldsymbol{q})$和等效阻尼 $\boldsymbol{N}_x(\boldsymbol{q},\dot{\boldsymbol{q}})$，承受等效重力 $\boldsymbol{G}_x(\boldsymbol{q})$和环境接触力 $\boldsymbol{F}_e$，并由等效驱动力 $\boldsymbol{F}_x$ 驱动。如果状态向量 $\boldsymbol{x}$ 取末端工具状态，则该虚拟质量块具有与末端工具相同的加速度和速度。

可见，与式(2.140)和式(2.142)一样，式(2.151)也完整地描述了机器人系统的动力学特性，区别仅在于关注的状态变量不同，因而需要在不同的状态空间表达动力学方程。关于操作空间动力学模型的物理意义及其应用，将在第 6、7 章进一步讨论。

本 章 小 结

(1) 组成机器人的活动构件可视为空间刚体。空间刚体的相对位姿可以用位姿矩阵表达。位姿矩阵是一个齐次矩阵，它由表示相对姿态的旋转矩阵、表示相对位置的位置向量，以及齐次增广行组成。位姿矩阵对乘法封闭，满足乘法结合律，但是对加法不封闭，不满足乘法交换律。旋转矩阵为单位正交阵，其各行、列向量均为单位向量且两两正交。

(2) 姿态表达是一个重要而复杂的问题。尽管利用旋转矩阵表达姿态有利于坐标变换和姿态递推计算，但是由于其对加法不封闭，因此，无法利用它进行姿态差分以获得姿态的连续变化。欧拉角、固定角和等效轴-角利用三维向量表示姿态，它们与旋转矩阵之间存在特定的转换关系，可以利用差分描述姿态的连续变化，但是存在奇异问题。利用三维姿态向量和位置向量构成的位姿向量与位姿矩阵等效。用欧拉参数构成的单位四元数，是等效轴-角三维向量的四维增广单位向量，它在表达姿态时不存在奇异性。

(3) 在机器人学中，齐次矩阵通常被用来表达某构件尤其是末端执行器相对于基坐标系的位姿。建立末端执行器位姿矩阵的过程就是正运动学建模，常用方法是利用前置 D-H 参数法建立各相邻连杆的 D-H 矩阵，然后通过矩阵连乘得到特定连杆的位姿矩阵。在控制机器人时，利用运动学正解，可以根据关节位置测量值估算末端位姿。

(4) 运动学逆解是根据某构件已知位姿矩阵求机器人关节向量的过程，可以用数值法和解析法求解。数值法通用性好，但是在实时控制中效率低。解析法计算效率高，但是对机器人构型有特殊要求，包括三个相邻关节轴线相交或平行。在控制机器人时，利用运动学逆解，可以根据末端位姿指令计算关节指令。

(5) 速度雅可比建立了机器人末端速度向量与关节速度向量的映射关系，可以把它理解为关节速度与末端速度间的广义传动比。在控制中，可以利用雅可比由关节速度计算末端速度，而利用逆雅可比可以根据末端速度指令计算关节速度指令。静力雅可比是速度雅可比的转置，它建立了末端力向量与关节力向量之间的映射。在建立机器人动力学方程，以及根据末端力求解关节平衡力的时候，都要用到静力雅可比。

(6) 机器人动力学方程描述了机器人在关节驱动力/力矩和末端力作用下的动态特性，它本质上是描述机器人运动的微分方程。利用牛顿-欧拉法可以建立机器人的关节空间动力学方程。在控制时，往往需要把关节空间动力学方程转换到驱动空间。这一转换涉及驱动电机与关节间的传动比矩阵。当以末端工具为考察对象时，需要把关节空间动力学方程转换为操作空间动力学方程。此时，可以把整个机器人系统等同于一个与末端具有相同运动规律的等效系统。

习　　题

简答分析题

2-1　简述姿态矩阵和位姿齐次矩阵的性质。

2-2　为什么姿态矩阵中只有三个独立变量？

2-3　刚体姿态的表示方法有哪些？哪些表示法没有奇异性？

2-4　对于串联机器人而言，求解其正、反解的意义是什么？

2-5　某一特定串联机器人的位移反解个数与哪些因素有关？是否与 D-H 参数及连杆坐标系的选取有关？

2-6　6 自由度串联机器人运动学反解有哪几种求解方法，各自的优缺点如何？

2-7　一个 6 自由度串联机器人的速度雅可比矩阵，其各元素的单位量纲是否一致？

2-8　求解串联机器人动力学方程的意义是什么？

2-9　关节空间动力学模型、驱动空间动力学模型和操作空间动力学模型有何不同，分别用于什么场合？

2-10　证明任何姿态矩阵(或旋转矩阵)行列式的值恒等于 1。

2-11　求解下列齐次变换矩阵中所缺元素的值。

$$(1)\boldsymbol{T}=\begin{pmatrix} ? & -\sqrt{2}/2 & ? & 2 \\ \sqrt{2}/2 & ? & ? & 4 \\ ? & ? & 1 & 0 \\ 0 & 0 & 0 & 1 \end{pmatrix},\quad (2)\boldsymbol{T}=\begin{pmatrix} ? & 0 & -1 & 1 \\ ? & 0 & 0 & 2 \\ ? & -1 & 0 & 2 \\ 0 & 0 & 0 & 1 \end{pmatrix},$$

$$(3)\boldsymbol{T}=\begin{pmatrix} ? & 0 & ? & 1 \\ 0.5 & ? & ? & 1 \\ 0 & ? & ? & 0 \\ 0 & 0 & 0 & 1 \end{pmatrix}。$$

2-12　一向量 ${}^{A}\boldsymbol{p}$ 绕 z_A 轴旋转 30°，然后绕 x_A 轴旋转 45°，求按上述顺序旋转后得到的旋转矩阵。

2-13　物体坐标系$\{B\}$最初与惯性坐标系$\{A\}$重合，将坐标系$\{B\}$绕 z_B 轴旋转 30°，再绕新坐标系的 x_B 轴旋转 45°，求按上述顺序旋转后得到的旋转矩阵。

2-14　已知一齐次变换矩阵

$$\boldsymbol{T}=\begin{pmatrix} \sqrt{3}/2 & -1/2 & 0 & 2 \\ 1/2 & \sqrt{3}/2 & 0 & 4 \\ 0 & 0 & 1 & 0 \\ 0 & 0 & 0 & 1 \end{pmatrix}$$

试求解该变换矩阵的逆变换矩阵 $\boldsymbol{T}^{-1}$。

2-15 已知刚体绕 x 轴方向的轴线旋转 30°，且轴线经过点$(1,0,1)^{\mathrm{T}}$，求物体坐标系$\{B\}$相对惯性坐标系$\{A\}$的齐次变换矩阵。

2-16 已知姿态矩阵

$$\boldsymbol{R}=\begin{pmatrix}\sqrt{3}/2 & -1/2 & 0\\ \sqrt{3}/4 & 3/4 & -1/2\\ 1/4 & \sqrt{3}/4 & \sqrt{3}/2\end{pmatrix}$$

求与之等效的 Z-Y-Z 及 Z-Y-X 欧拉角。

2-17 已知姿态矩阵

$$\boldsymbol{R}=\begin{pmatrix}1 & 0 & 0\\ 0 & \sqrt{3}/2 & -1/2\\ 0 & 1/2 & \sqrt{3}/2\end{pmatrix}$$

求与之等效的 X-Y-Z 固定角。

2-18 已知姿态矩阵

$$\boldsymbol{R}=\begin{pmatrix}0 & 1 & 0\\ 0 & 0 & -1\\ -1 & 0 & 0\end{pmatrix}$$

求与之对应的等效轴-角及相应的欧拉参数。

2-19 工业机器人领域经常要定义 4 种坐标系：参考坐标系$\{A\}$、末端或工具坐标系$\{T\}$、图像坐标系$\{C\}$和工件坐标系$\{W\}$，如图 2.38 所示。

(1) 基于图中所给尺寸，试确定${}^{A}_{W}\boldsymbol{T}$ 和${}^{C}_{W}\boldsymbol{T}$；

(2) 若 ${}^{T}_{C}\boldsymbol{T}=\begin{pmatrix}1 & 0 & 0 & 4\\ 0 & 1 & 0 & 0\\ 0 & 0 & 1 & 0\\ 0 & 0 & 0 & 1\end{pmatrix}$，试求${}^{A}_{T}\boldsymbol{T}$。

2-20 试建立图 2.39 所示串联机器人的前置 D-H 参数。

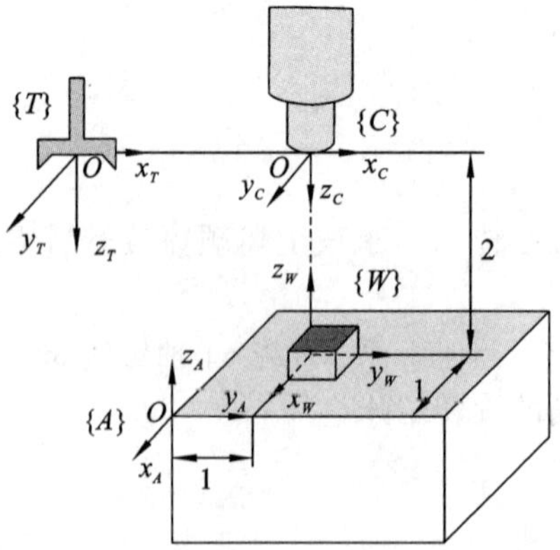

图 2.38 某工业机器人的坐标系定义

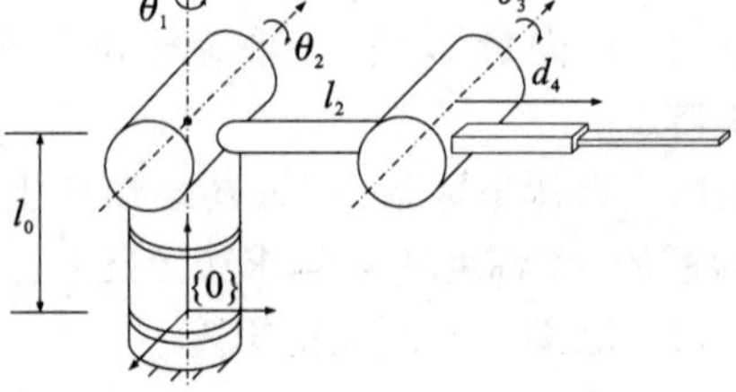

图 2.39 4 自由度的 RRRP 串联机器人

2-21 对于下面给出的各个${}^{i-1}_{i}\boldsymbol{T}$，求出与之对应的 4 个前置 D-H 参数值。

(1)$\boldsymbol{T}=\begin{pmatrix}0&1&0&3\\1&0&0&0\\0&0&1&1\\0&0&0&1\end{pmatrix}$，　(2)$\boldsymbol{T}=\begin{pmatrix}\cos\beta&\sin\beta&0&1\\\sin\beta&-\cos\beta&0&0\\0&0&-1&-2\\0&0&0&1\end{pmatrix}$，

(3)$\boldsymbol{T}=\begin{pmatrix}0&-1&0&-1\\0&0&-1&2\\1&0&0&0\\0&0&0&1\end{pmatrix}$。

2-22　求 Z-Y-X 欧拉角速度矢量与广义角速度矢量之间的变换矩阵。

2-23　已知两个相对静止的参考坐标系$\{A\}$和$\{B\}$，两者间的齐次变换矩阵为

$$ {}_B^A\boldsymbol{T}=\begin{pmatrix}\sqrt{3}/2&-1/2&0&10\\1/2&\sqrt{3}/2&0&0\\0&0&1&5\\0&0&0&1\end{pmatrix} $$

若某一广义速度在坐标系$\{A\}$中的表达是

$$ {}^A\mathbf{V}=({}^A\boldsymbol{\omega},{}^A\boldsymbol{v})^{\mathrm{T}}=(\sqrt{2},\sqrt{2},0,0,2,-3)^{\mathrm{T}} $$

求该广义速度在坐标系$\{B\}$中的表达。

2-24　利用递推法求解空间 3R 机器人相对基坐标系$\{0\}$的速度雅可比矩阵。注意：递推法得到的是在末端坐标系中描述的雅可比，需要转换到基坐标系。

2-25　在图 2.40 所示平面 2R 机器人的末端施加一个静态操作力，该力在其末端坐标系的表示为${}^3\boldsymbol{F}_{\mathrm{e}}$。不考虑重力和摩擦的影响，求此时该机器人相对应的关节平衡力矩。

2-26　PUMA 机器人的腕关节如图 2.41 所示，其末端附着磨头，用于磨削工件表面。

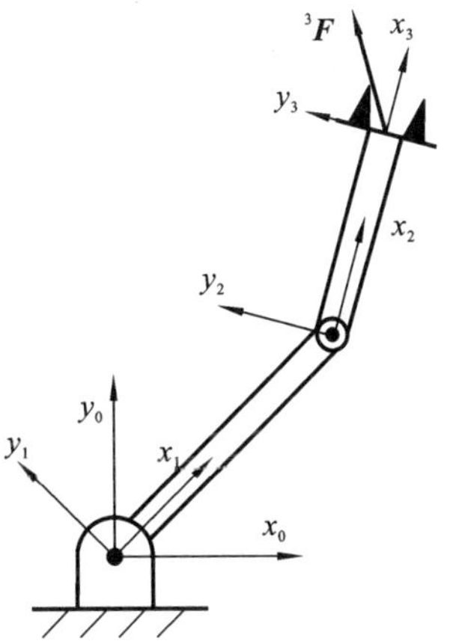

图 2.40　平面 2R 机器人

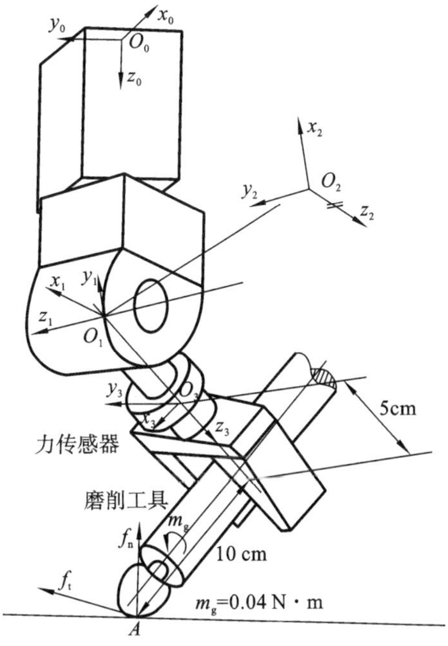

图 2.41　PUMA 机器人磨削时的腕关节

(1) 腕部各关节的位形参数如表 2.5 所示。磨头与工件表面的接触点为 A,其在坐标系{3}中的坐标为(10,0,5)(cm),试推导反映腕部关节速度与 A 点速度关系的 6×3 阶雅可比矩阵。

(2) 在磨削过程中,作业在磨头 A 点上的广义力为 6×1 的 $\boldsymbol{F}_e$,试求相应的关节力矩;特殊情况下,当工件表面与 Ox_0y_0 平面平行时,法向力 $f_n=-10$ N,切向力 $f_t=-8$ N,绕 z_3 的力矩为 0.04 N·m,计算等效的关节力矩,其中关节角为 $\theta_1=90°,\theta_2=45°,\theta_3=0°$。

(3) 机器人的腕部力传感器与坐标系{3}固连,测得 3 个力与 3 个力矩,表示成

$$F_s=(f_{sx},f_{sy},f_{sz},m_{sx},m_{sy},m_{sz})^{\mathrm{T}}$$

求作用在工具端点 A 处的广义力 $\boldsymbol{F}_e$(相对参考系{0})。

表 2.5　PUMA 机器人腕关节的结构参数

i	α_i	a_i	d_i
1	−90°	0	40 cm
2	90°	0	0 cm
3	0°	0	10 cm

2-27　试用牛顿-欧拉法推导图 2.22 所示空间 3R 机器人的关节空间动力学方程,假设各杆质心均在其连杆坐标系的原点处。

编程练习题

2-28　编程或利用机器人工具箱验证习题 2-11 至习题 2-18。

2-29　编写平面 3R 机器人位移正解求解程序,并利用机器人工具箱进行验证(选择一组参数:$l_1=l_2=0.4$ m,$l_3=0.2$ m)。

2-30　编程求解空间 3R 串联机器人相对基坐标系{0}的速度雅可比,并利用机器人工具箱进行验证。

2-31　对于图 2.42 所示平面 2R 机器人,假定两臂杆长 $L_1=L_2=L=0.1$ m,两臂均为集中质量 $m_1=m_2=m=0.5$ kg,且位于两杆末端,要求机器人两关节按照图 2.42(a)所示轨迹曲线各自逆时针转过 90°,使末端从 B_1 位置运动到 B_2 位置,试编程求解此过程中两关节力矩的时间曲线,并思考如果想减小最大关节力矩,但是不改变运行时间,可能的方法是什么?

提示:关节轨迹的时间函数如下

$$\theta_1=\theta_2=\begin{cases}\pi t^2/8 & (t=0\sim1)\\ \pi(-1+2t)/8 & (t=1\sim2)\\ \pi(-5+6t-t^2)/8 & (t=2\sim3)\end{cases}$$

$$\dot{\theta}_1=\dot{\theta}_2=\begin{cases}\pi t/4 & (t=0\sim1)\\ \pi/4 & (t=1\sim2)\\ \pi(3-t)/4 & (t=2\sim3)\end{cases}$$

$$\ddot{\theta}_1=\ddot{\theta}_2=\begin{cases}\pi/4 & (t=0\sim1)\\ 0 & (t=1\sim2)\\ -\pi/4 & (t=2\sim3)\end{cases}$$

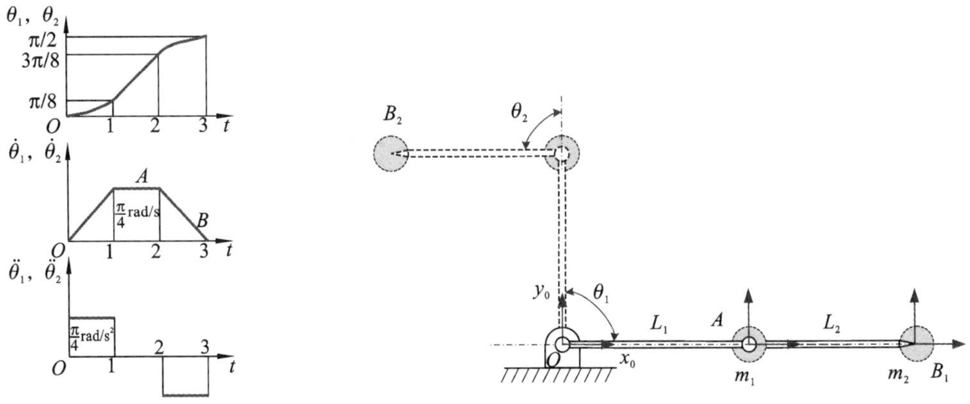

(a) 运动线图　　(b) 机器人的点位

图 2.42　平面 2R 机器人完成点到点运动的过程

可以编写一个循环程序,以固定时间间隔重复调用平面 2R 机器人的动力学方程,计算关节位置、速度和加速度,并据此计算关节力矩。把关节力矩存储在一个数组中,然后绘制其时间曲线。

第 3 章　机器人轨迹生成与运动控制

扫码下载
本章课件

【内容导读与学习目标】

本章首先讨论机器人轨迹生成的基本概念、算法和指令生成原理，然后，介绍机器人运动控制系统的组成、运行原理和多种伺服控制方案的框架。通过本章的学习，希望读者掌握：

(1) 机器人轨迹和指令生成方法；

(2) 机器人运动控制系统的硬件组成和运行原理；

(3) 理解轨迹生成和关节控制指令更新的流程；

(4) 了解机器人控制问题分类和各种伺服控制方案的基本框架。

本章的重点是关节轨迹生成和伺服指令更新流程。

"运动控制"是机器人控制的基本问题，也是机器人控制系统需要解决的首要问题。机器人学里的"运动"和"力"是对偶量，它们的控制问题可以依托同一套软硬件系统来实现。因此，实现位置、速度以及力控制的软硬件系统也被称为**运动控制系统**(motion control system)或者**伺服系统**(servo system)。机器人伺服系统的核心功能就是使被控量，例如关节或末端的位移或力，跟踪控制指令。伺服系统中对被控量实施闭环控制的回路是伺服环。伺服环、伺服控制器和指令的概念，参见绪论中对图 1.15 的讨论。

在工程实践中，为了便于使用，不会要求机器人操作员直接给定伺服环指令，而仅需要操作员给机器人运动控制系统输入生产工艺信息。例如，指定机器人末端工具点(TCP)在空间中的若干特定位姿、运行路径，以及完成上述动作所需花费的时间等。运动控制系统需要把这些工艺信息，转换为末端工具坐标系$\{T\}$相对于基坐标系$\{0\}$的位姿时间序列，然后，把末端位姿时间序列转变为关节变量时间序列。这些与用户期望运动关联的关节变量时间序列，就是伺服环指令。在得到指令后，伺服环才能开始实施闭环控制。

因此，从用户设定路径到机器人实现运动，需要经过路径规划、笛卡尔空间/操作空间轨迹生成和插补、运动学反解、关节空间轨迹生成和插补、关节伺服控制等一系列过程。为了理解上述过程，有必要先了解机器人运动控制相关的基本概念和流程。

3.1　机器人运动控制的概念和流程

3.1.1　机器人运动控制的基本概念

1. 路径

路径(path)是空间中的一条曲线，是一个几何概念。

由空间点构成的路径曲线可以在笛卡尔坐标系 $Oxyz$ 中绘制，它也是刚体上参考点在实际物理空间运动时留下的轨迹，称为**点路径**。如果希望机器人末端跟踪一条点路径，就意味着末端上某点——通常是末端坐标系原点或工具点——的运动被约束在该路径上。为此，可以用参数化约束方程 $\boldsymbol{p}=\boldsymbol{p}(s)$ 表达空间点路径。该约束方程把空间某动点——例如机器人末端坐标系原点——的三个分量用一个标量参数联系起来。这种空间路径的参数化表达方法，有利于设定动点的速度规律。

在该约束方程中，$\boldsymbol{p}=(x,y,z)^{\mathrm{T}}$ 是位置向量，通常表示机器人末端工具坐标系原点的位置。s 是连续变化的标量，定义 $s\in[0,1]$，且 $s=0$ 对应路径起点，$s=1$ 对应路径终点。当 s 连续变化时，向量函数 $\boldsymbol{p}(s)$就可以描述一条连续的点路径。指定 s 的时间函数，就可以确定动点的速度规律。

点路径约束方程 $\boldsymbol{p}=\boldsymbol{p}(s)$常用的空间线型为直线、圆弧、三次和五次样条曲线。在运动控制中，它们被称为**路径函数**。

机器人的空间路径还应包含姿态信息。为此，可以仿照点路径来定义**姿态路径** $\boldsymbol{\eta}=\boldsymbol{\eta}(u)$。姿态向量 $\boldsymbol{\eta}$ 可以用 2.1.4 小节讨论的多种刚体姿态向量表示法中的一种，例如，$\boldsymbol{\eta}=(\alpha,\beta,\gamma)^{\mathrm{T}}$(三角度表示法)，$\boldsymbol{\eta}=(\theta k_x,\theta k_y,\theta k_z)^{\mathrm{T}}$(等效轴-角表示法)。$u\in[0,1]$是标量，当 u 连续变化时，向量函数 $\boldsymbol{\eta}(u)$表示连续姿态路径。姿态路径曲线可以在笛卡尔坐标系 $O\alpha\beta\gamma$ 中绘制，但是在实际物理空间中难以用可见轨迹描述，而仅表现为刚体的连续旋转。在实际使用中，机器人姿态要么跟随点位置变化，可以根据点路径函数定义；要么采用简单的函数作为姿态路径函数，例如三个姿态分量等比例变化的直线函数。如果 $u=s$，则意味着姿态与位置的运动速度规律一致。

2. 路径点

将位置向量与姿态向量综合起来，就构成了对路径点的完整描述。路径点通常对应着机器人末端工具相对于基坐标系的一个位姿，可以用一个六维位姿向量表示

$$\boldsymbol{x}=(\boldsymbol{p}^{\mathrm{T}},\boldsymbol{\eta}^{\mathrm{T}})^{\mathrm{T}}=(x,y,z,\alpha,\beta,\gamma)^{\mathrm{T}} \tag{3.1}$$

式中：前三项表示位置；后三项表示姿态。

机器人末端位姿从 $\boldsymbol{x}_0$ 变化到 $\boldsymbol{x}_n$，会经历一系列中间路径点 $\boldsymbol{x}_i$。显然，路径也可理解为一系列路径点的集合。

3. 路径规划

如果路径位于机器人的可行工作空间，则每一个路径点至少对应着机器人的一个位形，路径点的全体构成机器人**位形空间**(configuration space)里的一个连续子空间。**路径规划**(path planning)就是在机器人位形空间中，生成一个连续的可行位形子空间。显然，路径规划是一个搜索问题。机器人路径规划需要在六维空间中搜索，还要根据机器人位形计算各

杆的空间位姿和尺寸，实现碰撞检测。机器人自主路径规划需要专题讨论，不在本书研究范围内。

工业机器人的路径规划通常由用户协助完成，常用方式有两种：①**示教编程**(teaching by showing)；②**离线编程**(off-line programming)。

示教编程是用户利用机器人附带的示教器，手动协助机器人生成路径的过程，如图 3.1(a)所示。在示教时，用户操作机器人断续运动，把若干停止点设定为机器人的路径点，也称**示教点**(teaching point)，并指定运行速度。示教点之间的路径函数既可以由用户指定，也可由机器人控制系统自动生成。机器人按照示教路径以指定速度自动运行的过程称为**示教再现**。

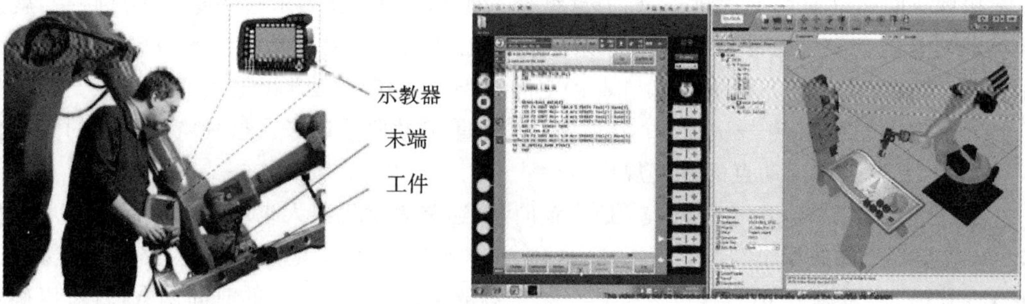

(a) 示教编程　　(b) 离线编程

图 3.1　机器人编程方式

离线编程无须用户操作机器人，即可生成机器人运行路径和速度，如图 3.1(b)所示。通常有两种离线编程方法：①用户在计算机上利用厂家提供的仿真环境设定机器人路径和运行速度；②用户编写程序，读取被加工对象的 CAD/CAM 数据文件和加工工艺文件，自动生成路径和运行速度。

无论是示教编程还是离线编程，最后都会获得一个机器人程序文件。将程序文件保存或下载到机器人控制器中，机器人即可在运动控制系统的控制下完成指定运动。

4. 点到点模式——PTP 模式

如果操作员不指定示教点之间的路径函数，而由机器人内置的轨迹生成算法自动生成关节轨迹，这种编程方式称为**点到点**(point to point，PTP)模式(图 3.2)。PTP 模式适用于**点位作业**，即只需要机器人末端工具精确到达起始位姿、终止位姿和少数中间位姿，而不关心上述位姿点之间路径的作业。典型的点位作业包括上/下料、点焊、激光打孔等。显然，PTP 模式操作简单、效率高，它是工业机器人最常用的示教编程方式。

5. 连续路径模式——CP 模式

对于要求末端工具严格按照某特定路径运行的作业，例如打胶、喷涂、弧焊、切割、铣削等，就需要指定起始和终止位姿间的**连续路径**(continuous path，CP)，对应的编程模式称为**连续路径模式**，即 **CP 模式**。工业机器人编程系统中常用的路径是直线和圆弧，如图 3.3 所示。

对于一般的工业应用，这两种路径已经能够满足需求。其他类型的空间曲线通常用多个短直线或圆弧段进行逼近，如图 3.4 所示。直线或圆弧段越短，则逼近精度越高，但是示教编程效率会降低。因此，如果需要实现对空间任意曲线的高精度逼近，一般采用离线编程方式实现。在数控加工中，为了获得较高的精度，还会用双圆弧、三次和五次样条曲线等标

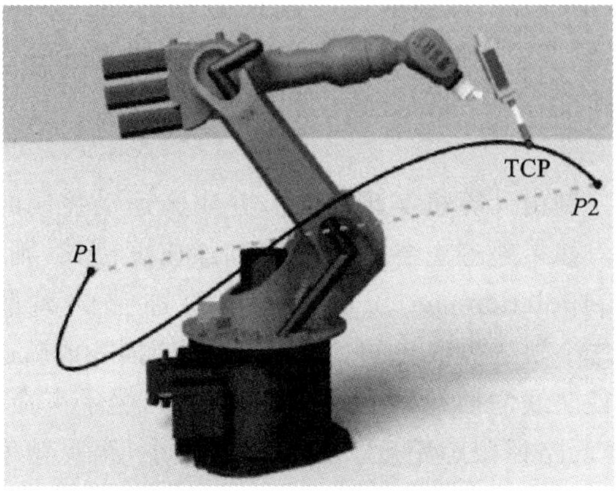

图 3.2　点到点(PTP)模式

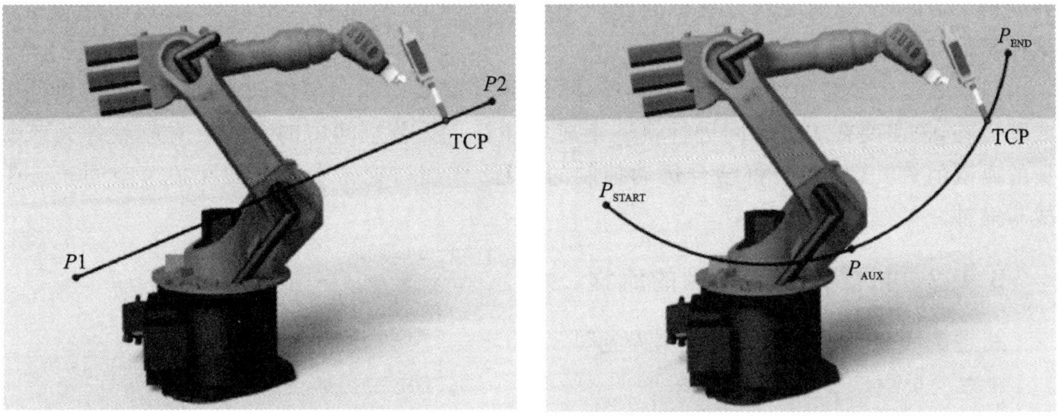

图 3.3　连续路径(CP)运动模式

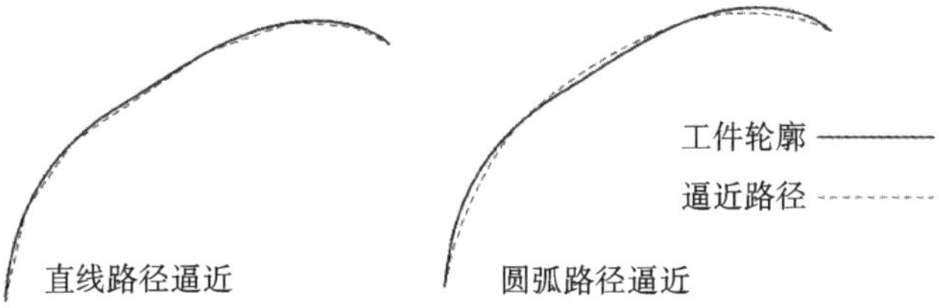

图 3.4　利用直线和圆弧逼近加工轮廓

准曲线来逼近加工轮廓。空间曲线的逼近问题是数控加工的研究内容，本书不讨论。

6. 轨迹与轨迹生成

为机器人指定走完某一路径所需要的时间，就获得了**轨迹**(trajectory)。显然，轨迹不但含有路径的几何信息，还包含速度和加速度等物理信息。从数学上看，轨迹既是位姿点各分量间的几何约束函数，也是时间函数。因此，可以把轨迹简单地理解为路径的时间函数

$$\boldsymbol{x}(t)=(\boldsymbol{p}^{\mathrm{T}}(s(t)),\boldsymbol{\eta}^{\mathrm{T}}(u(t)))^{\mathrm{T}} \quad 或 \quad \boldsymbol{x}(t)=[\boldsymbol{p}^{\mathrm{T}}(t),\boldsymbol{\eta}^{\mathrm{T}}(t)]^{\mathrm{T}}$$

由于惯性，机器人从起始位姿沿指定路径运动到终止位姿的过程中，一定会进行加减速运动。为了使机器人沿指定路径正常运行，需要指定加减速规律。在后面会看到，把轨迹函数用统一的时变参数 $s(t)$ 或 $u(t)$ 表达，非常便于调整机器人跟踪指定路径时的加减速规律。

在满足特定约束的条件下，获得轨迹时间函数的过程，就称为**轨迹生成**（trajectory generation）。一般而言，轨迹生成需要满足的约束包括某些特定路径点的位姿坐标，以及在该点处的指定速度和加速度，并尽量保证速度和加速度连续。

7. 轨迹插补

现代机器人的运动控制由计算机实现，因此，在实施运动控制时，必然会对连续轨迹函数在时间上进行离散化。如果轨迹上各处的速度和加速度已知，则可以按照一个固定时间周期，即**插补周期**（interpolation period），计算出轨迹上的离散位姿值，称为**插补点**（interpolation point）。这一轨迹离散化的过程，称为**轨迹插补**或**轨迹实时生成**。

对任意一种标准路径曲线的插补，可用该路径函数的名字来命名，例如直线插补、圆弧插补等。显然，插补会降低路径跟踪精度。插补周期越小，跟踪精度越高。但是在实践中，插补周期的最小值受限于计算机的计算速度。在数控加工中，插补精度是一个重要问题，它主要由插补周期和机床运行速度决定。通常，在加工精度不变的条件下，运行速度越高，插补周期应该越小，这就要求计算机的计算速度越快。如果将机器人用于加工，也同样需要仔细权衡插补周期和运行速度。

机器人运动最终由关节运动来实现，因此，除了需要对笛卡尔空间中的路径进行轨迹生成和插补，也需要在关节空间进行轨迹生成和插补。关节空间中的插补点对应着各关节变量的离散值。3.1.2 小节将结合运动控制的流程，详细讨论笛卡尔空间和关节空间轨迹生成与插补。

3.1.2　机器人运动控制的流程

机器人实现运动控制的一般流程见图 3.5。

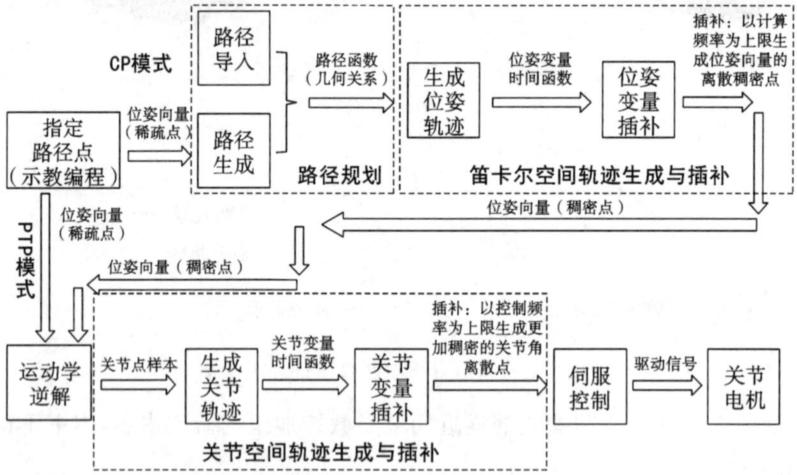

图 3.5　机器人实现运动控制的一般流程

下面结合机器人跟踪一条圆弧路径的过程加以阐述。图 3.6(a)描述了机器人末端工具沿圆弧路径运动的过程。它从起始位姿 $\boldsymbol{x}_0$ 变化到终止位姿 $\boldsymbol{x}_n$，并且绕 z_T 轴转过一个角度。

1. 指定路径点

为了使图 3.6 中机器人的末端工具从起始位姿 $\boldsymbol{x}_0$ 沿圆弧运动到终止位姿 $\boldsymbol{x}_n$，需要在笛卡尔空间进行编程。跟踪圆弧路径需要采用 CP 模式，此时需要操作员指定圆弧起点、终点

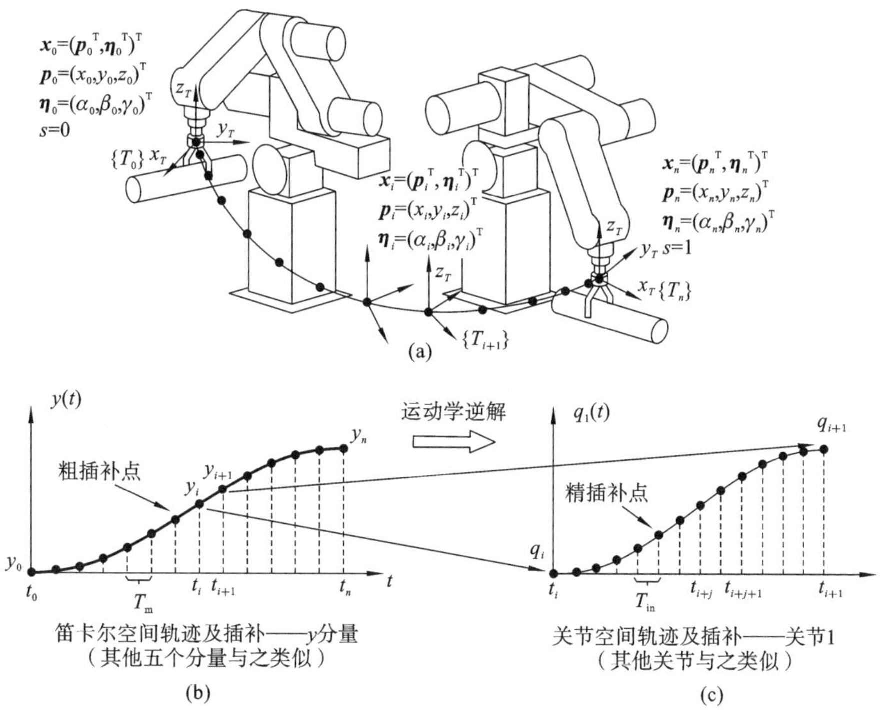

图 3.6　直线轨迹生成及插补示例

和圆心坐标（或圆弧中间点）。

对于不需要跟踪指定路径的情形，则只需由操作员指定机器人起点、中间点和终点，采用 PTP 模式编程即可。

对用户而言，在笛卡尔空间定义末端工具的运行路径和轨迹是理所应当的。这样，用户在编程阶段就可以观察到机器人在空间中的运动状态，避免碰撞并及时修正路径偏差。

2. 路径规划

对于图 3.6 所示情形，运动控制系统需要根据操作员指定的圆弧起点、终点和圆心坐标，利用圆弧路径生成算法，得到圆弧路径函数。如果采用离线编程，则可以直接导入已知的圆弧路径函数。

3. 笛卡尔空间轨迹生成和插补

把圆弧路径函数表示为参数方程 $\boldsymbol{x}(t)=(\boldsymbol{p}^{\mathrm{T}}(s(t)),\boldsymbol{\eta}^{\mathrm{T}}(u(t)))^{\mathrm{T}}$ 的形式，然后指定参数 $s(t)$ 和 $u(t)$ 的时间函数，就可确定机器人末端跟踪圆弧的速度规律。图 3.6(a) 路径上的圆点，表示机器人末端在固定的时间间隔内，在圆弧上经过的一系列中间点。从圆弧上点之间距离的变化，可以看出加减速过程。在笛卡尔空间指定路径跟踪时间，并据此生成轨迹的过程，称为**笛卡尔空间轨迹生成**。

图 3.6(b) 给出了末端位姿向量中 y 分量的轨迹曲线和插补点坐标，横坐标中的时间间隔是**位姿插补周期** T_{m}。位姿插补周期越小，路径跟踪精度越高。因此，笛卡尔空间轨迹插补通常会生成一系列密集的插补点。在空间维度上，可称其为**稠密点**。

考虑到机器人末端实际上由关节驱动，因此，对于笛卡尔空间中由插补得到的每一个位姿轨迹点，都需要求运动学逆解，以获得与各位姿轨迹点相对应的各关节位置、速度和加速度。由第 2 章的讨论可知，这里面的计算量非常可观。机器人在运动过程中会有实时避障或变速的要求，因此还要求运动学逆解计算能在线实时进行。为了缓解运算压力，笛卡尔空间中的插补周期通常相对较大。因此，在时间维度上，这一过程被称为**粗插补**，位姿插补周期也称为**粗插补周期**。在运动控制系统中，粗插补周期也称**运动控制周期**(数毫秒)，详见第3.3节。

笛卡尔空间轨迹生成和插补的优点是：在真实物理空间中进行路径规划和轨迹生成，机器人运动行为可预测，可用于需要精确跟踪指定路径的CP模式。它同时也存在一些问题：如反解运算量大，难以实现高频率插补；另外，为规避奇异点，要求用户在规划路径时，了解机器人工作空间中奇异点的分布情况。

4. 关节空间轨迹生成和插补

对于某个特定关节，在若干已知关节位置之间生成关节变量时间函数的过程，称为**关节空间轨迹生成**。图3.6(c)给出了关节1转角 q_1 的轨迹曲线，横坐标中的时间间隔为**关节插补周期** T_{in}。q_1 的起始值 q_i 和终止值 q_{i+1}，可以根据两个相邻位姿 $\boldsymbol{x}_i$ 和 $\boldsymbol{x}_{i+1}$ 的运动学逆解求得。

进一步对关节曲线进行插补，可得到伺服控制所需的关节指令。关节轨迹插补是针对关节变量曲线的增量运算，计算量很小。为了提高控制的平稳性，关节轨迹插补周期通常远小于粗插补周期。相较于位姿插补，在时间维度上，它被称为**精插补**，对应的插补周期为**精插补周期**(数十至数百微秒，图3.6中的 T_{in})。为保证伺服控制算法能够稳定跟踪指令，精插补周期通常是伺服控制周期的3～5倍。伺服控制周期的概念将在3.3节介绍。

在PTP模式下，用户只需在笛卡尔空间中指定少数几个位姿点，而不需指定空间路径。与稠密点相对，可以称PTP模式指定的位姿点为**稀疏点**。PTP模式下不需在笛卡尔空间进行轨迹生成和插补。但是，为了实现连续运动，也需要利用运动逆解，求得与稀疏点对应的关节位置、速度和加速度，进而在关节空间进行轨迹生成和插补，补全稀疏点之间的关节插补点。

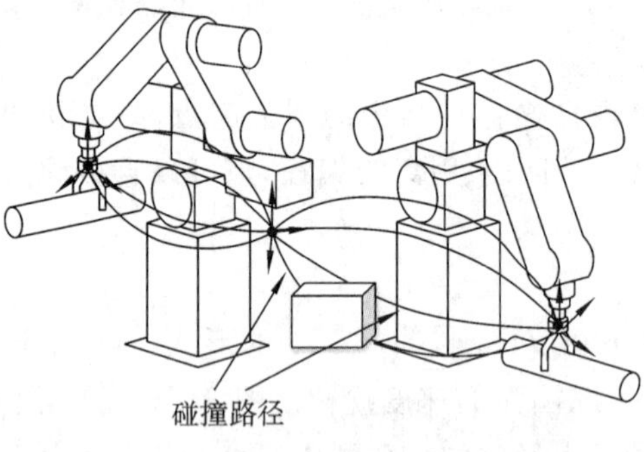

图3.7　PTP模式下轨迹的不确定性及碰撞风险

关节空间的轨迹生成没有奇异性问题，也不需频繁计算运动学逆解，计算效率高。但是，由于关节变量与机器人末端位姿之间往往存在非线性映射关系，用户难以预知机器人的实际运动路径，因而存在碰撞风险，如图3.7所示。因此，在存在碰撞风险的空间区域，如果采用PTP模式编程，则应该多选择几个示教位姿点，以避开障碍物。

从上述分析可知，无论采用PTP模式还是CP模式来编程，关节空间的轨迹生成和插补都是必要的。关节空间轨迹生成的特点是计算量小，无奇异性问题，但是其生成的末端空间路径未知。在PTP模式下，对可能存在碰撞的区域，需要多指定几个示教点(稀疏点)。在CP模式下，因为粗插补得到的笛卡尔空间位姿点较为密集(稠密点)，所以，在这些已知稠密点之间，由于关节轨迹插补导致的末端路径的不确定性，路径跟踪精度会受影响，但不会导致碰撞问题。

3.2　机器人轨迹生成算法

对于关节位置变量 q_i，轨迹生成就是确定它的时间函数 $q_i(t)$；对于空间路径 $\boldsymbol{x}=(\boldsymbol{p}^{\mathrm{T}}(s)\ \boldsymbol{\eta}^{\mathrm{T}}(u))^{\mathrm{T}}$，轨迹生成就是确定参数 s 和 u 的时间函数 $s(t)$ 和 $u(t)$。它们都是标量时间函数，从算法的角度看，两者并无区别。因此，本节首先讨论关节空间轨迹生成，它所用到的时间函数 $q_i(t)$，同样适用于参数 $s(t)$ 和 $u(t)$。

3.2.1　关节空间轨迹生成

描述关节位置的时间函数又称为关节轨迹曲线，它应该满足如下条件：

（1）满足起始和终止状态的位置约束（位置值）和速度约束（速度值）；

（2）满足可能存在的起始和终止状态加速度约束（加速度值）；

（3）连接曲线应尽量光滑，使运动平稳；

（4）各关节的运行时间应相等，否则对于指定了空间路径的 CP 模式，机器人将产生路径偏差。

本小节介绍常用的关节轨迹曲线：位置 S 曲线、速度 S 曲线和五次多项式曲线。

1. 位置 S 曲线

位置 S 曲线是一种混合函数曲线，也称为二次组合曲线。位置 S 曲线呈“S”形，由首尾二次曲线段和中间直线段组成，二次曲线与直线平滑过渡，其速度曲线呈梯形，加速度曲线呈矩形，如图 3.8 所示。给定起始位置 q_0、终止位置 q_f，运行时间 t_f 和加/减速度值 $\ddot{q}$，就可以得到一条位置 S 曲线轨迹。

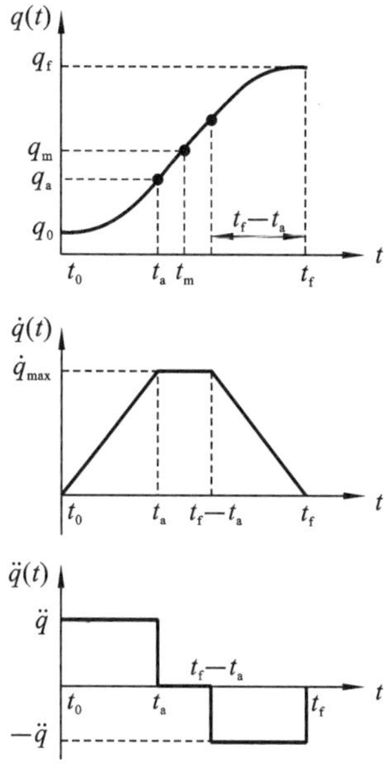

图 3.8　位置 S 曲线轨迹

改变 $\ddot{q}$，可以得到不同的位置 S 曲线，它们都满足指定的位置和时间约束，如图 3.9 所示。$\ddot{q}$ 的最大值受限于系统加速度上限 $\ddot{q}_{\mathrm{lim}}$，最小值由运行时间决定：

$$\frac{4(q_f-q_0)}{t_f^2}\leqslant \ddot{q}\leqslant \ddot{q}_{\mathrm{lim}} \tag{3.2}$$

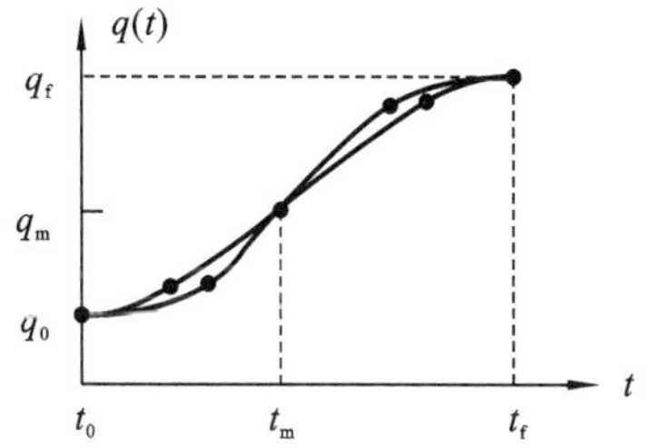

图 3.9　不同加速度值的位置 S 曲线

已知关节起始位置 q_0、终止位置 q_f、运动时间 t_f 和加速度 $\ddot{q}$，可以得到位置 S 曲线的位置、速度、加速度时间函数表达式，如表 3.1 所示。

以固定时间间隔 $\Delta t=T_{\mathrm{in}}$ 对总运行时间进行离散化，可按程序 3.1 计算位置 S 曲线的轨迹插补值。在做关节轨迹规划时，调用程序 3.1，s_0、s_f 和 $\ddot{s}$ 分别对应着关节起始位置、终止位置和加速度。程序返回值就是关节位置、速度和加速度在各插补点的取值，它们被发送给关节伺服控制器，作为控制算法的期望值（q_i，$\dot{q}_i$，$\ddot{q}_i$）。

表 3.1　位置 S 曲线各时段的位置、速度和加速度计算公式

t	$q(t)$	$\dot{q}(t)$	$\ddot{q}(t)$
$t \in [0, t_a]$	$q_0 + \dfrac{1}{2}\ddot{q}t^2$	$\ddot{q}t$	$\ddot{q}$
$t \in (t_a, t_f - t_a)$	$q_a + \ddot{q}t_a(t - t_a)$	$\ddot{q}t_a$	0
$t \in [t_f - t_a, t_f]$	$q_f - \dfrac{1}{2}\ddot{q}(t_f - t)^2$	$\ddot{q}t_a - \ddot{q}(t - t_f + t_a)$	$-\ddot{q}$

其中：$q_a = q_0 + \dfrac{1}{2}\ddot{q}t_a^2$；$t_a = \dfrac{t_f}{2} - \dfrac{\sqrt{\ddot{q}^2 t_f^2 - 4\ddot{q}(q_f - q_0)}}{2\ddot{q}}$。

```
01.    Function QuadMix_Traj_Interpolation(t_f,Δt,s_0,s_f,s̈)
02.         ṡ(0)=0,s̈(0)=0,t=0;
03.         s_a=s_0+ 1/2 s̈ t_a²;
04.         t_a= t_f/2 - √(s̈² t_f² - 4s̈(s_f - s_0))/(2s̈) ;
05.         n= t_f/Δt ;
06.         for i=1 to n
07.             t=t+Δt;
08.             if(0≤t≤t_a)then
09.                 s̈(i)=s̈;
10.                 ṡ(i)=s̈t;
11.                 s(i)=s_0+ 1/2 s̈ t²;
12.             elseif(t_a< t_i < (t_f - t_a))then
13.                 s̈(i)=0;
14.                 ṡ(i)=s̈t_a;
15.                 s(i)=s_a+s̈t_a(t- t_a);
16.             elseif((t_f - t_a)≤ t_i ≤ t_f)then
17.                 s̈(i)=-s̈;
18.                 ṡ(i)=s̈t_a-s̈(t- t_f+ t_a);
19.                 s(i)=s_f- 1/2 s̈(t_f- t)²;
20.             end if
21.         end for
22.    return s(n),ṡ(n),s̈(n)
```

程序 3.1　位置 S 曲线轨迹的插补

　　程序 3.1 中采用标量参数 s 表示位置，说明该程序既可以用于关节轨迹生成，也可以用于笛卡尔空间路径函数中标量参数的轨迹生成。其他类型的轨迹曲线也可以采用类似方式封装成程序模块，便于代码复用。

如果利用 PTP 模式在笛卡尔空间为机器人末端指定了两个以上的位置点，且中间点速度不为零，那么，在生成关节轨迹时，需要考虑末端以怎样的方式通过中间点。

利用位置 S 曲线生成关节轨迹的一个简单策略是：严格到达起始点和终止点，而对中间点则用抛物线逼近，如图 3.10 所示。可以看到，起始和终止段采用了与无中间点情况类似的方法生成位置 S 曲线；而在每个中间点附近，则用抛物线过渡，抛物线与连接相邻中间点的直线相切。可见，采用这种策略，机器人末端将无法准确到达指定的中间位姿。尽管如此，对于 PTP 模式，这种策略在多数情况下是可以接受的。因为 PTP 模式中间点的设置目的通常是远离障碍物，或者避开奇异点，以避免关节发生大幅度的反向旋转，并不要求末端精确经过中间点。

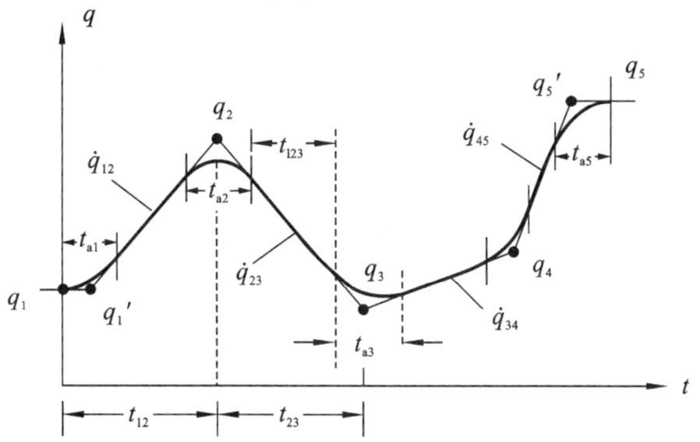

图 3.10　指定了中间路径点的位置 S 曲线轨迹

图 3.10 使用了如下符号约定：q_n 表示指定的关节位置，$\dot{q}_{(n-1)n}$ 表示两个关节位置之间的直线段速度，t_{an} 表示抛物线区域时间，$t_{(n-1)n}$ 表示两个关节位置之间的运行时间，$t_{l(n-1)n}$ 表示直线段时间。其中，q_1' 和 q_5' 是为了描述首尾直线段而标记的辅助点。

与无中间轨迹点的情况类似，随着过渡段加速度值的不同，关节轨迹存在无数个可能解。若已知所有关节位置 q_n，两位置之间的期望运行时间 $t_{(n-1)n}$，以及每个过渡段的加速度幅值 $|\ddot{q}_n|$，则可计算过渡段时间 t_{an}、直线段时间 $t_{l(n-1)n}$ 和直线段速度 $\dot{q}_{(n-1)n}$。对于中间点之间的轨迹段，可用式(3.3)计算上述值。

$$\begin{cases} \dot{q}_{(n-1)n} = \dfrac{q_n - q_{n-1}}{t_{(n-1)n}} \\ \ddot{q}_n = \mathrm{SGN}(\dot{q}_{n(n+1)} - \dot{q}_{(n-1)n}) \mid \ddot{q}_n \mid \\ t_{an} = \dfrac{\dot{q}_{n(n+1)} - \dot{q}_{(n-1)n}}{\ddot{q}_n} \\ t_{l(n-1)n} = t_{(n-1)n} - \dfrac{1}{2}t_{a(n-1)} - \dfrac{1}{2}t_{an} \end{cases} \tag{3.3}$$

式中：SGN(　)为符号函数。最后一个公式隐含了一个性质：两相交直线存在一个内切抛物线，且两切点到直线交点的水平距离相等。读者可自行证明。

对于首尾两段轨迹，由于需要把轨迹端部的整个抛物线时间计入其运行时间，所以计算方法稍有不同。

对于第一个轨迹段，其直线段速度等于抛物线结束时刻的速度，也等于直线段斜率。在图 3.10 中，过 q_1 的水平直线为一条辅助线，用于标记斜直线段的假想起点 q_1'，其值等于 q_1。q_1' 对应的时间值无实际意义。考虑到起始速度为零，关节在第一个抛物线区域一定做加速运动，$\ddot{q}_1$ 与 $\dot{q}_{12}$ 同向。据此可列出 $\dot{q}_{12}$ 与 t_{a1} 的关系式

$$\begin{cases}\dot{q}_{12}=\ddot{q}_1 t_{a1}\\ \dot{q}_{12}=\dfrac{q_2-q_1}{t_{12}-\dfrac{1}{2}t_{a1}}\\ \ddot{q}_1=\mathrm{SGN}(q_2-q_1)\,|\,\ddot{q}_1\,|\end{cases}\tag{3.4}$$

根据式(3.4)可以得到 t_{a1} 和 t_{l12} 的计算公式，即

$$\begin{cases}t_{a1}=t_{12}-\sqrt{t_{12}^2-\dfrac{2(q_2-q_1)}{\ddot{q}_1}}\\ t_{l12}=t_{12}-t_{a1}-\dfrac{1}{2}t_{a2}\end{cases}\tag{3.5}$$

式(3.5)再次利用了抛物线与两直线切点到直线交点水平距离相等的性质。

同样，对于最后连接 $n-1$ 和 n 的轨迹段(图中对应 q_4 和 q_5)，考虑到终止速度为零，关节在最后一个抛物线区域一定做减速运动，$\ddot{q}_n$ 与 $\dot{q}_{(n-1)n}$ 反向，于是有

$$\begin{cases}\dot{q}_{(n-1)n}+\ddot{q}_n t_{an}=0\\ \dot{q}_{(n-1)n}=\dfrac{q_n-q_{n-1}}{t_{(n-1)n}-\dfrac{1}{2}t_{an}}\\ \ddot{q}_n=\mathrm{SGN}(q_{n-1}-q_n)\,|\,\ddot{q}_n\,|\end{cases}\tag{3.6}$$

根据式(3.6)可得

$$\begin{cases}t_{an}=t_{(n-1)n}-\sqrt{t_{(n-1)n}^2+\dfrac{2(q_n-q_{n-1})}{\ddot{q}_n}}\\ t_{l(n-1)n}=t_{(n-1)n}-t_{an}-\dfrac{1}{2}t_{a(n-1)}\end{cases}\tag{3.7}$$

由式(3.3)至式(3.7)可计算多段轨迹的时间和速度。通常用户只需给定首尾端点、中间点以及各个轨迹段的持续时间。机器人控制器使用各个关节的默认加速度，根据上面公式进行轨迹生成和插补计算。加速度的值必须足够大，以保证各轨迹段都有足够长的直线段，提升机器人工作效率。

在编程时，首先确定运行时刻所处轨迹段，然后仿照表 3.1 和程序 3.1 写出各段位置 S 曲线的函数方程和插补程序，供机器人控制器实时生成关节伺服控制器的期望值。

下面给出计算各段位置 S 曲线中直线段速度、持续时间和抛物线区域持续时间的实例。

【例 3-1】 定义包括两个中间点的某关节轨迹的轨迹点分别为 10°、35°、25°、10°。三个轨迹段的时间间隔分别为 2 s、1 s 和 3 s。所有过渡抛物线区域的加速度幅值为 50(°)/s²。计算各轨迹段的速度、抛物线区域持续时间和直线段持续时间。

解 对第一个抛物线区域，根据式(3.4)得

$$\ddot{q}_1=50.0\tag{3.8}$$

根据式(3.5)求出抛物线区域持续时间为

$$t_{a1}=2-\sqrt{4-\frac{2\times(35-10)}{50.0}}=0.27\tag{3.9}$$

然后，由式(3.4)求出速度 $\dot{q}_{12}$，即

$$\dot{q}_{12}=\frac{35-10}{2-0.5\times 0.27}=13.40 \tag{3.10}$$

接下来，由式(3.3)计算第二段 S 曲线轨迹的相关参数

$$\dot{q}_{23}=\frac{25-35}{1}=-10.00 \tag{3.11}$$

$$\ddot{q}_{2}=-50.0 \tag{3.12}$$

$$t_{a2}=\frac{-10-13.40}{-50.0}=0.47 \tag{3.13}$$

再由式(3.5)计算第一段轨迹中的直线段持续时间

$$t_{l12}=2-0.27-\frac{1}{2}\times 0.47=1.50 \tag{3.14}$$

接下来，由式(3.6)得到最末段抛物线区域的加速度值

$$\ddot{q}_{4}=50.0 \tag{3.15}$$

然后，根据式(3.7)计算最末段抛物线区域的持续时间

$$t_{a4}=3-\sqrt{9+\frac{2\times(10-25)}{50.0}}=0.102 \tag{3.16}$$

根据式(3.6)求出速度 $\dot{q}_{34}$：

$$\dot{q}_{34}=\frac{10-25}{3-\frac{1}{2}\times 0.102}=-5.09 \tag{3.17}$$

接下来，由式(3.3)得

$$\ddot{q}_{3}=50.0 \tag{3.18}$$

$$t_{a3}=\frac{-5.09-(-10.0)}{50.0}=0.098 \tag{3.19}$$

$$t_{l23}=1-\frac{1}{2}\times 0.47-\frac{1}{2}\times 0.098=0.716 \tag{3.20}$$

最后，根据式(3.7)计算最后一段直线段持续时间

$$t_{l34}=3-\frac{1}{2}\times 0.098-0.102=2.849 \tag{3.21}$$

前面已经指出，当机器人按照由式(3.3)至式(3.7)规划的位置 S 曲线轨迹运行时，不会实际经过这些中间路径点。加速度越大，机器人会越接近中间点，但是加速度受实际驱动器驱动能力的限制，存在上限。当中间路径点速度为零时，多段位置 S 曲线轨迹就蜕变成了多个单段位置 S 曲线的简单拼接，机器人会在每个中间点停顿。这样，机器人虽然精确通过了中间点，但工作效率却降低了。

如果希望机器人精确、不停顿地经过某个中间点——这样的中间点称为“**穿越点**”，则可以采用创建两个“**伪中间点**”的方法来实现，图 3.11 说明了这种思想。将原位置 S 曲线中穿越点两侧抛物线的加速度适当增大，更新两侧直线的斜率(速度)。过穿越点做直线，其斜率取指定值，或两侧直线更新后的斜率均值。该直线与更新后的两直线相交，获得两个伪中间点。然后，在中间点序列中删除穿越点。这样，就用两个伪中间点替代了穿越点。最后，再按照式(3.3)至式(3.7)重新规划新的位置 S 曲线即可。

位置 S 曲线能够满足位置约束条件，是满足系统加减速要求的最简曲线，其优点是：

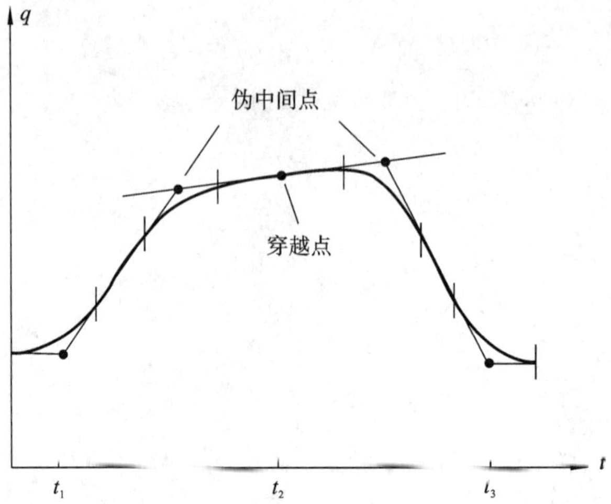

图 3.11 用伪中间点来替代穿越点

①计算量小;②可保证机器人始终以指定的最大速度运行,效率高;③能够保证关节不超越下一个指定位置,具有可预见性。但是,它的缺点也很明显:①无法满足轨迹点上的速度和加速度约束;②速度曲线为梯形或三角形,说明速度虽然连续,但不平滑;③加速度有突变,运行时冲击和振动大;④不利于提高控制精度。

因此,位置 S 曲线轨迹仅适用于对工作速度要求高,而对控制精度要求一般,并且对冲击、振动不敏感的场合。

2. 三次多项式与速度 S 曲线

为了克服位置 S 曲线的缺点,可以利用三次多项式来构造关节轨迹函数 $q(t)$,即

$$\begin{cases} q(t) = a_0 + a_1 t + a_2 t^2 + a_3 t^3 \\ \dot{q}(t) = a_1 + 2a_2 t + 3a_3 t^2 \\ \ddot{q}(t) = 2a_2 + 6a_3 t \end{cases} \tag{3.22}$$

显然,三次多项式 $q(t)$ 对时间的一阶导数——速度函数 $\dot{q}(t)$ 为平滑二次函数,加速度函数 $\ddot{q}(t)$ 为线性函数。该三次多项式有 4 个参数,能够同时满足 4 个约束条件。对机器人而言,这样的 4 个约束条件通常就是每段轨迹首尾端点的位置和速度,即

$$\begin{cases} q(t_0) = q_0 \\ q(t_f) = q_f \\ \dot{q}(t_0) = \dot{q}_0 \\ \dot{q}(t_f) = \dot{q}_f \end{cases} \tag{3.23}$$

把式(3.23)所示约束条件代入式(3.22),得到如下 4 个方程,即

$$\begin{cases} q_0 = a_0 \\ q_f = a_0 + a_1 t_f + a_2 t_f^2 + a_3 t_f^3 \\ \dot{q}_0 = a_1 \\ \dot{q}_f = a_1 + 2a_2 t_f + 3a_3 t_f^2 \end{cases} \tag{3.24}$$

依次求解方程组(3.24)中的系数,可得

$$\begin{cases} a_0 = q_0 \\ a_1 = \dot{q}_0 \\ a_2 = \dfrac{3}{t_f^2}(q_f - q_0) - \dfrac{2}{t_f}\dot{q}_0 - \dfrac{1}{t_f}\dot{q}_f \\ a_3 = -\dfrac{2}{t_f^3}(q_f - q_0) + \dfrac{1}{t_f^2}(\dot{q}_f + \dot{q}_0) \end{cases} \tag{3.25}$$

当轨迹中仅包含起始和终止两个轨迹点时，首尾端点的速度约束 $\dot{q}_0=\dot{q}_f=0$，式(3.25)可简化为

$$\begin{cases} a_0 = q_0 \\ a_1 = 0 \\ a_2 = \dfrac{3}{t_f^2}(q_f - q_0) \\ a_3 = -\dfrac{2}{t_f^3}(q_f - q_0) \end{cases} \tag{3.26}$$

【例 3-2】 设机器人的某旋转关节处于静止状态时 $q=15°$。期望该关节在 3 s 内平滑地运动到终止位置 $q=75°$。求满足该运动的三次多项式系数，使关节静止在终止位置。画出关节的位置、速度和加速度随时间变化的函数曲线。

解 将已知条件代入式(3.26)，可得

$$\begin{cases} a_0 = 15.0 \\ a_1 = 0.0 \\ a_2 = 20.0 \\ a_3 = -4.44 \end{cases} \tag{3.27}$$

将上述系数代入式(3.22)，得

$$\begin{cases} q(t) = 15.0 + 20.0t^2 - 4.44t^3 \\ \dot{q}(t) = 40.0t - 13.33t^2 \\ \ddot{q}(t) = 40.0 - 26.66t \end{cases} \tag{3.28}$$

根据式(3.28)，可以获得轨迹插补的增量表达式。以 40 Hz 的频率进行插补，进一步得到图 3.12 所示的关节位置、速度和加速度函数曲线。由图可见，速度曲线为抛物线，而加速度曲线为直线。在运行过程中，关节速度仅在中间时刻到达最大值。

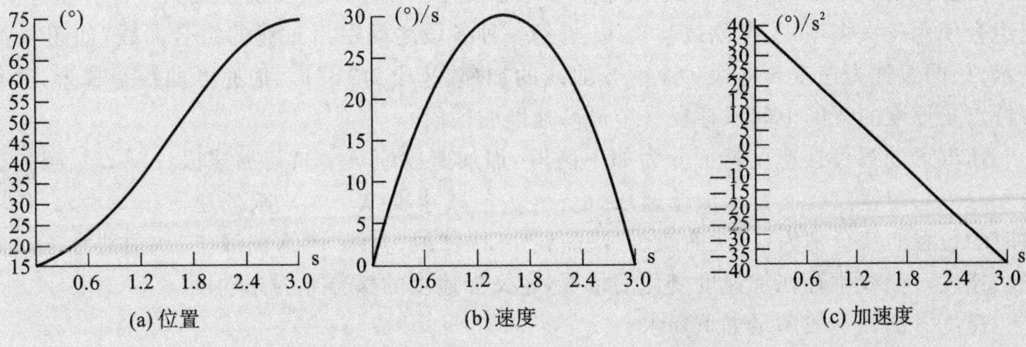

图 3.12　三次多项式位置、速度和加速度曲线，起始和终止速度均为零

若轨迹中包含中间点并给定了中间点速度，则可以简单地把起止点以及各中间点的位置和速度值代入式(3.25)，生成多段首尾相连的三次多项式轨迹曲线。中间点速度通常会采用下面三种方式来设定：

(1) 用户指定机器人工具坐标系在每个中间点处的笛卡尔空间线速度和角速度，系统利用运动学逆解计算中间点关节速度；

(2) 在关节空间使用恰当的启发算法，系统自动设定中间点速度；

(3) 以中间点加速度保持连续为条件，计算得到中间点速度。

第一种方式对用户要求较高，存在操作烦琐、不能预知奇异点的问题。

第二种方式可以采用简单的启发式算法来指定中间点速度，如图 3.13 所示，图中各中间点的位置用虚直线连接。在每个位置点上，各有一段短直线，其斜率表示根据启发式算法获得的该点速度值。算法思路是：对于前后速度方向发生变化的中间点，取该点速度为零；否则，取该点速度为其两侧直线斜率的平均值。

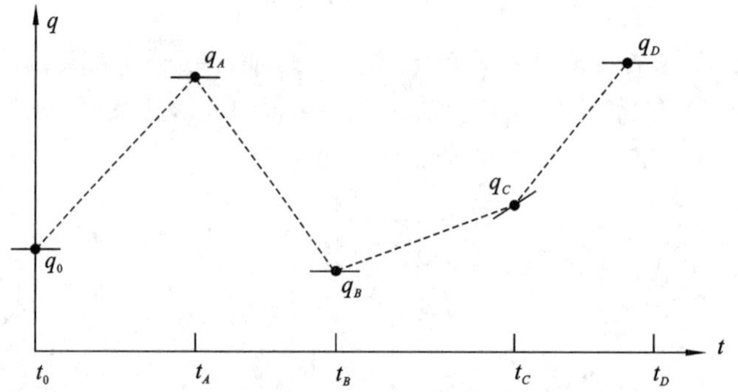

图 3.13　根据启发式算法确定中间点速度

显然，上述两种方法虽然能获得位置连续且平滑的多段曲线，但是不能保证速度曲线平滑，因为，在中间点处对加速度没有约束，可能存在加速度突变。针对此问题，可以把中间点处加速度连续作为条件，即前后两段三次多项式在中间点处的二阶导数相等。根据中间点处速度和加速度分别相等，可以得到额外的两个约束方程，作为中间点速度约束方程缺失的补充。这样，即可计算出各段三次多项式的系数，以及中间点速度。

从图 3.12(b)可见，三次多项式的问题在于机器人不能以最大速度持续运行，工作效率低于位置 S 曲线。在实际使用中，通常不会单独使用三次多项式曲线生成关节位置轨迹，而是组合使用三次多项式、抛物线与直线，得到一种各段之间平滑过渡的组合曲线，如图 3.14 所示，该曲线称为**速度 S 曲线**。速度 S 曲线的加/减速段为“S”形，加速度曲线呈梯形，其重要特点是速度曲线的中间段存在一个最高速度的区段。

速度 S 曲线可按速度特征分为如下区段：加加速段($t_0 \sim t_1$)、匀加速段($t_1 \sim t_2$)、减加速段($t_2 \sim t_3$)、匀速段($t_3 \sim t_4$)、加减速段($t_4 \sim t_5$)、匀减速段($t_5 \sim t_6$)、减减速段($t_6 \sim t_7$)。各段对应的位置曲线分别为：三次曲线、二次曲线、三次曲线、直线、三次曲线、二次曲线和三次曲线。速度 S 曲线中存在加速度变化的情况，定义加速度的微分 $\dddot{q}$ 为急动度。

速度 S 曲线一般满足如下要求：

(1) 各变加速段 $\dddot{q}$ 的幅值均相等，且为定值；

(2) 匀加速段和匀减速段的最大加速度 $\ddot{q}_{\max}$ 幅值相等，且不能超过机器人最大加速度上限；

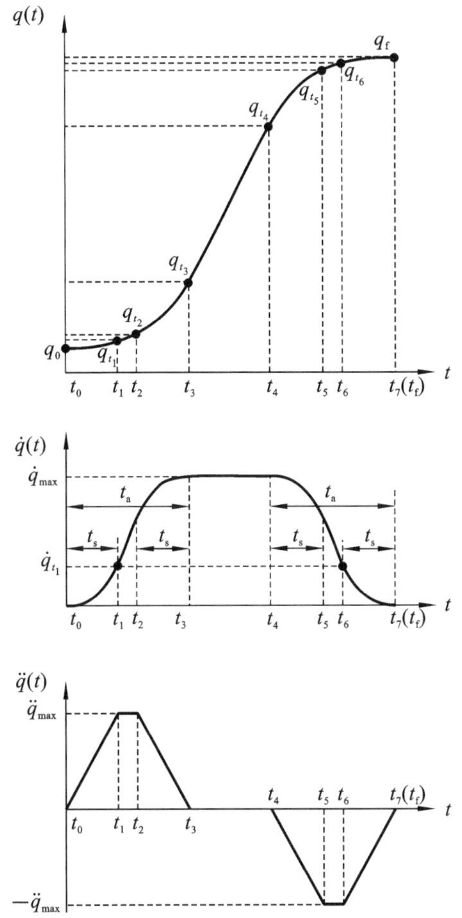

图 3.14　速度 S 曲线轨迹的位置、速度、加速度曲线

(3) 各变速段的加速时间 t_a 相等；

(4) 各变加速段的变加速时间 t_s 相等。

对机器人编程时，一般会设定起始位置 q_0、终止位置 q_f、运行时间 t_f、最大速度值 $\dot{q}_{max}$、加速时间 t_a 和变加速时间 t_s。其中，$\dot{q}_{max}$ 由生产工艺或机器人关节速度的上限决定，t_a 和 t_s 应满足 $2t_s \leqslant t_a \leqslant t_m$。$t_m$ 为参考时间，它表示全程以最大速度 $\dot{q}_{max}$ 运行时所需时间。

$$t_m = \frac{q_f - q_0}{\dot{q}_{max}} \tag{3.29}$$

根据设定值，可以计算出各段连接点处的加速度、速度和位置值，如表 3.2 所示。

表 3.2　速度 S 曲线各时段的位置、速度和加速度计算公式

时间 t	位置 $q(t)$	速度 $\dot{q}(t)$	加速度 $\ddot{q}(t)$
$t \in [t_0, t_1]$	$\frac{1}{6}\dddot{q}t^3$	$\frac{1}{2}\dddot{q}t^2$	$\dddot{q}t$
$t \in (t_1, t_2]$	$q_{t_1} + \dot{q}_{t_1}(t - t_1) + \frac{1}{2}\ddot{q}_{max}(t - t_1)^2$	$\dot{q}_{t_1} + \ddot{q}_{max}(t - t_1)$	$\ddot{q}_{max}$

续表

时间 t	位置 $q(t)$	速度 $\dot{q}(t)$	加速度 $\ddot{q}(t)$
$t\in(t_2,t_3]$	$q_{t_2}+\dot{q}_{\max}(t-t_2)+\frac{1}{6}\dddot{q}[(t_3-t)^3-(t_3-t_2)^3]$	$\dot{q}_{\max}-\frac{1}{2}\dddot{q}(t_3-t)^2$	$\ddot{q}_{\max}-\dddot{q}(t-t_2)$
$t\in(t_3,t_4]$	$q_{t_3}+\dot{q}_{\max}(t-t_3)$	$\dot{q}_{\max}$	0
$t\in(t_4,t_5]$	$q_{t_4}+\dot{q}_{\max}(t-t_4)-\frac{1}{6}\dddot{q}(t-t_4)^3$	$\dot{q}_{\max}-\frac{1}{2}\dddot{q}(t-t_4)^2$	$-\dddot{q}(t-t_4)$
$t\in(t_5,t_6]$	$q_{t_5}+\dot{q}_1(t-t_5)-\frac{1}{2}\ddot{q}_{\max}(t_6-t)^2+\frac{1}{2}\ddot{q}_{\max}(t_6-t_5)^2$	$\dot{q}_{t_1}+\ddot{q}_{\max}(t_6-t)$	$-\ddot{q}_{\max}$
$t\in(t_6,t_7]$	$q_{t_6}-\frac{1}{6}\dddot{q}(t_7-t)^3+\frac{1}{6}\dddot{q}(t_7-t_6)^3$	$\frac{1}{2}\dddot{q}(t_7-t)^2$	$-\ddot{q}_{\max}+\dddot{q}(t_7-t_6)$

表 3.2 中：$t_1=t_s, t_2=t_a-t_s, t_3=t_a, t_4=t_f-t_a, t_5=t_f-t_a+t_s, t_6=t_f-t_s, t_7=t_f$；$\ddot{q}_{\max}=\dfrac{\dot{q}_{\max}}{t_a-t_s}, \dddot{q}=\dfrac{\ddot{q}_{\max}}{t_s}, \dot{q}_{t_1}=\dfrac{1}{2}\ddot{q}_{\max}t_s, \dot{q}_{t_2}=\dfrac{1}{2}\ddot{q}_{\max}(2t_a-3t_s)$；$q_{t_1}=\dfrac{1}{6}\dddot{q}t_1^3, q_{t_2}=q_{t_1}+\dot{q}_{t_1}(t_2-t_1)+\dfrac{1}{2}\ddot{q}_{\max}(t_2-t_1)^2, q_{t_3}=q_{t_2}+\dot{q}_{\max}(t_3-t_2)-\dfrac{1}{6}\dddot{q}(t_3-t_2)^3, q_{t_4}=q_{t_3}+\dot{q}_{\max}(t_4-t_3)$，$q_{t_5}=q_{t_4}+\dot{q}_{\max}(t_5-t_4)-\dfrac{1}{6}\dddot{q}(t_5-t_4)^3, q_{t_6}=q_{t_5}+\dot{q}_1(t_6-t_5)+\dfrac{1}{2}\ddot{q}_{\max}(t_6-t_5)^2$。

利用速度 S 曲线连接多个路径点时，也需要用到与位置 S 曲线类似的策略，使关节平滑地通过中间点，这里不再赘述。

速度 S 曲线兼顾了高效率和平稳性，有利于提高控制精度、消除冲击，是运动控制系统中最常用的轨迹形式。在机器人的 PTP 编程模式中，常用速度 S 曲线在稀疏示教点间生成关节轨迹。

3. *五次多项式轨迹*

如果要求轨迹满足起始点和终止点的位置 q_i、速度 $\dot{q}_i$ 和加速度 $\ddot{q}_i$ 约束，如表 3.3 所示，需要用五次多项式来生成轨迹曲线，也称五次**赫米特**(Hermite)插值多项式。

表 3.3　起始点和终止点的位置、速度和加速度约束条件

时间 t	位　置	速　度	加　速　度
$t=0$	q_0	$\dot{q}_0$	$\ddot{q}_0$
$t=t_f$	q_f	$\dot{q}_f$	$\ddot{q}_f$

五次多项式位置曲线的一般表达式如下

$$q(t)=At^5+Bt^4+Ct^3+Dt^2+Et+F \tag{3.30}$$

式中:待求系数 A、B、C、D、E、F 的计算公式为

$$
\begin{cases}
A = \dfrac{12q_f - 12q_0 - (6\dot{q}_f + 6\dot{q}_0)t_f - (\ddot{q}_0 - \ddot{q}_f)t_f^2}{2t_f^5} \\[3mm]
B = \dfrac{30q_0 - 30q_f + (14\dot{q}_f + 16\dot{q}_0)t_f + (3\ddot{q}_0 - 2\ddot{q}_f)t_f^2}{2t_f^4} \\[3mm]
C = \dfrac{20q_f - 20q_0 - (8\dot{q}_f + 12\dot{q}_0)t_f - (3\ddot{q}_0 - \ddot{q}_f)t_f^2}{2t_f^3} \\[3mm]
D = \dfrac{\ddot{q}_0}{2} \\[3mm]
E = \dot{q}_0 \\[3mm]
F = q_0
\end{cases}
\tag{3.31}
$$

五次多项式轨迹的插补程序如程序 3.2 所示。

```
01.   Function Hermite_Traj_Interpolation(t_f,Δt,s_0,ṡ_0,s̈_0,s_f,ṡ_f,s̈_f)
02.        A = (12s_f - 12s_0 - (6ṡ_f + 6ṡ_0)t_f - (s̈_0 - s̈_f)t_f²) / (2t_f⁵);
03.        B = (30s_0 - 30s_f + (14ṡ_f + 16ṡ_0)t_f + (3s̈_0 - 2s̈_f)t_f²) / (2t_f⁴);
04.        C = (20s_f - 20s_0 - (8ṡ_f + 12ṡ_0)t_f - (3s̈_0 - s̈_f)t_f²) / (2t_f³);
05.        D = s̈_0 / 2;
06.        E = ṡ_0;
07.        F = s_0;
08.        n = t_f/Δt, t = 0;
09.        for i = 1 to n, i++
10.            t = t + Δt;
11.            s(i) = At⁵ + Bt⁴ + Ct³ + Dt² + Et + F;
12.            ṡ(i) = 5At⁴ + 4Bt³ + 3Ct² + 2Dt + E;
13.            s̈(i) = 20At³ + 12Bt² + 6Ct + 2D;
14.        end for
15.   return s(n),ṡ(n),s̈(n)
```

程序 3.2　五次多项式(Hermit)轨迹的插补程序

在任何情况下,五次多项式曲线都呈现连续平滑的加速特性,似乎是一个理想的轨迹生成方案。但在实际使用中,却会出现其他问题。

图 3.15 是两个五次多项式位置轨迹曲线实例。从图 3.15(a)的速度曲线可知,在起始和终止点之间,关节速度仅在中间点的瞬时达到最大值,其他时间总是运行于最大值之下,这显然不利于提高作业效率。而在图 3.15(b)的位置曲线中可以发现,由于起始速度不为零,关节的中间位置在很长一段时间内**超出了终止位置**! 虽然位置曲线最终回到了终止位置,但是这种中间位置的不确定性在实际生产中会带来危险。

由于上述原因,在 PTP 模式中,不会利用五次多项式在笛卡尔空间的两个稀疏示教点

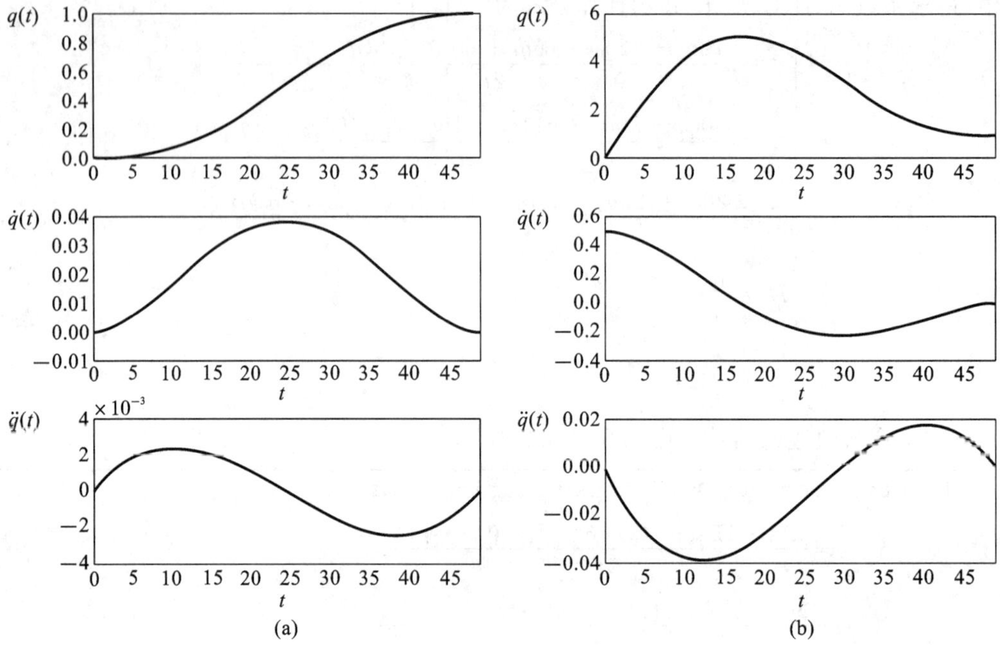

图 3.15　五次多项式位置轨迹曲线实例

间生成关节轨迹。而在 CP 模式中，可以利用五次多项式在笛卡尔空间的粗插补点间生成精插补关节轨迹。因为，在 CP 模式中，根据粗插补点计算出的关节点之间的间隔很小，速度、加速度的给定值接近。在这种情况下，图 3.15 所示的两类问题不会带来严重后果。

3.2.2　笛卡尔空间位置轨迹生成

在 CP 模式下，规划机器人末端在笛卡尔空间中的轨迹时，需要对其位姿向量 $\boldsymbol{x}=(\boldsymbol{p}^{\mathrm{T}},\boldsymbol{\eta}^{\mathrm{T}})^{\mathrm{T}}=(x,y,z,\alpha,\beta,\gamma)^{\mathrm{T}}$ 中的位置向量 $\boldsymbol{p}=(x,y,z)^{\mathrm{T}}$ 和姿态向量 $\boldsymbol{\eta}=(\alpha,\beta,\gamma)^{\mathrm{T}}$ 分别进行轨迹规划。这是因为，位置向量 $\boldsymbol{p}=(x,y,z)^{\mathrm{T}}$ 各元素所遵循的几何约束由路径决定，而这一约束与姿态向量 $\boldsymbol{\eta}=(\alpha,\beta,\gamma)^{\mathrm{T}}$ 各元素间的空间约束通常并不相同。

为了获得末端工具坐标原点在笛卡尔空间的位置轨迹，首先需要**建立几何约束——求取经过已知路径点的某种空间路径的参数方程**；然后，再**建立时间约束——指定参数的时间函数**。常用的空间路径包括直线、圆弧、三次和五次样条曲线等。定义位置空间路径时，应注意避免出现以下情况：

(1) 路径穿过机器人的非工作空间；

(2) 路径经过奇异点；

(3) 环境或机架的结构约束使路径不可实现。

本小节仅讨论最常用的直线和圆弧路径的轨迹生成方法。

1. 直线路径的参数化表达

给定机器人末端工具参考点(简称末端点)的起点 $\boldsymbol{p}_{\mathrm{I}}=(x_{\mathrm{I}},y_{\mathrm{I}},z_{\mathrm{I}})^{\mathrm{T}}$ 和终点 $\boldsymbol{p}_{\mathrm{F}}=(x_{\mathrm{F}},y_{\mathrm{F}},z_{\mathrm{F}})^{\mathrm{T}}$，希望末端点沿直线路径从 $\boldsymbol{p}_{\mathrm{I}}$ 运动到 $\boldsymbol{p}_{\mathrm{F}}$。为了简化，默认相对于基坐标系描述位置变量，省略了坐标系角标。

根据高等数学知识，空间两点间线段的参数化方程为

$$\begin{cases} \boldsymbol{p}(s) = \boldsymbol{p}_\mathrm{I} + s(\boldsymbol{p}_\mathrm{F} - \boldsymbol{p}_\mathrm{I}) \\ s = \dfrac{|\boldsymbol{p}\boldsymbol{p}_\mathrm{I}|}{|\boldsymbol{p}_\mathrm{F}\boldsymbol{p}_\mathrm{I}|} \end{cases} \tag{3.32}$$

式中：标量 $s\in[0,1]$，是归一化参数，其物理意义是机器人沿直线运行的路程除以直线总长；$|\boldsymbol{p}_\mathrm{F}\boldsymbol{p}_\mathrm{I}|$是三维位置空间中起点到终点的距离；$|\boldsymbol{p}\boldsymbol{p}_\mathrm{I}|$是末端点当前位置到起点的距离。式(3.32)就是直线路径约束的参数化方程。

显然，标量参数 s 与$|\boldsymbol{p}\boldsymbol{p}_\mathrm{I}|$成正比。如果把它变为时间函数 $s(t)$，并指定其时间函数曲线类型，就指定了末端点沿路径运行的加/减速特性，即确定了时间约束。这样，就确定了机器人末端工具的笛卡尔空间位置轨迹。因此，直线路径的位置轨迹方程可表示为

$$\boldsymbol{p}(s(t)) = \boldsymbol{p}_\mathrm{I} + s(t)(\boldsymbol{p}_\mathrm{F} - \boldsymbol{p}_\mathrm{I}) \tag{3.33}$$

同关节轨迹生成一样，为了获得平滑的时间轨迹，可以把标量时间函数 $s(t)$设定为位置S曲线、速度S曲线或五次多项式中的任何一种。这样，直线路径轨迹中的各分量 $x(s(t))$、$y(s(t))$、$z(s(t))$就成为具有相同运动规律的平滑时间曲线。但是，由于三个位置分量还受式(3.33)的约束，因此末端在空间中仍然沿直线运行。改变 $s(t)$的时间函数，就可以调整末端点沿指定直线路径运行的速度规律，这就是路径的参数化表达带来的便利。

笛卡尔空间轨迹插补的原理与关节轨迹一样，只是需要在获得 $s(t)$的插补点后，再根据路径的参数化轨迹方程计算位置插补点。

2. 圆弧路径的参数化表达

首先考察平面圆弧的参数化表达。

如图 3.16 所示，如果给定平面上三点的坐标：$\boldsymbol{p}_1=(x_1,y_1,0)^\mathrm{T}$、$\boldsymbol{p}_2=(x_2,y_2,0)^\mathrm{T}$、$\boldsymbol{p}_3=(x_3,y_3,0)^\mathrm{T}$，则求解圆心坐标 $\boldsymbol{o}=(x_0,y_0,0)^\mathrm{T}$、圆弧半径 r 以及圆心角 ϕ 的公式如下

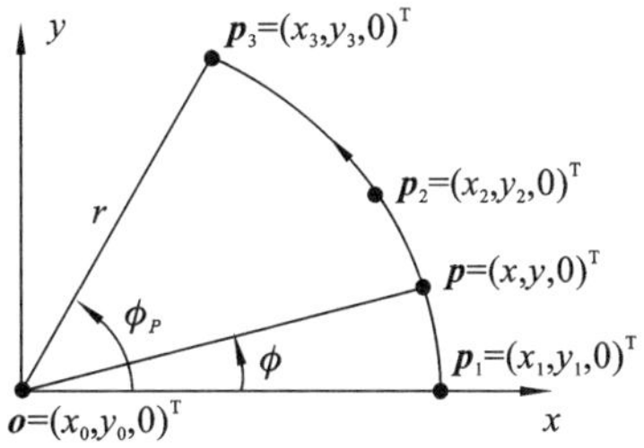

图 3.16　过平面三点的圆弧方程

$$\begin{cases} x_0 = (b\cdot f - e\cdot c)/(b\cdot d - e\cdot a) \\ y_0 = (d\cdot c - a\cdot f)/(b\cdot d - e\cdot a) \\ r = \sqrt{(x_1-x_0)^2+(y_1-y_0)^2} \\ \phi = \arccos\left[\dfrac{(x_3-x_1)^2+(y_3-y_1)^2-2r^2}{2r^2}\right] \end{cases} \tag{3.34}$$

式中：

$$\begin{aligned} a &= 2(x_2-x_1) \\ b &= 2(y_2-y_1) \\ c &= x_2^2-x_1^2+y_2^2-y_1^2 \\ d &= 2(x_3-x_2) \\ e &= 2(y_3-y_2) \\ f &= x_3^2-x_2^2+y_3^2-y_2^2 \end{aligned}$$

圆弧上某点 $\boldsymbol{p}=(x,y,0)^{\mathrm{T}}$ 对应的圆心角 ϕ 可以唯一确定该点，于是，平面圆弧的参数化方程可表示为

$$\begin{cases} \boldsymbol{p}(s)=\boldsymbol{o}+r\begin{pmatrix}\cos(\phi s)\\ \sin(\phi s)\\ 0\end{pmatrix} \\ s=\dfrac{\phi}{\phi_P} \end{cases} \tag{3.35}$$

式中：标量 $s\in[0,1]$，为归一化参数，其物理意义是机器人沿圆弧运行路程除以圆弧总长；ϕ_P 为整段圆弧的圆心角；$\boldsymbol{p}(s)$ 的两个分量 $x(s)$、$y(s)$ 是 s 的函数，对于平面圆弧，$z(s)=0$。

指定标量 s 的时间轨迹曲线 $s(t)$，即可得到平面圆弧路径的轨迹方程

$$\boldsymbol{p}(s(t))=\boldsymbol{o}+r\begin{pmatrix}\cos(\phi s(t))\\ \sin(\phi s(t))\\ 0\end{pmatrix} \tag{3.36}$$

无论 $s(t)$ 采用何种轨迹曲线，末端运动都被式(3.36)约束在圆弧轨迹上，并遵循由 $s(t)$ 指定的加/减速规律。

接下来研究求解空间圆弧路径方程的问题。

假设已知空间中三点在参考坐标系中的坐标，那么，通过它们的圆弧一定在这三点确定的平面内。如果能够定义一个坐标系，使其 oxy 平面与圆弧平面重合，就可以在该坐标系内根据式(3.36)写出参数化圆弧方程，并完成轨迹生成和插补。

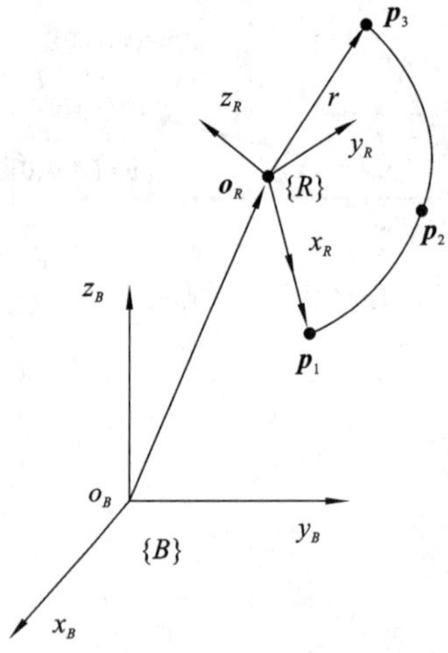

图 3.17　过空间三点圆弧所在平面的坐标系定义

于是，求解空间圆弧路径方程的问题变为：如何根据圆弧上已知三点坐标，定义圆弧所在平面的坐标系，然后求取圆弧平面坐标系与参考坐标系之间的齐次坐标变换矩阵。

图 3.17 说明了一种定义圆弧平面坐标系的方法。在图中，设圆弧所在平面坐标系为$\{R\}$，将其坐标原点定义在圆心 $\boldsymbol{o}_R=(x_R,y_R,z_R)^{\mathrm{T}}$ 处，x_R 轴沿 $\boldsymbol{o}_R\boldsymbol{p}_1$ 方向，z_R 轴垂直于圆弧平面。为获得$\{R\}$相对于$\{B\}$的位姿矩阵，需要知道$\{R\}$各坐标轴和原点在$\{B\}$中的表达。

首先求解圆心在$\{B\}$中的坐标 $\boldsymbol{o}_R$。若已知圆弧起点、终点和中间点在参考坐标系$\{B\}$中的坐标：$\boldsymbol{p}_1=(x_1,y_1,z_1)^{\mathrm{T}}$、$\boldsymbol{p}_2=(x_2,y_2,z_2)^{\mathrm{T}}$、$\boldsymbol{p}_3=(x_3,y_3,z_3)^{\mathrm{T}}$。则可根据式(3.37)求得圆弧所在平面方程、圆心坐标 $\boldsymbol{o}_R$ 和圆弧半径 r。

$$\begin{cases} A_1x+B_1y+C_1z+D_1=0 \\ \begin{pmatrix}x_R\\ y_R\\ z_R\end{pmatrix}=-\begin{pmatrix}A_1 & B_1 & C_1\\ A_2 & B_2 & C_2\\ A_3 & B_3 & C_3\end{pmatrix}^{-1}\begin{pmatrix}D_1\\ D_2\\ D_3\end{pmatrix} \\ r=\sqrt{(x_1-x_R)^2+(y_1-y_R)^2+(z_1-z_R)^2} \end{cases} \tag{3.37}$$

式中：

$$A_1 = y_1 \cdot z_2 - y_1 \cdot z_3 - z_1 \cdot y_2 + z_1 \cdot y_3 + y_2 \cdot z_3 - y_3 \cdot z_2$$
$$B_1 = - x_1 \cdot z_2 + x_1 \cdot z_3 + z_1 \cdot x_2 - z_1 \cdot x_3 - x_2 \cdot z_3 + x_3 \cdot z_2$$
$$C_1 = x_1 \cdot y_2 - x_1 \cdot y_3 - y_1 \cdot x_2 + y_1 \cdot x_3 + x_2 \cdot y_3 - x_3 \cdot y_2$$
$$D_1 = - x_1 \cdot y_2 \cdot z_3 + x_1 \cdot y_3 \cdot z_2 + x_2 \cdot y_1 \cdot z_3 - x_3 \cdot y_1 \cdot z_2 - x_2 \cdot y_3 \cdot z_1 + x_3 \cdot y_2 \cdot z_1$$
$$A_2 = 2(x_2 - x_1)$$
$$B_2 = 2(y_2 - y_1)$$
$$C_2 = 2(z_2 - z_1)$$
$$D_2 = x_1^2 + y_1^2 + z_1^2 - x_2^2 - y_2^2 - z_2^2$$
$$A_3 = 2(x_3 - x_1)$$
$$B_3 = 2(y_3 - y_1)$$
$$C_3 = 2(z_3 - z_1)$$
$$D_3 = x_1^2 + y_1^2 + z_1^2 - x_3^2 - y_3^2 - z_3^2$$

利用向量计算，可得$\{R\}$各坐标轴在$\{B\}$中的向量表达

$$\begin{cases} \hat{\boldsymbol{z}}_R = \dfrac{(\boldsymbol{p}_1 - \boldsymbol{o}_R) \times (\boldsymbol{p}_3 - \boldsymbol{o}_R)}{|(\boldsymbol{p}_1 - \boldsymbol{o}_R) \times (\boldsymbol{p}_3 - \boldsymbol{o}_R)|} \\ \hat{\boldsymbol{x}}_R = \dfrac{(\boldsymbol{p}_1 - \boldsymbol{o}_R)}{|\boldsymbol{p}_1 - \boldsymbol{o}_R|} \\ \hat{\boldsymbol{y}}_R = \hat{\boldsymbol{z}}_R \times \hat{\boldsymbol{x}}_R \end{cases} \tag{3.38}$$

于是，从坐标系$\{R\}$到$\{B\}$的齐次变换矩阵${}_R^B\boldsymbol{T}$为

$${}_R^B\boldsymbol{T} = \begin{pmatrix} \hat{\boldsymbol{x}}_R & \hat{\boldsymbol{y}}_R & \hat{\boldsymbol{z}}_R & \boldsymbol{o}_R \\ 0 & 0 & 0 & 1 \end{pmatrix}$$

利用变换${}^R\boldsymbol{p} = {}_R^B\boldsymbol{T}^{-1}\boldsymbol{p}$，得到点 $\boldsymbol{p}_1$、$\boldsymbol{p}_2$、$\boldsymbol{p}_3$ 在圆弧平面坐标系$\{R\}$中的表达。之后，即可按式(3.36)获得圆弧路径的参数化轨迹方程，并完成插补计算。当然，最后需要把所有插补点坐标转换到参考坐标系$\{B\}$中，才能利用运动学逆解求得关节转角。

3.2.3　姿态轨迹生成

姿态既可以在笛卡尔空间中用三角度法或等效轴-角法表示，也可以利用单位四元数表示。无论采用哪一种表示法，都需要先指定姿态的空间约束，然后确定时间约束。

1. 基于姿态向量的姿态轨迹生成

在笛卡尔空间中，姿态轨迹是指姿态向量 $\boldsymbol{\eta}$ 从初始值 $\boldsymbol{\eta}_{\mathrm{I}}$ 变化到终止值 $\boldsymbol{\eta}_{\mathrm{F}}$ 的过程中，应当遵循的姿态空间约束和速度规律。如果应用场景对机器人末端姿态变化没有特殊要求，则通常可以用直线函数作为姿态空间约束，即三个姿态分量同步等比例变化。

简单的做法是选择三角度法中的一种，根据姿态矩阵分别计算出 $\boldsymbol{\eta}_{\mathrm{I}} = (\alpha_{\mathrm{I}}, \beta_{\mathrm{I}}, \gamma_{\mathrm{I}})^{\mathrm{T}}$ 和 $\boldsymbol{\eta}_{\mathrm{F}} = (\alpha_{\mathrm{F}}, \beta_{\mathrm{F}}, \gamma_{\mathrm{F}})^{\mathrm{T}}$ 的三个分量，然后采用与空间直线路径类似的参数化方程，实现对姿态的空间约束，如式(3.39)所示。

$$\begin{cases} \boldsymbol{\eta}(s) = \boldsymbol{\eta}_{\mathrm{I}} + u(\boldsymbol{\eta}_{\mathrm{F}} - \boldsymbol{\eta}_{\mathrm{I}}) \\ u = \dfrac{|\boldsymbol{\eta}\boldsymbol{\eta}_{\mathrm{I}}|}{|\boldsymbol{\eta}_{\mathrm{F}}\boldsymbol{\eta}_{\mathrm{I}}|} \end{cases} \tag{3.39}$$

式中：标量 $u \in [0,1]$，是归一化参数；$|\boldsymbol{\eta}_{\mathrm{F}}\boldsymbol{\eta}_{\mathrm{I}}|$表示三维姿态空间中起始和终止姿态的**欧氏距**

离；$|\boldsymbol{\eta}\boldsymbol{\eta}_{\mathrm{I}}|$为起始姿态到当前姿态的欧氏距离。

指定标量参数 u 的时间函数 $u(t)$，就得到了姿态轨迹

$$\boldsymbol{\eta}(u(t)) = \boldsymbol{\eta}_{\mathrm{I}} + u(t)(\boldsymbol{\eta}_{\mathrm{F}} - \boldsymbol{\eta}_{\mathrm{I}}) \tag{3.40}$$

对 $u(t)$ 以固定时间间隔 Δt 进行插补，即可由式(3.40)得到一系列中间姿态向量 $\boldsymbol{\eta}_i$，进而可以计算出每个 $\boldsymbol{\eta}_i$ 对应的旋转矩阵${}^{B}_{i}\boldsymbol{R}$，即中间姿态相对于参考坐标系的旋转变换矩阵。上述过程的原理如图 3.18 所示，其中$\{B\}$为参考坐标系。

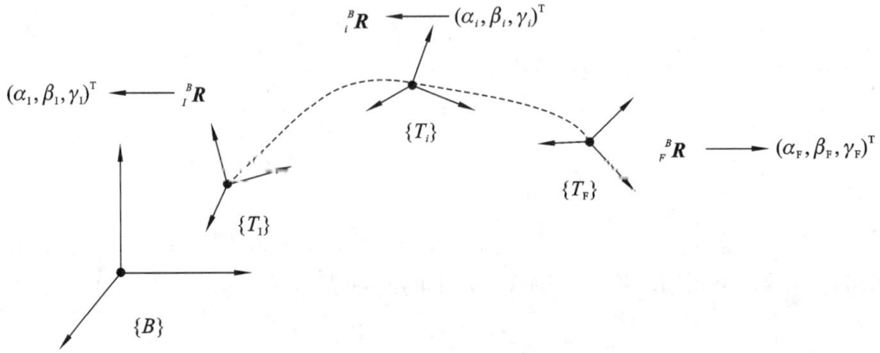

图 3.18　三角度法姿态向量的插补原理

（图中为了清晰，附加了移动，并不影响针对旋转的结论）

显然，24 种三角度法姿态向量对应的中间姿态${}^{B}_{i}\boldsymbol{R}$ 各不相同。于是，即便机器人末端的起/止姿态相同，也都采用直线线性插补，选用不同的三角度法描述姿态，也会使得中间姿态不同。另外，当末端按照姿态向量的线性插补结果运行时，它相对于参考坐标系的角速度方向(转轴)不确定，通常会表现为一种转轴不断变化的空间复杂转动。然而，大多数工业应用都希望末端工具从 $\boldsymbol{\eta}_{\mathrm{I}}$ 绕空间固定轴线转动到 $\boldsymbol{\eta}_{\mathrm{F}}$。

回顾等效轴-角姿态表示法，通过提取其单位方向向量，可以把姿态向量表示为转角值 θ 与单位方向向量 $\hat{\boldsymbol{k}}$ 的乘积：$\boldsymbol{\eta}=\theta\hat{\boldsymbol{k}}=\theta(k_x,k_y,k_z)^{\mathrm{T}}$。如果仅对转角 θ 进行插值，就能得到一系列绕空间固定单位转轴 $\hat{\boldsymbol{k}}=(k_x,k_y,k_z)^{\mathrm{T}}$ 旋转的中间姿态。因此，可以用转角 θ 替换式(3.39)中的标量参数 u。设定 θ 的时间函数 $\theta(t)$，就可以实现绕空间固定转轴的平滑刚体转动。

上述过程可以用图 3.19 表示，其步骤如下：

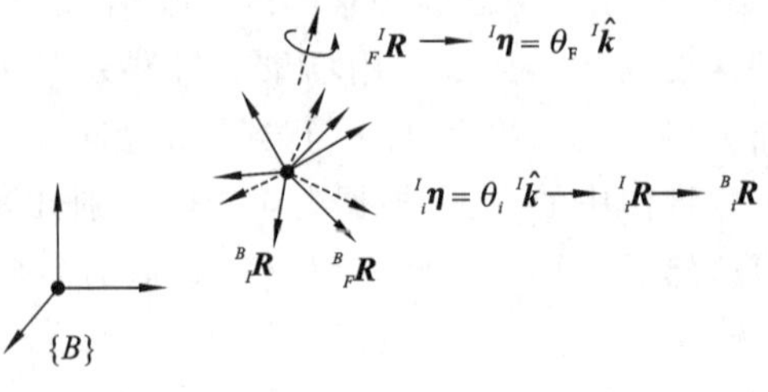

图 3.19　等效轴-角绕空间固定轴旋转轨迹生成原理

(1) 求出末端终止姿态$\{F\}$相对于起始姿态$\{I\}$的相对旋转矩阵${}^{I}_{F}\boldsymbol{R}$；

(2) 计算${}_F^I\boldsymbol{R}$ 对应的等效轴-角向量 ${}^I\boldsymbol{\eta} = \theta_F {}^I\hat{\boldsymbol{k}} = \theta_F({}^Ik_x, {}^Ik_y, {}^Ik_z)^T$；

(3) 以 0 为初值、θ_F 为终值，设定 $\theta(t)$ 的轨迹曲线；

(4) 以固定时间间隔 Δt 插补得到一系列中间转角 $\theta_i = \theta_{i-1} + \Delta\theta$ 和中间姿态向量 ${}_i^I\boldsymbol{\eta} = \theta_i {}^I\hat{\boldsymbol{k}} = \theta_i({}^Ik_x, {}^Ik_y, {}^Ik_z)^T$；

(5) 根据${}_i^I\boldsymbol{\eta}$ 计算得到一系列中间相对姿态矩阵${}_i^I\boldsymbol{R}$；

(6) 由${}_i^I\boldsymbol{R}$ 计算得到相对于惯性坐标系$\{B\}$的中间姿态矩阵${}_i^B\boldsymbol{R} = {}_I^B\boldsymbol{R}{}_i^I\boldsymbol{R}$。

应当注意：在上述过程中，表示空间固定转轴的等效轴-角向量，是以机器人末端的初始坐标系$\{I\}$为基准来确定的，因此，由步骤(4)和(5)得到的所有中间插值姿态也都是相对于$\{I\}$的，需要将其变换到惯性坐标系。

2. 基于单位四元数的姿态轨迹生成

单位四元数可以表示刚体相对于惯性参考系的姿态。已知刚体相对于惯性参考系的起始和终止姿态，用单位四元数分别表示为 $\tilde{\boldsymbol{q}}_I = \varepsilon_{I0} + \varepsilon_{Ix}\boldsymbol{i} + \varepsilon_{Iy}\boldsymbol{j} + \varepsilon_{Iz}\boldsymbol{k}$ 和 $\tilde{\boldsymbol{q}}_F = \varepsilon_{F0} + \varepsilon_{Fx}\boldsymbol{i} + \varepsilon_{Fy}\boldsymbol{j} + \varepsilon_{Fz}\boldsymbol{k}$，则，从 $\tilde{\boldsymbol{q}}_I$ 到 $\tilde{\boldsymbol{q}}_F$ 的“线性”(最短)轨迹为

$$\begin{cases} \tilde{\boldsymbol{q}}(t) = \dfrac{\tilde{\boldsymbol{q}}_I \sin((1-u(t))\Theta) + \tilde{\boldsymbol{q}}_F \sin(u(t)\Theta)}{\sin\Theta} \\ \Theta = \arccos(\tilde{\boldsymbol{q}}_I \cdot \tilde{\boldsymbol{q}}_F) \end{cases} \tag{3.41}$$

其中，u 是归一化参数。

由于每个单位四元数都是分布在四维超球面上的点，因此式(3.41)所代表的“线性”轨迹，实际上是四维超球面上从 $\tilde{\boldsymbol{q}}_I$ 到 $\tilde{\boldsymbol{q}}_F$ 的最短路径轨迹，即：四维超球面上过 $\tilde{\boldsymbol{q}}_I$、$\tilde{\boldsymbol{q}}_F$ 的大圆圆弧。于是，Θ 就是大圆上与 $\tilde{\boldsymbol{q}}_I$、$\tilde{\boldsymbol{q}}_F$ 对应的圆心角，即 $\tilde{\boldsymbol{q}}_I$ 与 $\tilde{\boldsymbol{q}}_F$ 的夹角。因为一旦知道了 $\tilde{\boldsymbol{q}}_I$ 和 $\tilde{\boldsymbol{q}}_F$，大圆就被唯一确定，所以无需求解大圆轴线 $\tilde{\boldsymbol{k}}$，就能够获得绕空间定轴旋转的轨迹。

上述过程可以用图 3.20 所示的三维图来等价表示。为了在三维空间中描述四维超球面，图 3.20 暗含了如下假设：在连续姿态轨迹上，各单位四元数虚部的某元素始终不变，例如 $\varepsilon_z = 0$，于是四维超球面就收缩成了三维球面。

设定归一化参数 $u(t)$ 的时间函数，就可以获得各种加速特性的线性转动轨迹，进而插补得到一系列中间姿态 $\tilde{\boldsymbol{q}}_i$。

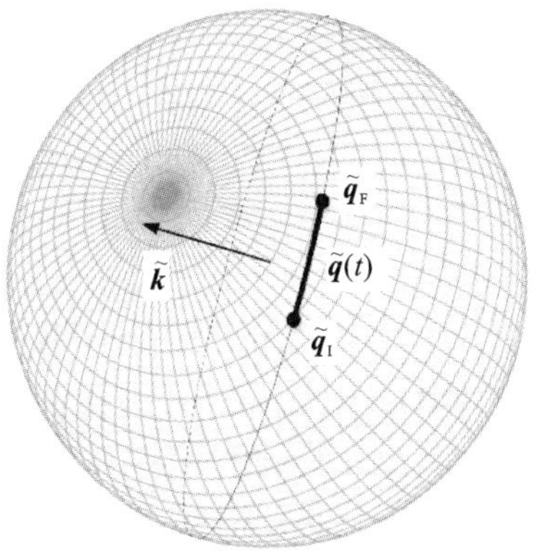

图 3.20　单位四元数线性轨迹在三维球面上的示意

在实际使用中，需要先把待旋转的三维空间向量 $\boldsymbol{a}$ 扩展成四元数形式 $\tilde{\boldsymbol{a}}$，即

$$\boldsymbol{a} = (x, y, z)^T \rightarrow \tilde{\boldsymbol{a}} = 0 + x\boldsymbol{i} + y\boldsymbol{j} + z\boldsymbol{k}$$

然后，再利用 $\tilde{\boldsymbol{a}}_i = \tilde{\boldsymbol{q}}_i \tilde{\boldsymbol{a}} \tilde{\boldsymbol{q}}_i^*$ 得到被旋转向量的离散轨迹。

相对于等效轴-角，利用单位四元数进行姿态表达和轨迹插补具有如下优势：

(1) 不需转换为旋转矩阵即可实现姿态变换，计算量小；

(2) 可以直接进行姿态的插补运算；

(3) 单位四元数表示全局姿态，因此，插补得到的中间姿态也是全局姿态。

3.3　机器人运动控制的实现

3.1 和 3.2 节讨论的是与机器人运动控制相关的理论问题，本节将简要介绍实现机器人运动控制的硬件和软件。绪论中介绍了机器人控制系统的几种硬件架构，其中，以**运动控制器**(motion controller)为核心的工业机器人控制系统具有代表性，本节将围绕它加以说明。

3.3.1　运动控制系统中的硬件

图 3.21 展示了一种典型的工业机器人控制系统，它由示教器、上位机、运动控制器、驱动器、电机、编码器和其他传感器等部件组成。图中列出了各部件的主要功能、信息流和指令流。除了电机和编码器外，其他部件或多或少都有为实现其功能而内置的软件，图中最右侧的虚线框中列出了软件功能。机器人运动控制系统按照由上而下的工作流程执行各软件功能。

在图 3.21 中，假定控制任务要求机器人末端工具跟踪笛卡尔空间(操作空间)中的一条路径，该路径由直线—圆弧—样条曲线—直线组成。下面简要介绍机器人运动控制系统的工作流程和各部件的作用。

1. 编程和接收控制任务——示教器和上位机

示教器是一个自带屏幕的小型定制化计算机，它与上位机通过有线或无线通信方式互通信息，实现对机器人的编程。现代示教器通常支持触屏操作，并外置多个按钮和开关，方便操作员手持、输入信息和控制机器人动作。示教器屏幕除了显示编程信息外，也可以实时显示机器人状态信息。因此，示教器也是操作和监控机器人状态的本地界面。

用户根据任务要求，利用示教器或网络上的其他计算机，设定各路径的起点、终点、圆心点和中间点等路径示教点坐标，指定连接各示教点的路径拟合函数，确定机器人的最高运行速度和加速度。这些编程信息将由示教器下发给上位机。

为了实现柔性生产，也可以利用网络上的其他计算机，由程序员根据工艺编制离线程序，自动生成路径指令。

上位机通常采用工业 PC，也称工控机。它以典型的 PC 操作系统(例如 Windows、Linux)为基础系统，内置开机自启动的定制化机器人编程和操作程序。该程序与示教器或网络上的其他计算机通信，接收编程指令，反馈机器人状态，把编程信息转换为路径指令，向运动控制器下发路径指令，接收运动控制器反馈信息。

从编程到上位机生成路径指令的过程，就是机器人接收控制任务的过程。

2. 生成伺服环指令和关节伺服控制——运动控制器

运动控制器通常安装在上位机插槽中，本质上也是一个独立运行的计算机，其主要功能是生成伺服环指令和关节伺服控制。

运动控制器与上位机双向通信，接收路径指令并反馈信息。接收路径指令后，运动控制器将完成以下操作：执行必要的逻辑判断和 I/O 控制，生成操作空间轨迹，进行轨迹前瞻并调节期望速度，对每个轨迹点执行运动学逆解得到关节值，执行运动学正解估计末端位姿(对于分散关节控制方案，此环节非必要)，生成关节轨迹，按固定周期更新关节期望值，执行关节位置和速度伺服控制，执行传感器采样等。其中，最后两个环节构成关节运动控制闭

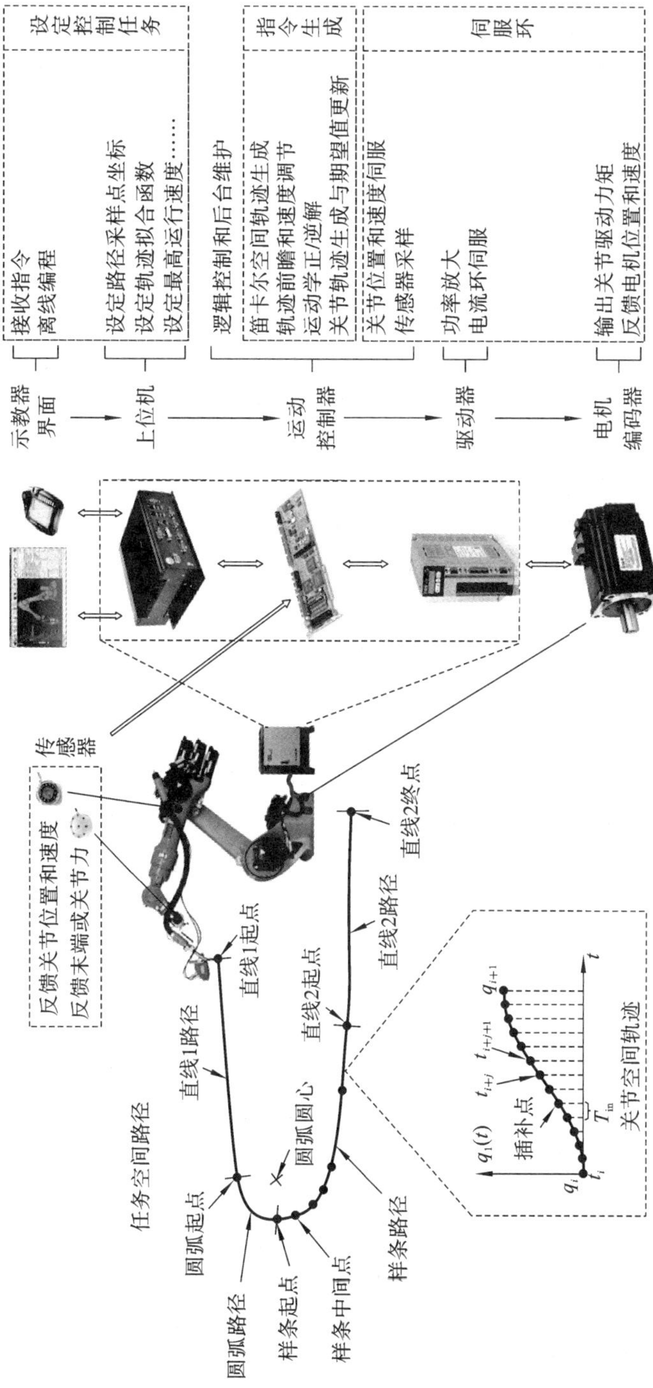

图 3.21　机器人运动控制系统组成和运行原理

环，即伺服环，而其他环节的作用是生成伺服环指令。

生成伺服环指令的过程涉及大量计算，对运动控制器的计算性能要求高；而伺服环通常计算量小，但是对实时性要求高。因此，指令生成周期通常远大于伺服周期。

运动控制器内部运行的伺服环，既可以利用电机编码器信号作为运动控制的闭环反馈信号，也能接收关节位置传感器或力传感器反馈的信号，实现全闭环位置控制或力控制。伺服环生成关节控制信号并发送给驱动器，信号形式包括模拟量信号、脉冲信号、总线信号等。

运动控制器还可以把关节状态、末端位姿和其他传感器信息实时反馈给上位机，通过界面展示给操作员。

3. 电机驱动——驱动器、电机和编码器

一般而言，机器人的每个关节都由一个电机拖动，而电机则由驱动器输出的功率信号驱动。

运动控制器伺服环输出的控制信号功率很小，不能驱动电机运转。因此，需要利用驱动器对控制信号进行功率放大，输出大功率的驱动电压或电流。电机在驱动电压/电流的作用下，产生驱动转矩，通过减速器或者直接拖动关节运转，以跟踪关节指令。这一过程称为“电机驱动”。

电机上通常安装有编码器，可检测电机转角和速度。编码器信号可以直接反馈给运动控制器，也可以通过驱动器采集和变换，再反馈给运动控制器。

3.3.2 运动控制器概述

对于图 3.21 所示机器人控制系统，运动控制器是核心器件。尽管运动控制器不是实现机器人控制的唯一硬件方案，但是了解它的工作原理，有利于理解机器人控制系统的核心工作流程。

商用运动控制器的生产厂家已经编制好指令生成和伺服环的各软件模块，以及调度各软件模块的软件系统，机器人控制工程师只需进行模块调用、函数定义和系统参数定义即可。鉴于其强大的功能和灵活性，在很长一段时间内，运动控制器被作为多数工业机器人运动控制系统的核心部件。

通过定义多个伺服环，运动控制器能够同时控制多个关节电机，因此，一般也被称为**多轴运动控制器**。它能够实现操作空间轨迹生成、轨迹前瞻和速度调节、运动学正/逆解、各关节期望值更新、各关节位置伺服/速度伺服、多种传感器信号采样、运动逻辑控制、后台维护等功能。部分运动控制器甚至能够实现无刷电机的交流换向和电流闭环控制。

高性能运动控制器允许灵活定义各伺服环的输入、输出和控制方法。尽管在硬件布局上，伺服环是以运动控制器为核心的集中式硬件架构，但是，通过配置，可以实现**分散式**或**集中式**的控制方法。

当伺服环的输入是关节状态指令，输出是关节驱动器信号时，每个关节都由一个伺服环分别控制，各伺服环之间相互独立，这样就构成了一种分散式的控制方法。显然，分散式控制方法不需在伺服环内部进行运动学正/逆解计算，计算量小，容易保证实时性。第 5 章将详细讨论分散式伺服算法的实现原理。

伺服环的输入也可以配置为机器人末端操作空间状态指令，例如末端位置和速度，而输出仍然是各关节驱动器控制信号，这样，一个伺服环就可以对所有关节进行集中控制，构成集中式控制方法。此时，伺服环可以根据末端状态偏差，实现基于机器人逆动力学模型的控制方案。但是，这种方案需要在伺服环内部计算运动学正/逆解或者转置雅可比，计算量大，对运动控制器计算能力和运行速度要求高。第 6 章将讨论集中式伺服算法的实现原理。

除了单纯的运动控制，高性能运动控制器的伺服环还能实现力位混合控制，其算法原理见第 7 章。

在实际使用中，考虑到避障、动态规划等需求，轨迹生成和运动学逆解需要在线实时运行，而高控制精度则需要极小的伺服控制周期，这些都对运动控制器的计算速度提出了很高的要求。因此，运动控制器通常以 DSP 为核心处理器，来完成高速、并发任务。为满足不同需求，运动控制器被设计成图 3.22 所示的多种形式。它们既可以通过 PCI 总线集成到上位机(PC)内部，也可以外置于 PC 独立运行。外置的独立型运动控制器通常采用网络接口与 PC 通信。

(a) PCI总线型　(b) PC104总线型　(c) 独立型　(d) 现场总线型

图 3.22　几种类型的运动控制器

当前，随着诸如 EtherCAT 这一类高速现场总线的普及，运动控制器的核心功能已经可以由 PC 内置的软件实现。于是，基于通用 PC 的软硬件平台就可以实现运动控制功能。图 3.22(d)就是一种基于高速现场总线的紧凑型 PC 运动控制器，它本质上就是一台 PC，但是针对运动控制任务在硬件可靠性方面进行了强化。它内部以通用操作系统(例如 Windows、Linux)为软件平台，内嵌支持高速总线协议的软内核，利用定制程序实现 DSP 型运动控制器的功能。在高速现场总线网络中，运动控制器和电机都是网络节点，它们构成了图 1.11 所示的分布式运动控制系统。在这样的系统中，运动控制器可以对网络中的每台电机进行直接控制。这样，可以方便地协同控制多台机器人或其他运动设备。

如果对机器人运行速度和精度的要求不高，则可以用低成本通用嵌入式控制器替代运动控制器，实现除关节位置/速度伺服控制之外的大部分功能。在这样的系统中，每个关节电机的位置/速度伺服环，可以交给一个独立运行的低成本电机伺服控制器完成。这样，就构成了一种低成本分散式硬件架构的控制系统，其原理图见图 1.12。但是，这样的系统要求机器人工程师自行编写各软件模块，实现与运动控制器类似的功能。

无论机器人运动控制系统采用何种硬件架构，了解运动控制器的运行原理、内部软件模块、软件调用逻辑和运行时序，都将有助于机器人工程师更深入地理解运动控制的原理和流程，提高运动控制系统的开发效率、提升控制品质，对于需要自行编程实现运动控制功能的情况，这一点尤其重要。因此，尽管后面的讨论仍然以运动控制器为研究对象，但是，应该从软件实现的角度加以理解，将其视为一个“软”运动控制器。

为保证实时性，运动控制器中的各软件模块需要按照严格的时序来调度。其中，最重要的是传感器采样、伺服控制和运动控制这三种典型的实时中断任务模块。为此，运动控制器对系统时钟进行分频，获得不同的中断周期。中断周期由小到大，依次为传感器采样周期 T_s(数十微秒)、伺服控制周期 $T_c=nT_s$(数百微秒)和运动控制周期 $T_m=mT_s$(数毫秒)。图

3.23给出了运动控制器主要软件模块的运行时序，图中以时钟信号的下降沿为中断触发源。

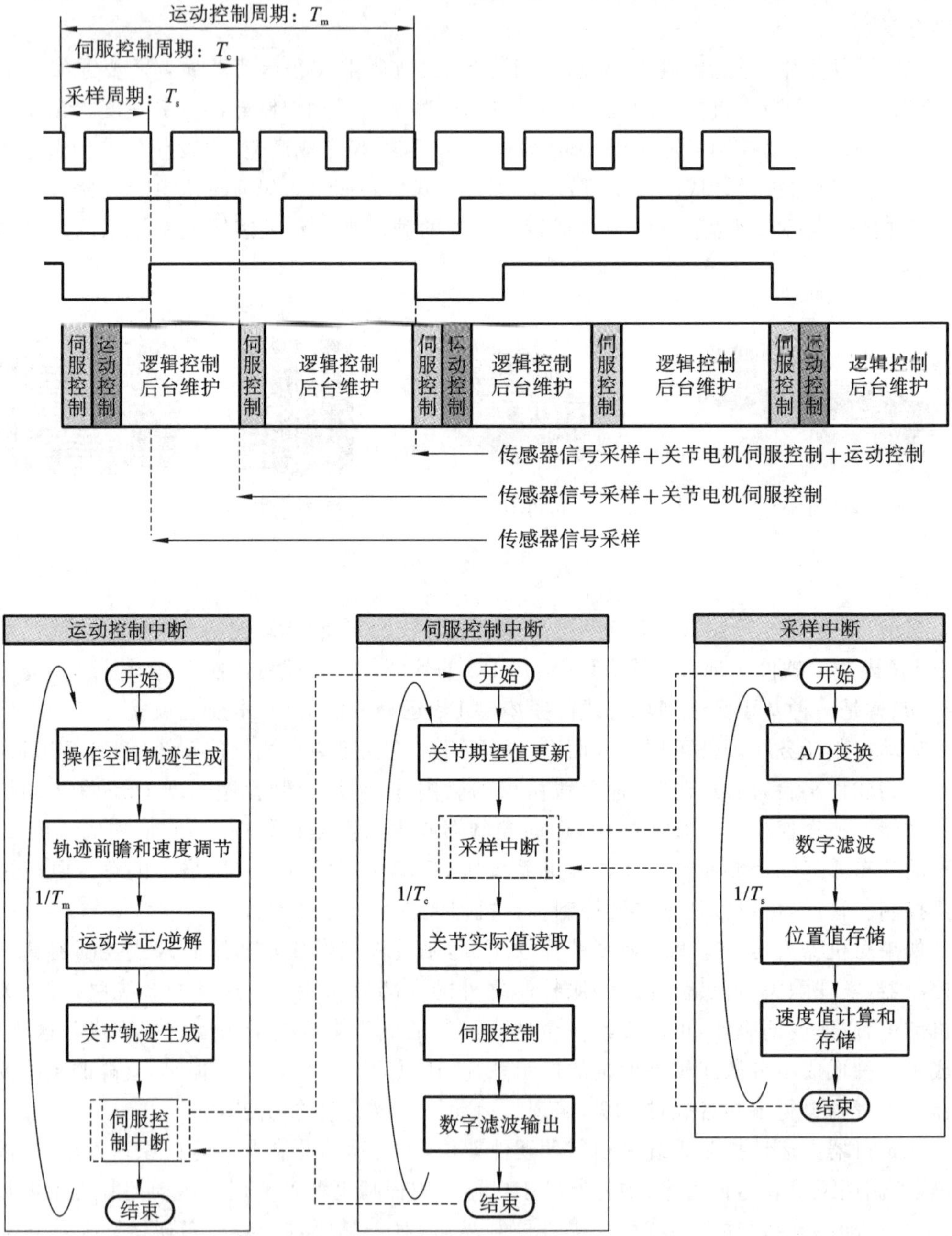

图 3.23　运动控制器各软件模块的运行时序

运动控制器在每个采样中断到来时，对外围传感器信号进行采样，并完成信号滤波；在伺服控制中断到来时，完成关节期望值更新和电机伺服控制；在运动控制中断到来时，完成操作空间轨迹生成、轨迹前瞻及速度调节、运动学正/逆解、关节轨迹生成。图3.23中也给出了三类中断服务程序的调用关系，它们各自以$1/T_s$、$1/T_c$、$1/T_m$的频率重复运行。

逻辑控制和后台维护属于非实时任务，在每个中断到来时都会被打断、暂停，系统执行完中断任务后会返回断点位置，继续执行被中断的任务。

实现上述中断机制和软件模块，要求运动控制器开发人员具有很高的软/硬件开发能力、丰富的伺服控制系统开发经验，以及对精密多轴运动控制的深刻理解。商用运动控制器产品内置运动控制调度系统，可自动完成中断调用、伺服算法、传感器采样、用户软件编译运行、内存管理、看门狗清零、参数更新等大量工作。利用商用运动控制器，可以大大简化机器人控制系统的研制工作。

商用运动控制器附带可在PC上运行的交互界面和开发软件。通过界面，控制工程师可以设定运动控制器的系统参数、整定伺服参数。例如，针对信号采样，可以指定采样通道编号、采样滤波参数等；针对关节电机伺服控制，可以设定伺服控制器的结构、指定反馈数据源和控制信号输出端口、测试并整定PID参数。利用开发软件，控制工程师可以编写程序，例如，针对实时任务编写运动控制程序，以指定运动轨迹指令、设定起止点/速度/加速时间、求解运动学正/逆解方程；针对非实时任务，可以编写逻辑控制程序，实现运动控制程序的启停、执行I/O控制、进行安全检测和通信等。

如果需要利用嵌入式系统自行开发"软"运动控制器，可以参考上述时序和任务管理机制，自行编写运动控制调度软件和下述重要软件模块。

3.3.3 运动控制的软件模块

1. 操作空间轨迹生成

操作空间轨迹生成，就是指在笛卡尔空间中，用以时间为参变量的指令函数表达通过所有路径点的路径。商用运动控制器常用的路径指令函数包括直线、圆弧、样条、位置-速度-时间(PVT)指令等。PVT指令在满足位置、速度和时间约束的条件下，以五次多项式曲线(Hermite曲线)对路径点进行平滑连接，能以更精确的方式拟合复杂路径。

商用运动控制器已经对上述路径指令进行了封装，控制工程师只需在运动控制程序中调用它们，并指定各路径指令所需的参数即可。例如：在直线指令中，需要指定路径终点坐标、最大运行速度和加速时间；在圆弧指令中，需要指定圆弧平面、终点坐标、圆弧半径、最大运行速度和加速时间；在样条指令中，需要指定终点坐标、最大速度、运行时间等；在PVT指令中，需要指定多个中间路径点和终点的坐标，以及到达各点时的速度和时间。可见，运动控制器的路径指令既包含了空间信息，也包含了时间和速度信息。这样，利用该指令就可以一次性完成操作空间的路径设定和轨迹生成。

对速度进行更精细的描述，是运动控制器的重要功能。运动控制器在编译上述路径指令时，会根据其路径参数进行速度规划，从而在相邻路径点间生成操作空间速度轨迹。路径参数的时间函数一般采用3.2.1小节介绍的速度S曲线，如图3.24所示。图中，t_m是用指定的最高速度运行完指定距离所需的时间，t_a是加速时间，t_s是变加速时间(急动度为定值)。可以通过调整t_s和t_a来调整系统的加速特性。当$t_s=0$时，速度S曲线就蜕变成了位置S曲线(二次混合曲线)。

如果需要，在生成速度轨迹时，运动控制器还可以把前后两个路径指令进行"速度混合"，以保证速度的连续性，但是，速度混合会使路径拐点被平滑。如图3.25所示，假定要求机器人末端沿两条相交直线运行。如果希望机器人保持速度连续且不停顿地运行，则应该允许"速度混合"，此时，相交直线的拐角将被圆滑处理；如果希望机器人严格跟踪有拐点的

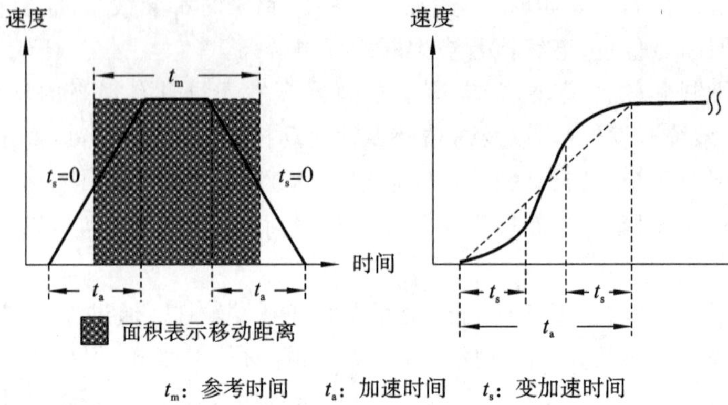

图 3.24　操作空间的速度 S 曲线

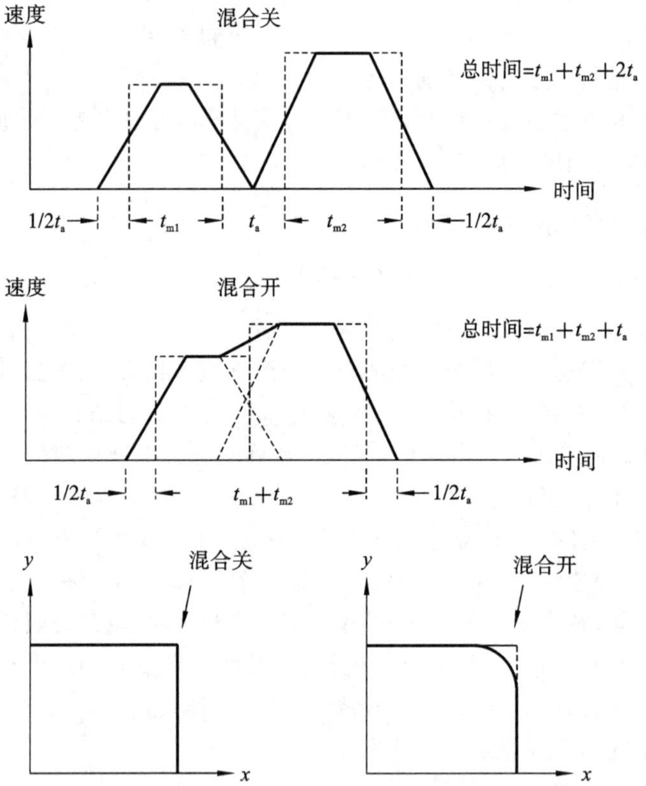

图 3.25　速度混合对有拐点路径的影响

路径，则不能开启“速度混合”，此时机器人经过拐点时将出现停顿。

运动控制器在运动控制周期内完成操作空间轨迹生成。

2. 轨迹前瞻和速度调节

用户通常希望机器人尽可能地高速运行，以提高工作效率。但是，在设定路径跟踪速度时，用户很难确保在全路径上机器人各关节速度都小于其驱动电机的速度上限，尤其当机器人位形接近奇异点或跟踪大曲率路径时。因此，运动控制器需要进行轨迹前瞻和速度调节，使机器人根据实际工况调节末端指令速度。这样，既能保证在机器人奇异点附近或跟踪大曲率路径时关节速度不超限，也可以尽可能按照用户设定的指令速度高速运行。轨迹前瞻和速度调节的基本原理如图 3.26 所示。

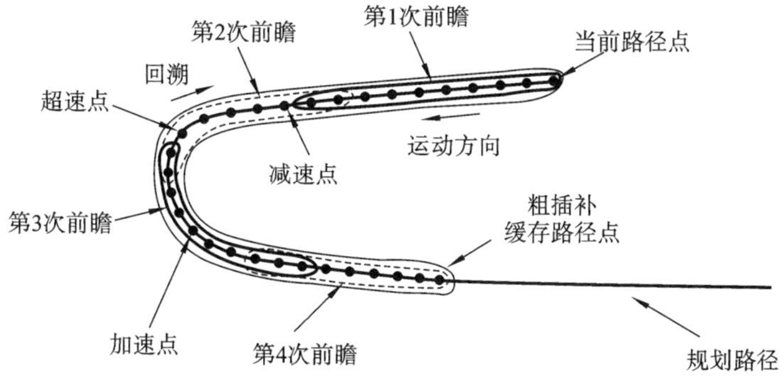

图 3.26 轨迹前瞻和速度调节的基本原理

在已知路径位置轨迹和速度轨迹的基础上，运动控制器将对路径轨迹函数进行粗插补，获得一系列附有时间和速度信息的路径坐标，并把计算结果存储到特定的缓存中。

轨迹前瞻软件模块从当前路径点沿运动方向逐个检查缓存中的路径点，根据逆运动学计算出各关节电机速度。如果发现某路径点上的关节速度高于限定值，则软件将根据系统的减速能力，反向回溯已探查的路径点，找到恰当的减速点，并从减速点开始降低沿路径的指令速度。反之，如果发现某路径点速度低于用户指令速度，且关节速度也低于其最高限定值，则启动加速过程。

为保证前瞻的实时性，高性能的运动控制器可以按照 5～20 ms 的粗插补周期，在末端轨迹曲线上采样粗插补点。缓存的大小，即粗插补点个数，取决于粗插补周期、回溯长度和各关节从运动到停止所需时间的最大值（确保在前瞻覆盖的时间内，机器人能停止运行）。缓存的上限为运动控制器分配给前瞻模块的内存总量。

机器人沿指令路径运动时，还有可能接收到速度调整指令，例如用户下发的增减速指令、上位机检测到障碍物后发出的减速指令等。为了满足要求，软件并不会一次性对缓存内的所有粗插补点执行前瞻，然后再运行，而是逐段进行前瞻，只要检查完一段数据，机器人就开始运行。软件按照先入先出（first input first output，FIFO）的原则，逐段移出已检查的数据，并移入新的数据段。上述粗插补、轨迹前瞻和速度调节过程，将随着机器人的运动持续迭代运行，直到机器人运动到终止位置。

运动控制器在运动控制周期内完成轨迹前瞻与速度调节。

3. 运动学正/逆解

高性能运动控制器定义了专门的标准子程序，便于工程师在其中指定机器人正/逆运动学方程。正运动学方程根据关节位置实时计算末端位姿；逆运动学方程则计算末端路径各粗插补点对应的关节位置，使伺服算法获得当前伺服控制指令，即**关节期望值**。

通常，运动控制器在一个运动控制周期内需要多次调用正/逆运动学方程，例如，速度前瞻中就需要对每个粗插补点进行逆运动学计算，这要求系统有很高的计算能力。

4. 关节轨迹生成和关节期望值更新

在各粗插补点对应的关节位置之间，运动控制器采用 3.2.1 小节介绍的 Hermite 或样条函数生成各关节轨迹。之后，运动控制器将以每 3～5 个伺服控制周期为间隔，在关节轨迹上进行精插补，得到当前时刻的关节期望值（关节伺服控制指令），这就是关节空间的精插补过程，如图 3.27 所示。完成这一过程的软件模块被称为**关节轨迹生成器**。

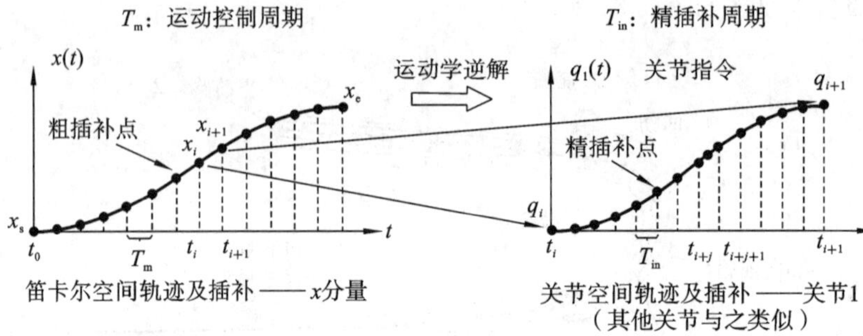

图 3.27　操作空间轨迹的粗插补与关节空间轨迹的精插补

需要注意的是，**对于一个数字伺服系统，关节轨迹生成过程是必需的**。即便用户只给定了一个终点位置，也需要规划出从当前点到终点的**位置轨迹**，然后插补生成控制指令，再发送给伺服控制器，而不能直接把终点位置当作控制指令发送给伺服控制器。否则，在很长一段时间内都会存在很大的伺服误差，这会导致伺服控制器的输出饱和，使系统总是以最高速度运行，导致大的启停冲击。从控制理论的角度分析，只有通过轨迹生成得到小的指令增量，才符合经典控制理论的小偏差线性近似假设，这样才能用经典控制理论设计控制算法。

例如，对图 3.28 所示的直线运动单元，电机通过丝杠驱动螺母/滑块机构驱动直线关节，希望滑块从实线所示初始零位，从零速开始运动，经过时间 T 之后停止在虚线所示的期望位置 p_d。为此，首先需要根据指定的加速度和运行时间，规划一条位置轨迹曲线 $p_d^*(t)$（图 3.28(a)），然后，在该轨迹曲线上进行插补，得到一系列离散的位置指令，分时发送给伺服控制器，而不能直接把 p_d 作为位置指令（图 3.28(b)）。

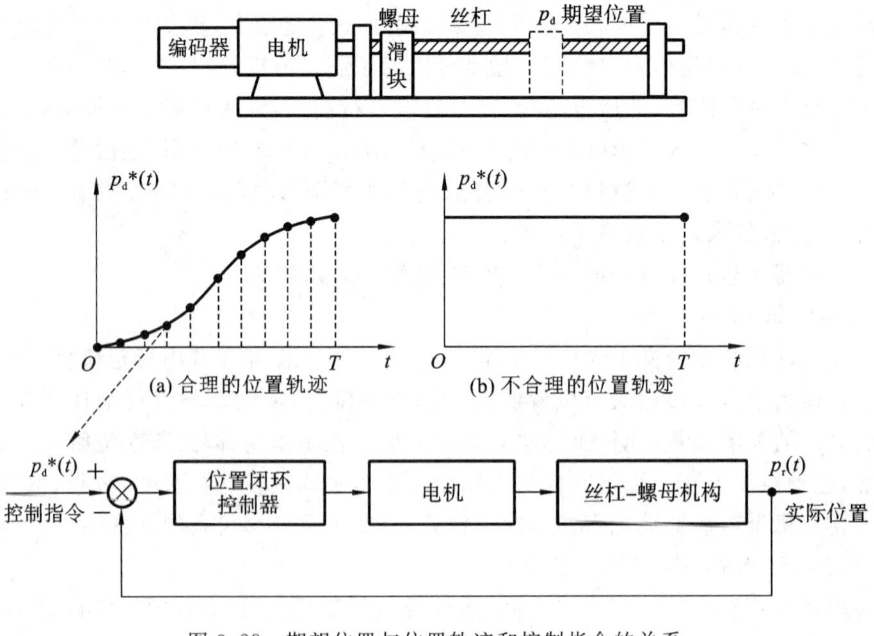

图 3.28　期望位置与位置轨迹和控制指令的关系

5. 关节位置伺服/速度伺服

机器人各关节由伺服控制器实施闭环控制，完成对关节期望值的跟踪。伺服控制器是闭环控制算法和硬件的统称，有时也特指伺服控制算法，它完成一次伺服计算并输出控制信号的时间就是**伺服周期**。高性能运动控制器的伺服周期可以小于 0.4 ms。

为了保证伺服控制器有足够的时间完成闭环控制，使跟踪误差在指定的范围内，一个指令通常应保持 3～5 个伺服周期。这个保持周期就是**精插补周期**，如图 3.29 所示。在具体程序实现上，可以把由精插补得到的每个轨迹点按照伺服周期的倍数进行扩充，再放入一个 FIFO 队列，然后，让伺服控制器在每个伺服周期读取该队列，更新伺服指令。

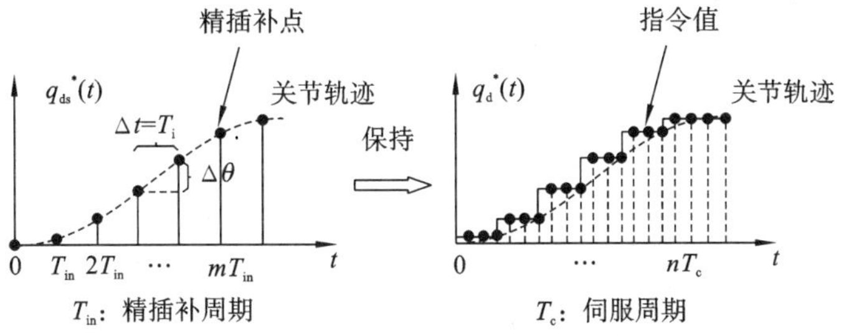

图 3.29　精插补周期与伺服周期

运动控制器内置多个伺服环，每个伺服环可以控制一个关节电机。这些伺服环以含速度/加速度前馈的经典 PID 控制算法为默认控制算法。用户通过设置 PID 参数，即可实现机器人关节电机的位置、速度、电流三闭环 PID 控制，其基本原理框图如图 3.30 所示。尽管单纯的位置控制系统不是必须包含电流闭环，但是，对于机器人这一类工作于高动态负载的位置控制系统，电流环的存在可显著提高系统的响应速度、抑制力矩扰动。

PID 控制算法根据指令和偏差计算得到控制量，经运动控制器输出端口输出控制信号 u_c。这种控制信号是低功率信号，例如：±10 V 的毫安级电压信号或脉冲信号，其不具有驱动电机运转的能力。该信号需要经过电机驱动器转换成大功率信号 u_a，才能在电机绕组中产生足够大的电枢电流 i_a，以克服负载，带动电机运转。

有些驱动器自身就包含电流闭环控制器。如果选用不含电流闭环的驱动器，则电流环可由运动控制器实现；如果驱动器内置电流闭环，则运动控制器中只需有位置环和速度环控制器，图 3.30 中的虚线框表明了这一概念。电流闭环使控制量 u_c 与电机电流/力矩成正比，因此，对于工作在电流闭环状态下的电机及其驱动器，称其工作在力矩模式；否则，称其工作在速度模式。伺服电机及其驱动器的基本原理将在第 4 章介绍。

机器人关节位置反馈信号可以有两个来源：①安装在电机尾部的编码器；②安装在关节上的关节位置传感器，例如旋转变压器。当仅采用电机编码器反馈位置信号时，就构成半闭环位置控制器系统；当同时采用编码器和关节角度传感器时，就构成全闭环位置控制系统。这两个概念将在第 4、5 章介绍。

直接运用运动控制器内置的 PID 控制算法，即可构成第 5 章讨论的独立关节位置 PID 控制器。高端运动控制器也允许用户自行编写更高级的控制算法。

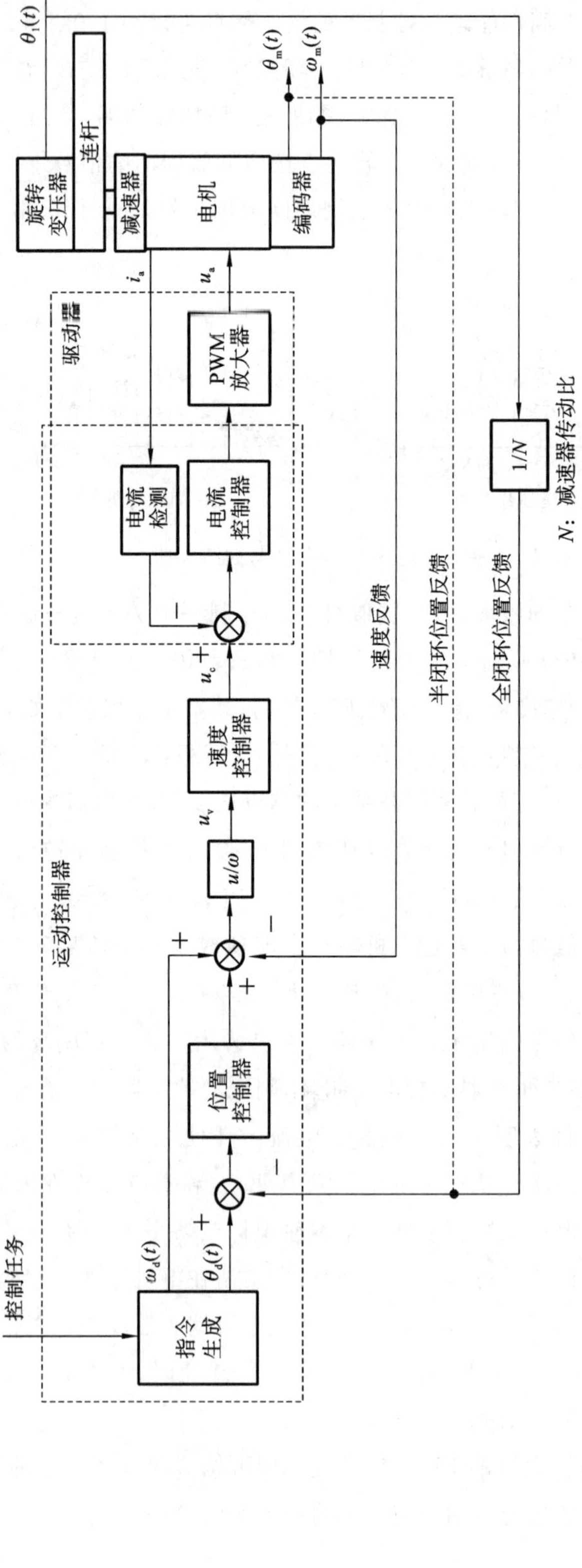

图 3.30　由运动控制器和驱动器构成的典型三环位置控制系统

3.4 机器人控制问题和方法的分类

本书研究的机器人控制问题，就是在已知关节位置/速度/加速度指令或末端期望位姿/力指令的基础上，设计伺服控制算法，对机器人实施闭环控制，使机器人跟踪期望的关节轨迹或末端轨迹/力。本书在讨论后续控制问题时，将忽略“指令生成”的细节，而聚焦于闭环控制算法的设计。

从本节开始，本书将用“控制器”特指闭环控制算法。机器人控制器是本书重点讨论的内容，针对不同的控制问题和性能要求，需要采用不同的控制器。本节将按照从简单到复杂的顺序，对控制器进行分类概述，使读者对机器人控制问题和控制器类型有一个总体认识。

根据机器人与环境相互作用的关系，可以把控制问题分为两类。一类是与环境不发生接触的**自由空间运动**，具体应用场景包括焊接、喷漆、涂胶等；另一类是与环境发生接触并有力作用的**约束空间运动**，具体应用场景包括装配、人机协作等。自由空间运动的控制问题只需考虑机器人自身的动力学特性，是单纯的**运动控制问题**，可以用位置控制器来解决；约束空间运动还需考虑环境接触力的影响，涉及**力控制问题**，需要用力位混合控制器或阻抗控制器来解决。

机器人由多个关节构成，无论是运动控制还是力控制，最终都归结为对关节的控制。n 个关节的控制可以由 n 个伺服控制器分别完成，也可以由单个伺服控制器集中完成。据此，可以把机器人控制器的实现方式分为**分散控制**（decentralized control）和**集中控制**（centralized control）两类。

机器人在自由空间运动时，其位置控制器既可以采用分散控制方法，也可以采用集中控制方法。

1. 驱动空间分散运动控制方法

当采用分散控制方法时，位置控制器的控制对象是各关节电机和驱动器，因此，需要在驱动空间讨论控制问题，即伺服环的控制指令是关节电机的转角/速度/加速度。图 3.31 是驱动空间分散控制方法的示意图。其中，每个关节电机都由一个位置控制器控制，各控制器不需要其他关节的当前状态，因此，它们之间不需相互通信。图中粗斜体字母表示向量，斜体表示标量，“机器人”框图指代机器人本体。

在分散控制方法中，关节电机的位置变化由机器人各关节电机的位置传感器检测，不需外部传感器检测末端位姿，在实现上较为简单。分散控制方法在伺服环之外进行逆运动学运算，将操作空间的期望位姿 $\boldsymbol{x}_{\mathrm{d}}$ 转换为电机期望转角 $\boldsymbol{\theta}_{\mathrm{md}}$。由于不需要在伺服环内部进行逆运动学运算，降低了对控制器实时计算能力的要求，所以，每个控制器都可以运行在一个独立的低成本单片机中。

根据是否采用关节集中前馈补偿，又可以把分散控制方法分为**独立关节位置 PID 控制器**和**集中前馈补偿位置 PID 控制器**两类。

独立关节位置 PID 控制器如图 3.31 中实线所示，对各关节实施完全独立的运动控制。它在生成电机控制量的时候，不考虑非线性力矩，而把它们视为干扰，例如与机器人位姿和

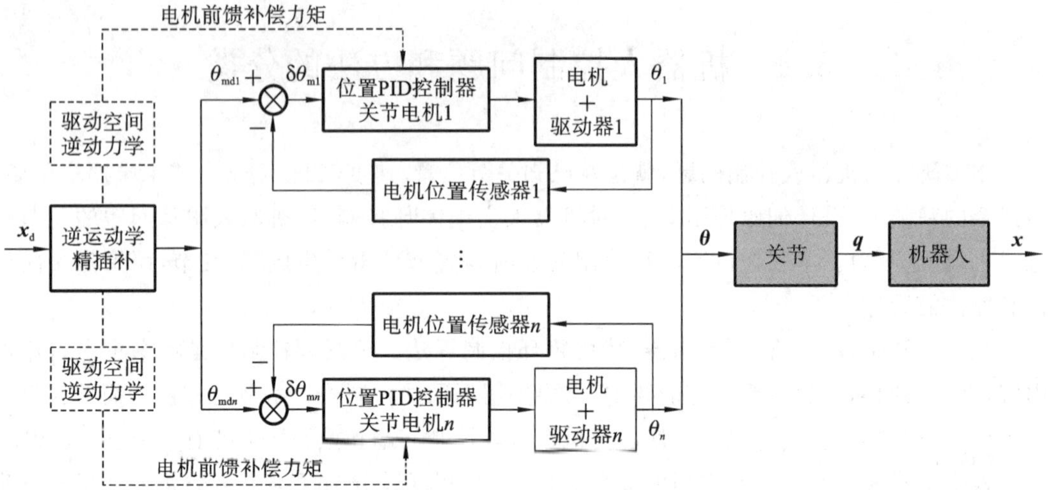

图 3.31　驱动空间分散运动控制方法原理

速度相关的关节重力矩和耦合力矩。这种控制方案不涉及逆动力学计算，适用于采用大传动比减速器，工作于低速、低动态工况的机器人。电机及其驱动器可以工作在速度模式或力矩模式，与之对应，PID 控制器的输出量与电机速度或力矩成正比。

集中前馈补偿位置 PID 控制器则在独立 PID 控制器的基础上，根据期望的关节位置、速度和加速度，利用机器人驱动空间逆动力学方程（注：逆动力学方程指根据位置、速度和加速度计算驱动力/力矩），在伺服环之外计算作用于关节上的非线性力矩，然后发送给各电机控制器进行集中前馈补偿，如图 3.31 中虚线所示。这种控制方案可以在一定程度上克服重力、关节间动态耦合力矩的影响。集中前馈补偿位置 PID 控制器的输出量与电机力矩成正比，要求电机及其驱动器工作在力矩模式。

分散控制方法基于经典控制理论进行 PID 控制器设计。从理论上说，它仅适用于线性定常系统，而并不适用于机器人这一类非线性系统。但是，由于它对硬件计算能力要求低、容易实施，并且当电机与关节间传动机构的传动比足够大时，其稳定性和控制效果能满足绝大多数场景的需要，因此它仍然是当前工业机器人的主流控制方案。

2. 关节空间集中运动控制方法

图 3.32 所示为集中运动控制方法的原理，该方法利用一个控制器对各关节位置进行统一控制。集中运动控制方法以机器人关节空间逆动力学方程为基础，在伺服环内实时计算各关节所需控制力矩，因此，它在机器人关节空间讨论控制器设计问题。显然，集中控制方法对控制器硬件的实时运算能力有较高要求，同时还要求电机及其驱动器支持力矩模式。

3. 操作空间运动控制方法

如果自由空间运动控制问题的关注对象是机器人末端位姿相对于作业对象的偏差，就需要在操作空间讨论控制问题，因为驱动空间或关节空间控制方法在理论上不能完全修正此偏差。

一种可行的解决方案是在操作空间直接对机器人末端位姿进行测量，并针对末端位姿设计闭环控制器，以实时校正末端位姿偏差，这就是**操作空间控制方法**，如图 3.33 所示。它以操作空间逆动力学模型为基础，直接对末端位姿进行闭环控制，并在伺服环内完成关节力

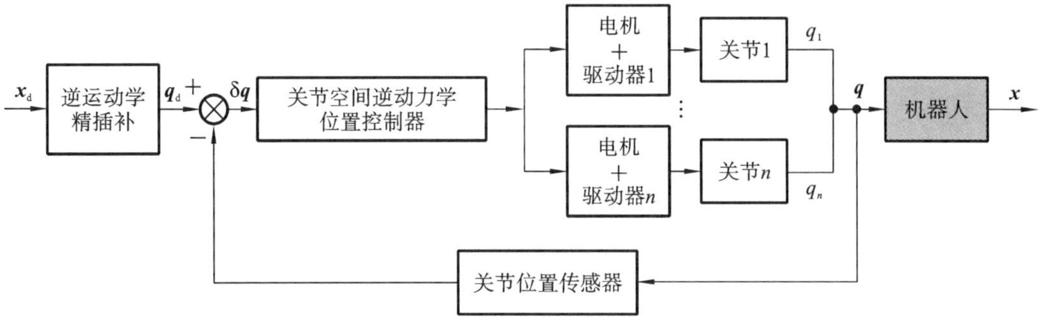

图 3.32　关节空间集中运动控制方法原理

矩的运算，它也要求电机和驱动器支持力矩模式。显然，操作空间控制方法属于集中控制方法。

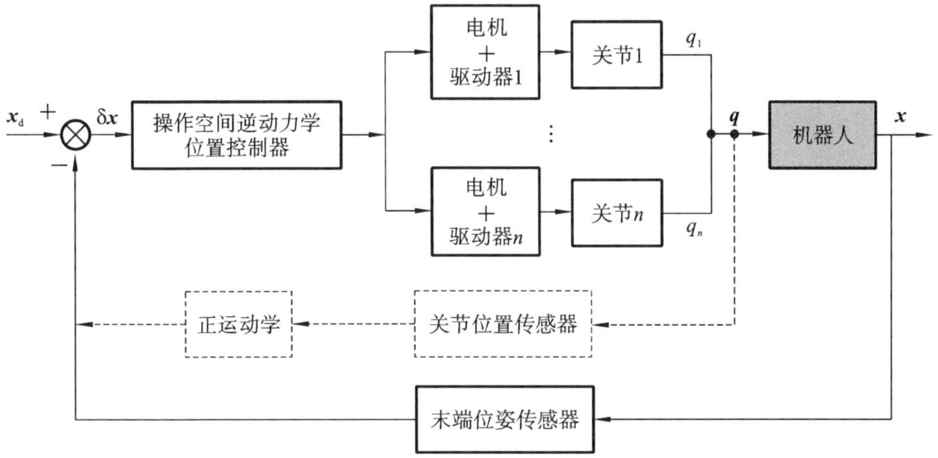

图 3.33　操作空间集中运动控制方法

然而，操作空间控制在实践中却面临困难。首先，机器人末端执行器位姿的在线测量并不容易实现，现有测量手段在实时性和精度上都难以与关节位置测量相比。因此，在实践中，通常会根据关节测量值，根据机器人正运动学模型计算末端位姿，并将其作为反馈，如图3.33中虚线所示。其次，操作空间控制方案在伺服环中内嵌了运动学和逆动力学运算，这对伺服控制系统的计算能力提出了很高要求。

由于工业机器人在出厂前都会经过严格的标定和补偿，这在很大程度上减小了机器人本体系统误差的影响，因此，对于被操作对象位置固定的场景，即便采用关节空间控制方案，工业机器人也足以应对。不过，如果需要操作移动对象，例如，利用机器人抓取传送带上的物品，就需要考虑采用操作空间控制方案。通常，操作空间控制器由用户自行设计，然后再调用机器人厂家提供的关节控制器接口，来实现操作空间的闭环控制。

4. 约束空间力控制方法

约束空间的力控制是机器人控制中的高级问题。它描述的是机器人与环境发生力交互时，如何保证必要的运动精度或/和交互力精度，其控制方案如图 3.34 所示。由于关注的对象是操作空间中末端执行器的位移和接触力，因此力控制问题显然更适合采用集中控制方法，并利用操作空间逆动力学方程计算关节力矩。

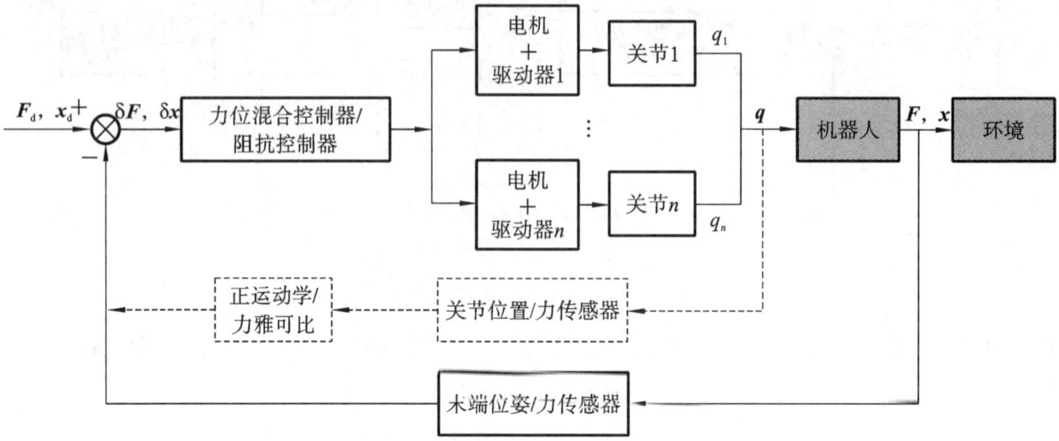

图 3.34　操作空间集中力控制方法

5. 控制问题和控制方案小结

图 3.35 对上述控制问题和控制器进行了分类与归纳，并标明了各控制器需要用到的逆动力学模型。无论哪种控制器，其基础被控对象都是电机及其驱动器。因此，第 4 章将首先介绍电机及其驱动器的基本原理和特性。第 5～7 章将围绕图 3.35 中的各种控制方法展开详细讨论。

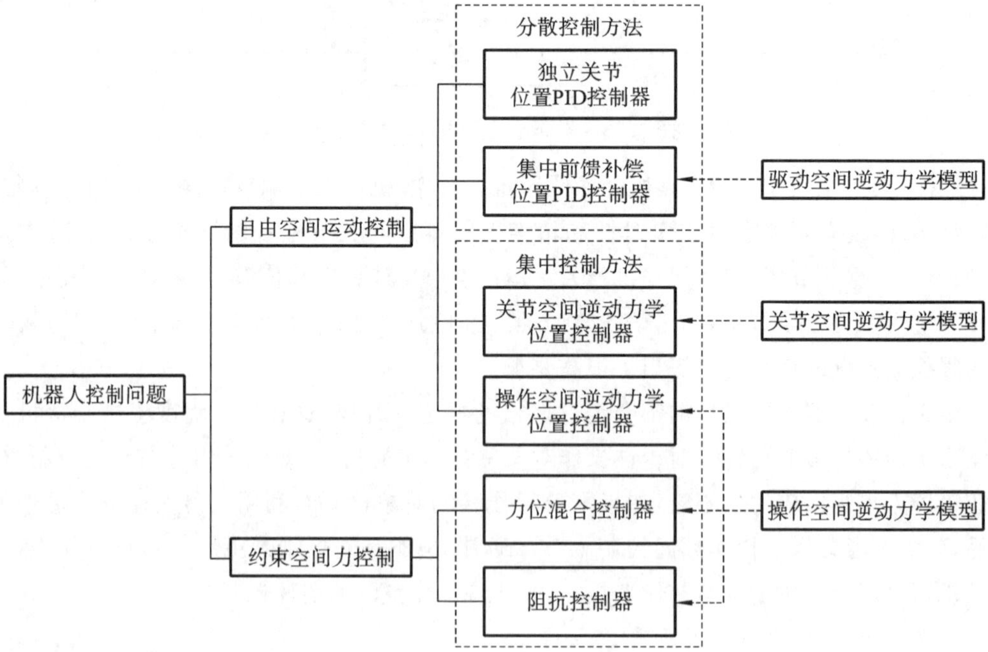

图 3.35　机器人控制问题和控制器分类

3.5　机器人控制程序示例

【例 3-3】 图 3.36 所示平面 2R 机器人，各杆集中质量为 $m_1=m_2=m$，杆长为 $l_1=l_2=L$，各关节由电机直接驱动，即关节传动比均为 1，关节阻尼为 $B_1=B_2=B$。希望其末端按照位置 S 曲线规律跟踪一条平面直线，机器人参数和直线起止坐标已知，不考虑轨迹前瞻和速度调节，试为该机器人设计基于集中前馈补偿控制器的控制软件，并以伪代码的形式给出主要程序文件。

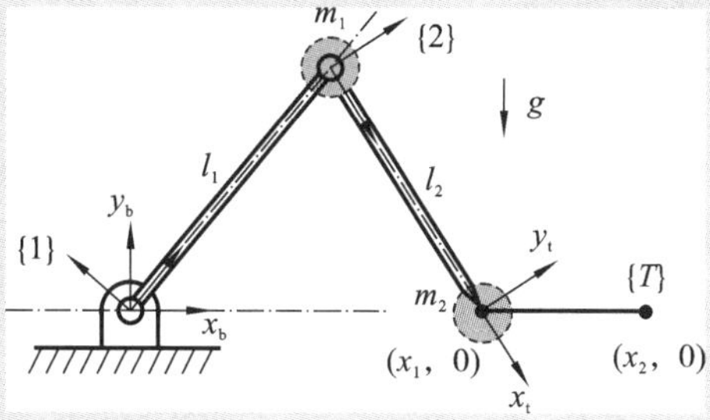

图 3.36　末端跟踪平面直线轨迹的平面 2R 机器人

解　此控制软件需要用到三个与被控对象无关的基础程序：

(1) 位置 S 曲线轨迹生成(QuadMix Trajectory Generation)——用于生成笛卡尔空间末端轨迹；

(2) 五次多项式轨迹生成(Hermite Trajectory Generation)——用于生成关节空间轨迹；

(3) PID 控制器(PID Controller)——用于 PID 控制。

此外，还需要以下与被控对象相关的程序：

(4) 平面 2R 机器人逆运动学(Planar 2R Robot Inverse Kinematic)——用于获得关节插值点指令位置；

(5) 平面 2R 机器人逆雅可比(Planar 2R Robot Inverse Jacobi)——用于获得关节插值点指令速度；

(6) 平面 2R 机器人非线性逆动力学(Planar 2R Robot Nonlinear Inverse Dynamic)——根据理想参数计算获得关节非线性力矩；

(7) 平面 2R 机器人末端轨迹跟踪主程序(Planar 2R Robot Tracking Tip Trajectory)——用于实现时序管理和子程序调度。

此例不考虑具体的编程软件，因此，各程序文件无后缀，上述程序的伪代码如下。注意，根据题意，程序中假定两个关节的各项参数均相等。

(1) QuadMix Trajectory Generation 见程序 3.1。

(2) Hermite Trajectory Generation 见程序 3.2。

（3）PID Controller 见程序 3.3。

```
01.   Function PID_Feedforward_Controller ($\dot{p}_d$, $\ddot{p}_d$, e, $\dot{e}$, $e_{sum}$, $T_{dd}$, $K_p$, $K_d$, $K_i$, $K_{vff}$, $K_{aff}$)
```
　　//这里假定关节电机及其驱动器工作在力矩模式,能够直接接收力矩指令//
　　//T_c:PID 控制器输出力矩,T_{dd}:关节非线性力矩//
　　//$\dot{p}_d$:期望速度,$\ddot{p}_d$:期望加速度,e:位置误差,$\dot{e}$:速度误差,e_{sum}:位置误差积分//
　　//K_p:比例增益,K_d:微分增益,K_i:积分增益//
　　//K_{vff}:速度前馈增益,K_{aff}:加速度前馈增益//
```
02.        $T_c = T_{dd} + K_p e + K_d \dot{e} + K_i e_{sum} + K_{vff} \dot{p}_d + K_{aff} \ddot{p}_d$;
03.   return $T_c$
```

程序 3.3　带前馈的 PID 控制器程序

（4）Planar 2R Robot Inverse Kinematic 见程序 3.4。

```
01.   Function P2R_Robot_Inv_Kinematic($\boldsymbol{x}$)
```
　　//$\boldsymbol{x}=[x,y]$平面 2R 机器人末端坐标值和姿态角//
```
02.        $\theta_2 = \pm \arccos \dfrac{x^2 + y^2 - 2L^2}{2L^2}$;
03.        $A = L + L\cos\theta_2$;
04.        $B = L\sin\theta_2$;
05.        $C = y$;
06.        $\theta_1 = \arcsin \dfrac{C}{\sqrt{A^2 + B^2}} - \arctan \dfrac{B}{A}$;
07.   return $\boldsymbol{\theta} = [\theta_1, \theta_2]$
```

程序 3.4　平面 2R 机器人逆运动学程序

（5）Planar 2R Robot Inverse Jacobi 见程序 3.5。

```
01.   Function P2R_Robot_Inv_Jacobi($\boldsymbol{\theta}$, $\boldsymbol{x}$)
```
　　//$\boldsymbol{\theta}=[\theta_1, \theta_2]$:平面 2R 机器人关节角度//
　　//$\boldsymbol{x}=[\dot{x}, \dot{y}]$:平面 2R 机器人末端速度//
```
02.        $J_{11} = -(L\sin\theta_1 + L\sin(\theta_1 + \theta_2))$;
03.        $J_{12} = -L\sin(\theta_1 + \theta_2)$;
04.        $J_{21} = L\cos\theta_1 + L\cos(\theta_1 + \theta_2)$;
05.        $J_{22} = L\cos(\theta_1 + \theta_2)$;
06.        $\boldsymbol{J} = [J_{11}, J_{12}; J_{21}, J_{22}]$;
07.        $\dot{\boldsymbol{\theta}} = [\dot{\theta}_1, \dot{\theta}_2] = \text{inv}(\boldsymbol{J})[\dot{x}, \dot{y}]$;  //inv():矩阵求逆函数
08.   return $\dot{\boldsymbol{\theta}}$
```

程序 3.5　平面 2R 机器人逆雅可比程序

(6) Planar 2R Robot Nonlinear Inverse Dynamic 见程序 3.6。

```
Function P2R_Robot_Nonlinear_Inv_Dynamic(θ,θ̇,θ̈)
//θ=[θ_1,θ_2],θ̇=[θ̇_1,θ̇_2],θ̈=[θ̈_1,θ̈_2]-平面 2R 机器人关节位置、速度和加速度
        ΔM_11=2mL^2 cosθ_2;
        ΔM_12=ΔM_21=mL^2 cosθ_2;
        ΔM_22=0;
        ΔM=[ΔM_11,ΔM_12;ΔM_21,ΔM_22];
        V_11=V_22=0;
        V_12=-mL^2(2θ̇_1+θ̇_2)sinθ_2;
        V_21=mL^2 θ̇_1 sinθ_2;
        V=[V_11,V_12;V_21,V_22];
        B_11=B_22=B,B_12=B_21=0;
        B=[B_11,B_12;B_21,B_22];
        G_1=mgL(2cosθ_1+cos(θ_1+θ_2));
        G_2=mgLcos(θ_1+θ_2);
        G=[G_1,G_2];
        T_dd=[T_dd1,T_dd2]=ΔM[θ̇_1,θ̇_2]+V[θ̇_1,θ̇_2]+B[θ̇_1,θ̇_2]+G;
return T_dd
```

程序 3.6　平面 2R 机器人非线性力矩逆动力学程序

注：关节非线性力矩的计算方法见第 5 章。

(7) Planar 2R Robot Tracking Tip Trajectory 见程序 3.7。

```
Main()
        //起始时刻,关节速度和加速度均为零//
        θ_I=[θ_1I,θ_2I];   //关节初始位置,可通过传感器检测,为已知量
        x_I=[x_I,y_I];   //起点坐标,已知
        x_F=[x_F,y_F];   //终点坐标,已知
        s̈_tip=a_Tip/|x_F x_I|;   //a_Tip为指定的机器人末端加速度,转换为参数加速度

        //笛卡尔空间规划,生成粗插补点,假设一次完成笛卡尔空间规划//
        //t_f 为指定的运行时间//
        //t_m 为指定的粗插补点间隔和运动控制周期,这里令两者相等//
        //Nc为粗插补点数量//
        [s_tip(Nc);ṡ_tip(Nc)]=QuadMix_Traj_Interpolation(t_f,t_m,0,1,s̈_tip);
        for(m=1 to Nc)
            x(m)=x_I+s_tip(m)(x_F-x_I);   //求笛卡尔空间插补点期望位置
            ẋ(m)=ṡ_tip(m)|x_F x_I|;   //求笛卡尔空间插补点期望速度
```

```
10.        endfor
           //在启动伺服控制之前,先求解起点到第一个粗插补点之间的关节轨迹//
11.        [θ_mI;θ̇_mI;θ̈_mI]=[θ_I;0;0];   //设置关节轨迹规划的起始值
           //对第一个粗插补点求运动学逆解,得到对应的关节期望位置、速度和加
           速度//
12.        m=1;
13.        θ_mF=P2R_Robot_Inv_Kinematic(x(m));
14.        θ̇_mF=P2R_Robot_Inv_Jacobi(θ(m),x(m));
15.        θ̈_mF=(θ̇_mF-θ̇_mI)/t_m;
           //生成第一组关节轨迹精插补点,两个粗插补点间的运行时间为t_m//
           //t_c为指定的精插补点间隔和伺服控制周期,这里令两者相等//
           //Nj为精插补点数量//
16.        [θ(Nj);θ̇(Nj);θ̈(Nj)]=Hermite_Traj_Interpolation(t_m,t_c,θ_mI,θ̇_mI,
           θ̈_mI,θ_mF,θ̇_mF,θ̈_mF);
17.        n=1;   //把第一个精插补点设置为PID控制器的期望位置

           //设置控制相关参数//
           //t_s为采样周期,Servo_Mark为伺服中断标志//
18.        Servo_Mark=t_c/t_s;
19.        n_c=0;   //伺服控制计数器置零
           //Motion_Mark为运动控制中断标志
20.        Motion_Mark=t_m/t_s;
21.        n_m=0;   //运动控制计数器置零
           //New_Command_Mark为PID指令更新标志//
           //这里假定5个伺服周期更新一次指令//
22.        New_Command_Mark=5;
           n_d=0;   //更新计数器指令
           //设置两个关节的PID控制器增益//
23.        K=[K_p1,K_d1,K_i1,K_vff1,K_aff1;K_p2,K_d2,K_i2,K_vff2,K_aff2];
24.        Enable_Timer(t_s);   //启动定时器,定时周期为t_s
25.        while()   //开始伺服控制,直到运动到终止位置
26.          if(n_c==Servo_Mark)   //伺服控制周期到
             //设置PID控制器期望值
27.            if(n_d==New_Command_Mark)n_d=0,n=n+1,e_sum=0;   //更新伺服控制
                                                                           指令
28.            n_d=n_d+1;
29.            [θ_d;θ̇_d;θ̈_d]=[θ(n);θ̇(n);θ̈(n)];
               //对传感器数据进行滤波,获得关节位置、速度和加速度实际值
```

```
        [θ_r;θ̇_r;θ̈_r]=Joint_Sensor_Data_filter([θ(Nj);θ̇(Nj);θ̈(Nj)]);
        //计算当前时刻的非线性力矩
        T_dd=P2R_Robot_Nonlinear_Inv_Dynamic(θ_r,θ̇_r,θ̈_r);
        //计算关节位置和速度误差,以及误差积分
        [e;ė]=[θ_d;θ̇_d]-[θ_r;θ̇_r];
        e_sum=e_sum+e;
        //调用 PID 控制算法,输出两个关节的控制力矩//
        T_c=PID_Feedforward_Controller(θ̇_d,θ̈_d,e,ė,e_sum,T_dd,K);
        Output(T_c);
        n_c=0;  //开始下一个伺服周期计数
      endif
      if(n_m==Motion_Mark)  //运动控制周期到
        //把前一个关节位置终点设为当前关节轨迹规划的起点//
        [θ_mI;θ̇_mI;θ̈_mI]=[θ_mF;θ̇_mF;θ̈_mF];
        //求下一个笛卡尔空间插补点的运动学逆解//
        //得到对应的关节期望位置、速度和加速度//
        m=m+1;
        if(m==Nc+1)break;  //已经完成所有轨迹点的跟踪,退出
        θ_mF=P2R_Robot_Inv_Kinematic(x(m));
        θ̇_mF=P2R_Robot_Inv_Jacobi(θ(m),x(m));
        θ̈_mF=(θ̇_mF-θ̇_mI)/t_m;
        //生成下一组关节轨迹精插补点//
         [θ(Nj);θ̇(Nj);θ̈(Nj)]=Hermite_Traj_Interpolation(t_m,t_c,θ_mI,
         θ̇_mI,θ̈_mI,θ_mF,θ̇_mF,θ̈_mF);
        n=1;  //把第一个精插补点设置为 PID 控制器的期望位置
        n_m=0;  //开始下一个运动控制周期计数
      endif
    endwhile()
    Disable_Timer;  //停止定时器
return
Function Timer_Interrupt()  //定时中断服务程序
    Disable_Timer;
    //读取关节位置和速度,Ns 为两次伺服周期间读取到的传感器数据个数//
    [θ_r(Ns);θ̇_r(Ns);θ̈_r(Ns)]=Read_Joint_Sensor_Data;
    n_c=n_c+1;
    n_m=n_m+1;
    Enable_Timer(t_s);
return
```

程序 3.7 平面 2R 机器人末端轨迹跟踪主程序

尽管例 3-3 仅讨论了简单的平面 2R 机器人跟踪直线轨迹问题，但是，其中涉及的软件模块和各模块的调用机制，已经反映了运动控制的实现过程。

在本书习题和后续章节中，将利用仿真软件来模拟机器人响应和控制算法。在应用仿真软件模拟机器人控制过程时，需要注意两个问题：①真实机器人的模拟；②伺服控制时序的实现。

在仿真软件中，可以利用机器人动力学模型来模拟机器人对控制力矩的响应。此时，需要把机器人当前关节位置、速度和控制力矩作为输入，根据机器人动力学模型，计算关节加速度，然后，对加速度进行数值积分，获得关节速度和位置。有些仿真软件内置机器人动力学模块，可直接调用。需要注意的是，机器人动力学模型中的参数，例如杆长和质量，应该与逆动力学模型有所差别，以模拟机器人参数偏差。如果没有参数偏差，机器人将无偏差地实现控制任务，无法反映反馈控制的效果。

有些仿真软件提供了定时器(Timer)，可用于设计伺服控制和运动控制的时序。如果仿真软件没有定时器，则可以自行在控制循环语句中设置一个计数器，记录循环次数，以计数器代替定时器，实现时序模拟。

读者可以参考本书部分仿真习题的答案和例题仿真程序，理解上述仿真程序设计机理。

本 章 小 结

(1) 路径和轨迹是对机器人空间运动的描述。路径仅描述了机器人空间运动的几何约束，而轨迹则在路径的基础上增加了时间约束。由于现代机器人多采用数字控制技术，因此，需要对连续的轨迹时间函数进行插补以获得离散的控制期望值。

(2) 机器人轨迹生成和插补可在笛卡尔空间和关节空间实施。无论 PTP 模式还是 CP 模式，都需要进行关节空间轨迹生成。位置轨迹函数通常采用组合了三次、二次曲线和直线的速度 S 曲线，以兼顾稳定性和快速性。对于笛卡尔空间轨迹生成，本书虽然仅详细讨论了位置 S 曲线轨迹，但是采用速度 S 曲线显然是一种更为合理的选择。它们在实现原理上并无明显不同。

(3) 实施笛卡尔空间轨迹生成时，采用参数化方法描述路径是一个明智选择。这样，可以把路径的几何约束与轨迹的时间函数分开讨论。对于确定的路径，只需要更改参数的时间函数曲线，就能改变路径跟踪的加减速规律；同样，某种时间函数曲线也适用于不同的路径。这为轨迹生成程序的模块化提供了便利。

(4) 笛卡尔空间姿态轨迹生成要注意不同姿态表示法带来的不同。利用等效轴-角法和单位四元数表示法进行轨迹生成时，都能够获得绕空间固定轴的旋转轨迹。单位四元数具有计算量小、描述全局姿态、无姿态奇异问题等优势，在工业机器人和移动机器人的姿态描述与轨迹生成中得到了广泛应用。

(5) 在硬件上，机器人运动控制系统通常包含上位机、运动控制器、驱动器、电机和传感器等部分，其中运动控制器是核心。运动控制器或与之相似的硬件，需要实现轨迹规划、运动学正/逆解、速度前瞻与调节、控制指令生成、伺服控制等功能，了解运动控制器的基本运行原理有利于理解机器人的软件架构。

(6) 实现伺服控制的算法也被简称为伺服控制器，根据控制目标和控制原理的不同，机器人控制器分为分散控制方法和集中控制方法两大类。分散控制方法针对自由空间运动控制问题，包括不考虑机器人动力学模型的独立关节位置 PID 控制器，以及基于驱动空间逆动力学模型的集中前馈补偿控制器。

(7) 集中控制方法既可以实现自由空间的运动控制，也可以实现约束空间的运动和力控制。其中，关节空间逆动力学位置控制器，主要针对不需要对末端进行反馈控制的自由空间运动控制问题，它基于关节空间逆动力学模型设计控制器；操作空间逆动力学位置控制器，主要针对需要对末端进行反馈控制的自由空间运动控制问题，它基于操作空间逆动力学模型设计控制器；力位混合控制器和阻抗控制器都针对约束空间的位置和/或力控制问题，它们都以操作空间逆动力学控制器为基础进行设计。

习　题

简答分析题

3-1　简述路径和轨迹的定义。

3-2　路径规划与轨迹生成的主要区别是什么？

3-3　示教编程和离线编程各自的特点是什么？需要什么设备支持编程？

3-4　指定机器人末端路径时，常用的 PTP 和 CP 模式分别适用于何种工作场合？

3-5　笛卡尔空间轨迹生成与关节空间轨迹生成的区别是什么？

3-6　结合图 3.5 和图 3.6 说明，为什么机器人总是需要进行关节空间轨迹生成。

3-7　为什么笛卡尔空间轨迹生成之后要进行粗插补，粗插补的结果是什么？

3-8　为什么关节空间轨迹生成之后要进行精插补，其结果是什么，在关节闭环控制中起什么作用？

3-9　为什么粗插补周期比精插补周期长？

3-10　为什么在关节空间进行轨迹生成不存在奇异问题？

3-11　在笛卡尔空间轨迹生成过程中，为什么不能用姿态矩阵 $\boldsymbol{R}$ 直接插补中间姿态？

3-12　对于实现位置闭环的数字控制系统，为什么要针对指令位置进行轨迹生成？简述根据指令位置生成位置轨迹，并得到位置伺服环指令值的过程。

3-13　运动控制器的主要功能是什么？

3-14　运动控制器的三个重要中断软件模块是什么？简述它们之间的时序关系。

3-15　为什么要进行轨迹前瞻和速度调节？

3-16　如果希望一个平面 2R 机器人末端从起点沿直线运动到终点，起点和终点坐标已知，不考虑机器人运动过程中的变速和避障问题，试绘制一个运动控制程序的流程图，以控制该机器人完成任务，指出所采用的关节空间轨迹函数，并说明理由。提示：参考图 3.5、图 3.6、图 3.23 和 3.3.3 小节进行流程图设计，可以一次性完成笛卡尔空间轨迹生成，但是关节空间轨迹生成需要以运动控制周期反复执行，关节伺服环需要以伺服周期反复执行。

编程练习题

3-17　设计一个以归一化参数形式封装的位置 S 曲线生成函数，函数入口参数包括运行时间、起点和终点位置、加速度绝对值、加/减速时间、当前时间，返回参数是一个 3 维数组，其元素为当前时刻的位置、速度和加速度，时间单位为秒，其他参数无量纲。

3-18　假设有一个在垂直面工作的单自由度旋转关节机器人，希望连杆在指定时间内，从水平位置(0°)顺时针摆动到垂直下垂位置(−90°)，摆角变化轨迹遵循位置 S 曲线。试用 MATLAB 编程，以 1 ms 为时间间隔，模拟上述动态过程。调整运行时间、加速度值和加/减速时间，观察位置轨迹和速度轨迹的变化规律。尝试用 MATLAB 建立上述机器人的平面或三维可视化模型，生成反映上述变化的动画。提示：利用循环语句模拟动态过程，设定一个基准计数变量模拟系统时间，基础计时单位为 1 ms，在循环内对该计数变量进行累加，每次循环调用一次习题 3-17 的位置 S 曲线生成函数，得到当前时刻的位置和速度值。在仿真计算结束后，再绘制轨迹曲线，生成动画。绘制轨迹曲线和动画的采样数据间隔取 10 ms。本题仅生成理想的位置 S 曲线，并不考虑系统的真实动力学响应。注意需要指定循环次数，使仿真模拟时间大于或等于位置 S 曲线的运行时间。

3-19　物体坐标系$\{B\}$最初与惯性坐标系$\{A\}$重合，希望将坐标系$\{B\}$绕$\{A\}$中的 $\hat{\boldsymbol{k}}=\left(\sqrt{\frac{1}{3}},\sqrt{\frac{1}{3}},\sqrt{\frac{1}{3}}\right)^{\mathrm{T}}$ 旋转 30°，要求按照位置 S 曲线规划姿态轨迹完成此旋转过程，试编程实现，并用坐标系动画展示旋转效果。

3-20　在习题 3-18 的基础上，假定机器人质量集中于末端，转轴到末端质量之间的距离为 L，末端质量为 m，编制一个动力学仿真函数，模拟该机器人的动力学行为。函数入口参数为杆长、末端质量、转动惯量、转轴驱动力矩、当前转角、当前角速度、转动阻尼系数、重力选择参数(有或无)，返回参数为当前角加速度，所有参数均为国际标准单位。利用该动力学仿真函数，设置初始转角为 0°(水平位置)，重力有效，转轴驱动力矩为零，自行设定阻尼系数，编程仿真摆杆从静止开始运动的过程。以 0.01 ms 为间隔计算摆杆的角位移和角速度，绘制机器人的位置和速度轨迹曲线。利用习题 3-18 中建立的机器人模型，生成反映上述变化的仿真动画。提示：利用循环语句模拟动态过程，基础计时单位为 0.01 ms，每次循环调用一次动力学仿真函数，得到当前时刻的角加速度，据此计算下一时刻的角速度和角位移。注意需要设定仿真终止时间，否则程序将陷入无限循环。在仿真计算结束后，再绘制轨迹曲线，生成动画。绘制轨迹曲线和动画所用的数据可以间隔 10 ms 采样一次，缩短绘图和仿真动画的生成时间。

3-21　把习题 3-20 中的关节轨迹曲线修改为速度 S 曲线，并自行调整运行过程中的最大速度和最大加速度，确保运行时间不变，再次计算单自由度机器人的关节力矩曲线，并与习题 3-20 的结果进行比较。

3-22　假设有一平面 2R 机器人，两杆质量 m 均集中于各自的末端，杆长均为 L，初始时刻关节 1 转角为−90°、关节 2 转角为 0°，即机器人两杆共线且竖直向下，希望机器人各关节以速度 S 曲线同步逆时针旋转 90°并停止。试在习题 3-21 的基础上编写程序，计算并绘制两关节和力矩轨迹曲线，并生成仿真动画。

3-23　在习题 3-22 的基础上，假定希望平面 2R 机器人(杆长 $L_1=L_2=L=0.1$ m，两杆集中质量 $m_1=m_2=m=0.5$ kg)跟踪图 3.37 所示的直线路径，要求机器人笛卡尔空间轨迹采用位置 S 曲线，在 3 s 内从基坐标系起点坐标(0.1,0)运动到终点坐标(0.15,0)，加速、减速和匀速段时长均为 1 s，试编程计算并绘制两个关节的轨迹曲线和关节力矩时间曲线。

3-24　利用 MATLAB 编程模拟运动控制器中的运动控制、伺服控制和采样三个中断

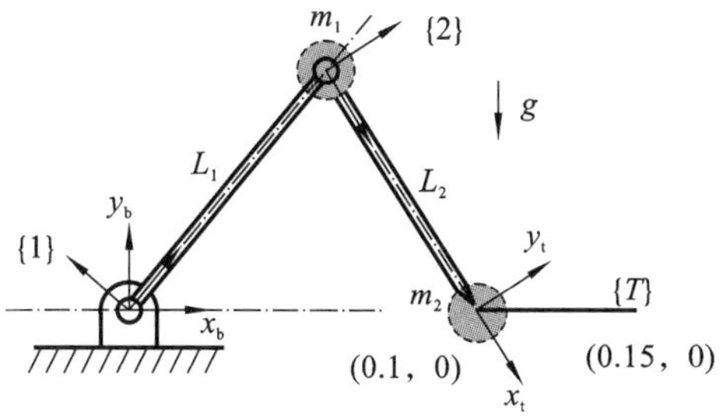

图3.37 平面2R机器人末端沿水平直线运动

软件模块。提示:设定一个基准计数变量模拟系统时间,利用循环语句对该中断计数变量进行累加,在恰当的计数值时调用采样、伺服和运动控制中断程序模块。

第 4 章　机器人常用电机及驱动器

扫码下载
本章课件

【内容导读与学习目标】

本章简述机器人常用的步进电机、有刷直流伺服电机、无刷直流伺服电机、自控式永磁同步电机和它们的驱动器，重点介绍步进电机和直流伺服电机原理、特点和驱动原理，为讨论控制算法打下基础。通过本章的学习，希望读者掌握：

(1) 各种电机的适用场合；

(2) 步进电机和伺服电机及其驱动器的原理和特点；

(3) 步进电机驱动的机器人关节位置控制方法。

本章的重点是步进电机位置控制系统的组成和伺服电机及其驱动器原理。

机器人驱动电机属于中小功率控制电机，常用**步进电机**(stepping motor)、**有刷直流永磁伺服电机**(brush DC permanent magnet servo motor，后文简称有刷直流伺服电机或有刷电机)、**无刷直流永磁伺服电机**(brushless DC permanent magnet servo motor，后文简称无刷直流伺服电机或无刷电机)和**自控式永磁同步电机**(permanent magnet synchronous motor，后文简称 PMSM)(注：在商用领域，也用**交流伺服电机**特指 PMSM)，后三种电机又被称为**伺服电机**。伺服电机的共同特点是采用永磁体励磁、体积小、重量轻、转子惯量小、控制特性好，可用于位置控制和速度控制。伺服电机与驱动器配套使用，还能支持力矩控制。

相较于液压和气动驱动装置，电机的显著优点之一是可以直接利用工业和民用交流电网，而不需复杂、沉重的泵站或气源。在中国电网标准中，终端用户的低压供电系统采用三相五线制交流电网，如图 4.1 所示。其中，L1、L2、L3 表示火线，它们之间的线电压为 380 V；N 为零线，它与每条火线之间的相电压为 220 V；PE 为地线。完整的三相五线制 380 V 交流电网，通常作为工业电网为企业或实验室供电；而普通住宅和办公室用电，则仅使用由一根火线与零线和地线组成的 220 V 单相交流电网。

为了控制机器人，要求电机的电枢电压或电流可控，但是，因为不同电机所需的电枢电压不同，所以，机器人电机必须通过**驱动器**(driver)连接电网，才能获得随控制指令变化，且与电机相匹配的电枢电压/电流。图 4.1 给出了不同电机通过驱动器连接到电网的方式。

每种电机都有自己的专用驱动器。步进电机、有刷直流伺服电机、无刷直流伺服电机的驱动器需要直流功率电源，因此，这三种电机也被归类为直流电机。这意味着它们的驱动器也可以由机载动力电池供电，而不需接入电网，如图 4.1 中虚线所示。PMSM 的驱动器采用交流电源供电，分为单相和三相两种。其中，单相 PMSM 驱动器可连接民用 220 V 电网，而三相 PMSM 驱动器则需要连接工业 380 V 电网。**在工业机器人的驱动系统中，无论采用哪种电机和驱动器，都要求驱动器外壳与地线保持连通，以确保安全。**

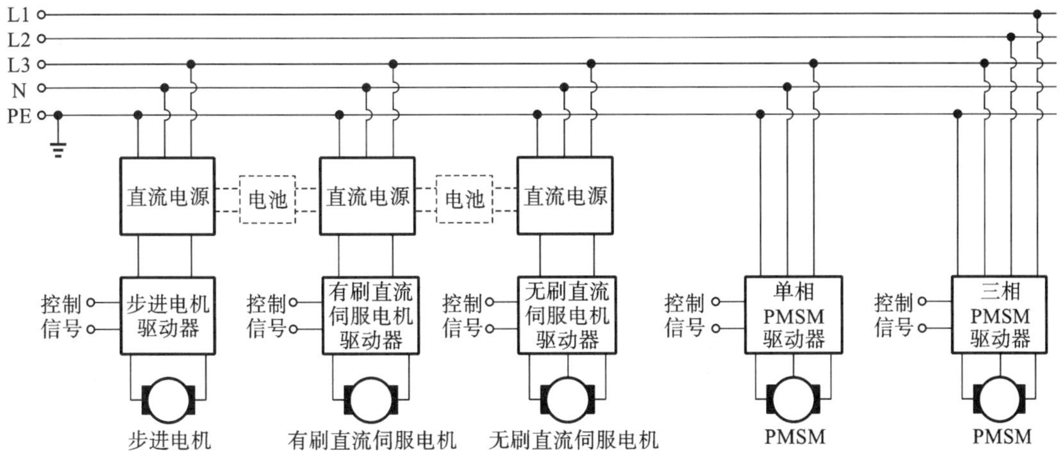

图 4.1　机器人电机和驱动器与电网的连接

为实现控制目的，驱动器的输出功率应可调。机器人电机驱动器的控制信号来自运动控制器的输出端口。不同驱动器对控制信号的要求不同，例如模拟信号或数字脉冲信号。只有明确了控制信号形式，以及控制信号与电机电枢电压/电流的变换关系，即**驱动器增益**(driver gain)，才能使伺服算法计算出正确的控制指令，输出期望的控制信号。因此，为了正确地选择、使用和控制电机，需要把电机及其驱动器作为一个整体进行研究，了解它们的主要特点和基本工作原理。

步进电机有别于其他三种伺服电机，它本身就有定位能力，即便工作于开环模式也有较好的位置控制精度。因此，通常不需建立步进电机的控制模型，而把它作为一个无偏差的位置或速度执行元件来对待。另外，因为步进电机不适用于大负载、高动态场合，也不能实现力控制，而只能用于少数几类低成本机器人，所以，本书把它与其他三种电机区别开来，仅在本章 4.1 节进行介绍。

有刷直流伺服电机、无刷直流伺服电机和 PMSM 这三种伺服电机具有优良的控制特性，但是它们自身没有定位能力，只有在伺服控制器的控制下，才能实现速度和位置控制。为满足运动控制中高精度和快速性的要求，伺服电机应具备以下主要特点：

(1) **调速范围广**——伺服电机转速随控制电压变化，且能在宽广的范围内连续调节。

(2) **机械特性和调节特性线性度好**——伺服电机的机械特性是指当控制电压一定时，转速随转矩变化的关系；调节特性是指电机转矩一定时，转速随控制电压变化的关系。线性的机械特性和调节特性有利于提高控制系统的动态精度。

(3) **快速响应**——为了使电机转速能随控制电压的改变而迅速变化，要求伺服电机的机电时间常数小、堵转转矩大、转动惯量小。

(4) **无"自转"现象**——要求伺服电机在控制电压降为零时能停止转动。

(5) **能频繁启动、制动、停止、反转以及连续低速运行**。

(6) **控制功率小、自重轻、体积小**。

前述三种伺服电机都具有以上特点，因此，在机器人中得到了最广泛的应用，本章 4.2 节和 4.3 节及后续章节都将围绕伺服电机展开。

三种伺服电机的工作原理、驱动方法和特性各有不同。有刷直流伺服电机工作原理简单、易于建模，是各种机器人控制算法的主要研究对象。本章将用独立的一节，详细介绍有刷直流伺服电机及其驱动器的原理、特性和适用场合。无刷直流伺服电机和 PMSM 本质上都是无刷结构的永磁同步电机。在控制系统中,这两种伺服电机的控制模型,往往可以用有刷直流伺服电机模型替代。因此,本章把它们合并为一节,简要介绍其原理和适用场合。

4.1 步进电机及其驱动器

本节介绍步进电机及其驱动器的基本工作原理、主要性能指标,如何用步进电机实现机器人关节的运动控制,以及步进电机的选型和使用方法。

从输出形式看,步进电机有旋转式、直线式和平面式三大类。本书仅讨论应用最广泛的旋转式步进电机。

步进电机及其驱动器可以把电脉冲转换为角位移,如图 4.2 所示。驱动器每接收一个脉冲信号,就会驱动步进电机走过一个小步距的角位移。步进电机的这一特性使其非常适用于数字位置伺服系统,可以方便地实现较高精度的开环位置控制。因此,步进电机在数控机床、绘图仪、3D 打印机和低成本机器人中得到了广泛应用。

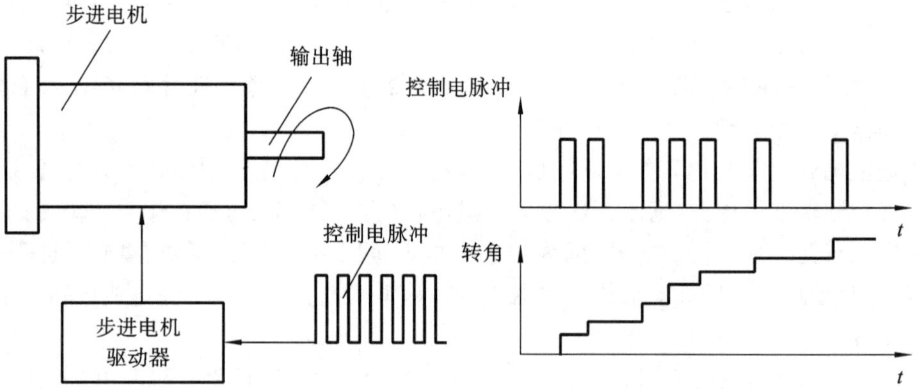

图 4.2　步进电机的基本运行原理

4.1.1 步进电机原理简介

根据运行原理和结构形式的不同,步进电机可分为反应式、永磁式和混合式三类。这个分类顺序也代表了步进电机的发展历程。在机器人系统中得到广泛应用的是混合式步进电机。因为混合式步进电机综合了反应式和永磁式步进电机的特点,所以,在介绍混合式步进电机之前,有必要了解其他两种步进电机。

1. 反应式步进电机

1) 反应式步进电机的结构

反应式步进电机又称为**可变磁阻型**(variable-reluctance,VR)步进电机,它利用感应磁场总是倾向于使系统磁阻最小的原理产生驱动力矩。图 4.3 是反应式步进电机的径向截面原理图,其定子和转子都由软磁硅钢片叠制而成。

反应式步进电机的定子最少有三相绕组,每相绕组通常分为两极,反向绕制在沿周向 180°布置的一对定子磁极上。定子磁极的极弧上开有均匀分布的小齿。转子由软磁材料(硅钢片)制成,本身没有磁性,但是在磁场作用下易磁化。转子圆周上也开有小齿,其**齿距**

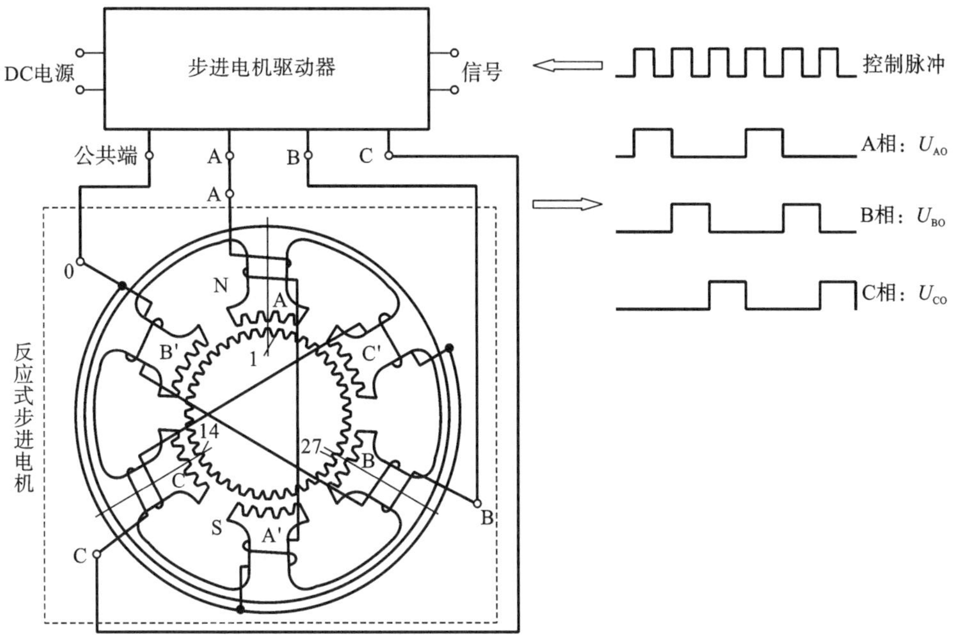

图 4.3　反应式步进电机结构和控制原理

θ_g 与定子齿距相等。定子齿数和转子齿数要满足一定的条件，才能实现转子的连续旋转。以图 4.3 所示的三相绕组为例，当 A 相绕组的定子齿与转子齿对正时，其他两相绕组的定子齿必须与转子齿分别错开 1/3 和 2/3 齿距。

当步进电机驱动器接收到控制脉冲时，其将在每相绕组上依次施加正电压。每相绕组的两个对极在通电时，将产生相反磁极，使感应磁通穿过转子，从而磁化转子，由此产生磁力矩，因此，它被称为反应式步进电机。

2）反应式步进电机的运行原理

（1）“单三拍”工作模式。

为便于理解反应式步进电机的运行原理，对其结构进行简化。假设转子仅有 4 个齿，转子齿距为 90°，每个定子磁极仅有一个齿，如图 4.4 所示，其中的虚线表示绕组通电时感应磁场的磁通。

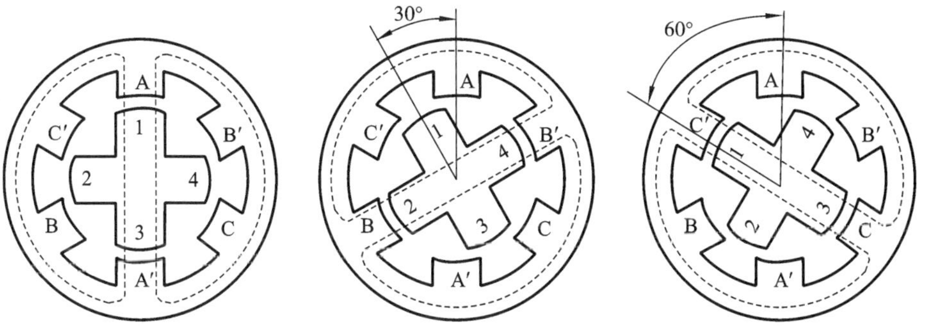

(a) A相通电　(b) B相通电　(c) C相通电

图 4.4　三相反应式步进电机的“单三拍”工作模式

当A相绕组通电时，转子将在磁阻转矩的驱动下使转子齿与A相定子齿对正，以获得最小磁阻。当有外界负载转矩作用于转子时，磁阻转矩将抵抗负载，使转子齿总是趋向于与A相定子齿对正。此时，转子齿与B相定子齿错开30°，与C相定子齿错开60°。

接下来，当A相断电、B相通电时，转子将在磁阻转矩的作用下，使转子齿与B相定子齿对正，转子转过1/3个齿距；之后B相断电、C相通电，转子齿与C相定子齿对正，转子转过2/3个齿距；最后，C相断电、A相通电，转子齿再次与A相定子齿对正，转子转过1个齿距。如此循环往复，驱动器按照A→B→C→A的顺序给定子绕组通电，于是，图4.4中的转子将逆时针连续旋转。如果按照A→C→B→A的顺序通电，转子将顺时针旋转。

上述工作过程就是三相反应式步进电机的“单三拍”工作模式。其中，“单”指单相绕组通电；“三拍”指绕组通电状态切换三次，转子转过一个齿距。每一拍就意味着步进电机驱动器接收到控制器发送的一个脉冲，它将使定子绕组通电状态变化一次。因此，一拍(一个脉冲)对应的转子转角就是系统的最小可控转角，称为**步距角** θ_s。显然，在“单三拍”工作模式下，三相反应式步进电机的步距角 θ_s 等于1/3转子齿距 θ_g，即 $\theta_s=\theta_g/3$。

当步进电机工作于“单三拍”模式时，在每次切换通电状态的瞬间，都会出现断磁现象。这将降低电机的负载能力，增大转子的振荡。事实上，反应式步进电机通常工作在“双三拍”或“单-双六拍”工作模式。

(2)“双三拍”工作模式。

“双三拍”工作模式中的“双”，是指每次有两相绕组通电，如图4.5所示。当A、B相同时通电时，感应磁场的磁通将位于A、B相定子之间，此时，转子齿将转动到图4.5(a)所示位置。“双三拍”工作模式下，绕组的通电顺序为：AB→BC→CA→AB或AB→AC→CB→AB。转子仍然需要经过三次通电状态切换才能转过一个齿距，因此，步距角仍为 $\theta_s=\theta_g/3$。

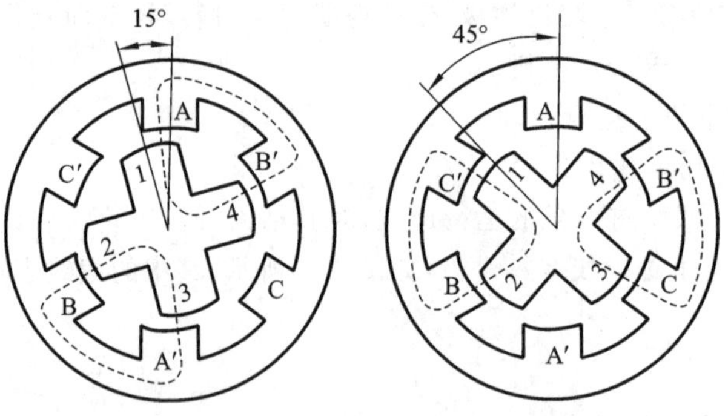

(a) AB相通电　　(b) BC相通电

图4.5　三相反应式步进电机的“双三拍”工作模式

但是，在“双三拍”模式下，每次切换时总有一相绕组保持通电状态。这使得磁场保持连续，对电机具有阻尼作用，有利于电机的平稳运行。

(3)“单-双六拍”工作模式。

综合前述两种通电状态，可以获得“单-双六拍”工作模式，如图4.6所示。在这种模式下，绕组的通电顺序为：A→AB→B→BC→C→CA→A或A→AC→C→CB→B→BA→A。可见，在“单-双六拍”工作模式下，也总有一相绕组保持通电，有利于减小振荡。

“单-双六拍”工作模式的一个特点是，需要经过六次通电状态切换，即驱动器接收到6个脉冲，转子才转过一个齿距。因此，系统的最小可控步距角变为 $\theta_s=\theta_g/6$。

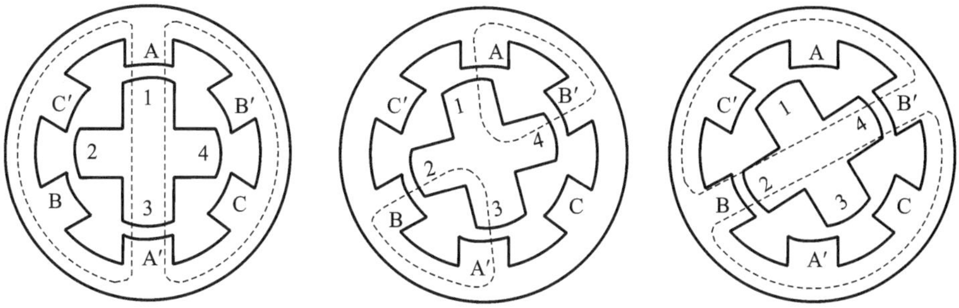

(a) A相绕组通电　　(b) A、B相绕组同时通电　　(c) B相绕组通电

图 4.6　三相反应式步进电机的“单-双六拍”工作模式

当两相绕组同时通电时，感应磁场的磁极相对于定子产生一个偏移，这相当于增加了定子极对数，从而使转子转过一个齿距的拍数增加，而增加拍数可以减小步距角。步距角小，意味着控制分辨率高，一般而言，也意味着位置控制精度高。**通过增加拍数来提高位置控制精度，是步进电机运动控制系统的一个重要特性。**

反应式步进电机的步距角可按下式计算

$$\theta_s = \frac{360°}{mZ_rC} \tag{4.1}$$

式中：m 为相数；Z_r 为转子齿数；C 为工作模式，对于三拍 $C=1$，对于六拍 $C=2$。

3）反应式步进电机的特点

反应式步进电机的步距角与转子齿数成反比，与齿距成正比。由于反应式步进电机的转子和定子齿距不受电枢绕组尺寸的限制，可以做得很小，因此具有步距角小的优点。但是，反应式步进电机的转子本身不具有磁性，只能通过定子绕组励磁才能产生驱动力矩，因此，同等功率下的输出转矩较小。反应式步进电机的特点可简要总结如下：

（1）结构简单，成本低；

（2）步距角较小，无细分时可达到 1.5°，定位分辨率较高；

（3）最小相数为 3；

（4）转矩相对较小；

（5）阻尼力矩小，容易振荡；

（6）停止时的保持转矩小，断电后没有定位转矩。

2. 永磁式步进电机

1）永磁式步进电机的结构

永磁式步进电机区别于反应式步进电机的最大特点是：其转子由永磁铁构成。永磁式步进电机的转子沿周向均匀磁化，实质上是一种星形永磁铁。图 4.7 是两相永磁式步进电机的径向截面结构原理，其中 A 相绕组已通电。为表达清晰，图中的转子仅有两对极，转子极数为 4，少于真实电机极数。定子绕组采用集中绕组，A 相与 B 相存在一个公共点 O。定子绕组每相的极数与转子极数相等，不同对极上的绕组方向不同，通电时产生相反极性。

2）永磁式步进电机的运行原理

当 A 相通正电压，即 $U_{AO}>0$ 时，其定子磁场极性如图 4.7 所示。此时，转子在磁力矩作用下与 A 相定子极对正。当 A 相断电、B 相通正电压时，定子极性将顺时针转过 45°，并吸引转子顺时针旋转 45°。可见，永磁式步进电机的步距角取决于定子极间角度。

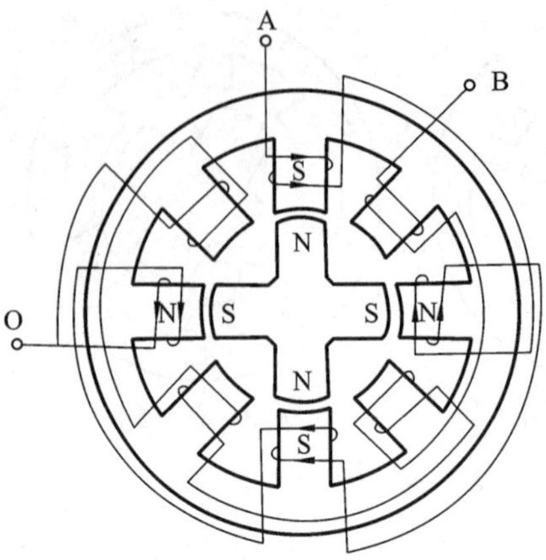

图 4.7　两相永磁式步进电机的结构

如果定子绕组按照 A→B→(－A)→(－B)→A 的顺序连续切换通电状态，转子将顺时针连续旋转。反之，当定子绕组的通电顺序为 A→(－B)→(－A)→B→A 时，转子将逆时针连续旋转。上述工作过程就是两相永磁式步进电机的“单四拍”工作模式。由于任意时刻只有单相绕组通电，因此，可以采用图 4.7 所示具有公共点的集中绕组形式。

永磁式步进电机也可以工作在“双四拍”或者“单-双八拍”工作模式。针对图 4.7 所示结构，转子顺时针转动时，“双四拍”工作模式的通电顺序为 AB→B(－A)→(－A)(－B)→(－B)A→AB；“单-双八拍”工作模式的通电顺序为 A→AB→B→B(－A)→(－A)→(－A)(－B)→(－B)→(－B)A→A。显然，为了在双绕组上同时施加正-反电压，两相绕组必须独立，不能采用图 4.7 所示的共 O 点接线形式。

在“单-双八拍”工作模式下，步距角将减半。永磁式步进电机的步距角计算公式为

$$\theta_s = \frac{360^\circ}{2mp_rC} \tag{4.2}$$

式中：m 为相数；p_r 为转子极对数；C 为工作模式，对于四拍 $C=1$，对于八拍 $C=2$。

3) 永磁式步进电机的特点

永磁式步进电机的转子为永磁体，与定子绕组的励磁磁场相互作用，可产生较大的驱动力矩。但是，受限于绕组尺寸，定子的极间角度无法做得很小，这使得永磁式步进电机的步距角通常大于反应式步进电机。永磁式步进电机的特点简要总结如下：

(1) 控制功率小，输出转矩大；

(2) 断电时有一定的定位力矩；

(3) 转子内阻尼大，启动频率低，低频时不易振荡，运行稳定性好；

(4) 最小相数为 2；

(5) 步距角大，最小步距角一般为 7.5°，定位分辨率低；

(6) 要求在线圈上施加正负脉冲电压，驱动器电路相对复杂。

3. 混合式步进电机

混合式步进电机在结构上综合了反应式步进电机和永磁式步进电机的特点，因此，它具有两者的优点，被广泛应用于数控机床、机器人这一类高精度运动控制系统中。

1) 混合式步进电机的结构

混合式步进电机的定子绕组形式与永磁式步进电机类似，转子也采用了永磁体，但是采用了沿轴向极化的方式。它的转子和定子磁极的结构则与反应式步进电机类似，在圆周上开有小齿。如图 4.8(a)所示，转子轴的中间位置固定有沿轴向极化的永磁体。永磁体两极外各套装一个由硅钢片层叠制成的转子铁芯，S 极套装转子 1，N 极套装转子 2。由于永磁体的磁化作用，转子 1 整体为 S 极，转子 2 整体为 N 极。

与反应式步进电机类似，混合式步进电机的转子铁芯外圆周上也加工有小齿(图 4.8(c))，并且两个转子在圆周方向上错开 1/2 齿距(图 4.9)。这样，一个转子的齿与另一个转

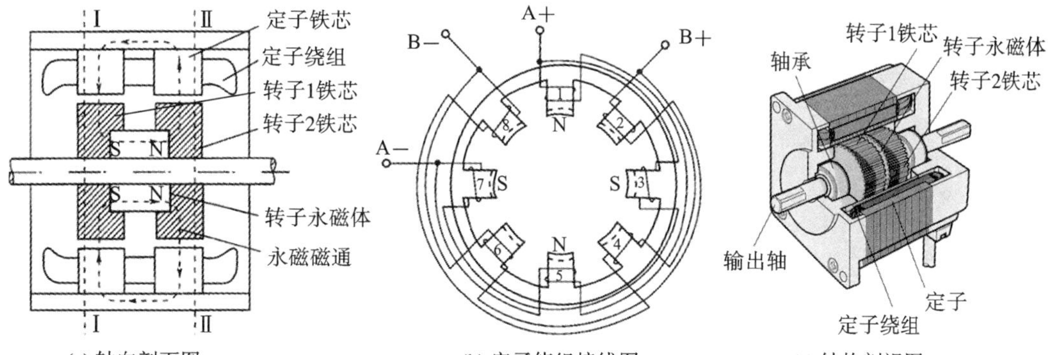

(a) 轴向剖面图　(b) 定子绕组接线图　(c) 结构剖视图

图 4.8　两相混合式步进电机的结构

子的槽在相同的圆周分度上。同样地，其定子铁芯的内圆柱面上也开有小齿，齿距与转子齿距相等。由于转子本身具有磁性，因此，混合式步进电机的定子也可采用图 4.8(b)所示的两相式绕组，其中定子小齿用虚线表示。

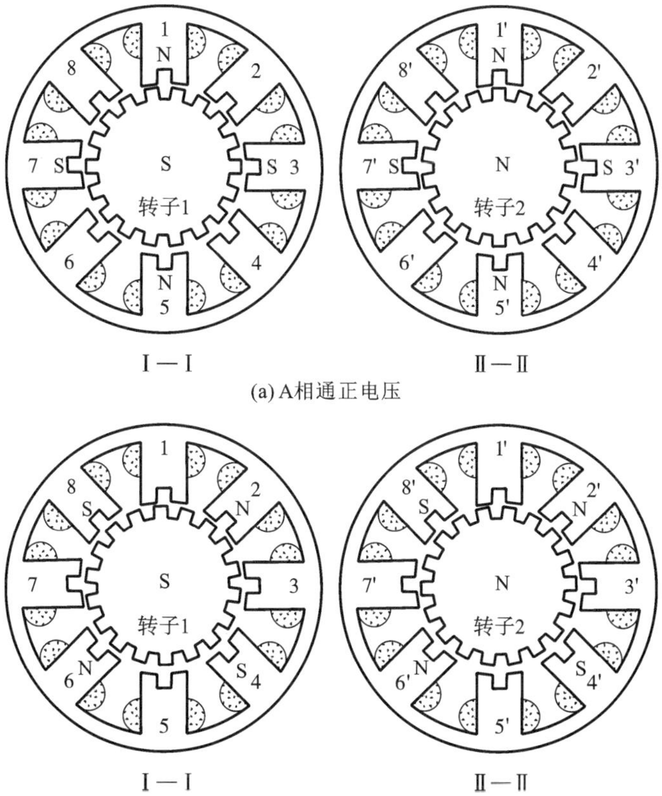

(a) A相通正电压

(b) B相通正电压

图 4.9　两相混合式步进电机运行原理

为了获得小步距角，混合式步进电机的两相绕组通常没有公共极，如图 4.8(b)所示，A+/A−和 B+/B−分别构成两相绕组。每相绕组的一个对极绕组顺时针绕制，通电时产生一个磁极；而同相的另一对极绕组则逆时针绕制，通电时产生另一个磁极。例如，当 A 相通正向电压(正脉冲)时，$U_A>0$，在1、5极上产生N极，在3、7极上产生S极。

2) 混合式步进电机的工作原理

图4.9中的剖面图Ⅰ—Ⅰ和Ⅱ—Ⅱ对应图4.8(a)中的剖面，为清晰起见，假设各定子磁极上仅有2个齿，转子上有18个齿。

可以看到，当A相通正向电压时，Ⅰ—Ⅰ剖面1—5极和Ⅱ—Ⅱ剖面1′—5′极的感应磁极为N极，3—7和3′—7′为S极。由于转子1和转子2在周向错开半个齿距，因此，转子1的S极齿和转子2的N极齿将分别与定子1—5和3′—7′极的齿对正，以获得最小磁阻；而3—7和1′—5′极齿则正好与转子的槽对正，获得最大磁阻。在这种状态下，定子极数、齿数和转子齿数的关系，可确保定子B相各极的齿与转子齿正好错开1/4个齿距。

当A相断电、B相通正向电压时，定子磁场顺时针旋转，使得2—6、2′—6′为N极，4—8、4′—8′为S极。此时，磁力矩将迫使转子1的齿和槽分别与定子齿对正，转子顺时针转过1/4个齿距。

为了使转子顺时针连续旋转，两相混合式步进电机可以采取如下工作模式。

(1)“单四拍”。

绕组通电顺序为A→B→(－A)→(－B)→A，步距角为1/4齿距，四拍1个周期，转子转过1个齿，每转步数为$4Z_r$。

(2)“双四拍”。

绕组通电顺序为AB→B(－A)→(－A)(－B)→(－B)A→AB，步距角为1/4齿距，四拍1个周期，转子转过1个齿，每转步数为$4Z_r$。

(3)“单-双八拍”。

绕组通电顺序为A→AB→B→B(－A)→(－A)→(－A)(－B)→(－B)→(－B)A→A，步距角为1/8齿距，八拍1个周期，转子转过1个齿，每转步数为$8Z_r$。

(4) 细分工作模式。

在实际使用中，混合式步进电机通常工作在细分工作模式。在细分工作模式下，各相不再简单地通断电，而是由驱动器对相电压进行细分，使绕组电压在0 V和全电压之间分级逐渐增大或降低。这样，相邻绕组共同作用产生的磁场，将从一个定子极逐渐过渡到另一个定子极，从而获得位于定子两极之间的细分磁极位置。例如，4倍细分将在定子两极间产生4个均布的磁极位置。图4.10给出了两相混合式步进电机4倍细分时，A、B两相的电压变化过程。实际上，如果忽略磁场强度的变化，“八拍”工作模式也可视为2倍细分。通过细分，能获得更小的步距角和更高的定位精度。

于是，可以得到混合式步进电机的步距角计算公式

$$\theta_s=\frac{360^\circ}{2mZ_rC} \tag{4.3}$$

式中：m为相数；Z_r为转子齿数；C为细分倍数。

3) 混合式步进电机的特点

得益于永磁转子与可变磁阻的力矩效应，混合式步进电机兼顾了反应式与永磁式步进电机的优点，使其在运动控制系统中得到了广泛应用。混合式步进电机的特点简要总结如下：

(1) 功耗小，输出转矩大；

(2) 断电时有一定的定位力矩；

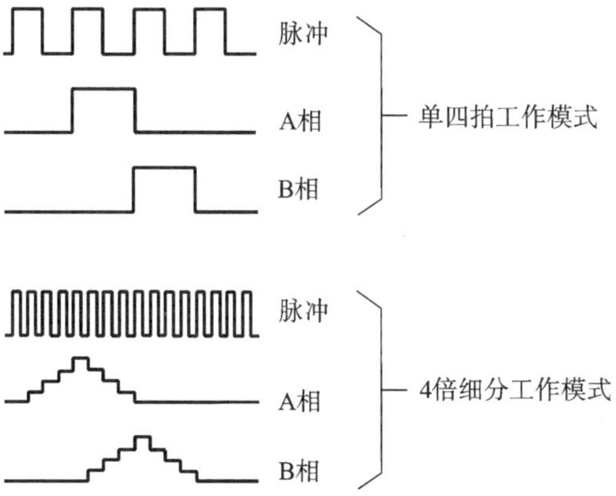

图 4.10　细分时绕组电压的变化过程

(3) 转子内阻尼大，启动频率低，低频时不易振荡，运行稳定性好；

(4) 最小相数为 2，也有 3 相和 5 相型；

(5) 步距角小，无细分最小步距角小于 1°，细分步距角可达 0.02°，定位分辨率高；

(6) 结构复杂，成本高；

(7) 需要在线圈上施加正负电压，驱动器复杂。

下面以混合式步进电机为例，说明步进电机的运行特性。

4.1.2　步进电机的运行特性

步进电机在工作时，有**通电保持**、**单步运行**和**连续运行**三种状态。在不同状态下，步进电机有不同的力矩特性。

1. 通电保持状态

当某些相持续通电而其他相断电时，步进电机就工作在通电保持状态。此时，若负载为零，步进电机转子将停止在定子磁极对应的角度上，此位置称为平衡位置；若负载不为零，转子将偏离平衡位置，电机产生与负载转矩相反的静转矩，试图使转子回到平衡位置。

以 A 相单独通电为例，静转矩与转子位置的关系如图 4.11 所示。图中 θ_e 是以电角度表示的转子偏离平衡位置的角度，称为**失调角**。混合式步进电机转过一个齿，定子绕组通电状态完成一个循环，对应的失调角 $\theta_e=2\pi$。图 4.11(a)～(d)是转子和定子沿周向展开后的示意图，规定转子向右侧偏离时，失调角 θ_e 为正。在平衡位置 $\theta_e=0$，转子与定子齿对齿，静转矩 $\tau=0$；当 $\theta_e=\pm\pi$ 时，转子齿与定子齿偏离 1/2 齿距，使得转子齿正对定子槽，静转矩 $\tau=0$；当 $\pi>\theta_e>0$ 时，静转矩 $\tau<0$；当 $-\pi<\theta_e<0$ 时，静转矩 $\tau>0$；当 $\theta_e=\pm\pi/2$ 时，转子与定子偏离 1/4 齿距，静转矩取最大值 $\pm\tau_{\max}$。静转矩随失调角变化的规律，可以用图 4.11(e)所示的正弦曲线(又称**理想矩角特性曲线**)近似表示，其表达式为

$$\tau=-K_i i^2\sin\theta_e=-\tau_{\max}\sin\theta_e \tag{4.4}$$

其中，**最大静转矩** $\tau_{\max}$ 与电机转矩常数 K_i 和绕组电流 i 的平方成正比。最大静转矩又称为**最大保持力矩**，是步进电机的一个重要性能指标。

在通电保持状态下，根据理想矩角特性曲线可知：当负载转矩小于 $\tau_{\max}$ 时，步进电机转子失调角能维持在 $\pm\pi/2$ 之间，负载消失时电机转子将回到平衡位置；当负载转矩大于 $\tau_{\max}$ 时，电机将失稳。对负载而言，此时的静转矩是阻力，因此，静转矩也被称为**磁阻转矩**。当负载

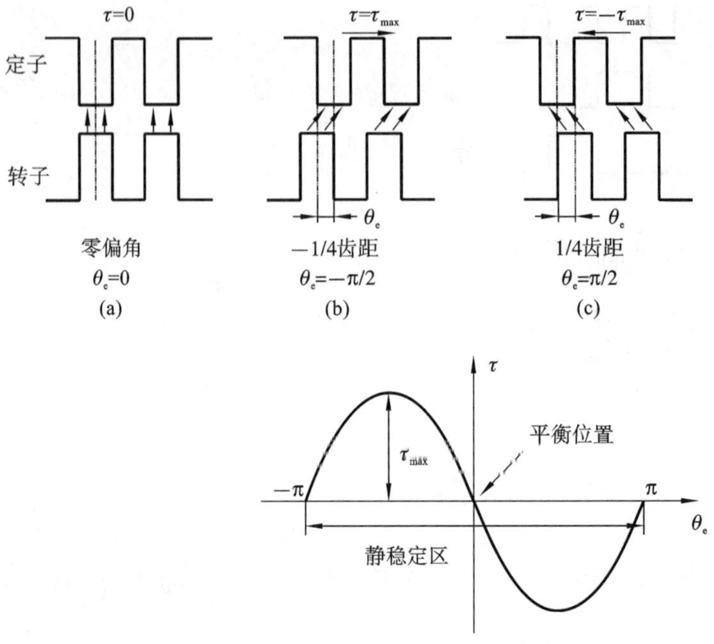

(e) 矩角特性曲线

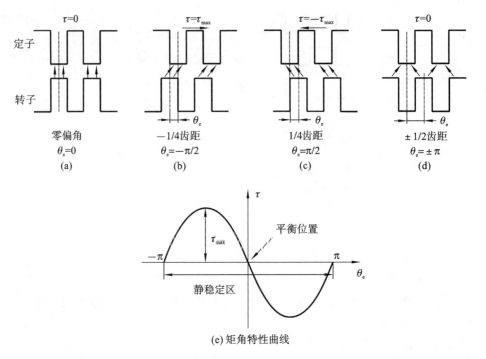

图 4.11　步进电机的理想矩角特性

为零时，如果转子电角度在图 4.11(e)所示正弦曲线内，转子总会回到平衡位置，因此，每相绕组矩角特性曲线对应的 2π 电角度范围，又被称为该相绕组的**静稳定区**。

步进电机在单相通电时，具有开环位置保持能力，这是步进电机有别于其他电机的一个显著特征。在位置保持状态，为避免电机过热，通常采用降压保持的方式来减小绕组电流。此时，保持力矩小于最大静转矩。

2. 单步运行状态

如果步进电机仅接收一个脉冲，就只进行一次通电状态切换，例如：由 A 相通电切换为 B 相通电。此时，电机仅运动一个步距角 θ_s，这称为步进电机的单步运行状态。图 4.12 把 A、B 相分别通电时的矩角特性曲线绘制在一个坐标系中，可以看到 B 相对于 A 相沿横轴移动了一个电步距角 θ_{se}。根据电角度的定义，可知

$$\theta_{se} = Z_r \theta_s \tag{4.5}$$

其中，Z_r 为转子齿数。

单步运行时，在 B 相通电瞬间，转子位置在 A 的平衡点处，如图 4.12 中 O 点的空心圆位置。此时，转子所受磁力矩为 B 曲线上的 a 点。因此，转子将在磁力矩作用下，加速向 b 点运动。如果电机阻尼为零，转子过了 b 点后将运动到与 a 对称的 c 点，然后在 a、c 两点间振荡。在实际阻尼作用下，转子振荡将逐渐衰减。如果负载为零，转子将最终停止在 b 点。单步运行时转子角度的变化过程如图 4.13 所示。

3. 连续运行状态

为了使步进电机连续运转，需要控制器向步进电机驱动器发送连续脉冲。如果脉冲频率很低，使得一拍的持续时间大于稳定时间，转子就表现为有明显停顿的步进运动，并有振荡现象；如果脉冲频率升高，但是脉冲间隔时间大于图 4.13 中的峰值时间，则转子停顿时间会减小，但是仍然有振荡，此时会出现低速步进噪声；如果脉冲频率与转子自振频率接近，将

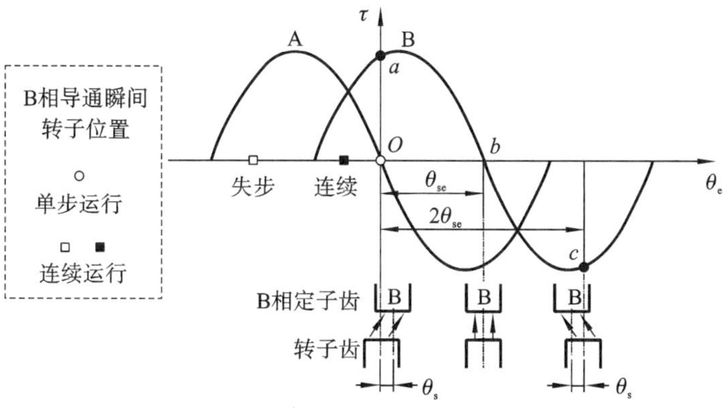

图 4.12　相邻两相绕组切换瞬间的矩角特性曲线

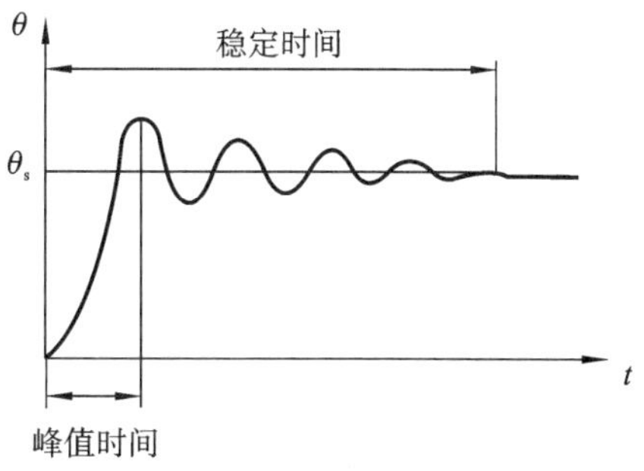

图 4.13　单步运行时转子的振荡现象

发生低频共振，此时，电机将无法运转，称为**低频失步**。这些工况都不是步进电机的正常工作状态，应该避免。

当脉冲频率升高，使得脉冲之间的间隔时间小于图 4.13 中的峰值时间时，转子在前一相（A 相）通电绕组的作用下，运动到图 4.12 中用黑色方块表示的“连续”位置，此时，转子还来不及振荡，电机驱动器就接到下一个脉冲，后续绕组（B 相）通电，于是，电机将无振荡地连续平稳运行。步进电机无振荡连续运转的最低频率，称为**最低连续运行频率**。

如果脉冲频率非常高，新脉冲到来时，转子还没有运动到 B 相绕组对应的矩角曲线静稳定区，而位于图 4.12 中用空心方块表示的“失步”位置，则 B 磁场对转子没有驱动力矩，此时，也会出现失步，称为**高频失步**。进一步提高脉冲频率，将出现由绕组电感引起的高频振荡，电机无法运行。

同理，步进电机从静止启动时，启动频率不能过大。因为，转子的瞬时最大加速度取决于转子惯量以及图 4.12 中 a 点对应的电磁转矩。启动频率过大，将无法保证转子进入下一个绕组的静稳定区，导致无法启动。这意味着，步进电机存在**最高启动频率**。为了使电机从静止状态直接进入连续运行状态，其启动频率应在最低连续运行频率和最高启动频率之间。

在连续运行状态下，随着脉冲频率的升高，电机转矩将降低，这也可能导致电机在负载作用下出现失步。负载越大，高频失步频率越低。图 4.14 是某步进电机在不同相电流（i_4 最大）下的矩频特性曲线，其中，横坐标单位 kpps 表示千脉冲数/秒。在选型时，需要参考电机的矩频特性曲线，判定该电机能否在特定运行速度下输出所需力矩，而不能仅根据电机功率选型。

细分技术不仅能提高位置分辨率，还能有效减小步进电机低速运行时的振荡。图 4.15 是某五相混合式步进电机在低转速下，分别以无细分、5 倍细分、50 倍细分连续运行时的步距角变化情况和转子响应曲线。可见，在相同的运行速度下，随着细分倍数的提高，转子振荡明显变小。

连续工作状态下，步进电机转速的计算公式如下

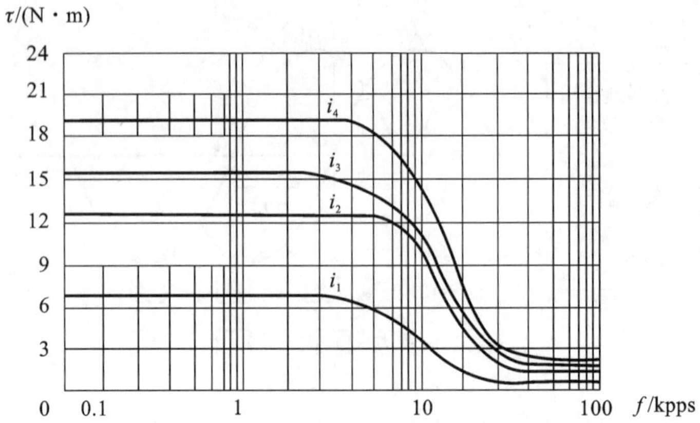

图 4.14　步进电机的典型矩频特性曲线

$$n=\frac{60f\theta_s}{360^\circ}\quad 或 \quad n=\frac{60f}{NZ_r}\tag{4.6}$$

式中：n 为电机转速(r/min)；f 为脉冲频率(Hz)；θ_s 为步距角(°)；N 为拍数；Z_r 为转子齿数。

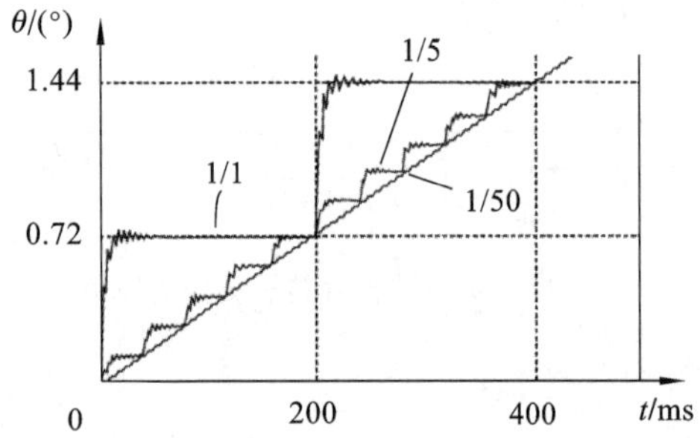

图 4.15　五相混合式步进电机低速运行时的转子响应曲线

4.1.3　步进电机的主要性能指标

下面列出选择步进电机时必须要校验的性能指标。

1）最大静转矩 τ_{max}

最大静转矩 τ_{max} 是步进电机在静止状态下，当某相绕组通额定电流时，可以抵抗的最大负载转矩。

2）步距角 θ_s

步距角 θ_s 是步进电机在一个控制脉冲作用下转过的角位移。步距角与绕组相数、接通方式和转子齿数有关。步距角越小，步进电机的控制分辨率越高，通常也意味着定位精度越高。

3）静态步距角误差 $\Delta\theta_s$

静态步距角误差 $\Delta\theta_s$ 指实际步距角与理论步距角之间的差值，通常用绝对值或相对于理论步距角的百分数来表示。它主要取决于步进电机的加工精度，例如：定子、转子齿距误差，气隙均匀性，铁芯分段的错位误差等。静态步距角误差决定了步进电机的控制精度。

4）启动频率 f_{st}

启动频率 f_{st} 是步进电机能够不失步启动的最高脉冲频率。步进电机的技术说明中包括空载启动频率和带载启动频率。

5）最高运行频率 f_{ru} 和矩频特性

最高运行频率 f_{ru} 是指当步进电机启动后，随着控制脉冲频率逐渐上升，步进电机能够保持不失步连续运行的最高频率。在确定的细分倍数下，最高运行频率对应着步进电机的最高不失步转速。最高运行频率与电机的负载有关，负载越大，最高运行频率越低。特定负载下的最高运行频率，可由步进电机的矩频特性曲线确定。

4.1.4　步进电机驱动器

步进电机驱动器的功能包括：绕组通断控制、功率放大、脉冲细分、通电保持等。步进电机的功率放大电路分为恒压型和恒流型两种。恒流型功率放大电路能够输出稳定的电枢电流，可以有效提高步进电机在高速运行时的转矩，因此，在高端步进电机驱动器中得到了越来越广泛的应用。

图 4.16 给出了一种恒流型步进电机驱动器的原理示意图。细分控制电路根据拨码开关选定的细分倍数，把控制脉冲转换为绕组通断控制信号，然后发送给绕组通断电路。绕组通断电路根据绕组通断控制信号和方向控制信号，对两个晶体管 T_A 和 T_B 进行开关控制，从而控制绕组的通电状态，使电机按照选定的步距角、速度和方向运行。

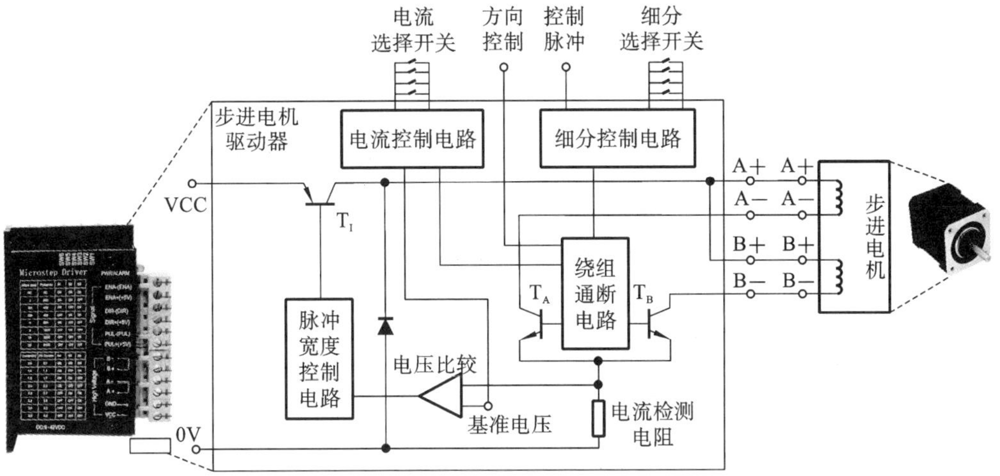

图 4.16　恒流型步进电机驱动器原理

电流控制电路根据电流选择开关状态设定基准电压。电流检测电阻把绕组电流变换为与之成正比的检测电压。比较电路和脉冲宽度控制电路根据基准电压和绕组检测电压之差，控制晶体管 T_1 的通断，实现恒流控制。部分驱动器允许用户通过电流选择开关，手动设定是否允许在静止时进行通电保持，以及保持力矩的大小。

步进电机驱动器的功能在很大程度上决定了步进电机的运行性能，因此，在选型时，不仅要选择电机，而且要核对配套驱动器的功能，确保满足需求。

4.1.5　机器人系统中的步进电机

步进电机具有控制信号简单、易于接入数字控制系统、容易实现位置和速度控制、定位精度较高、有保持力矩、成本低等优点，可用于负载稳定、精度要求一般的低成本机器人中。例如，教学型机器人、各种家用娱乐机器人等。

作为机器人运动控制系统中的执行器，步进电机需要由控制器进行控制，典型的使用方式有开环和闭环两种。

1. 步进电机的开环控制

步进电机本身就是一个位置控制元件，部分高精度步进电机的角位移分辨率可达 0.036°，因此，**在精度要求一般的场合，不需反馈元件，仅依靠步进电机自身的定位精度即可**

满足使用要求，这种工作模式称为开环控制方式。

如图 4.17 所示，利用步进电机构成开环位置控制系统，以驱动机器人关节。控制器可以是集中控制器，例如运动控制器，也可以是仅控制单关节运动的单片机。控制器根据机器人关节的位置和速度指令，依据传动模型，生成位置轨迹、计算脉冲数和脉冲频率、生成方向信号，把控制脉冲和方向信号发送给步进电机驱动器，进而驱动电机转动。步进电机转过的角度 θ_m 与脉冲数成正比，运行速度与脉冲频率成正比。

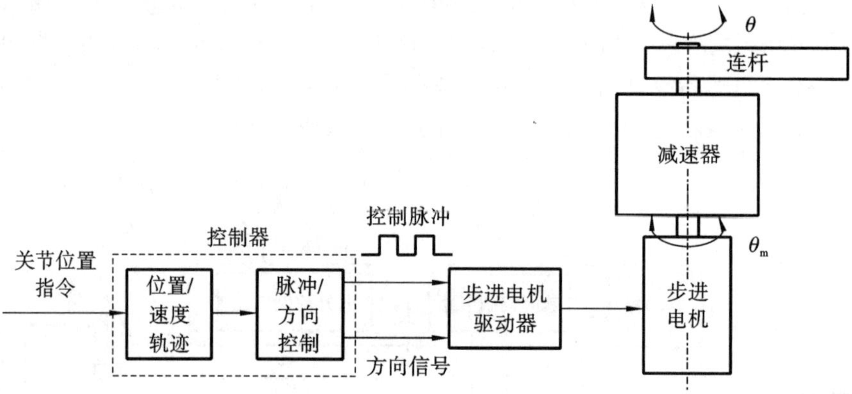

(a) 通过减速器驱动旋转关节

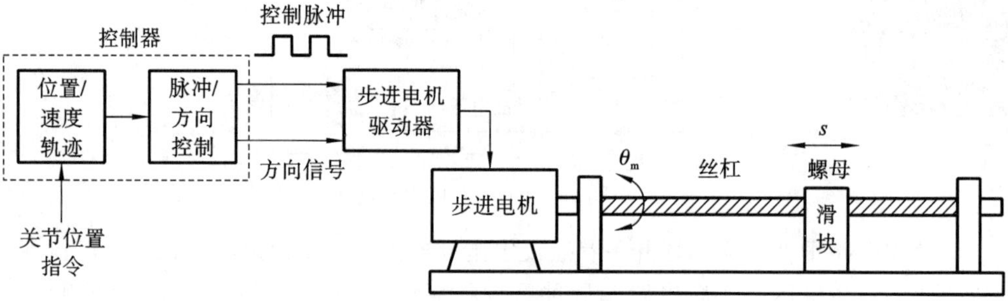

(b) 通过丝杠-螺母机构驱动直线关节

图 4.17　由步进电机构成的开环位置控制系统

当电机驱动力矩不足，或需要驱动直线关节时，就会利用传动机构驱动执行元件。图 4.17(a)为步进电机通过减速器驱动旋转关节的示意图。关节转角 θ 与步进电机转角 θ_m 之间的传动模型为

$$\theta_m = N\theta \tag{4.7}$$

其中：N 为减速器传动比，无减速器时，$N=1$。

图 4.17(b)是步进电机利用丝杠-螺母机构驱动直线关节的示意图。步进电机带动丝杠旋转，丝杠-螺母机构把旋转运动转换为滑块的直线移动。步进电机角位移与滑块线位移之间的传动模型为

$$\theta_m = \frac{2\pi s}{p} \tag{4.8}$$

其中：s 为滑块线位移(mm)；p 为丝杠导程(mm/r)；θ_m 为步进电机角位移(rad)。

根据上述关系式，如果已知步进电机的步距角 θ_s、静态步距角误差 $\Delta\theta_s$ 和脉冲频率 f，就

可以计算出滑块的线位移分辨率 s_s、误差 Δs_s 以及线速度 v。

2. 步进电机的闭环控制

传动机构会引入传动误差，如减速器回差、丝杠导程偏差、丝杠挠度偏差、丝杠与直线导轨的平行度偏差等。传动误差会导致末端执行元件与步进电机之间的位移关系不再满足理想传动模型，进而带来机器人关节位移误差。运行过程中的负载意外波动，还可能导致步进电机失步，出现**失步误差**。

为了克服误差，可以在运动机构上安装位移传感器，并在控制器中增加闭环控制器，构成步进电机驱动的闭环位置控制系统，如图 4.18 所示。传感器的安装位置有两种选择：机器人关节或者步进电机转轴，在图 4.18 中分别用实线和虚线表示。传感器安装位置不同，反馈的位置信息也不同，这将导致不同的控制效果。

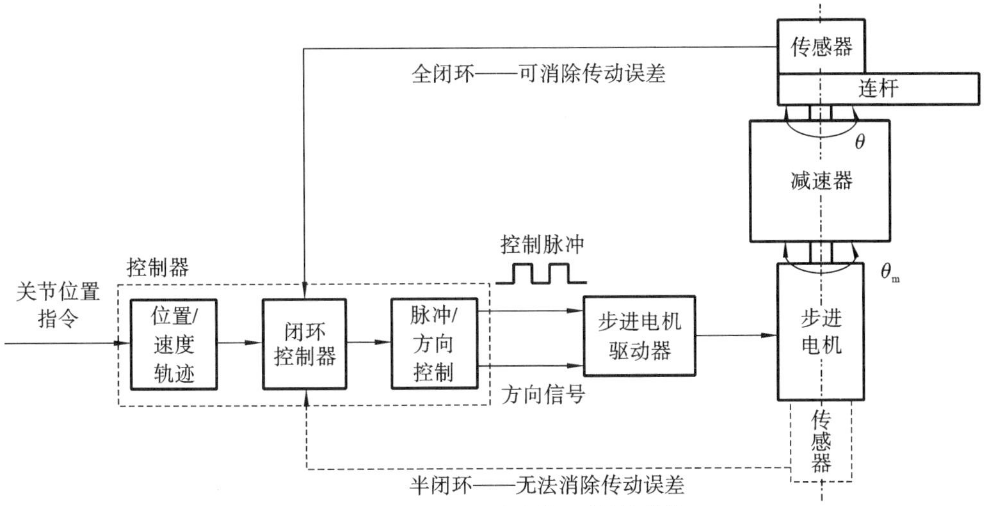

(a) 通过减速器驱动旋转关节

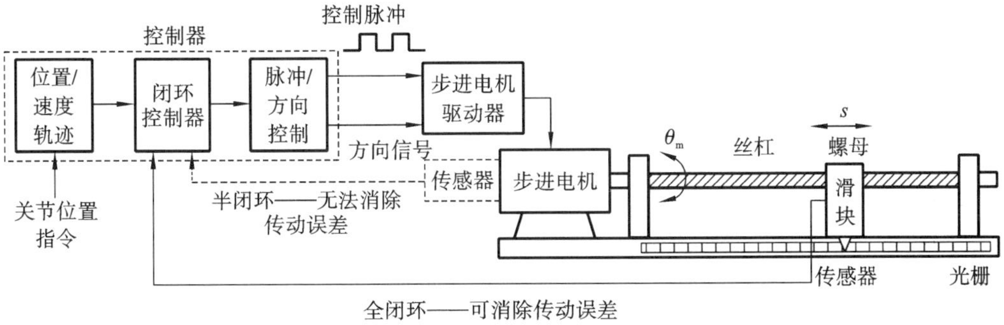

(b) 通过丝杠-螺母机构驱动直线关节

图 4.18　由步进电机构成的闭环位置控制系统

图 4.18 中的虚线表示在步进电机轴上安装角位移传感器，通过测量步进电机转角，构成位置闭环控制系统。这种**仅利用驱动电机转角反馈信号构成的闭环系统，称为半闭环位置伺服系统**。它只能消除步进电机的失步误差，而无法消除传动误差。

为了进一步消除传动误差，需要**在关节上安装位置传感器，根据关节位移信号构成全闭环位置伺服系统**，如图 4.18 中实线所示。其中，图 4.18(a)所示是在旋转关节上安装传感器，例如编码器或旋转变压器，直接测量关节角位移；图 4.18(b)所示是在移动关节的直线导轨侧面安装直线位移传感器,例如光栅传感器,直接测量滑块线位移。

在需要利用步进电机构成位置闭环伺服系统的场合,应尽量采用全闭环方案。

3. 加减速控制

机器人关节经常需要从一个位置运行到另一个位置,此时,步进电机将从静止启动,然后以特定的速度运行到终点位置再停止。在这一过程中,为了确保步进电机能够不失步地连续运行,需要进行加减速控制。常用的加减速脉冲频率-时间曲线如图 4.19 所示。

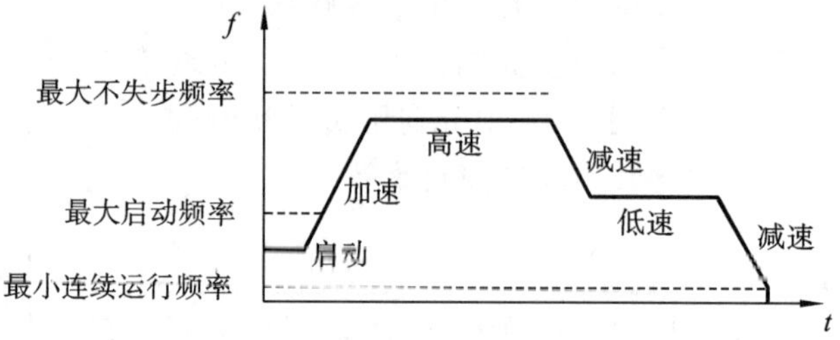

图 4.19 步进电机加减速控制时的脉冲频率-时间曲线

为实现不失步启动,且能直接进入连续运行状态,启动频率应介于“最小连续运行频率”与“最大启动频率”之间。为避免高速失步,连续运行的最高速度不能超出“最大不失步频率”。

在启动频率与高速运行频率之间,应设置一个加速区间,逐渐增加脉冲频率。频率的增量对应着步进电机的加速度。根据电机加速度可以计算出驱动负载加速所需的力矩,进而根据步进电机的矩频特性曲线,估算出在对应的速度上电机输出力矩能否满足加速需要。据此,可以确定不失步的最大加速度值和频率增量。如果不经过加速过程,从启动频率直接切换到最高运行频率,电机可能会因为驱动力矩不足而出现失步。

接近终点位置时,需要一个减速过程。如果控制器直接从高频脉冲输出切换到无脉冲输出,步进电机会因负载惯性力过大而过冲,失去定位精度。在减速区,可以简单地把加速度值作为减速度值使用。在减速过程中,当脉冲频率接近最小连续运行频率,且运动过程中的总脉冲数与指令位移要求的脉冲数相等时,可直接切断脉冲输出。

可见,在实施控制前,需要根据系统负载惯量、位移距离、运行时间、传动模型和步进电机性能指标,为控制器设计脉冲频率规划程序。该程序对应着图 4.17、图 4.18 中的“位置/速度轨迹”模块。程序生成的频率曲线应满足如下条件:

(1) 不失步;

(2) 连续运行;

(3) 总脉冲数与执行元件位移一致;

(4) 停止时不过冲;

(5) 尽量工作在高速区。

在实际使用中,常用线性加减速运动规律。为了更好地匹配步进电机的矩频特性,也可以采用近似指数的加减速规律,具体可参考步进电机产品说明书。

4. 步进电机的局限性

步进电机虽然控制方法简单,但是,受限于运行原理,步进电机的力矩可控性不好。当需要快速启停,或者负载转矩大幅度变化时,步进电机容易出现失步。

由机器人运动学和动力学知识可知,对于常见的关节式串联工业机器人,即便末端速度或负载变化不大，其关节速度和负载转矩也可能剧烈变化。因此，步进电机的应用仅限于关节负载稳定、速度变化小的机器人，例如各种直角坐标机器人，或者质量小、对精度和动态特性要求不高的关节式机器人，例如小型桌面教学型机器人。

在工业机器人中得到最广泛应用的是各种伺服电机。鉴于此，本书后续将不再讨论步进电机，而以伺服电机为核心介绍机器人的各种控制方法。

4.2　有刷直流永磁伺服电机及其驱动器

有刷直流永磁伺服电机结构简单、调速特性好、容易驱动，便于实现速度和力矩控制，同时易于建模。因此，它在机器人中得到了广泛应用，同时也被各种机器人控制算法作为被控对象来讨论。本节将详细讨论有刷直流永磁电机及其驱动器的工作原理和特性。

4.2.1　基本原理和结构

1. 基本原理

有刷直流电机是一种直流供电，利用电刷和换向器实现线圈电流换向的电机，也是最早得到工业应用的电机。有刷直流电机种类繁多，用途广泛。中小功率运动控制系统常采用永磁直流电机，以简化系统、减小尺寸和重量。有刷直流永磁电机的运行原理可以用图4.20所示模型表示。

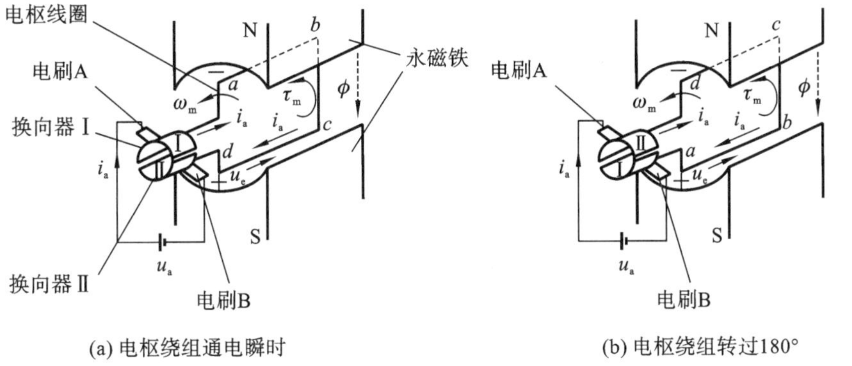

图 4.20　有刷直流永磁电机运行原理

在电机外壳内固定安装两个异极半圆形永磁铁，它们在圆柱形空腔内形成磁场。在它们中间放置一个电枢线圈，磁场穿过线圈，磁通为 Φ。电枢线圈的两个抽头分别与环形换向器Ⅰ和Ⅱ连接。换向器通常是铜质的接触片，固定在一个绝缘圆柱体上。换向器和线圈共同构成转子。转子由轴承支撑，可旋转（图中没有表示转轴和轴承）。两个换向器分别与电刷 A 和 B 接触，电刷连接在电机外壳上，不运动。当转子转动时，换向器与电刷之间存在相对滑动。电刷通常由导电性好、自润滑、耐磨的石墨材料制成。当电刷接通外部直流电源时，电枢电压 u_a 通过电刷和换向器作用在电枢线圈上，产生电枢电流 i_a。

假设在图 4.20(a)所示的瞬时，转子静止，电刷接通外部电源 u_a。此时，换向器Ⅰ与电刷 A 接触，换向器Ⅱ与电刷 B 接触，线圈中与磁场垂直的两个边 ab、cd 中产生电流，电流流向如图所示。根据左手定则可确定线圈所受电磁转矩 τ_m 的方向，图 4.20(a)中为逆时针。

此时，如果电磁转矩大于转子的负载转矩，线圈将加速旋转，旋转速度 ω_m 的方向与 τ_m 方向一致。线圈旋转切割磁力线，产生感应电动势 u_e，其方向与电枢电压 u_a 方向相反，将削弱电枢电流。

当电枢线圈从图 4.20(a)状态逆时针转过 180°，进入图 4.20(b)状态时，换向器Ⅱ与电刷 A 接触，换向器Ⅰ与电刷 B 接触。此时，线圈边 ab、cd 中的电流流向反向。但是，作为一个整体，线圈内的电流流向与磁场方向的关系并没有改变。因此，电磁转矩方向仍然保持逆时针，电枢线圈仍将逆时针转动。

因此，只要电枢电压 u_a 保持不变，电磁转矩的方向就不变。随着转子转速的增大，感应电动势 u_e 将增大，导致电枢电流降低，电磁转矩随之降低，并最终与负载转矩平衡。此后，转子将以恒定速度稳定运转。改变电枢电压 u_a 的方向，转子将反向旋转。

2. 电机结构

不同类型的有刷直流永磁电机运行原理相同，但是结构却不同。空心杯转子有刷直流永磁电机因其转子惯量小、响应速度快、力矩-质量比大等优点，在对控制性能要求高的机器人中得到了广泛应用。因此，这里仅介绍空心杯转子有刷直流永磁电机的结构和特点。

空心杯转子有刷直流永磁电机的结构如图 4.21 所示。它的最大特点就是采用了空心杯形状的转子电枢。空心杯转子内部没有铁芯，而采用印制绕组，或者把绕组绕制成沿圆周轴向排列的空心杯形，再用环氧树脂固化成形。空心杯转子与铁芯转子的对比如图 4.22 所示。

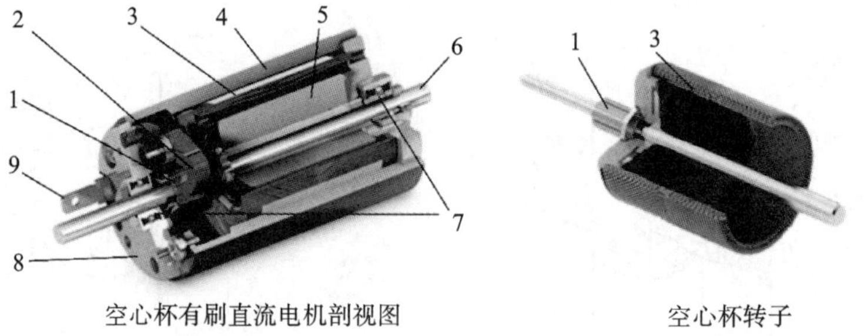

图 4.21　空心杯转子有刷直流永磁电机的结构

1—换向器　2—电刷　3—空心杯电枢　4—外定子　5—内定子　6—转轴　7—轴承　8—端盖　9—接头

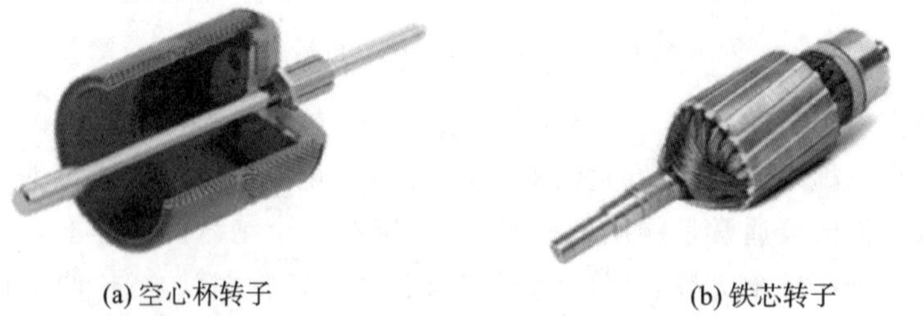

图 4.22　空心杯转子与铁芯转子对比

空心杯转子一般包含多个绕组，每个绕组有两个抽头，连接在环形换向器的两个对侧触片上。空心杯绕组与换向器和电机轴被制成一个整体，由轴承支撑在电机外壳和端盖上，构成完整的转子。安装在电机端盖上的两个电刷，被弹簧压在换向器的对侧触片上。电机尾部端盖外露的两个电枢接头通过导线与电刷连接。这样，连接到电枢接头上的直流电压，将通过导线、电刷和换向器触片施加到转子电枢绕组上。

空心杯电机的定子由外定子和内定子两部分构成，有两种形式。一种形式用于外磁场空心杯电机，它的外定子采用两个瓦片状的异极永磁铁，内定子采用可减小磁阻的软磁材料。另一种形式用于内磁场空心杯电机，其内定子采用永磁铁，而外定子采用软磁材料。这样，空心杯电机的电枢绕组始终处于均匀磁场中，结合转子的多绕组结构，能有效减小转子旋转时的电磁转矩波动。

空心杯转子电机的上述结构特征，使其具有以下优点：

(1) 极低的惯量。由于转子无铁芯，且绕组为薄壁细长结构，因此其转动惯量比常规铁芯转子电机低一个数量级。

(2) 灵敏度高。因为空心杯转子绕组的散热条件好，定子永磁铁体积大，气隙磁通密度大，所以力矩大。大力矩和小惯量的特点，使其时间常数很小、灵敏度高、快速性好。

(3) 力矩波动小，低速转动平稳，噪声很小。这得益于空心杯绕组分布均匀，不存在齿槽效应，故而力矩传递均匀、波动小、运行噪声小、低速运转平稳。

(4) 换向性能好，寿命长。由于无铁芯，换向元件电感很小，几乎不产生火花，换向性能好，大大提高了电机寿命，也减小了电磁辐射。

(5) 损耗小，效率高。转子中没有磁滞和涡流造成的铁芯损耗，所以效率较高。

4.2.2　直流伺服电机的特性

图 4.23 是直流伺服电机的电气模型和动力学模型示意图。与电机特性相关的常量包括：电枢电阻 R_a，电枢电感 L_a，转子惯量 I_r，转子阻尼 B_r，转矩常数 K_a，感应电动势常数 K_e。与电机运行特性相关的变量包括：电枢电压 u_a，电枢电流 i_a，感应电动势 u_e，转子角速度和角加速度 ω_m、ε_m，电磁转矩 τ_m，电机负载转矩 τ_{md}。下面，将在图 4.23 所示模型的基础上分析直流伺服电机的运行特性。

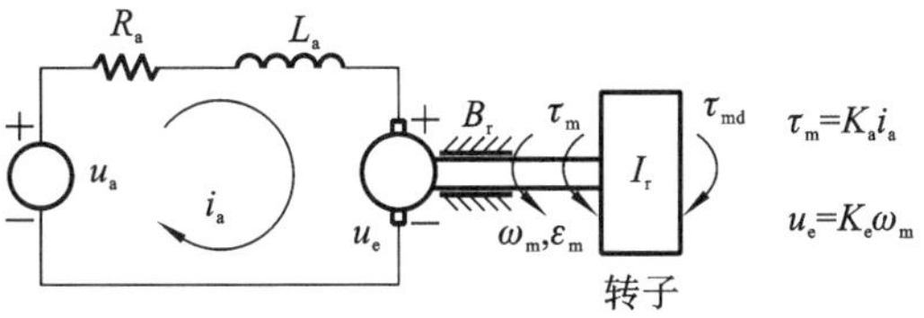

图 4.23　直流伺服电机的简化模型

1. 静态特性

静态特性是指当电机转子处于受力平衡状态时的运行特性。此时，电枢电流 i_a 和电磁转矩 τ_m 均稳定，电机以角速度 ω_m 稳定运行，各物理量之间存在以下关系

$$u_a = R_a i_a + u_e \tag{4.9}$$

$$\tau_m = B_r\omega_m + \tau_{md} \tag{4.10}$$

直流电机的电磁转矩和感应电动势可按下式计算

$$\tau_m = K_a i_a \tag{4.11}$$

$$u_e = K_e\omega_m \tag{4.12}$$

式中：K_a 是转矩常数(N·m/A)；K_e 是感应电动势常数(V·s/rad)。这两个参数都与电机磁场磁通 Φ 成正比。永磁直流电机的磁通 Φ 近似为常数，所以 K_a 和 K_e 也为常数。

根据式(4.9)至式(4.12)，可得稳定状态下电机转速 ω_m 与电枢电压 u_a 和负载转矩 τ_{md}

的关系

$$\omega_m = \frac{K_a}{K_e K_a + R_a B_r} u_a - \frac{R_a}{K_e K_a + R_a B_r} \tau_{md} \tag{4.13}$$

令 $\omega_0 = \frac{K_a}{K_e K_a + R_a B_r} u_a$，$k = \frac{R_a}{K_e K_a + R_a B_r}$，其中，$\omega_0$ 为指定电枢电压 u_a 下，电机的**空载转速**，k 为**电机机械特性常数**。

据此，式(4.13)可以简写为

$$\omega_m = \omega_0 - k\tau_{md} \tag{4.14}$$

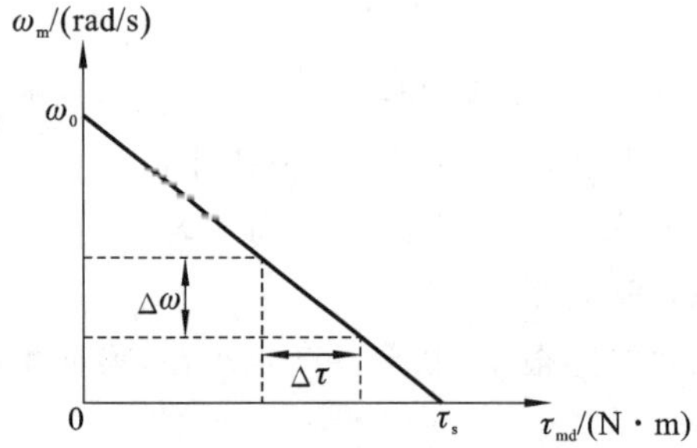

图 4.24　永磁直流伺服电机的机械特性曲线

可见，当电枢电压 u_a **恒定**时，电机转速 ω_m 与负载转矩 τ_{md} 的关系为直线关系。两者关系可用图 4.24 所示的直流伺服电机机械特性曲线表示。

根据式(4.14)和图 4.24，可总结出永磁直流伺服电机的静态特性。

1）机械特性

机械特性是指电枢电压恒定时，电机转速与负载之间的关系。它反映了负载波动时，电机转速的稳定性。

电枢电压恒定时，直流伺服电机的转速随负载转矩增大而线性减小，可用转速-负载曲线表示。感应电动势常数 K_e 和转矩常数 K_a 越大，电机机械特性常数 k 越小，负载波动时，转速变化越小，电机机械特性越硬。好的伺服电机应该有较硬的机械特性。为避免大的感应电动势，电机设计时要求 K_e 小，而 K_a 尽量大。

当负载转矩 $\tau_{md}=0$ 时，电机空载转速 ω_0 与电枢电压 u_a 成正比。如果忽略电机内阻尼，则 ω_0 与感应电动势常数 K_e 成反比。为了获得较高的空载转速，也要求 K_e 越小越好。

当负载增大，直至电机转速 $\omega_m=0$ 时，对应的负载转矩为电机**堵转转矩** τ_s。此时，电磁转矩全部用来平衡负载，即 $\tau_s=\tau_m$。因为转速为零，所以堵转转矩 $\tau_s=K_a \cdot u_a/R_a$，τ_s 与电枢电压 u_a 成正比。额定电压下的堵转转矩越大，电机启动能力越强、加速性能越好。但是，在堵转状态下，由于没有感应电动势，电枢电阻又很小(1 Ω 左右)，会导致很大的堵转电流。因此，**伺服电机一般不能长时间工作在堵转状态，以避免过热损坏**。不过，**当电枢电压较小时，伺服电机可以断续地工作在堵转状态**。

电枢电压 u_a 取不同的值，电机的机械特性不同，表现为一系列的平行直线，如图 4.25所示。这说明，在不同的电枢电压下，电机的空载转速不同，堵转转矩不同，但是，机械特性常数相同。

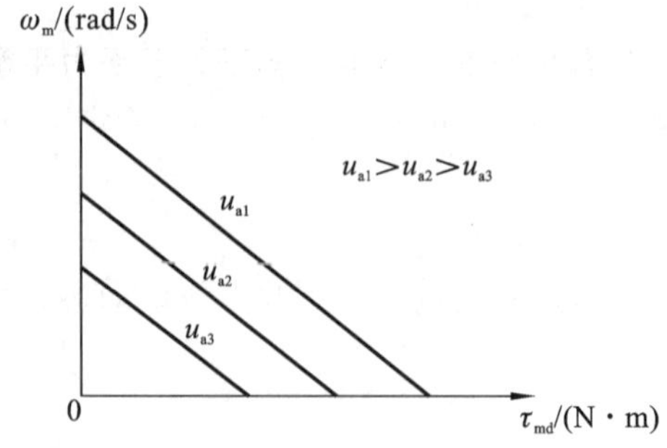

图 4.25　不同电枢电压下电机的机械特性曲线

当电枢电压 u_a 取**额定电压** u_{ar} 时，得到电机额定工况下的机械特性曲线。在额定工况下，可以得到一系列重要的性能参数。

(1) 额定堵转转矩。

当负载转矩 τ_{md} 逐渐增大，直至 $\omega_m=0$ 时，得到额定堵转转矩 $\tau_s=u_{ar} \cdot K_a/R_a$。一般而

言，这也是电机能输出的最大堵转转矩或最大启动转矩。

(2) 额定堵转电流。

额定堵转转矩对应的电枢电流称为电机的额定堵转电流，$i_{as}=u_{ar}/R_a$。额定堵转电流一般很大，普通的直流伺服电机不能长时间工作在额定堵转电流下。

(3) 额定空载转速。

当负载转矩 $\tau_{md}=0$ 时，电机转速 $\omega_m=u_{ar}/K_e$，称为电机的额定空载转速。这是电机正常运转时能够达到的最高转速。

(4) 额定转矩。

在额定电压下，电机能够长时间运转且能连续输出的最高转矩，称为电机的额定转矩 τ_r。直流伺服电机的额定转矩远小于额定堵转转矩，两者通常相差一个数量级。

(5) 额定转速。

在额定电压 u_{ar} 和额定转矩 τ_r 作用下，电机的转速称为额定转速 ω_{mr}。

2) 调节特性

调节特性是指在电机负载不变的情况下，电枢电压与转速的关系。它反映了电机转速对电枢电压变化的响应能力。

负载不变时，电机的稳定转速随电枢电压的增大而线性增加，可用转速-电压曲线表示。不同负载下的电机转速-电压曲线表现为一系列的斜直线，如图 4.26 所示。

图 4.26 中直线的斜率为 $\dfrac{K_a}{K_eK_a+R_aB_r}$，如果忽略转子阻尼 B_r，则该斜率就是电机的感应电动势常数 K_e 的倒数。因此，在有些电机的产品手册中，也把 $1/K_e$ 称为**转速电压系数**。

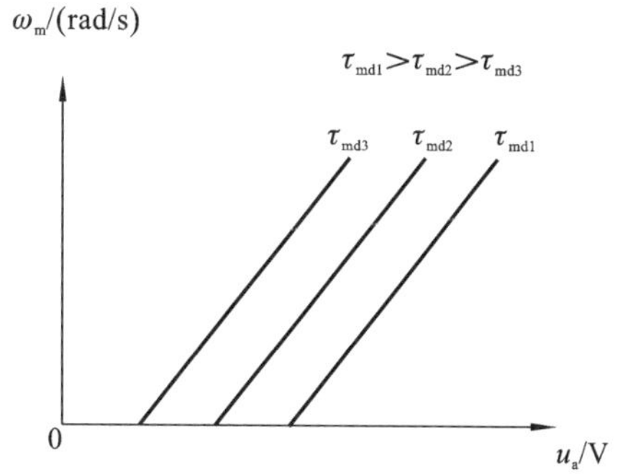

图 4.26　不同负载下电机的调节特性曲线

调节特性曲线与横轴交点不过零点，对应的零速电压值是电机的负载启动电压。这说明，如果有外力阻止电机转动，当电枢电压产生的电磁转矩不足以克服外阻力时，电机将堵转。只有当电磁转矩超过负载转矩时，电机才会转动，并最终稳定在与电枢电压对应的转速上。

上述分析表明，直流伺服电机的机械特性曲线和调节曲线都是直线。这是直流伺服电机相对于自控式永磁同步电机的一大优势。

2. 动态特性

动态过程是指电机启动、制动、调速和运行时，由于电枢电压或负载变化，电机从一种稳定状态变化到另一种稳定状态的过渡过程。在动态过程中，电机的电流、转速和转矩都会随时间变化。这种变化特性就是电机的动态特性。

对于伺服电机，最重要的动态特性就是电压-转速特性，因为伺服电机一般都通过调节电枢电压来控制转速。下面，先以负载不变、电枢电压下降的情况为例，定性讨论电机转速的变化过程。

如图 4.27 所示，假定电机在负载转矩 τ_{md1} 和电枢电压 u_{a1} 的作用下，稳定运行于转速 ω_{m1}，此时，电机运行在机械特性曲线 Ⅰ 上。假设把电枢电压瞬间下调到 u_{a2}，电压变化时间

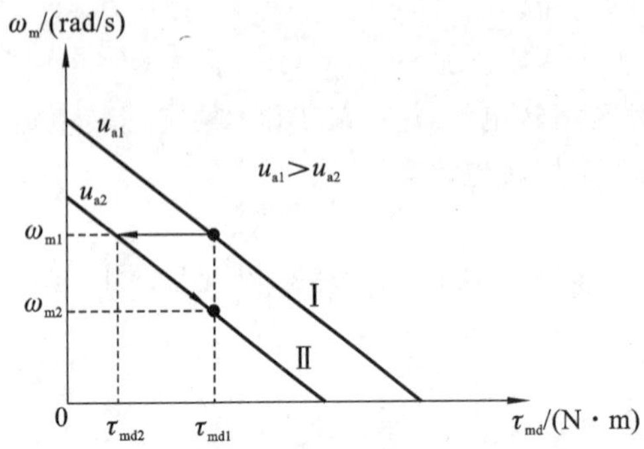

图 4.27　直流电机降压调速时的机械特性曲线

可忽略不计。由于电机转子是一个惯性系统，其转速不可能突变。因此，电机转速在电枢电压变化的瞬间保持不变，但是，此时电机的机械特性曲线变为了曲线Ⅱ。由于负载转矩 τ_{md1} 不变，从曲线Ⅱ上可以看到，电机输出转矩 $\tau_{md2}<\tau_{md1}$。因此，电机转速将沿曲线Ⅱ下降。转速下降意味着感应电动势减小，电枢电流增大，于是，电机输出转矩随之升高。当 $\tau_{md2}=\tau_{md1}$ 时，电机进入新的稳定运行状态，但是，电机转速变为 ω_{m2}，小于 ω_{m1}。

若电枢电压瞬时升高，则电机转速将逐渐升高，并最终稳定在一个高转速上。

可见，当直流伺服电机的电枢电压变化时，经过一个动态调整过程，它能够自行稳定在一个新的转速上运行。

电机动态特性中的转矩-转速特性也比较重要，它反映了系统在扰动力矩下的转速变化情况。

当电枢电压不变，而负载变化时，根据图 4.26 也可以进行类似分析，进而得出如下结论：负载瞬时变大，电机运行在新的调节特性曲线上，电机转速沿新的调节特性曲线逐渐下降，而电机输出转矩则逐渐升高，直至电机输出转矩与负载平衡，电机在一个新的较低转速上稳定运行；若负载瞬时变小，则电机转速升高，最终稳定在一个高转速上。

经过上述分析可以发现，**直流伺服电机本身是一个自稳定系统，不会因为电压和负载的波动而失稳。**

为了精确描述电机的调速特性，需要建立其微分方程。根据电学知识，可得电机的电气模型

$$u_a = L_a\dot{i}_a + R_a i_a + u_e \tag{4.15}$$

根据力学知识，可得电机的动力学模型

$$\tau_m = I_r\dot{\omega}_m + B_r\omega_m + \tau_{md} \tag{4.16}$$

式中：电磁转矩 $\tau_m = K_a i_a$；感应电动势 $u_e = K_e\omega_m$。

对微分方程进行拉普拉斯变换得

$$I_a(s) = \frac{1}{R_a + L_a s}[U_a(s) - U_e(s)] \tag{4.17}$$

$$\Omega_m(s) = \frac{1}{B_r + I_r s}[\tau_m(s) - \tau_{md}(s)] \tag{4.18}$$

$$\tau_m(s) = K_a I_a(s) \tag{4.19}$$

$$U_e(s) = K_e\Omega_m(s) \tag{4.20}$$

根据惯例，用大写字母表示各系统变量的复变量，但是，力矩变量仍用字母 τ 表示，以区别于时间常数 T。

根据式(4.17)至式(4.20)，可得电枢电压与转速关系的动态图，如图 4.28 所示。

据此，可得转速与电枢电压和负载转矩之间的关系

$$\Omega_m(s) = \frac{1}{(R_a + L_a s)(B_r + I_r s) + K_a K_e}[K_a U_a(s) - (R_a + L_a s)\tau_{md}(s)] \tag{4.21}$$

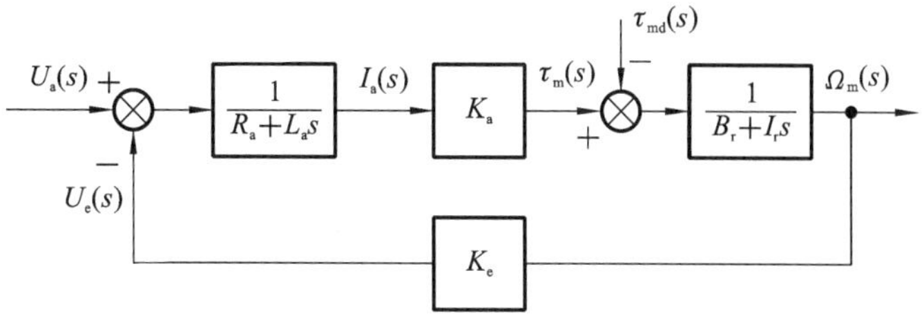

图 4.28　直流伺服电机的电压-转速动态图

如果转子阻尼 B_r 很小，则可令 $B_r=0$；电枢电感很小，也可忽略，$L_a=0$。于是，式(4.21)可简化为

$$\Omega_m(s)=\frac{1/K_e}{T_m s+1}\left[U_a(s)-\frac{R_a}{K_a}\tau_{md}(s)\right] \tag{4.22}$$

式中：$T_m=\dfrac{R_a I_r}{K_a K_e}$，称为电机的**机电时间常数**。

假定电机在电枢电压 u_{a0} 作用下以角速度 ω_{m0} 稳定运行，负载转矩 τ_{md} 为常数。在 $t=0$ 时刻，电枢电压瞬时变化到 u_{a1}，则反映电机转速 ω_m 动态变化过程的时域表达式为

$$\omega_m(t)=\frac{1}{K_e}\left(u_{a1}-\frac{R_a}{K_a}\tau_{md}-\Delta u_a e^{-\frac{t}{T_m}}\right) \tag{4.23}$$

其中，$\Delta u_a=u_{a1}-u_{a0}$，为电压阶跃值。

式(4.23)可以通过对式(4.22)进行拉普拉斯反变换，或者直接求解微分方程得到。

【例 4-1】 利用微分方程求解法，推导电机在阶跃电枢电压和恒定负载作用下的速度时间函数。

解　如果忽略电枢电感 L_a 和转子阻尼 B_r，则电机的电气模型和动力学模型可简化为

$$R_a i_a+u_e=u_a$$
$$I_r\dot{\omega}_m(t)=\tau_m-\tau_{md}$$
$$u_e=K_e\omega_m$$
$$\tau_m=K_a i_a$$

可得电机转速的微分方程

$$\dot{\omega}_m(t)+\frac{K_aK_e}{I_rR_a}\omega_m(t)=\frac{K_a}{I_rR_a}u_a(t)-\frac{1}{I_r}\tau_{md}$$

其中，$u_a(t)=\begin{cases}u_{a0}, & t=0\\ u_{a1}, & t>0\end{cases}$。

对于一阶非齐次微分方程

$$\dot{x}(t)+P(t)x(t)=Q(t)$$

其求解公式为

$$x(t)=Ce^{-\int P(t)dt}+e^{-\int P(t)dt}\int Q(t)e^{\int P(t)dt}dt$$

其中，C 为常数，由初始条件决定。

根据电机转速微分方程

$$P(t)=\frac{K_a K_e}{I_r R_a},\quad Q(t)=\frac{K_a}{I_r R_a}u_a(t)-\frac{1}{I_r}\tau_{md}$$

得

$$e^{-\int P(t)dt}=e^{-\int\frac{K_aK_e}{I_rR_a}dt}=e^{-\frac{t}{T_m}}$$

$$\int Q(t)e^{\int P(t)dt}dt=\int\left(\frac{K_a}{I_rR_a}u_{a1}-\frac{1}{I_r}\tau_{md}\right)e^{\frac{t}{T_m}}dt=\frac{1}{K_e}\left(u_{a1}-\frac{R_a}{K_a}\tau_{md}\right)e^{\frac{t}{T_m}}$$

其中，$T_m=\dfrac{R_aI_r}{K_aK_e}$ 为电机的机电时间常数。

于是，可得

$$\begin{aligned}\omega_m(t)&=Ce^{-\frac{t}{T_m}}+e^{-\frac{t}{T_m}}\frac{1}{K_e}\left(u_{a1}-\frac{R_a}{K_a}\tau_{md}\right)e^{\frac{t}{T_m}}\\&=Ce^{-\frac{t}{T_m}}+\frac{1}{K_e}\left(u_{a1}-\frac{R_a}{K_a}\tau_{md}\right)\end{aligned}$$

根据初始条件，可知，当 $t=0$ 时

$$\omega_m(0)=C+\frac{1}{K_e}\left(u_{a1}-\frac{R_a}{K_a}\tau_{md}\right)$$

根据电机的静态方程式(4.13)，令 $B_r=0$，可得

$$\omega_m(0)=\frac{1}{K_e}\left(u_{a0}-\frac{R_a}{K_a}\tau_{md}\right)$$

联立上述两式，得

$$C=-\frac{1}{K_e}(u_{a1}-u_{a0})$$

于是，当电枢电压从 u_{a0} 阶跃跳变到 u_{a1} 时，电机转速的时间函数为

$$\omega_m(t)=\frac{1}{K_e}\left(u_{a1}-\frac{R_a}{K_a}\tau_{md}-\Delta u_a e^{-\frac{t}{T_m}}\right)$$

其中，$\Delta u_a=u_{a1}-u_{a0}$ 为电压阶跃值。

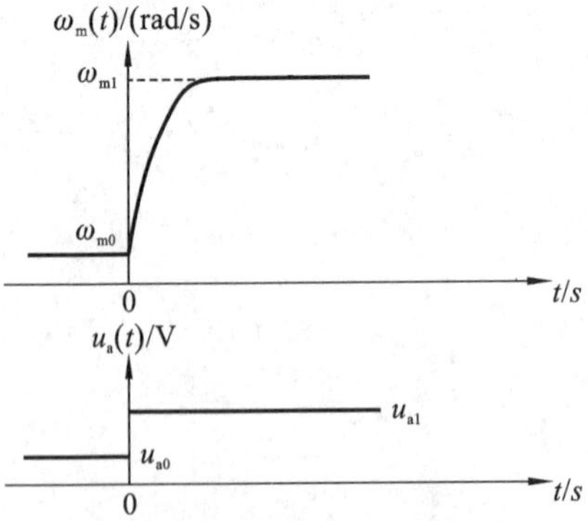

图 4.29　电枢电压阶跃升高时的电机转速响应曲线

由式(4.23)可得阶跃电压作用下的电机转速响应曲线，如图 4.29 所示。可见，电机转速以负指数规律上升，最后稳定在新的转速上。

当负载转矩 $\tau_{md}=0$，电机在电枢电压 u_a 作用下从零速启动时，式(4.23)可简化为

$$\omega_m(t)=\frac{u_a}{K_e}(1-e^{-\frac{t}{T_m}})\tag{4.24}$$

根据式(4.24)可知，当时间 $t=\infty$ 时，$\omega_{max}=\dfrac{u_a}{K_e}$，是电机在电压 u_a 作用下的空载稳定转速和最高转速。当 $t=T_m$ 时，电机转速 $\omega_m=63\%\omega_{max}$，因此，$T_m$ **是空载时电机在阶跃信号作用下的上升时间**。当 $t=3T_m$ 时，电机转速 $\omega_m=95\%\omega_{max}$，可以认为电机已进入稳态运行状态，因此，$3T_m$ **是电机的空载稳定时间**。

可见，机电时间常数反映了电机转速对电枢电压变化的响应时间。在控制系统中，电枢电压由控制信号决定，所以，T_m 越小，电机对控制信号的响应越迅速。这是机器人这一类高

精度、高动态运动控制系统对电机的基本要求。根据机电时间常数的定义 $T_m = \dfrac{R_a I_r}{K_a K_e}$ 可知，要获得小的 T_m，必须尽量减小电机转子惯量和电枢电阻，而尽量增大磁场磁通。伺服电机区别于普通电机的一个重要标志就是其具有小的机电时间常数。

下面以一个真实的有刷直流伺服电机为例，利用式(4.24)考察其空载速度响应。

【例 4-2】 表 4.1 给出了一个空心杯永磁有刷伺服电机的性能参数，当电枢电压分别取 u_a=12 V、24 V 时，试利用 MATLAB 仿真，得到该电机空载状态下，从零速启动的速度响应曲线和电枢电流曲线。

表 4.1　某有刷直流伺服电机的主要性能参数

项　目	符　号	取　值	单　位
额定电压	u_r	24	V
额定转速	ω_r	258	rad/s
额定转矩	τ_r	8.82×10^{-2}	N·m
额定电流	i_r	1.09	A
电枢电阻	R_a	2.49	Ω
电枢电感	L_a	6.10×10^{-4}	H
转矩常数	K_a	8.22×10^{-2}	(N·m)/A
感应电动势常数	K_e	8.24×10^{-2}	V·s/rad
转子惯量	I_r	1.19×10^{-5}	kg·m²
转子阻尼	B_r	4.10×10^{-4}	(N·m)/(rad/s)

解　根据式(4.11)、式(4.12)、式(4.15)和式(4.16)，在 MATLAB 中用 SIMULINK 或编程仿真计算，获得电机空载零速启动时的速度响应曲线和电流曲线，如图 4.30 所示。

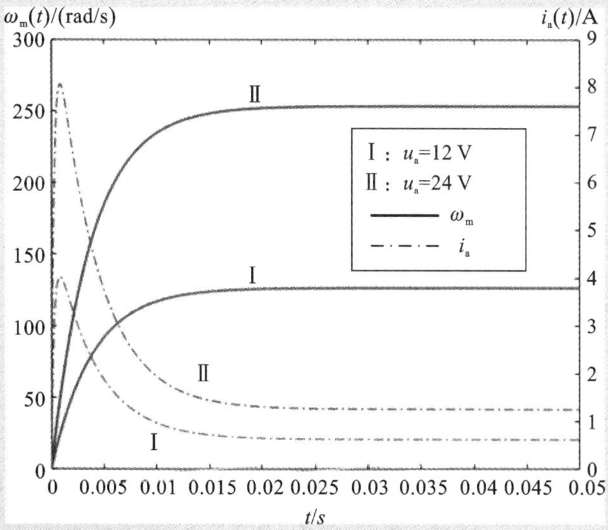

图 4.30　电机空载零速启动时的速度响应曲线和电流曲线

扫码下载
仿真例程

提示

仿真例程中，对于电机模型中的两个一阶惯性环节，需要用到其离散化形式。对于一个一阶惯性环节，假设其传递函数为

$$G(s)=\frac{Y(s)}{X(s)}=\frac{1}{As+1}$$

则

$$A\cdot sY(s)+Y(s)=X(s)$$

对上式进行拉普拉斯反变换，得系统微分方程

$$A\frac{\mathrm{d}y(t)}{\mathrm{d}t}+y(t)=x(t)$$

假设时间步长为 T，则微分的后向一阶差分为

$$\frac{\mathrm{d}y(t)}{\mathrm{d}t}\bigg|_{t=nT}=\frac{y[nT]-y[(n-1)T]}{T}$$

于是，可得一阶惯性环节的离散化差分方程

$$y[nT]=\frac{A}{A+T}y[(n-1)T]+\frac{T}{A+T}x[nT]$$

从图 4.30 可以看到，电机转速有一个明显的动态上升过程。在 0.01 s 时，电机基本达到稳定运行速度，电枢电压越高，电机的稳定运行速度越高，但是，稳定时间与电枢电压的阶跃值无关。此外，还可观察到，在启动瞬间电机电枢电流有明显的跃升，之后，随着电机运行速度的升高，迅速下降到很小的值。这是由于：启动瞬间的电机转速为零，感应电动势也为零，此时，仅绕组电感和电阻对电流有限制作用，而伺服电机的电阻和电感又很小，故电机的启动电流很大；随着电机转速的升高，感应电动势也升高，从而电流迅速下降。由于有刷直流伺服电机的转矩与电流成正比，启动电流大也意味着启动转矩大，因此，有刷直流伺服电机具有很好的快速启动能力。

表 4.2 总结了直流永磁伺服电机的主要性能参数，在电机选型和分析系统控制性能时，需要仔细核对电机产品说明书中的这些参数，确认是否满足需要。

表 4.2　直流永磁伺服电机的主要性能参数

项目	名　称		常用单位	定义和说明
1	额定值	额定电压	V	电机最佳工作状态下的电枢电压
2		额定转矩	mN·m	额定电压下，电机能够持续运转，并连续输出的最高转矩
3		额定转速	r/min	额定电压和额定转矩下的电机转速
4		额定电流	mA	额定电压和额定转矩下的电枢电流
5		堵转转矩	mN·m	额定电压下，电机堵转时的转矩，也是电机的最大转矩，电机不能长时间工作在此状态
6		堵转电流	mA	额定电压下，电机堵转时的电枢电流
7		空载转速	r/min	负载为零时，额定电压下的电机最高转速，越大越好
8		空载电流	mA	负载为零时，额定电压下的电枢电流，越小越好
9		最大效率	W	额定电压下的最大效率

续表

项目	名　称	常用单位	定义和说明
10	电枢电阻	Ω	伺服电机的电枢电阻通常小于 5 Ω
11	电枢电感	mH	伺服电机的电枢电感通常小于 0.1 mH
12	转矩常数	mN · m/A	重要参数,可据此计算电机在任意电压下的堵转转矩
13	转速常数	r/(min · V)	重要参数,是感应电动势常数的倒数,可以据此计算任意转速下的电机感应电动势
14	转速/转矩斜率	(r/min)/(mN · m)	电压不变时,转速随负载转矩变化的程度
15	机电时间常数	ms	反映了电机的动态特性,越小越好,伺服电机的机电时间常数通常不大于 10 ms
16	转子惯量	g · cm^2	越小越好

4.2.3　有刷直流伺服电机的驱动

机器人利用运动控制器执行控制算法、输出控制信号,实现对伺服电机的控制。这些控制信号通常是小功率信号。这样的小功率信号必须经过功率放大,才能驱动伺服电机运转。完成功率放大和电机驱动的器件称为**电机驱动器**(motor driver)。如果驱动器内部仅有功率放大电路,单纯地对控制信号进行功率放大,则其又被称为**放大器**(amplifier)。有刷直流伺服电机常用的放大器有**开关型放大器**(switching amplifier)和**线性放大器**(linear amplifier)两类。

PWM 放大器是应用最为广泛的开关型放大器。由于开关型放大器把控制电压 u_c 等比例地放大为电枢电压 u_a,可以被视为一个**电压增益**(voltage gain)环节,所以在本书中称其为**电压型放大器**。

线性放大器则是一个电压-电流转换器件,它把控制信号 u_c 等比例地变换为电枢电流 i_a,可以视为一个**跨导增益**(transconductance gain)环节。

在商用领域,放大器是一种独立器件。如果用户利用放大器构成电机闭环控制系统,就需要自行搭建闭环控制器。为便于用户使用,市场上还有一类驱动器,其内部不仅包含了放大器,还内置了电流、速度和位置闭环控制器,它们被称为**伺服驱动器**(servo driver)。多数伺服驱动器的功率放大电路采用了 PWM 放大器。不过,其内部的电流控制器与 PWM 放大器共同构成了 PWM 电流闭环放大器,也实现了从控制电压到电机电枢电流的线性变换。从控制模型的角度看,PWM 电流闭环放大器的效果等效于一个线性放大器。因此,本书将伺服驱动器内部的电流闭环控制和驱动环节,视为与线性放大器类似的跨导增益,来进行建模和分析。这一类把控制电压线性变换为电枢电流的放大器,本书统称为**电流型放大器**。

综上所述,**对控制器输出的控制电压进行功率放大的放大器,可以分为电压型放大器和电流型放大器两类,它们分别把控制电压线性变换为电枢电压和电枢电流**。两类放大器对控制信号的转换作用不同,使得电机对控制信号的响应也不同。因此,需要把放大器和电机作为一个完整的被控对象进行建模。了解放大器工作原理,有利于建立放大器和电机的控制模型。

1. 电压型放大器——PWM 放大器

电压型放大器常用的调压技术包括：脉宽调制技术、脉冲频率调制技术和可控硅整流技术。目前，有刷直流伺服电机的开关型放大器，多采用**脉宽调制**（pulse width modulation，PWM）放大电路来实现，简称为 PWM 放大器。

PWM 放大器主要有两个部分：PWM 信号发生器、由 4 个金属-氧化物半导体场效应晶体管（metal-oxide-semiconductor field effect transistor，MOSFET，简称 MOS 管）构成的 H 桥放大电路。PWM 放大器的原理如图 4.31 所示，注意，图中“电机绕组”不属于放大器的组成部分。

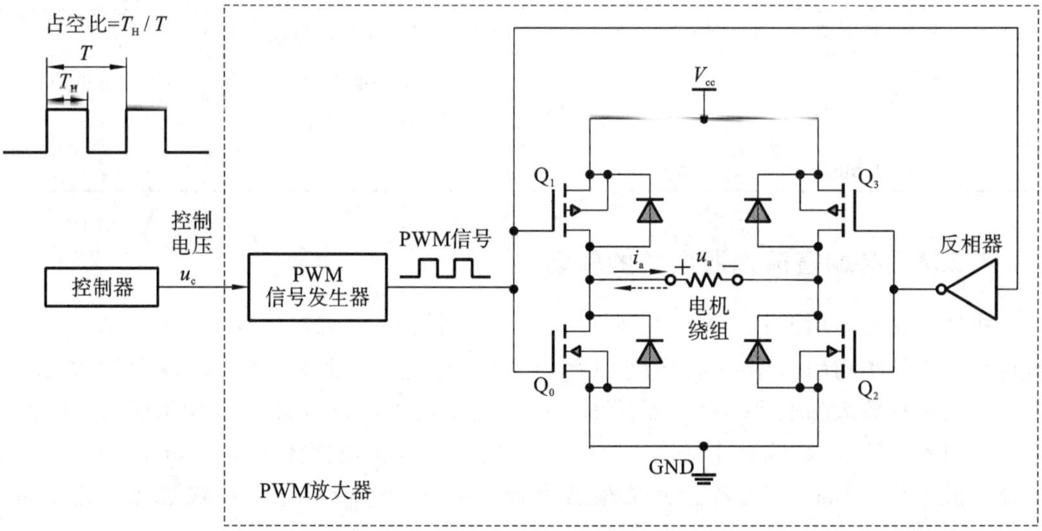

图 4.31　PWM 放大器原理

图 4.31 中假定控制器输出的控制电压 u_c 为模拟电压，其范围为$[-U_A, +U_A]$。U_A 是驱动器可接收的最大电压幅值。如果控制器输出的控制电压幅值大于 U_A，则放大器将把输入钳制为 U_A，这种情况称为**输入饱和。在整定控制器参数时，应注意不要出现饱和现象。**因为，一旦出现饱和，电机电枢电压将等于最大功率电压 V_{cc}，电机以最高转速运行，此时，大于 U_A 的控制电压 u_c 无意义，这意味着控制算法失效。

PWM 信号是一种周期 T 固定，但高电平时长 T_H 可调的方波信号。电机驱动电路的 PWM 信号频率通常为 1～20 kHz。电机电感越小，PWM 信号的频率应越高。PWM 信号的高电平时长与其周期之比 T_H/T 称为**占空比**（duty ratio）。

PWM 信号发生器的输入为控制信号 u_c，输出为占空比 T_H/T 与 u_c 成正比的 PWM 信号。例如，当 $u_c=+U_A$ 时，$T_H/T=1$，PWM 信号为全高电平信号；当 $u_c=-U_A$ 时，$T_H/T=0$，PWM 信号为全低电平信号；当 $u_c=0$ V 时，$T_H/T=0.5$，PWM 信号为高低电平等宽的方波。

有刷电机的全 H 桥电路由四个 MOS 管构成。各 MOS 管的通断由 PWM 信号控制。连接功率电源 V_{cc} 的两个上桥臂 Q_1 和 Q_3 通常为 P 沟道型 MOS 管，连接功率地 GND 的 Q_0 和 Q_2 为 N 沟道型 MOS 管。在一个反相器的作用下，左右桥臂接收的 PWM 电平相反。于是，在任一时刻，H 桥电路的斜对侧桥臂将同时接通和断开。

当 Q_1 和 Q_2 接通时，电机电枢左侧与 V_{cc} 连通，右侧与 GND 连通，电枢瞬时电压 $u_a=$

$+V_{cc}$；当 Q_0 和 Q_3 接通时，电枢右侧与 V_{cc} 连通，左侧与 GND 连通，电枢瞬时电压 $u_a=-V_{cc}$。在 PWM 信号作用下，两对桥臂快速通断。在宏观上，平均电枢电压 u_a 与 PWM 信号的占空比和控制电压 u_c 成正比。由于电枢电感对电流变化具有抑制作用，因此，电机电流并不会随着高频 PWM 信号的变化而快速改变方向，而会沿着平均电枢电压 u_a 的方向流动，进而决定了电机输出转矩、转速的大小和方向。

例如，当 $u_c=+U_A$、$T_H/T=1$ 时，$u_a=+V_{cc}$，电机全速正转；当 $u_c=-U_A$、$T_H/T=0$ 时，$u_a=-V_{cc}$，电机全速反转；当 $u_c=0$ V、$T_H/T=0.5$ 时，$u_a=0$，电机停止；当 $u_c=+0.5U_A$、$T_H/T=0.75$ 时，$u_a=+0.5V_{cc}$，电机以半速正转。

可见，PWM 放大器把控制电压 u_c 等比例地转换成了电枢电压 u_a。此转换关系为

$$u_a = K_u u_c \tag{4.25}$$

式中：$K_u=V_{cc}/U_A$，称为 PWM 放大器的**电压增益**或**放大系数**，无量纲。

PWM 放大器的电压增益并不必然大于 1。但是，由于 MOS 管允许通过大电流，因此 PWM 放大器可成功地对小功率控制信号 u_c 进行功率放大，转换成可驱动电机旋转的大功率信号 u_a。

从控制器的角度看，PWM 放大器的作用仅表现为一个电压增益环节，因此，可以用图 4.32 所示的简化模型表示。

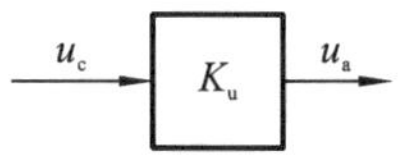

图 4.32　PWM 放大器的电压增益模型

根据有刷直流伺服电机的机械特性可知，由 PWM 放大器驱动的伺服电机，如果电机负载转矩不变，当控制电压 u_c 变化时，电机的稳定转速 ω_m 将跟随 u_c 线性变化。此时，控制信号 u_c 能够线性调节电机转速 ω_m，这一特性是电压型放大器的共同特征。因此，本书称**电压型放大器驱动的电机工作在速度模式，其控制电压与电机转速呈正比**。

PWM 放大器中的功率器件工作在导通-截止状态，导通时自身压降很小，而截止时电流为零，所以功率器件自身的功率损耗小、发热小、效率高，适用的电机功率范围大（几瓦～几十千瓦）。另外，由于 PWM 信号的占空比能够连续变化，可以对电枢电压进行精细调节，因此调速范围宽。PWM 放大器是当前应用最广泛的一类电机驱动器。

PWM 放大器仅能控制电枢电压 u_c，而不能控制电枢电流 i_a。当控制电压 u_c 不变，而电机转速随负载波动变化时，感应电动势也随之改变，导致动态过程中的电机电流和输出力矩也会变化。这不利于机器人控制器实现关节的力矩控制。

此外，PWM 放大器工作在高频、大功率通断状态，会产生较强的电磁干扰，因此，在使用中需要注意电磁屏蔽。在对电磁干扰敏感的设备中，例如：通信设备、电磁波测量设备等，如果不能有效消除 PWM 放大器带来的电磁干扰，可以考虑使用线性放大器驱动电机。

2. 电流型放大器

根据电流变换原理不同，常用的电流型放大器分为线性放大器和 PWM 电流闭环控制放大器两类。

线性放大器通常采用晶体管作为功率放大器件。线性放大器中的晶体管始终工作在线性放大区，把基极控制电压 u_c 等比例地变换为集电极输出的电枢电流 i_a。控制信号 u_c 与电枢电流 i_a 的关系为

$$i_a = K_g u_c \tag{4.26}$$

其中：K_g 称为跨导增益（A/V）。

从控制系统的角度，可以把线性放大器简化为一个跨导增益环节，如图 4.33 所示。

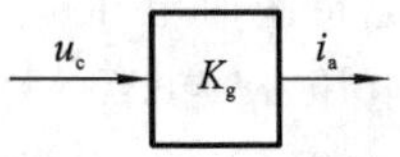

图 4.33　线性放大器的跨导增益模型

理论上,当控制电压 u_c 不变时,线性放大器的输出电流 i_a 也不会变,所以,用线性放大器驱动伺服电机时,能够消除感应电动势对电流的影响,具有输出力矩稳定的优点,有利于实施力矩控制。另外,由于功率器件不频繁工作于开关状态,线性放大器基本上不会产生电磁干扰。

但是,线性放大器的功率器件一直处于大功率输出状态,发热严重,所以,线性放大器通常需要良好的散热条件。这导致它的体积和重量远大于同等功率的 PWM 放大器,而效率却相对较低。表 4.3 对市场上的 PWM 放大器与线性放大器产品进行了对比,两者的输出能力接近,但是尺寸和重量的差别明显。因此,线性放大器通常用于电机功率较小,且对电机力矩波动有严格要求或对电磁干扰敏感的场合。

表 4.3　PWM 放大器与线性放大器的对比

项　　目		线性放大器	PWM 放大器
功率器件工作状态		线性放大状态	导通-截止状态
优点		线路简单,电磁干扰小,电流波动小,调速范围宽	调速范围宽,效率高
缺点		发热严重、效率低、体积大	电磁干扰大,输出电流波动大
适用场合		适用于小功率电机,要求力矩控制或对电磁干扰敏感的场合	适用功率范围大,对电磁干扰不敏感,可以采用速度控制的场合
实例	照片		
	最大连续输出功率/W	200	250
	最大连续输出电流/A	5	5
	尺寸/mm^3	203×190×37	43×28×13
	质量/g	900	9

在 PWM 放大器的基础上增加电流反馈控制,可以获得电流可控且体积小的 PWM 电流闭环放大器,其原理如图 4.34 所示。

在 PWM 电流闭环放大器中,电流传感器检测电机电枢电流,转换成负反馈电压信号,与控制电压进行比较,然后,利用电流 PI 控制器对电流实施闭环控制,减小电流波动,使其与控制电压成正比。如果仅考虑输入控制电压 u_c 与输出电枢电流 i_a 的关系,PWM 电流闭环放大器也可以简化成图 4.33 所示的跨导增益环节。

一般而言,PWM 电流闭环放大器跨导增益 K_g 的线性度没有线性放大器好,但是,其输出电流已经比单纯的开关型放大器稳定得多。在多数电机驱动控制产品,例如伺服驱动器中,都内置了 PWM 电流闭环放大器,以实现电流闭环,减小电机力矩波动,提高速度控制的

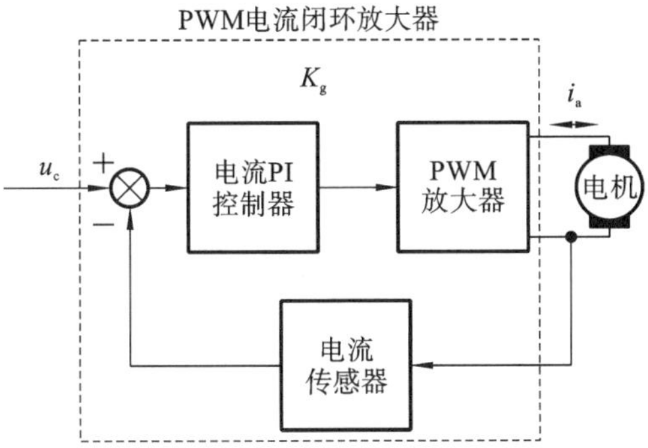

图 4.34 PWM 电流闭环放大器原理

快速性。

当伺服电机由电流型放大器驱动时，其电枢电流 i_a 与控制电压 u_c 成正比，而电机输出转矩 τ_m 又与 i_a 成正比，于是，理论上，控制电压 u_c 能够线性地调节电机输出转矩 τ_{md}。因此，本书称**电流型放大器驱动的电机工作在力矩模式，其控制电压与电机输出转矩呈正比**。

4.3 无刷永磁伺服电机及其驱动器

为了克服有刷直流电机电刷易磨损、寿命短、存在换向火花、可靠性低等问题，出现了利用电子元件实现换向的无刷直流永磁伺服电机。自控式永磁同步电机来源于交流永磁同步电机，在结构上也没有电刷。这两种伺服电机在结构、绕组形式和换相电路方面非常相似，区别仅在于换相控制和供电方式不同，因此，本书将这两种伺服电机放在一起进行简要介绍。

4.3.1 无刷直流永磁电机基本原理

相对于有刷直流永磁电机，无刷直流永磁电机把绕组和永磁体的位置做了交换，即电枢绕组设置在定子上，而永磁体置于转子上。定子各相绕组相对于转子永磁体磁场的位置，由转子位置传感器感知，然后，利用电子换向电路，根据传感器输出信号，按照一定的逻辑驱动绕组供电回路中的 MOS 管，实现绕组电流的换相。

在结构上，无刷直流永磁电机分为内转子式、外转子式和双定转子式等结构，其中内转子式和外转子式结构应用最为广泛，其结构原理如图 4.35 所示。

内转子式结构的定子在外面，与电机外壳固定，电枢绕组缠绕在定子磁极上。带永磁体的转子在里面，由轴承支撑旋转，转子轴伸出电机外壳，输出旋转运动和力矩。内转子无刷直流电机在外观上与有刷直流电机几乎一样。

外转子式结构则把定子电枢绕组放在里面，与定子绕组磁极固连的结构件上制作有轴或法兰，用于固定电机。永磁体则安装在一个空心结构件的内壁上，形成一种杯状转子。转子由轴承支撑在定子结构上，形成可旋转的电机外壳。外转子无刷电机经常用于驱动车轮、航模螺旋桨和云台，整体外观呈扁平状。

为了实现电子换相，无刷电机的定子上安装有沿圆周均匀分布的若干霍尔元件，转子上安装用于检测位置的永磁体。当转子旋转时，霍尔元件在检测永磁体的作用下交替导通，可

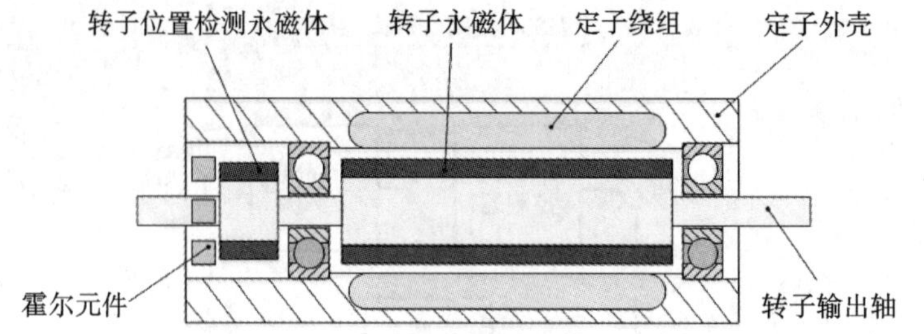

(a) 内转子式结构

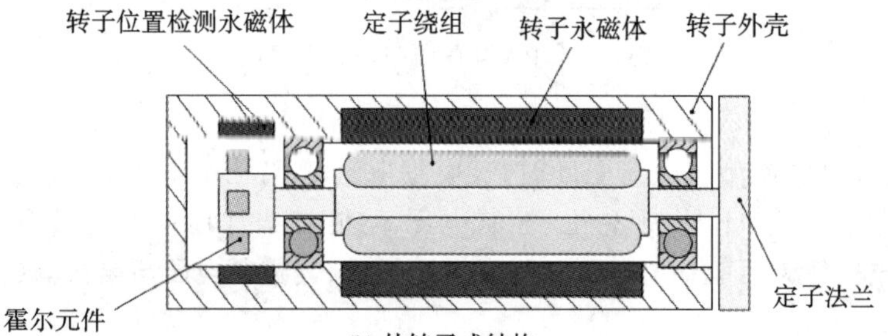

(b) 外转子式结构

图 4.35　无刷直流永磁电机结构原理

检测出转子磁极相对于定子绕组的角度区间。常用的无刷直流永磁电机绕组采用三相星形接法，它用沿圆周 120°分布的 3 个霍尔元件来确定转子与定子绕组的对应关系。

无刷直流永磁电机的驱动电路除了完成功率放大、正反转驱动和调速外，还要实现绕组电子换相。下面以图 4.36 所示的无刷直流永磁电机三相星形桥式驱动电路为例，简要说明运行原理。

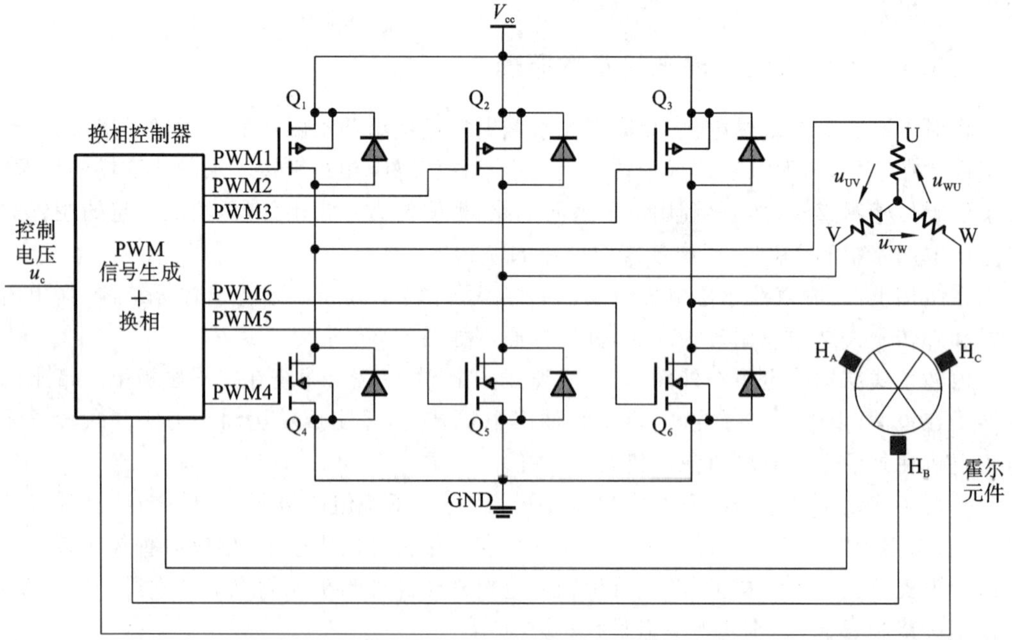

图 4.36　无刷直流电机三相星形桥式驱动电路原理

图 4.36 中的 6 个 MOS 管构成 3 对桥臂，换相控制器输出 6 路 PWM 信号以分别控制 MOS 管的通断。位于同一对桥臂的上下两个 MOS 管不能同时导通，否则将出现电源短路现象。于是，上下桥臂 MOS 管存在 6 种导通组合，每种组合对应着一个两相导通状态。

具体选择哪种导通状态，由霍尔元件的信号状态决定，如表 4.4 所示，深色格表示导通。可以注意到，正转与反转的换相控制逻辑不同。在换相控制器中，可以利用逻辑电路或者单片机实现换相控制逻辑，进而实现绕组导通状态的切换，形成与转子同步旋转的磁场，拖动转子连续运转。

表 4.4　三相无刷直流永磁电机运行状态

状态		Ⅰ			Ⅱ			Ⅲ			Ⅳ			Ⅴ			Ⅵ		
电角度		0°～60°			60°～120°			120°～180°			180°～240°			240°～300°			300°～360°		
霍尔元件状态	正转	**H_A**	H_B	**H_c**	**H_A**	H_B	H_c	**H_A**	**H_B**	H_c	H_A	**H_B**	H_c	H_A	**H_B**	**H_c**	H_A	H_B	**H_c**
	反转	H_A	**H_B**	H_c	H_A	**H_B**	**H_c**	H_A	H_B	**H_c**	**H_A**	H_B	**H_c**	**H_A**	H_B	H_c	**H_A**	**H_B**	H_c
MOSFET 导通状态		**1**	2	3	**1**	2	3	1	**2**	3	1	**2**	3	1	2	**3**	1	2	**3**
		4	**5**	6	4	5	**6**	4	5	**6**	**4**	5	6	**4**	5	6	4	**5**	6
三相电枢绕组导通状态		U	V	W	U	V	W	U	V	W	U	V	W	U	V	W	U	V	W
		+	－	0	+	0	－	0	+	－	－	+	0	－	0	+	0	－	+
电枢磁动势方向图		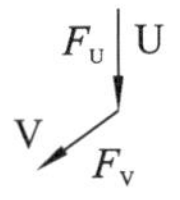			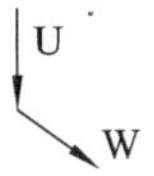						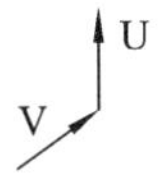								

无刷直流永磁电机换相控制器中的 PWM 信号发生器，具有与图 4.31 有刷电机 PWM 信号发生器类似的功能，它也能根据控制信号 u_c 等比例地调整 6 路 PWM 信号的占空比，进而改变电枢电压 u_a，实现电机转速调节。无刷直流永磁电机在换相和调速时，霍尔元件与 MOS 管通断时序如图 4.37 所示。此时，电机工作在速度模式，驱动器可以等效成一个式(4.25)所示的电压增益环节。

在无刷直流永磁电机驱动控制器中增加电流反馈环节，就构成了具有电流闭环控制功能的无刷电机驱动电路。此时，控制信号 u_c 与电枢电流 i_a 成正比，驱动器可以等效成式(4.26)所示的跨导增益环节。

无刷直流电机及其驱动原理具有以下特点：

(1) 驱动器由直流电源供电，这也是它被归类为直流电机的原因；

(2) 采用霍尔元件检测转子所在的角度区间，根据霍尔元件状态控制绕组导通；

(3) 当控制电压恒定时，处于导通状态的绕组电压波形为宽度不变的方波，其宽度与控制电压大小成正比；

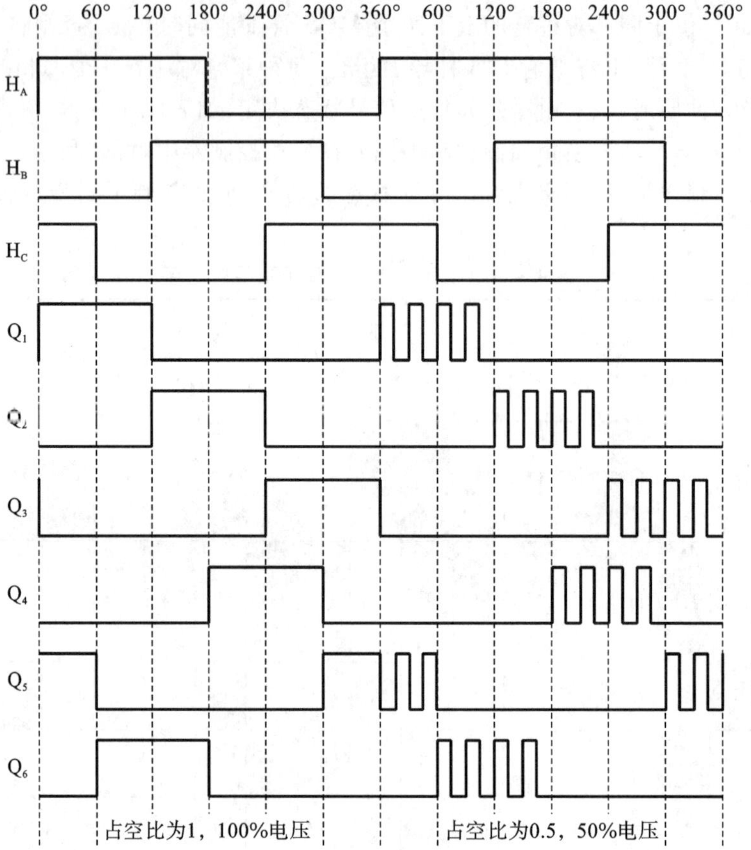

图 4.37　三相无刷直流永磁电机换相和调速时功率元件的通断时序

(4) 在一定角度范围内，绕组导通状态不变，磁场不随转子的旋转而变动，在霍尔元件状态变换瞬间，绕组导通状态变化，磁场方向出现跳变；

(5) 绕组磁场不能与转子磁场实时正交，电磁转矩有脉动现象，所以其驱动力矩小于有刷电机。

4.3.2　自控式永磁同步电机基本原理

在运动控制和工业机器人领域，常用 PMSM 作为驱动电机。从电机结构上来看，PMSM 与内转子无刷直流永磁电机并无明显区别，图 4.35(a)也适用于描述 PMSM 的结构原理。只不过，在 PMSM 内部，转子位置检测元件不再是霍尔元件，而是可以检测转子连续位置的旋转变压器或高分辨率编码器。

图 4.38 是一种典型的 PMSM 驱动电路。为了获得更大的输出功率，PMSM 的驱动电路一般直接连接两相或三相交流电源。驱动电路内部有整流器，把交流电转换成直流电，然后通过桥式逆变电路把直流电压再变换成电机绕组上的交变电压。PMSM 的桥式逆变电路与无刷直流电机类似，但是其导通状态与无刷电机不同。在每个状态下，PMSM 的三相绕组均导通，但是导通方向随转子位置变化，如表 4.5 所示。

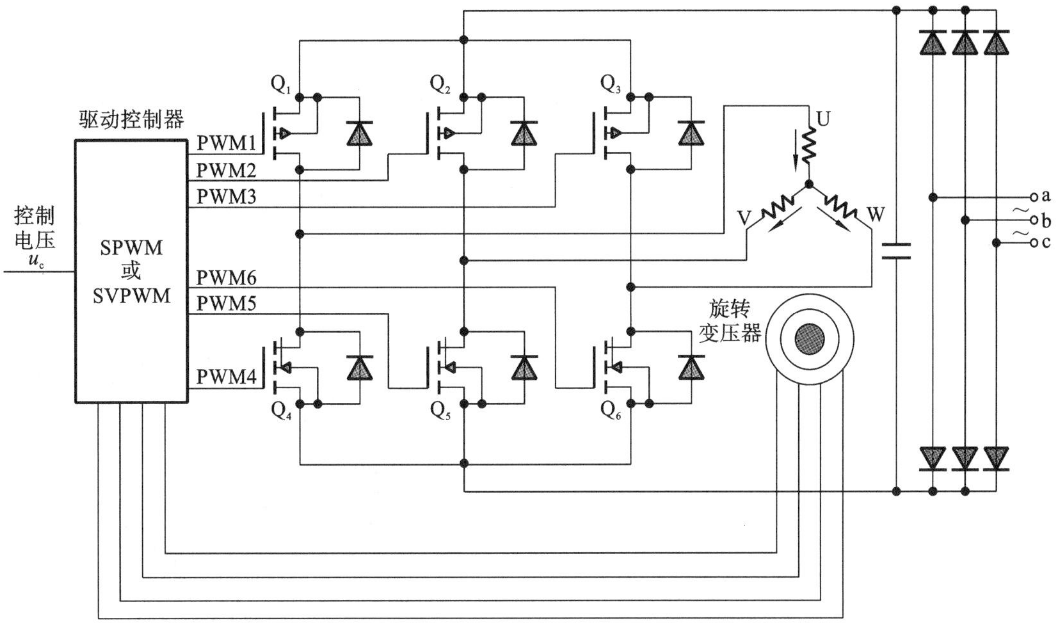

图 4.38 PMSM 驱动电路原理

表 4.5 PMSM 运行状态

状态	Ⅰ			Ⅱ			Ⅲ			Ⅳ			Ⅴ			Ⅵ		
电角度	0°～60°			60°～120°			120°～180°			180°～240°			240°～300°			300°～360°		
MOSFET 导通状态	**1**	2	**3**	**1**	2	3	**1**	**2**	3	1	**2**	3	1	**2**	**3**	1	2	**3**
	4	**5**	6	4	**5**	**6**	4	5	**6**	**4**	5	**6**	**4**	5	6	**4**	**5**	6
三相电枢绕组导通状态	U	V	W	U	V	W	U	V	W	U	V	W	U	V	W	U	V	W
	+	−	+	+	−	−	+	+	−	−	+	−	−	+	+	−	−	+
电枢磁动势方向图	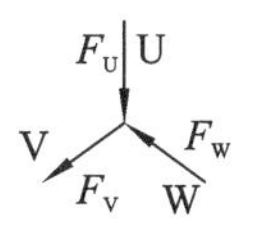			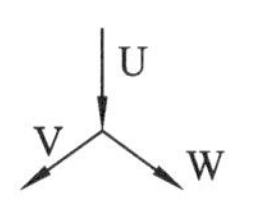			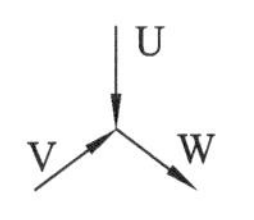			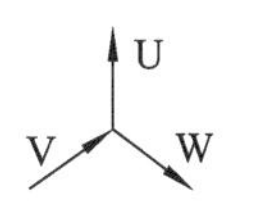			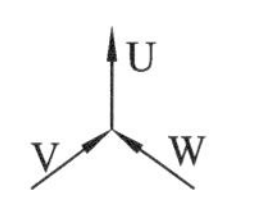			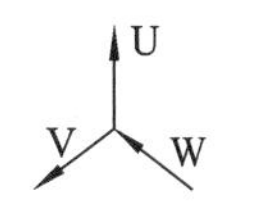		

PMSM 驱动电路的主要特点是：当控制电压恒定时，在一个电角度周期内，绕组平均电压的波形不再是方波，而是正弦波。这样 PMSM 绕组电压就与普通三相同步电机一样，是均匀变化的圆形旋转磁场，而不是无刷直流电机那样非均匀变化的跳跃旋转磁场。PMSM 通常采用两种调制技术来实现这一点：正弦脉宽调制（SPWM）和空间矢量脉宽调制（SVPWM）。

SPWM 技术将三角波作为载波，用正弦波对其进行调制，得到宽度按正弦规律变化的等电平脉冲波，脉冲波的平均电压以正弦规律变化，如图 4.39 所示。SPWM 的波形调制可以利用硬件实现。图 4.39 中，比较器输入端分别为信号发生器产生的三角载波，以及来自旋转变压器的正弦波，比较器的输出即为所需脉冲波，其脉冲宽度按正弦规律变化。

SVPWM 技术则根据电机磁链空间矢量与绕组空间电压矢量之间的数学关系，按一定规律控制逆变器 MOS 管通断。SVPWM 技术依赖控制器实时计算 MOS 管的导通状态，相比于 SPWM 技术，可以获得更接近圆形的理想旋转磁场。

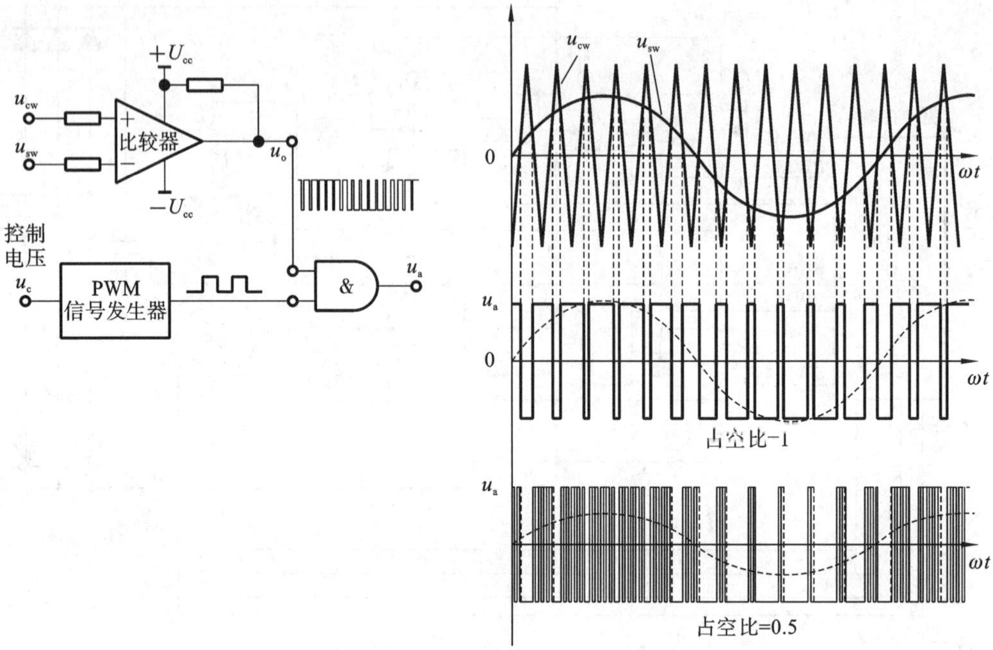

图 4.39 PMSM 单相绕组的正弦脉宽调制波形

不管哪种正弦调制技术，调制正弦波都来自与转子一同转动的旋转变压器。因此，正弦脉宽调制信号的频率与转子自转频率自动保持一致。这也是此类电机被称为自控式同步电机的原因。

在此基础上，对正弦脉宽调制波形的高电平进一步进行 PWM 电压调节，就可以改变正弦脉宽调制信号的有效电压幅值，从而实现对电枢电流和电机输出转矩的控制。图 4.39 给出了某转速下，占空比分别等于 1 和 0.5 时的电枢电压，其中的虚线就是电枢上的等效正弦电压波形。因此，PMSM 的基本工作原理可总结为：通过调频来自适应电机转速变化，通过调压来调节力矩。

同步电机的力矩与转速必须满足特定的矩频特性，否则将出现失步。为此，PMSM 驱动器内部设计有电流闭环控制环节，可以根据转速实时控制电机力矩。可见，实现力矩控制是 PMSM 正常工作的基本要求。因此，可以认为 **PMSM 总是工作于力矩模式，其驱动器可以简化成一个跨导环节，它把控制电压 u_c 等效变换为电枢电流 i_a**。

采用 SPWM 技术驱动的 PMSM 的特点总结如下：

(1) 驱动器电源电压为交流电，可以获得较大的输出功率；

(2) 采用旋转变压器或高精度编码器检测转子位置，生成与转子位置相关的调制正弦波；

(3) 以最大速度运行时，绕组电压波形为宽度按正弦规律变化的方波，可以生成连续的圆形旋转磁场；

(4) 利用 PWM 信号对绕组进行进一步通断控制，可调节绕组平均电压，进而控制电机电流和力矩；

(5) 驱动电路中有电流闭环控制环节，力矩波动小，电机工作在力矩模式。

4.4　三种伺服电机的特点和适用场合

有刷直流永磁伺服电机、无刷直流永磁伺服电机和自控式永磁同步电机（PMSM）的特点各异，在设计机器人时，应根据具体工况进行选择。

有刷直流永磁伺服电机具有启动力矩大、调速性能好、力矩脉动小、调速驱动电路简单等优点。但是，有刷直流伺服电机需要利用电刷与换向器的机械接触实现换相，这带来了难以克服的缺点：电刷容易磨损、换相火花会产生强电磁辐射、最高转速受限、额定电流受限等。另外，为了减小转子惯量，有刷直流永磁伺服电机通常采用空心杯转子，导致制造工艺复杂，成本高，相对于无刷电机在成本上并没有优势。综合以上特点，有刷直流永磁伺服电机通常适用于对电机动态特性和力矩控制性能要求高、工作时间短的小功率机器人，例如实验室用的高精度机器人、力交互设备等。在市场上，这种小功率的有刷直流永磁伺服电机又被称为微型有刷直流伺服电机。

无刷直流永磁伺服电机是一种简化的同步电机，它利用霍尔元件和换相控制电路实现电子换相，克服了电刷换相的缺点。同时，它采用电枢固定和永磁体转子的结构，既简化了制造工艺、降低了成本，又减小了转子惯量，获得了良好的调速特性。但是，由于无刷直流电机在换相过程中产生的是跳跃旋转磁场，感应电动势不是均匀的正弦波形，存在较大的转矩波动，这导致它的力矩控制性能不佳，不适用于对力矩控制要求高的场合。因此，无刷直流永磁伺服电机适用于轮式移动机器人、直角坐标机器人，或者仅需要做运动控制的中低速小功率关节型机器人。

PMSM 采用旋转变压器对转子绝对位置进行精确测量，根据转子位置实时控制电枢电压的相位和电流，获得了近似于圆形的旋转磁场和正弦感应电动势，因而具有良好的速度和力矩调节特性。PMSM 的驱动电路直接由交流电网供电，可以输出较大的驱动功率，因此，它适用于对控制品质要求高的中等功率工业机器人。在市场上，PMSM 的功率一般在 100 W以上，且成本相对较高，因此，它不适用于微小功率的桌面型机器人。

表 4.6 对三种伺服电机的特点和适用场合进行了简单总结。

表 4.6　三种伺服电机的特点和适用场合

项　目	有刷直流永磁伺服电机（空心杯转子）	无刷直流永磁伺服电机	PMSM
换相原理	电刷和换向器机械换相	霍尔元件和换相电路配合实现电子换相	旋转变压器、换相电路或算法实现电子换相
换相和驱动控制	简单。PWM 全桥开关控制调压电路，特殊场合可以没有驱动电路。驱动器有电压型和电流型两种	较复杂。有专门设计的换相驱动电路，由换相电路和 PWM 全桥开关控制调压电路构成。驱动器有电压型和电流型两种	复杂。必须有专门的调压、调频电路或控制器。驱动器内置电流/力矩控制器，可简化成电流型驱动器
效率	中等。电刷压降带来额外损耗	高	高

续表

项　　目	有刷直流永磁伺服电机（空心杯转子）	无刷直流永磁伺服电机	PMSM
驱动器电源	直流	直流	交流
维护	需要定期更换电刷	很少	很少
寿命	短	长	长
转子惯量	小	小	小
速度范围	中等，受限于电刷的机械限制	大	大
力矩波动	小	较大。由跳跃的旋转磁场导致	小
价格	较高。空心杯转子制作工艺复杂，但是驱动电路简单	中等。永磁铁芯转子制作容易，转子位置检测仅需 3 个霍尔元件，驱动电路简单	高。需要内置旋转变压器或高精度编码器检测转子位置，换相和驱动控制复杂
适用功率	100 W 以下	300 W 以下	300 W 以上
适用机器人	小型短时工作的关节型机器人。对电机的要求：小功率，速度和位置控制精度高、负载波动大、动态性能要求高、有力控制要求	移动机器人或直角坐标机器人。对电机的要求：尽量免维护、中小功率、速度和位置控制精度较高、负载稳定、无力控制要求	工业机器人。对电机的要求：易于维护或免维护、中等功率、速度和位置控制精度高、负载波动大、动态性能要求高、有力控制要求

4.5　伺服驱动器简介

在工程实践中，还会经常用到**伺服驱动器**，这是一类可以控制和驱动单个电机的设备，如图 4.40 所示。由于有刷直流电机、无刷直流电机和 PMSM 的驱动电路不同，因此它们各自有专用伺服驱动器。

伺服驱动器除了具有普通驱动器的功率放大、换相和调频功能外，还具有位置-速度-电流闭环控制、电机位置指令更新、电机轨迹生成和插补、简单逻辑控制以及联网通信等功能。以无刷电机为例，其伺服驱动器工作原理如图 4.41 所示。

可见，一台伺服驱动器就可以实现单个电机的位置-速度-电流伺服控制功能，在伺服控制能力上与运动控制器有重合。在关节动态耦合不强、运动学模型简单、轨迹精度要求不高的机器人，例如喷涂用直角坐标机器人中，可以用伺服驱动器与 PC 或通用嵌入式控制器组成低成本的机器人运动控制系统，省略运动控制器，以降低系统复杂度和成本。

伺服驱动器既可以工作在图 4.41 所示的三环位置控制模式，也可以工作在包含速度控

(a) 有刷直流电机伺服驱动器　　(b) PMSM伺服驱动器

图 4.40　两种典型的伺服驱动器

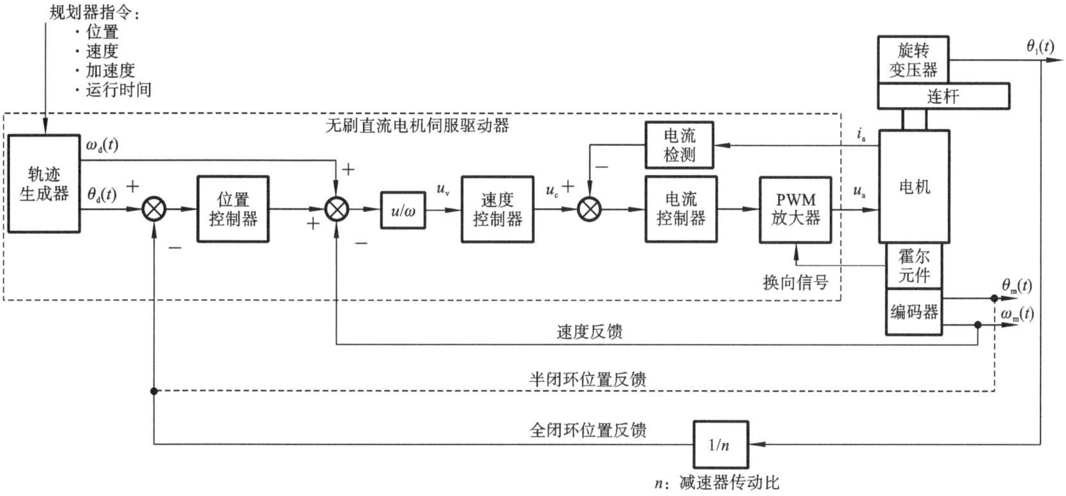

图 4.41　某无刷直流电机伺服驱动器原理

制器和电流控制器的速度控制模式，或者仅包含电流控制器的电流控制模式，即力矩模式。用户可以通过软件或开关选择工作模式。

对于关节运动耦合强、运动学模型复杂、轨迹精度要求高的常规工业机器人，可以采用PC＋运动控制器＋力矩模式伺服驱动器的方案，构成多关节位置跟随控制系统。此时，电流闭环由伺服驱动器实现，位置和速度闭环控制由运动控制器实现。

本 章 小 结

(1) 步进电机是一类具有定位功能的数字控制电机，混合式步进电机具有精度高、成本低、具有保持力矩、便于计算机控制的优点，常用于低成本或低动态、非耦合机器人系统。

(2) 机器人常用伺服电机包括有刷直流永磁伺服电机、无刷直流永磁伺服电机和自控式永磁同步电机。每种电机都有配套的驱动电路，称为驱动器或放大器。驱动器把控制信号转化成伺服电机的电枢电压或电枢电流，驱动电机拖动负载运转。从控制器的角度看，伺服电机及其驱动器构成一个统一的被控对象。

(3) 电压型放大器把控制信号等比例变换为伺服电机的电枢电压，可简化为一个电压增益环节。电流型放大器把控制信号等比例变换为伺服电机的电枢电流，可简化为一个跨导增益环节。

(4) 有刷直流永磁伺服电机利用电刷实现换相，空心杯电机是机器人常用有刷电机，具有惯量小、力矩波动小、力矩大、调速性能好的优点，但是电刷易磨损。有刷直流永磁伺服电机的静态特性可以用机械特性和调节特性来描述，动态特性则利用微分方程描述，其模型具有代表性，常用于机器人控制系统建模。

(5) 无刷直流永磁伺服电机与自控式永磁同步电机在原理上类似，都采用了固定电枢和永磁体转子的结构，利用电子换相获得旋转磁场。无刷直流永磁伺服电机采用简单的霍尔元件实现旋转磁场与电机转子位置的同步，其磁场为跳跃状态，感应电动势为梯形波，力矩脉动较大，力矩控制特性一般。自控式永磁同步电机采用旋转变压器或高分辨率编码器检测转子位置，实现了接近圆形的连续旋转磁场，感应电动势为正弦波，力矩脉动小，力矩控制特性好。

习　题

4-1　简述步进电机实现开环位置保持功能的原理及注意事项。

4-2　在校核步进电机的转矩时，除了需要考虑被拖动对象所受的负载转矩，是否需要考虑负载的动力学特性，为什么？

4-3　步进电机的输出力矩是否可控？为什么？

4-4　有刷直流伺服电机的机械特性和调节特性分别是什么？

4-5　有刷直流伺服电机负载不变，且在某电枢电压作用下稳定运行。此时，如果升高电枢电压，试绘制升压调速机械特性曲线，结合曲线图简述电机输出力矩、转速的变化过程。

4-6　简述三种伺服电机的适用场合和原因。

4-7　证明式(4.5)。

4-8　计算图 4.15 所示电机的转速、齿数、运行频率和步距角。

4-9　针对图 4.17(b)所示步进电机驱动的丝杠-螺母机构，如果已知步进电机的步距角 θ_s、静态步距角误差 $\Delta\theta_s$ 和脉冲频率 f，试写出滑块的线位移分辨率 s_s、误差 Δs_s 以及线速度 v 的表达式。假设丝杠导程 $p=5$ mm，步距角 $\theta_s=0.9°$，八拍时静态步距角误差 $\Delta\theta_s$ 为 15%，控制信号脉冲频率 $f=900$ PPS(每秒脉冲数)。分别计算滑块的线位移分辨率 s_s、误差 Δs_s 以及线速度 v。

4-10　验证例 4-2，计算电机的机电时间常数，并与系统响应曲线中的上升时间做对比。

第 5 章　经典分散运动控制

扫码下载
本章课件

【内容导读与学习目标】

本章介绍两类基于经典控制理论的分散运动控制器：独立关节位置 PID 控制器和集中前馈补偿位置 PID 控制器。本章将以关节电机为被控对象，以电机开环控制模型为基础，讨论机器人驱动空间动力学方程线性化分解的方法，研究关节电机的双环位置 PID 控制器，介绍速度和加速度分散前馈的设计方法，讨论如何利用集中前馈补偿位置 PID 控制器克服干扰力矩，最后介绍数字 PID 控制器的实现方法、增量式和绝对式数字 PID 控制器的概念和适用场合。

本章的主要难点在于干扰力矩前馈的概念和计算方法。通过本章的学习，希望读者能够：

(1) 了解速度模式和力矩模式机器人关节电机的开环控制模型；

(2) 掌握具有速度和加速度前馈的独立关节位置 PID 控制器设计方法；

(3) 掌握集中前馈补偿位置 PID 控制器设计方法；

(4) 了解增量式数字 PID 控制器的实现原理。

5.1　机器人关节电机的开环控制模型

如 3.4 节所述，分散运动控制方法以关节电机为控制对象，并将其假定为一个线性定常系统，利用经典控制理论设计关节电机的位置和速度闭环控制器。为此，首先需要建立关节电机的开环控制模型。

当机器人关节仅由放大器和伺服电机驱动，而没有控制器进行闭环控制时，则称其工作在开环状态。此时放大器和电机作为一个整体，把控制电压 u_c 转换为电机转速 ω_m，描述这种变换关系的传递函数就是关节电机的开环控制模型。

如果电机由电压型放大器驱动，其工作在速度模式；而由电流型放大器驱动时，其工作在力矩模式。两种模式下，电机的工作特性不同，因此需要分别建模。与电机空载运行不同的是，电机驱动机器人关节运动时，机器人结构件的惯量和关节阻尼将通过传动机构作用到电机上，在建模时需要加以考虑。

下面结合图 5.1 所示的单关节机器人开环控制系统，建立速度模式和力矩模式关节电机的开环控制模型，并研究两种模式下，关节电机对阶跃控制信号 u_c 的开环速度响应。为了考察负载对关节电机转速的影响，假定机器人连杆工作于两种工况：①水平面内旋转，重力矩为零，电机不承受干扰力矩；②竖直面内旋转，重力矩不为零，电机受干扰力矩影响。

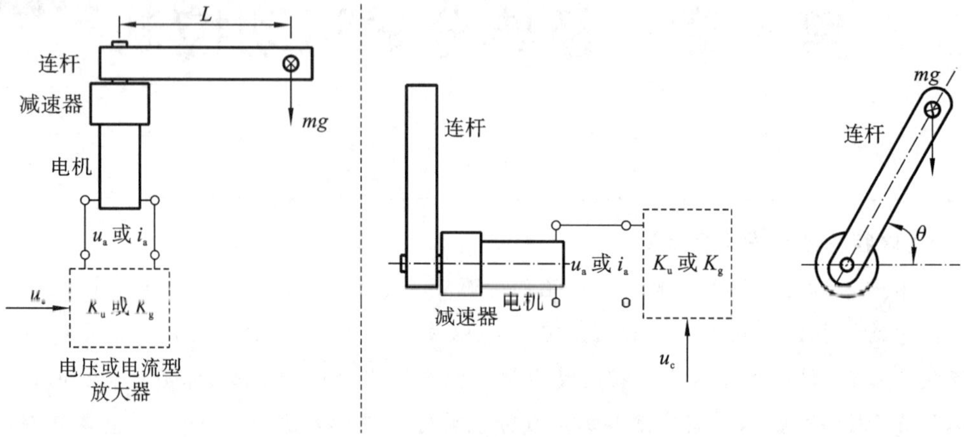

(a) 连杆在水平面内旋转　　(b) 连杆在竖直面内旋转

图 5.1　由放大器和伺服电机驱动的单关节机器人开环控制系统

需要注意的是，尽管图 5.1 中的电机仅拖动一个连杆，但是它仍然具有代表性。因为，即便研究对象是多关节机器人，针对它的某个关节电机，也可以把其他杆的作用综合等效为该电机驱动的“单杆”，区别仅在于：在多关节机器人中，这种“等效单杆”的转动惯量通常是变量，并且干扰力矩更加复杂。这一点将在 5.2 节详细讨论。

在图 5.1 所示系统中，输入信号 u_c 由放大器变换为驱动信号。电压型放大器把控制信号 u_c 变换成电枢电压 u_a，电流型放大器把控制信号 u_c 变换成电枢电流 i_a。假定系统采用与例 4-2 相同的有刷直流永磁伺服电机，连杆质量包括电机和减速器质量，且简化为质心到转轴的距离为 L 的集中质量，连杆的转动惯量 $I_l=mL^2$，电机和连杆的参数如表 5.1 所示。伺服电机通过减速器驱动机器人关节旋转，传动比 N 待定。

表 5.1　由放大器和伺服电机驱动的单关节机器人主要参数

项　　目		符　　号	取　　值	单　　位
电机参数	额定电压	u_r	24	V
	额定转速	ω_r	258	rad/s
	额定转矩	τ_r	8.82×10^{-2}	N · m
	额定电流	i_r	1.09	A
	电枢电阻	R_a	2.49	Ω
	电枢电感	L_a	6.10×10^{-4}	H
	转矩常数	K_a	8.22×10^{-2}	(N · m)/A
	感应电动势常数	K_e	8.24×10^{-2}	V · s/rad
	转子惯量	I_r	1.19×10^{-5}	kg · m^2
	转子阻尼	B_r	4.10×10^{-4}	(N · m)/(rad/s)

续表

项　　目		符　　号	取　　值	单　　位
系统参数	连杆质量	m	0.5	kg
	连杆质心与转轴距离	L	0.1	m
	负载惯量	I_l	5.0×10^{-3}	$\mathrm{kg\cdot m^2}$
	关节阻尼	B_l	2.0×10^{-2}	(N·m)/(rad/s)
	电压增益	K_u	3	无
	跨导增益	K_g	1	A/V
	重力加速度	g	9.8	$\mathrm{m/s^2}$

5.1.1　速度模式关节电机开环控制模型

图 5.2 是速度模式电机驱动机器人关节的原理图，它展示了把控制电压 u_c 变换为电机转速 ω_m 的各中间环节，包括放大器电压增益环节、电机电气模型和电机转子等效动力学模型。图中，电机电气模型的参数定义与图 4.23 相同，新增参数包括：放大器电压增益 K_u，传动比 N，机器人连杆惯量 I_l，关节阻尼 B_l，关节负载转矩 τ_l，关节角速度和角加速度 ω_l、ε_l，等效到电机转子侧的系统总惯量和阻尼 I_m 和 B_m。

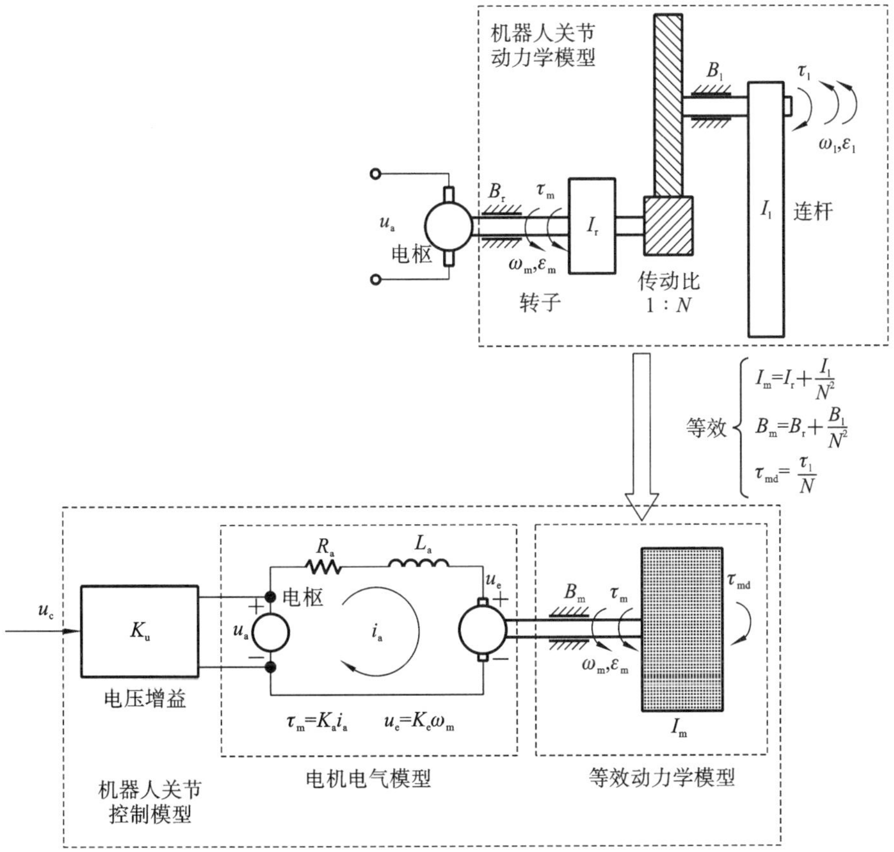

图 5.2　速度模式电机驱动机器人关节的原理

根据功率不变原理，可得到等效转动惯量、等效阻尼和等效负载转矩的计算公式

$$\begin{cases} I_{\mathrm{m}}=I_{\mathrm{r}}+\dfrac{I_{\mathrm{l}}}{N^2} \\ B_{\mathrm{m}}=B_{\mathrm{r}}+\dfrac{B_{\mathrm{l}}}{N^2} \\ \tau_{\mathrm{md}}=\dfrac{\tau_{\mathrm{l}}}{N}=\begin{cases} 0,\text{水平面} \\ \dfrac{mgL\cos\theta}{N},\text{竖直面} \end{cases} \end{cases} \tag{5.1}$$

其中，等效到电机转子侧的负载转矩 τ_{md} 并非电机固有参数，且随机器人位形变化，因此，在控制系统中被称为**干扰力矩**。在竖直面内定义关节转角 θ 逆时针为正，连杆水平时等于 0，如图 5.1(b)所示。

下面，建立速度模式下控制电压 u_{c} 与关节电机转速 ω_{m} 的关系。

关节电机的电气模型不变，同式(4.15)；电机动力学模型形式与式(4.16)相同，只是用等效惯量和等效阻尼代替了转子惯量和阻尼，它也是单关节机器人的驱动空间动力学方程；而电枢电压与控制电压之间的关系为式(4.25)，把这些公式重写如下

$$\begin{cases} I_{\mathrm{m}}\varepsilon_{\mathrm{m}}+B_{\mathrm{m}}\omega_{\mathrm{m}}+\tau_{\mathrm{md}}=\tau_{\mathrm{m}} \\ L_{\mathrm{a}}\dot{i}_{\mathrm{a}}+R_{\mathrm{a}}i_{\mathrm{a}}+u_{\mathrm{e}}=u_{\mathrm{a}} \\ u_{\mathrm{a}}=K_{\mathrm{u}}u_{\mathrm{c}} \\ u_{\mathrm{e}}=K_{\mathrm{e}}\omega_{\mathrm{m}} \\ \tau_{\mathrm{m}}=K_{\mathrm{a}}i_{\mathrm{a}} \end{cases} \tag{5.2}$$

为了与后续内容一致，式(5.2)中用 ε_{m} 表示电机转子加速度。

对式(5.2)中各方程进行拉普拉斯变换，可得速度模式下关节电机的开环控制模型，简

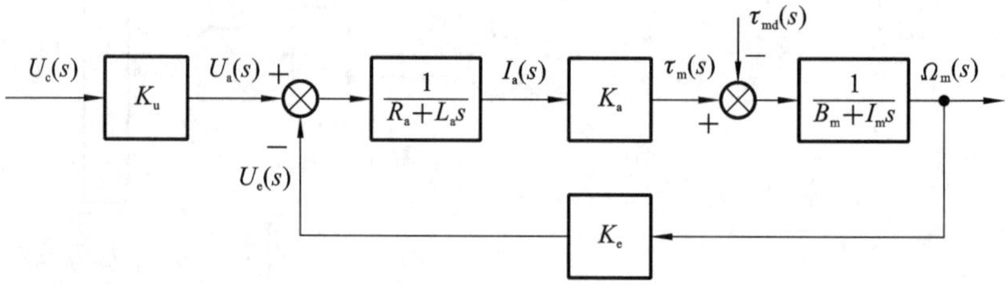

图 5.3　速度模式电机结构图

称关节电机的**速度模型**，其动态结构图如图 5.3 所示，它反映了控制电压 u_{c} 与关节电机转速 ω_{m} 之间的关系。

关节电机速度模型的前向通道包含两个串联的惯性环节，把它们写成惯性环节的标准形式

$$\frac{1}{R_{\mathrm{a}}+L_{\mathrm{a}}s}=\frac{1/R_{\mathrm{a}}}{1+T_{\mathrm{e}}s} \tag{5.3}$$

$$\frac{1}{B_{\mathrm{m}}+I_{\mathrm{m}}s}=\frac{1/B_{\mathrm{m}}}{1+T_{\mathrm{f}}s} \tag{5.4}$$

式中：$T_{\mathrm{e}}=L_{\mathrm{a}}/R_{\mathrm{a}}$，为关节电机的**电气时间常数**；$T_{\mathrm{f}}=I_{\mathrm{m}}/B_{\mathrm{m}}$，为关节电机的**机械时间常数**。

一般而言，负载侧的关节阻尼 B_{l} 较大，这导致转子侧的等效阻尼 B_{m} 也大于转子自身阻尼 B_{r}，因此，不能像式(4.22)那样忽略 B_{m} 来简化系统。

对于拖带了惯性负载的伺服电机，其机械时间常数 T_f 通常比电气时间常数 T_e 大一个数量级，即 $T_f \gg T_e$。因此，在工程实践中，为了简化系统，可以令 $T_e = 0$，使电机速度模型降阶，只包含一个惯性环节。于是，得到工程化的速度模式电机结构图，如图 5.4 所示。

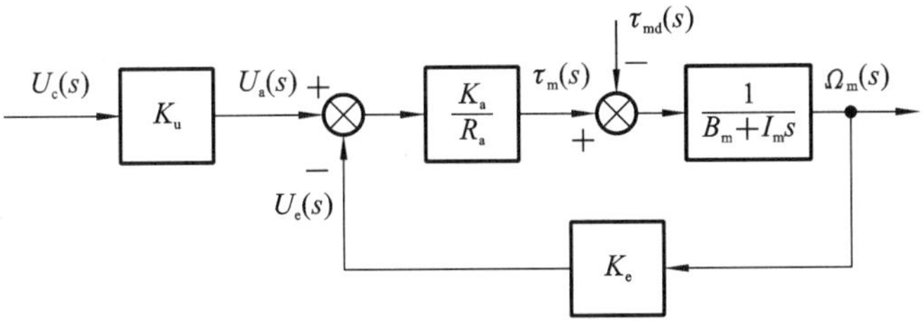

图 5.4　工程化的速度模式电机结构图

据此，可以得到控制电压 u_c、干扰力矩 τ_{md} 与电机转速 ω_m 之间的关系，即电机的速度模型

$$\Omega_m(s) = \frac{K_{mv}}{1 + T_{mv}s} U_c(s) - \frac{K_{dv}}{1 + T_{mv}s} \tau_{md}(s) \tag{5.5}$$

式中：T_{mv}、K_{mv}、K_{dv} 为新定义的参数。T_{mv} 为时间常数，K_{mv} 为开环增益，K_{dv} 为干扰增益。

$$T_{mv} = \frac{R_a I_m}{K_e K_a + R_a B_m}$$

$$K_{mv} = \frac{K_a K_u}{K_e K_a + R_a B_m}$$

$$K_{dv} = K_{mv} \frac{R_a}{K_a K_u} = \frac{1}{\dfrac{K_e K_a}{R_a} + B_m}$$

因此，速度模式电机结构图可以进一步简化成图 5.5 所示的形式。

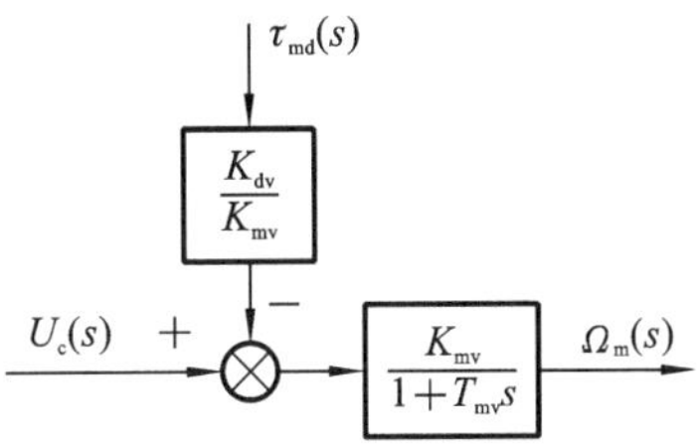

图 5.5　简化的速度模式电机结构图

在电机的速度模型中，控制电压 u_c、干扰力矩 τ_{md} 与电机转速 ω_m 之间的传递函数分别为

$$\begin{cases} \dfrac{\Omega_m(s)}{U_c(s)} = \dfrac{K_{mv}}{1 + T_{mv}s} \\ \dfrac{\Omega_m(s)}{\tau_{md}(s)} = \dfrac{K_{dv}}{1 + T_{mv}s} \end{cases} \tag{5.6}$$

对应的结构图如图 5.6 所示。

(a) 控制电压与速度的关系　　(b) 干扰力矩与速度的关系

图 5.6　速度模式电机输入-输出关系结构图

下面，结合图 5.1 所示两种工况和表 5.1 中的参数，考察速度模型下，关节电机对阶跃控制信号 u_c 的速度响应。

5.1.2 速度模式关节电机的开环响应

当连杆在水平面内转动时，关节负载转矩 $\tau_l=0$；连杆在垂直面内转动时，$\tau_l=mgL\cos\theta$。据此，可以初步估算系统所需传动比 N。从表 5.1 可知，电机额定转矩 $\tau_r=8.82\times10^{-2}$ N·m，而关节负载转矩的静态最大值为 $\tau_{lmax}=0.49$ N·m。据此，估算传动比 $N=\tau_{lmax}/\tau_r=5.5$，考虑加速特性和安全系数，初步取 $N=10$。

采用表 5.1 中给出的数据，利用 MATLAB 软件进行仿真，可以得到关节电机对阶跃控制信号 u_c 的速度响应曲线。仿真的实现有两种方法：①根据式(5.5)，利用 SIMULINK 进行仿真；②根据式(5.2)编程求解。

1. 传动比 $N=10$

为了便于与例 4-2 空载电机的速度响应进行对比，控制电压取值为 $u_c=4$ V、8 V，由于放大器增益 $K_u=3$，所以电枢电压 $u_a=12$ V、24 V，与例 4-2 情况相同。在 PWM 放大器输入端施以控制电压 u_c，考察系统的开环动态响应。

1）水平工况

对于水平工况，得到图 5.7 所示的开环速度响应曲线。与图 4.30 中电机空载情况下的速度响应曲线对比，可以看到，两者的形状相似，但是单关节机器人的稳定时间变长，达到0.05 s。这是由于系统惯量变大，导致机电时间常数变大。同时，由于关节阻尼的作用，电压取额定值时的转速低于空载转速，电枢电流高于空载电流（图中点画线为电流曲线）。

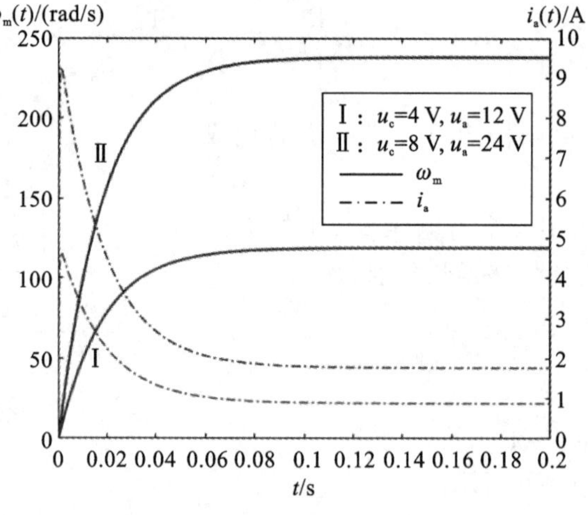

图 5.7 速度模式电机驱动单关节机器人水平面旋转的开环速度响应（$N=10$）

扫码下载仿真例程

2）竖直工况

对于竖直工况，可得到图 5.8 所示的开环速度响应曲线。可见，在两种控制电压作用下，电机转速经过约 0.05 s 的时间后，均进入周期波动状态。这种速度波动是连杆受周期性干扰力矩的结果。两种控制电压下，关节电机转速的波动幅度相等，如表 5.2 所示。根据电机的调节特性，在不同电枢电压下，电机调节特性曲线斜率相同。因此，当负载波动范围不变时，在不同电枢电压下，电机转速波动范围应相等。

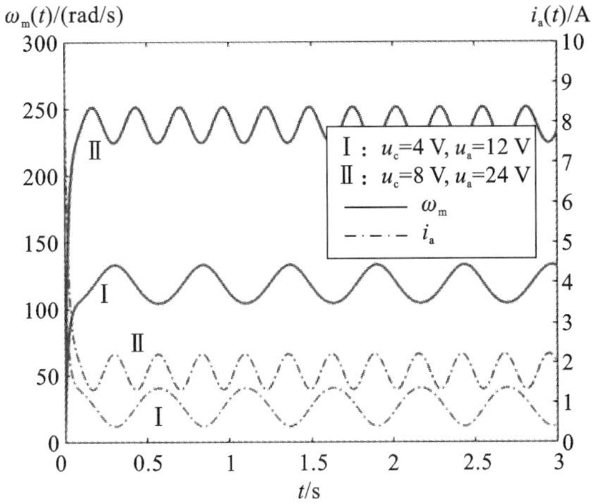

图 5.8　速度模式电机驱动单关节机器人竖直面旋转的开环速度响应(N=10)

表 5.2　速度模式电机在周期干扰力矩作用下的速度波动

传动比	控制电压	平均电流	平均速度	波动幅度	波动率
N=10	4 V	0.88 A	119 rad/s	27 rad/s	22.7%
	8 V	1.77 A	238 rad/s	27 rad/s	11.3%
N=50	4 V	0.64 A	126 rad/s	6 rad/s	4.8%
	8 V	1.28 A	253 rad/s	7 rad/s	2.8%

注:波动幅度=速度最大值−最小值,波动率=波动幅度/平均速度。

可以看到,在周期干扰力矩作用下,速度模式电机的电流也呈现波动状态。电流波动源自与速度成正比的感应电动势的波动。电流波动与速度波动的相位差约为 180°,说明在伺服电机内部,以感应电动势形式存在的速度负反馈,总是倾向于抑制速度波动。

2. 传动比 N=50

增加传动机构的传动比可以有效减小电机转速波动。图 5.9 是当传动比 N=50 时,竖直工况下关节电机的速度响应曲线。可见,电机转速的上升时间和波动幅度都明显减小,上升时间约为 0.02 s,波动幅度为 6 rad/s。不同控制电压下的速度波动率分别为 4.8%(u_c=4 V)和 2.8%(u_c=8 V)。

这说明传动比对电机的稳定运行具有显著影响,分析式(5.1)可知,其原因表现在两个方面:①负载侧的转动惯量和阻尼以 $1/N^2$ 的关系等效到电机转子上,传动比的增加,意味着等效转动惯量和阻尼以传动比的平方倍减小;②负载转矩以 $1/N$ 的关系等效到电机转子,传动比越大,意味着电机所受干扰力矩越小。5.2 小节将对此进行定量分析。

传动比越大,转动惯量、阻尼和负载转矩波动对开环系统的影响越小,实现速度闭环控制的难度就越小。因此,在选择传动比时,除了确保电机的额定转矩和转速与负载转矩和转速匹配外,还要满足闭环控制稳定性的要求。

这种为了实现稳定控制而选择传动比的要求,称为**惯量匹配**。理论上可以证明,满足惯量匹配的最佳传动比是 $N=\sqrt{I_l/I_r}$。但是,由于伺服电机的转动惯量很小,满足惯量匹配的最佳传动比往往很大,而减速器的传动比越大,其效率越低,因此,为了兼顾高效传动,难以实现最佳传动比。在工程上,对于齿轮传动机构,例如各种减速器,为满足惯量匹配要求,其

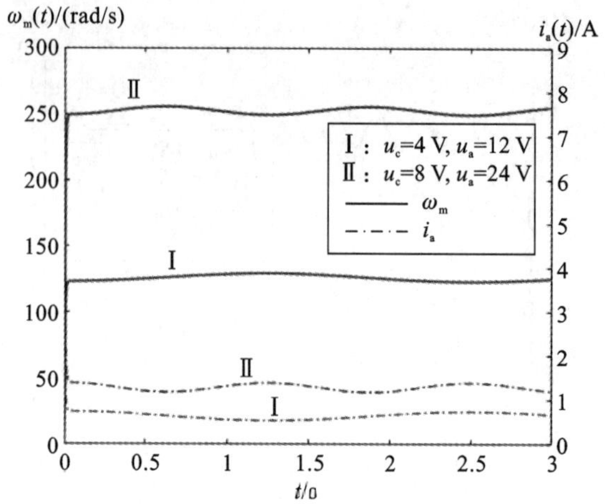

图 5.9　速度模式电机驱动单关节机器人竖直面旋转的开环速度响应($N=50$)

传动比可按式(5.7)进行校核

$$I_m = I_r + \frac{I_l}{N^2} \leqslant 5I_r \tag{5.7}$$

5.1.3　力矩模式关节电机开环控制模型

当电机工作在力矩模式时，单关节机器人的开环控制系统原理可用图 5.10 表示，其中，机器人关节动力学模型与图 5.2 相同，故省略。电流型放大器的作用简化为跨导增益 K_g，而电机的电气模型则简化为电机转矩常数 K_a，系统动力学方程不变，把这些关系整理如下

$$i_a = K_g u_c \tag{5.8}$$

$$\tau_m = K_a i_a \tag{5.9}$$

$$I_m \varepsilon_m + B_m \omega_m + \tau_{md} = \tau_m \tag{5.10}$$

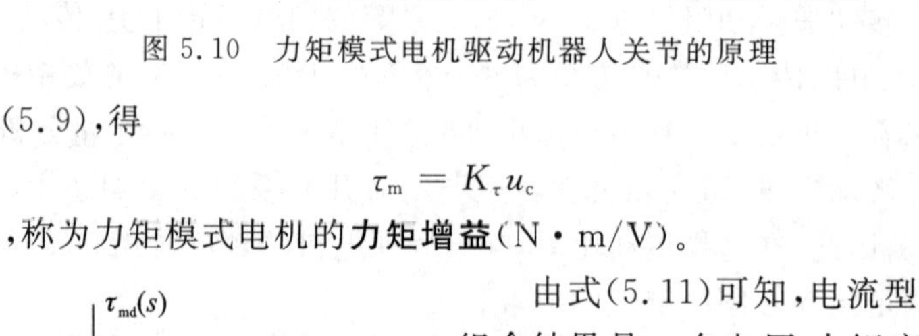

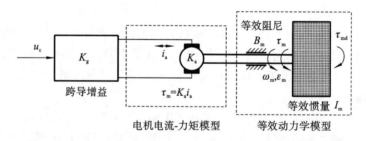

图 5.10　力矩模式电机驱动机器人关节的原理

合并式(5.8)、式(5.9)，得

$$\tau_m = K_\tau u_c \tag{5.11}$$

式中：$K_\tau = K_a K_g$，称为力矩模式电机的**力矩增益**(N · m/V)。

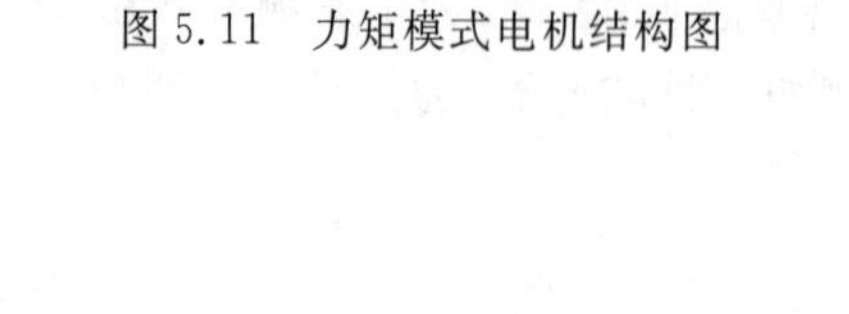

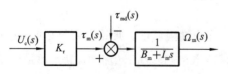

图 5.11　力矩模式电机结构图

由式(5.11)可知，电流型放大器与电机的组合结果是一个电压-力矩变换器，它把控制信号 u_c 线性变换为电机输出力矩 τ_m。对式(5.10)和式(5.11)进行拉普拉斯变换，得到图 5.11 所示的力矩模式电机结构图。

进而可得控制电压 u_c、干扰力矩 τ_{md} 与电机转速 ω_m 之间的关系，即电机的力矩模型

$$\Omega_m(s) = \frac{K_{m\tau}}{1+T_{m\tau}s}U_c(s) - \frac{K_{d\tau}}{1+T_{m\tau}s}\tau_{md}(s) \tag{5.12}$$

式中：$T_{m\tau}$、$K_{m\tau}$、$K_{d\tau}$ 为新定义的参数。$T_{m\tau}$ 为时间常数，$K_{m\tau}$ 为开环增益，$K_{d\tau}$ 为干扰增益。

$$T_{m\tau} = \frac{I_m}{B_m}$$

$$K_{m\tau} = \frac{K_\tau}{B_m}$$

$$K_{d\tau} = \frac{K_{m\tau}}{K_\tau} = \frac{1}{B_m}$$

据此，可以把力矩模式电机的结构图简化成图 5.12 所示形式。

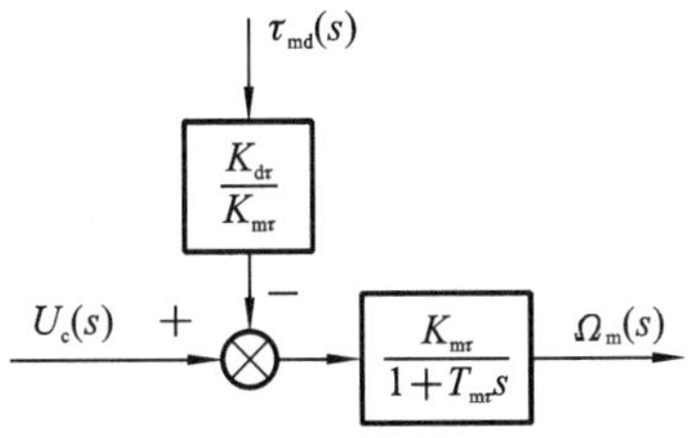

图 5.12　简化的力矩模式电机结构图

在电机的力矩模型中，控制电压 u_c、干扰力矩 τ_{md} 与电机转速 ω_m 之间的传递函数分别为

$$\begin{cases} \dfrac{\Omega_m(s)}{U_c(s)} = \dfrac{K_{m\tau}}{1+T_{m\tau}s} \\ \dfrac{\Omega_m(s)}{\tau_{md}(s)} = \dfrac{K_{d\tau}}{1+T_{m\tau}s} \end{cases} \tag{5.13}$$

对应的系统框图如图 5.13 所示。

图 5.13　力矩模式电机输入-输出关系的结构图

显然，关节电机的力矩模型比其速度模型要简洁，它在没有简化的情况下就已经是一个一阶惯性系统。实际上，这是由于电机的力矩模型内含了电流闭环控制器，理论上，它可以克服感应电动势和电感的影响，使得电机电枢电流与控制电压成正比。在电机力矩模型中，电流闭环控制器被一个理想跨导替代了。电流闭环控制器的存在，使得电机力矩可控，有利于提高速度控制系统的动态特性。

5.1.4　力矩模式关节电机的开环响应

针对图 5.1 所示两种工况，利用力矩模式电机驱动单关节机器人运行。为了便于与速度模式比较，当传动比 $N=10$ 时，控制电压取 $u_c=0.88$ V、1.77 V；当传动比 $N=50$ 时，控制电压取 $u_c=0.64$ V、1.28 V。根据表 5.1 中的跨导增益 $K_g=1$，可知力矩模式下的电枢电流与速度模式下的稳定电流相当。

水平工况的仿真结果如图 5.14 所示。与图 5.7 相比，可以看到在稳定运行时，两种模式的稳定运行速度接近，这是由于两者的负载相同、电枢电流也接近。这一点与直流电机的静态特性一致。两种模式的区别在于：力矩模式电机启动阶段的速度曲线明显变缓，上升时间变长，约为 0.4 s。这是由于力矩模式电机的电枢电流始终保持恒定，启动力矩也保持不变，开环启动力矩没有速度模式下的大。

但是需要注意到，对于速度模式，即便存在速度闭环控制器，其启动力矩也不可控。极端情况下，即使速度闭环控制器输出的控制电压始终保持最大值，电机电流和力矩也会随速度的

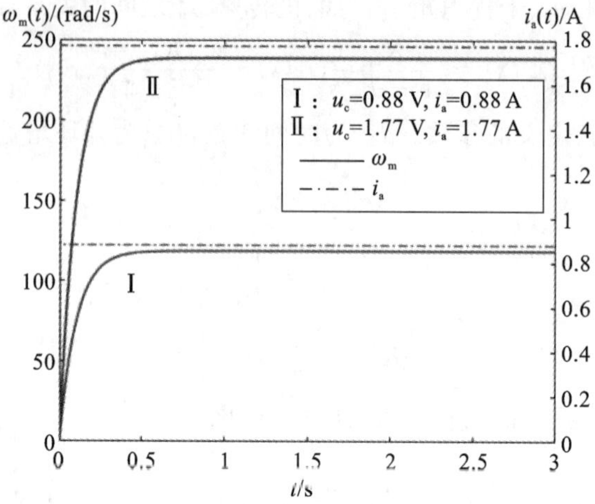

图 5.14　力矩模式电机驱动单关节机器人水平面旋转的开环速度响应($N=10$)

增加而逐渐降低。而对于力矩模式,速度闭环控制器可以直接控制电机电流,如果速度闭环控制器输出的控制电压保持为最大值,则电机电流将始终为最大值,使电机以最大力矩启动。

竖直工况的仿真结果如图 5.15 所示。与图 5.8 相比,可以看到在两种模式下,稳定运行时的平均速度接近,但是力矩模式波动率大,见表 5.3。这是由于在力矩模式下,感应电动势带来的速度负反馈被抑制,使得电流恒定,造成系统转速对负载波动更敏感。在闭环系统中,这种速度波动由速度闭环控制器来调节。

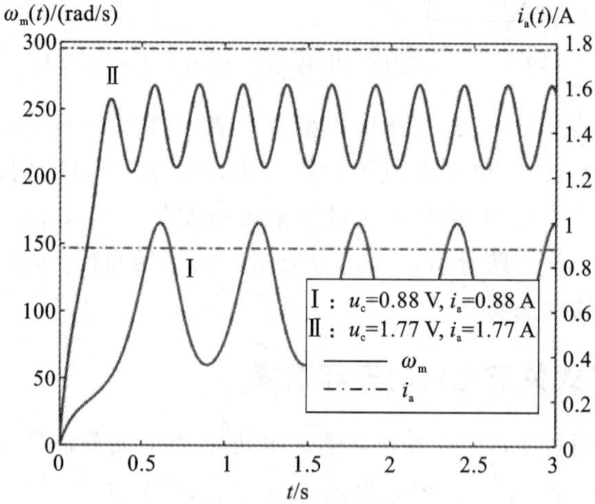

图 5.15　力矩模式电机驱动单关节机器人竖直面旋转的开环速度响应($N=10$)

表 5.3　力矩模式电机在周期干扰力矩作用下的速度波动

传动比	控制电压	平均电流	平均速度	波动幅度	波动率
$N=10$	0.88 V	0.88 A	119 rad/s	106 rad/s	89.1%
	1.77 V	1.77 A	239 rad/s	61 rad/s	25.5%
$N=50$	0.64 V	0.64 A	126 rad/s	46 rad/s	36.5%
	1.28 V	1.28 A	253 rad/s	46 rad/s	18.2%

注:波动幅度=速度最大值-最小值,波动率=波动幅度/平均速度。

在力矩模式下，增大传动比同样具有抑制波动的效果。当传动比取 $N=50$ 时，得到图 5.16 所示的响应曲线。很显然，这是由于传动比增大，等效到电机转子上的干扰力矩等比例减小。

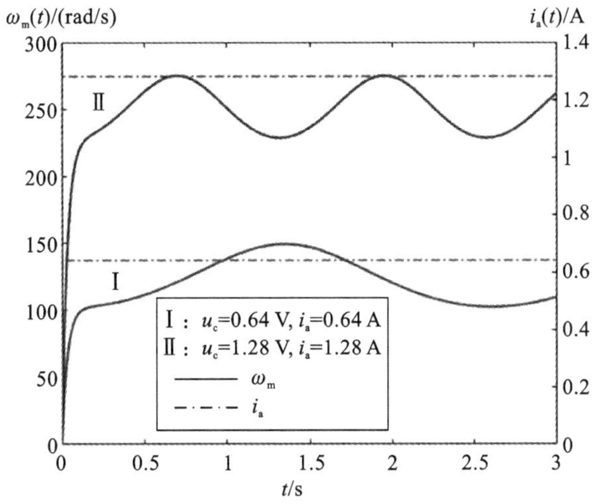

图 5.16　力矩模式电机驱动单关节机器人竖直面旋转的开环速度响应（$N=50$）

5.1.5　速度模式和力矩模式的通用电机模型

由上述仿真验证和分析可知，无论电机工作于速度模式还是力矩模式，控制电压与转速之间的开环传递函数都表现为惯性环节，并且两者具有相同的形式。因此，可以把具有图 5.5和图 5.12 形式的电机模型，称为通用电机模型。基于**通用电机模型**，可以设计电机的速度和位置控制器。

尽管形式相同，但是，在两种工作模式下，电机模型的时间常数和增益不同，感应电动势的影响也不同，导致系统特点也有所不同，其对比见表 5.4。

表 5.4　通用电机模型中的速度模式与力矩模式对比

项目	速度模式	力矩模式	对比
传递函数和结构图	$\Omega_m(s)=\dfrac{K_m}{1+T_m s}U_c(s)-\dfrac{K_d}{1+T_m s}\tau_{md}(s)$ 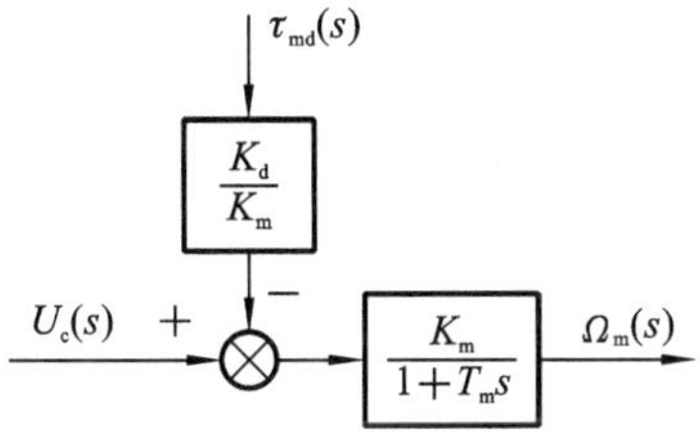		力矩模式下，电机输出力矩正比于控制电压 $\tau_m=K_\tau u_c$，物理意义明确，有利于复杂控制器的设计
时间常数	$T_m=T_{mv}=\dfrac{R_a I_m}{K_e K_a+R_a B_m}$	$T_m=T_{m\tau}=\dfrac{I_m}{B_m}$	$T_{mv}<T_{m\tau}$ 速度模式开环时间常数小
开环增益	$K_m=K_{mv}=\dfrac{K_a K_u}{K_e K_a+R_a B_m}$	$K_m=K_{m\tau}=\dfrac{K_\tau}{B_m}$	K_{mv}：定值 $K_{m\tau}$：可调节

续表

项目	速度模式	力矩模式	对比
干扰增益	$K_d = K_{dv} = \dfrac{K_{mv}R_a}{K_a K_u} = \dfrac{1}{\dfrac{K_e K_a}{R_a} + B_m}$	$K_d = K_{d\tau} = \dfrac{1}{B_m}$	$K_{dv} < K_{d\tau}$ 开环状态下，速度模式的电机对干扰力矩更不敏感

两种模型的参数对比如下。

(1) $T_{mv} < T_{m\tau}$。说明在速度开环状态下，工作于速度模式的电机，其输出速度对控制电压和干扰力矩的变化响应更快，具有抑制波动的作用，能更快达到新的稳态。

(2) K_{mv}仅由各元件固有特性参数决定，为定值；电流型放大器的增益一般可调节，因此$K_{m\tau}$也可调，但它受限于放大器输入电压的上限。

(3) $K_{dv} < K_{d\tau}$。说明在速度开环状态下，工作于速度模式的电机对干扰力矩更不敏感。

基于上述分析和对比，可以得出电机工作于不同模式的特点，简要总结如下。

1) 速度模式

速度模式的特点如下：

(1) 放大器成本低；

(2) 对负载波动的敏感度低，易于实现稳定控制；

(3) 控制信号与电机力矩存在非线性关系，不利于根据动力学方程实现扰动补偿，也不利于实现力矩控制；

(4) 闭环状态下，对控制信号的响应速度低于力矩模式。

2) 力矩模式

力矩模式的特点如下：

(1) 闭环时能够始终以最大力矩启动电机，能实现准时间最优控制；

(2) 闭环控制时，速度控制器输出的控制电压有明确的物理意义，调整控制电压即可调整机器人关节力矩；

(3) 当需要根据系统动力学模型设计复杂的控制算法来消除干扰力矩时，工作在力矩模式的电机更易于建模和验证；

(4) 有利于实现力矩控制；

(5) 放大器成本相对较高；

(6) 系统更敏感，整定控制器参数难度相对较大。

关节电机工作模式的选择，取决于机器人工况和控制任务。对于仅要求实现点位控制的大传动比机器人，其关节电机可以采用电压型放大器驱动，使其工作在速度模式；而对于要求跟踪动态信号或实现力控制的工业机器人，则一般都采用电流型放大器驱动，使其工作在力矩模式。

5.2 驱动空间逆动力学方程的非线性与分解

工作于竖直面的单关节机器人，其负载转矩随关节角波动，进而导致开环状态下的转速波动。为了抑制波动，实现速度和位置可控，需要对关节电机实施闭环控制。经典控制理论中的 PID 控制器，仍然是多数工业机器人的主流控制算法。然而，经典控制理论的适用对象是线性定常系统，机器人关节电机的工作状态却并不满足这一条件，例如，单关节机器人逆动力学方程中负载转矩即为非线性项。

为了利用 PID 控制器，需要进一步讨论机器人的非线性问题，给出逆动力学方程线性分解的方法，揭示决定机器人逆动力学方程非线性程度的关键因素，进而针对线性部分设计 PID 控制器，针对非线性部分设计补偿量。

5.2.1　机器人逆动力学方程的非线性

机器人关节电机控制属于驱动空间控制问题，研究该问题，需要考察驱动空间逆动力学方程，以便根据驱动空间状态变量，即电机加速度、速度和位置，计算电机力矩。一般而言，机器人逆动力学方程，包括驱动空间逆动力学方程，不是一个线性定常微分方程。

下面利用例 5-1 和例 5-2 对此做定量分析。

【例 5-1】　对于图 5.17 所示工作于竖直平面的单关节机器人，电机和连杆参数见表 5.1，与本例相关的参数如下：$L=0.1$ m，$m=0.5$ kg，$g=9.8$ m/s^2，电机减速器传动比 $N=10$。忽略减速器内部传动元件惯量，试分析：在机器人全工作空间 $\theta\in[0°,360°]$，关节电机逆动力学方程中干扰力矩的波动范围。

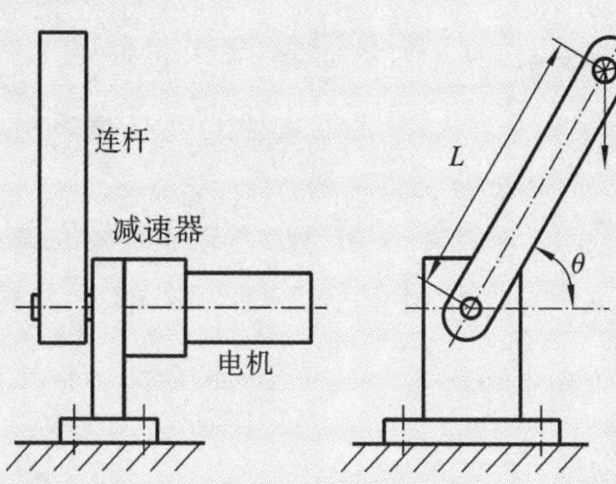

图 5.17　工作于竖直平面的单关节机器人

解　由式(5.2)可知，单关节机器人驱动空间逆动力学方程为

$$\tau_m = I_m\varepsilon_m + B_m\omega_m + \tau_{md} \tag{5.14}$$

其中：$I_m\varepsilon_m$ 为惯性力矩，$B_m\omega_m$ 为阻尼力矩，两者的系数均为常数，它们共同构成逆动力学方程的线性项；τ_{md} 为干扰力矩，在本例中 τ_{md} 仅包含重力矩 τ_{mG}。

根据连杆转角 θ 的定义，可知关节电机所受重力矩为

$$\tau_{mG} = \frac{mgL\cos\theta}{N}$$

显然，尽管单关节机器人的电机模型 $I_m\varepsilon_m + B_m\omega_m$ 是线性的，但是，其干扰力矩 τ_{md} 随机器人关节转角非线性变化，其波动范围为$(-4.9\sim+4.9)\times10^{-2}$ N·m。因此，单关节机器人驱动空间逆动力学方程是非线性的。

【例 5-2】 对于图 5.18 所示的平面 2R 机器人，若两杆及电机均取表 5.1 参数，即 $L_1=L_2=L=0.1\ \mathrm{m}$，$m_1=m_2=m=0.5\ \mathrm{kg}$，$I_{r1}=I_{r2}=I_r=1.19\times10^{-5}\ \mathrm{kg\cdot m^2}$，$g=9.8\ \mathrm{m/s^2}$，两关节减速器相同，传动比 $N_1=N_2=N=10$，关节阻尼 B_{l1}、B_{l2} 和电机转子阻尼 B_{r1}、B_{r2} 均为常数，忽略电机和减速器质量，试在驱动空间进行如下计算和分析：

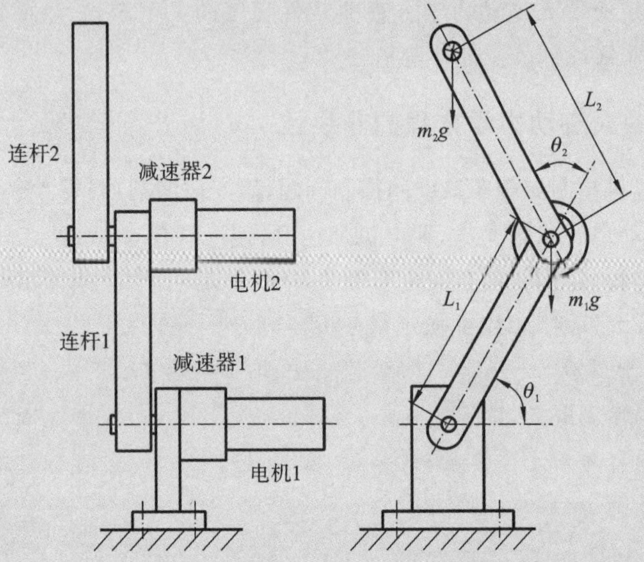

图 5.18　电机驱动的平面 2R 机器人

(1) 写出两关节电机的逆动力学方程，指出其中的线性项和非线性项；

(2) 计算全工作空间内，重力矩的变化范围；

(3) 计算全工作空间内，广义质量矩阵 $\boldsymbol{M}_{\mathrm{m}}(\boldsymbol{\theta})$ 各元素的变化范围；

(4) 当两关节均以加速度 $\ddot{\theta}_1=\ddot{\theta}_2=\ddot{\theta}=\pi(\mathrm{rad/s^2})$ 运转时，计算惯性力矩的变化范围；

(5) 当两关节均以速度 $\dot{\theta}_{1\max}=\dot{\theta}_{2\max}=\dot{\theta}=\dfrac{\pi}{4}(\mathrm{rad/s})$ 匀速运转时，计算离心-科氏力矩的变化范围。

解　(1)忽略式(2.142)中的末端力，可得机器人驱动空间逆动力学方程为

$$\boldsymbol{\tau}_{\mathrm{m}}=\boldsymbol{M}_{\mathrm{m}}(\boldsymbol{\theta})\boldsymbol{\varepsilon}_{\mathrm{m}}+\boldsymbol{V}_{\mathrm{m}}(\boldsymbol{\theta},\dot{\boldsymbol{\theta}})\boldsymbol{\omega}_{\mathrm{m}}+\boldsymbol{B}_{\mathrm{m}}\boldsymbol{\omega}_{\mathrm{m}}+\boldsymbol{G}_{\mathrm{m}}(\boldsymbol{\theta}) \tag{5.15}$$

其物理意义为：给定关节电机加速度 $\boldsymbol{\varepsilon}_{\mathrm{m}}$、速度 $\boldsymbol{\omega}_{\mathrm{m}}$ 和关节位置 $\boldsymbol{\theta}$，需要电机输出的电磁力矩为 $\boldsymbol{\tau}_{\mathrm{m}}$。

根据例 2-8，平面 2R 机器人的驱动空间逆动力学方程可具体化为

$$\begin{pmatrix}\tau_{\mathrm{m1}}\\ \tau_{\mathrm{m2}}\end{pmatrix}=\begin{pmatrix}M_{11} & M_{12}\\ M_{21} & M_{22}\end{pmatrix}\begin{pmatrix}\varepsilon_{\mathrm{m1}}\\ \varepsilon_{\mathrm{m2}}\end{pmatrix}+\begin{pmatrix}V_{11} & V_{12}\\ V_{21} & V_{22}\end{pmatrix}\begin{pmatrix}\omega_{\mathrm{m1}}\\ \omega_{\mathrm{m2}}\end{pmatrix}+\begin{pmatrix}B_{\mathrm{m1}} & 0\\ 0 & B_{\mathrm{m2}}\end{pmatrix}\begin{pmatrix}\omega_{\mathrm{m1}}\\ \omega_{\mathrm{m2}}\end{pmatrix}+\begin{pmatrix}\tau_{\mathrm{mG1}}\\ \tau_{\mathrm{mG2}}\end{pmatrix} \tag{5.16}$$

于是，关节电机 1 的逆动力学方程为

$$\tau_{\mathrm{m1}}=M_{11}\varepsilon_{\mathrm{m1}}+M_{12}\varepsilon_{\mathrm{m2}}+V_{11}\omega_{\mathrm{m1}}+V_{12}\omega_{\mathrm{m2}}+B_{\mathrm{m1}}\omega_{\mathrm{m1}}+\tau_{\mathrm{mG1}} \tag{5.17}$$

式中：$M_{11}\varepsilon_{\mathrm{m1}}+M_{12}\varepsilon_{\mathrm{m2}}$ 为关节电机 1 所受惯性力矩；$V_{11}\omega_{\mathrm{m1}}+V_{12}\omega_{\mathrm{m2}}$ 为关节 1 所受离心-科氏力矩；$B_{\mathrm{m1}}\omega_{\mathrm{m1}}$ 为关节 1 所受阻尼力矩；τ_{mG1} 为重力矩。

关节电机2的逆动力学方程为

$$\tau_{m2} = M_{21}\varepsilon_{m1} + M_{22}\varepsilon_{m2} + V_{21}\omega_{m1} + V_{22}\omega_{m2} + B_{m2}\omega_{m2} + \tau_{mG2} \tag{5.18}$$

各项含义与关节1相同。

与本例相关的各矩阵参数为

广义质量矩阵

$$\boldsymbol{M}_{m}(\boldsymbol{\theta}) = \begin{bmatrix} M_{11} & M_{12} \\ M_{21} & M_{22} \end{bmatrix} = \begin{bmatrix} \dfrac{mL^2}{N^2}(3+2\cos\theta_2)+I_r & \dfrac{mL^2}{N^2}(1+\cos\theta_2) \\ \dfrac{mL^2}{N^2}(1+\cos\theta_2) & \dfrac{mL^2}{N^2}+I_r \end{bmatrix}$$

离心-科氏力矩阵

$$\boldsymbol{V}_{m}(\boldsymbol{\theta},\dot{\boldsymbol{\theta}}) = \begin{bmatrix} V_{11} & V_{12} \\ V_{21} & V_{22} \end{bmatrix} = \begin{bmatrix} 0 & -\dfrac{3mL^2\dot{\theta}\sin\theta_2}{N^2} \\ \dfrac{mL^2\dot{\theta}\sin\theta_2}{N^2} & 0 \end{bmatrix}$$

阻尼矩阵

$$\boldsymbol{B}_{m} = \begin{bmatrix} B_{m1} & 0 \\ 0 & B_{m2} \end{bmatrix} = \begin{bmatrix} \dfrac{B_{l1}}{N_1^2}+B_{r1} & 0 \\ 0 & \dfrac{B_{l2}}{N_2^2}+B_{r2} \end{bmatrix}$$

重力矩

$$\boldsymbol{G}_{m}(\boldsymbol{\theta}) = \begin{bmatrix} \tau_{mG1} \\ \tau_{mG2} \end{bmatrix} = \begin{bmatrix} \dfrac{2mgL\cos\theta_1 + mgL\cos(\theta_1+\theta_2)}{N} \\ \dfrac{mgL\cos(\theta_1+\theta_2)}{N} \end{bmatrix}$$

因为关节阻尼B_{l1}、B_{l2}和电机转子阻尼B_{r1}、B_{r2}均为常数，所以，两关节电机的逆动力学方程中，仅阻尼力矩为线性项，其他项均为非线性项。

(2) 全工作空间重力矩的变化范围见表5.5。

表5.5　重力矩变化范围(单位：$\times10^{-2}$ N·m)

关节编号	1	2
重力矩	−15～+15	−5～+5

(3) 全工作空间广义质量矩阵$\boldsymbol{M}_m(\boldsymbol{\theta})$各元素的变化范围如表5.6所示。

表5.6　$\boldsymbol{M}_m(\boldsymbol{\theta})$各参数变化范围(单位：$\times10^{-5}$ N·m^2)

$\boldsymbol{M}_m(\boldsymbol{\theta})$元素	M_{11}	M_{22}	$M_{12}=M_{21}$
取值	6.19～26.19	6.19	0～10

(4) 当两关节均以加速度$\ddot{\theta}=\pi(\text{rad/s}^2)$运行时，关节电机角加速度为$\varepsilon_{m1}=\ddot{\theta}_1 N_1=\ddot{\theta}N$，$\varepsilon_{m2}=\ddot{\theta}_2 N_2=\ddot{\theta}N$，于是可得惯性力矩的变化范围，如表5.7所示。

表5.7　惯性力矩变化范围(单位：$\times10^{-2}$ N·m)

关节编号	1	2
惯性力矩	0.19～1.14	0.19～0.51

(5) 当两关节均以速度 $\dot{\theta}=\frac{\pi}{4}$(rad/s)运行时，关节电机角速度为 $\omega_{m1}=\dot{\theta}_1 N_1=\dot{\theta}N$，$\omega_{m2}=\dot{\theta}_2 N_2=\dot{\theta}N$，于是可得离心-科氏力矩的变化范围，如表 5.8 所示。

表 5.8　离心-科氏力矩变化范围(单位：$\times 10^{-2}$ N·m)

关节编号	1	2
离心-科氏力矩	−0.09～+0.09	−0.03～+0.03

例 5-1 和例 5-2 说明，单自由度机器人和平面 2R 机器人关节电机的逆动力学方程均表现出非线性的特点，并且平面 2R 机器人各关节间还存在耦合力矩。

对于一般的 n 关节机器人，式(5.15)的每一行对应着一个关节电机逆动力学方程，其中的广义质量矩阵 $\boldsymbol{M}_{\mathrm{m}}$、离心-科氏力矩阵 $\boldsymbol{V}_{\mathrm{m}}$ 和重力项 $\boldsymbol{G}_{\mathrm{m}}$，都是关节位置和速度的函数，这体现了系统时变、非线性的特点。**$\boldsymbol{M}_{\mathrm{m}}$ 的对角线元素相当于关节电机的等效转动惯量，通常是一个变量**。$\boldsymbol{M}_{\mathrm{m}}$ 和 $\boldsymbol{V}_{\mathrm{m}}$ 的非对角线元素会把一个关节的加速度和速度，耦合为其他关节的干扰力矩，称为**耦合力矩**。

因此，机器人是一个多输入、多输出、时变且各关节间强耦合的非线性系统。体现到关节电机上，这种非线性表现为**非定常的等效转动惯量**和**非恒定的扰动力矩**。

上述特点使机器人控制问题变得异常复杂。理论上说，必须借助现代控制理论，严格按照机器人逆动力学方程构建控制模型，在状态空间中进行研讨，这样才能建立机器人控制器的设计和分析框架。但是，模型误差、反馈信号噪声、位置干扰等因素的存在，使得理论上精确的控制方案，在实践中难以适应实际工况。

此外，现代机器人的控制系统都由计算机实现。计算机采样、运算和输出的离散化对机器人控制的影响，需要用离散控制理论来分析。但是，目前这些方法还难以应用到非线性系统的控制中。

从成本、可实现性和稳定性等角度考虑，工程实践中往往对机器人驱动空间逆动力学模型进行线性化简化，然后，采用经典 PID 控制器实现闭环控制。

5.2.2　驱动空间逆动力学方程的分解

图 5.1 中单关节机器人的驱动空间逆动力学方程为

$$\tau_{\mathrm{m}}=I_{\mathrm{m}}\varepsilon_{\mathrm{m}}+B_{\mathrm{m}}\omega_{\mathrm{m}}+\tau_{\mathrm{md}} \tag{5.19}$$

式中：$I_{\mathrm{m}}\varepsilon_{\mathrm{m}}+B_{\mathrm{m}}\omega_{\mathrm{m}}$ 是线性的电机动力学模型；τ_{md} 是干扰力矩，其形式由外载荷决定。

对于多自由度机器人的关节电机，如果也可以得到与式(5.19)形式一致的驱动空间逆动力学方程，即“线性”电机动力学模型＋干扰力矩，就能采用经典控制理论的设计方法，为每个关节电机设计 PID 控制器。

例 5-2 中的关节和电机阻尼系数被设定为常数，这是工程上常用的合理假设。在此前提下，式(5.17)和式(5.18)所代表的平面 2R 机器人逆动力学方程中，除了阻尼力矩项，其他项(包括惯性力矩)都为非线性项。为了获得式(5.19)的形式，需要从非线性惯性力矩项中分解出假想的线性惯性力矩项。下面，以平面 2R 机器人为例进行说明。

【例 5-3】 针对例 5-2 中的平面 2R 机器人，对两个关节电机的逆动力学方程进行线性分解。

解 由式(5.17)可知，关节电机 1 逆动力学方程中只有阻尼力矩 $B_{m1}\omega_{m1}$ 是线性项。

离心-科氏力矩 $V_{11}\omega_{m1}+V_{12}\omega_{m2}$、重力矩 τ_{mG1} 都是非线性项，可以把它们视为干扰力矩；惯性力矩中的 $M_{12}\varepsilon_{m2}$ 反映的是关节间的耦合干扰，也应被视为干扰力矩。

由广义质量矩阵对角线元素引起的惯性力矩 $M_{11}\varepsilon_{m1}$ 随机器人位形变化而波动，也是非线性项。但是，可以考虑把它拆分为平均值与波动值的叠加。

根据例 5-2 中 M_{11} 的表达式

$$M_{11}=\frac{mL^2}{N^2}(3+2\cos\theta_2)+I_r$$

可以把 M_{11} 分解为两个部分

$$M_{11}=\overline{M}_{11}+\Delta M_{11}=\left(\frac{3mL^2}{N^2}+I_r\right)+\frac{2mL^2}{N^2}\cos\theta_2$$

其中：$\overline{M}_{11}=\dfrac{3mL^2}{N^2}+I_r$，是平均等效转动惯量；$\Delta M_{11}=\dfrac{2mL^2}{N^2}\cos\theta_2$，是等效转动惯量的波动量。

由此，可以把关节电机 1 的 $M_{11}\varepsilon_{m1}$ 分解为

$$M_{11}\varepsilon_{m1}=\overline{M}_{11}\varepsilon_{m1}+\Delta M_{11}\varepsilon_{m1}$$

式中：$\overline{M}_{11}\varepsilon_{m1}$ 为线性惯性力矩；$\Delta M_{11}\varepsilon_{m1}$ 为波动惯性力矩。

于是，关节电机 1 的逆动力学方程可分解为

$$\tau_{m1}=\overline{M}_{11}\varepsilon_{m1}+B_{m1}\omega_{m1}+\Delta M_{11}\varepsilon_{m1}+M_{12}\varepsilon_{m2}+V_{11}\omega_{m1}+V_{12}\omega_{m2}+\tau_{mG1} \tag{5.20}$$

合并所有的干扰力矩，并令 $I_{m1}=\overline{M}_{11}$，得关节电机 1 的等效逆动力学模型

$$\tau_{m1}=I_{m1}\varepsilon_{m1}+B_{m1}\omega_{m1}+\tau_{md1} \tag{5.21}$$

其中：$I_{m1}\varepsilon_{m1}+B_{m1}\omega_{m1}$ 是线性简化模型；τ_{md1} 为干扰力矩，且 $\tau_{md1}=\Delta M_{11}\varepsilon_{m1}+M_{12}\varepsilon_{m2}+V_{11}\omega_{m1}+V_{12}\omega_{m2}+\tau_{mG1}$。

同样地，关节电机 2 的等效逆动力学模型为

$$\tau_{m2}=I_{m2}\varepsilon_{m2}+B_{m2}\omega_{m2}+\tau_{md2} \tag{5.22}$$

其中：$I_{m2}\varepsilon_{m2}+B_{m2}\omega_{m2}$ 是线性简化模型，且 $I_{m2}=\overline{M}_{22}=\dfrac{mL^2}{N^2}+I_r$；$\tau_{md2}$ 为干扰力矩，且 $\tau_{md2}=\Delta M_{22}\varepsilon_{m2}+M_{21}\varepsilon_{m1}+V_{21}\omega_{m1}+V_{22}\omega_{m2}+\tau_{mG2}$，$\Delta M_{22}=0$。

将式(5.21)和式(5.22)合并，写成矩阵的形式，得

$$\begin{cases}\boldsymbol{\tau}_m=\overline{\boldsymbol{M}}_m\boldsymbol{\varepsilon}_m+\boldsymbol{B}_m\boldsymbol{\omega}_m+\boldsymbol{\tau}_{md}\\ \boldsymbol{\tau}_{md}=\Delta\boldsymbol{M}_m(\boldsymbol{\theta})\boldsymbol{\varepsilon}_m+\boldsymbol{V}_m(\boldsymbol{\theta},\dot{\boldsymbol{\theta}})\boldsymbol{\omega}_m+\boldsymbol{G}_m(\boldsymbol{\theta})\end{cases} \tag{5.23}$$

其中：$\overline{\boldsymbol{M}}_m=\begin{bmatrix}\overline{M}_{11} & 0\\ 0 & \overline{M}_{22}\end{bmatrix}$ 称为主惯性矩阵；$\Delta\boldsymbol{M}_m(\boldsymbol{\theta})=\begin{bmatrix}\Delta M_{11} & M_{12}\\ M_{21} & \Delta M_{22}\end{bmatrix}$ 称为非线性惯性矩阵。

将例 5-3 所示方法进行推广，可以总结出一般多关节机器人驱动空间逆动力学方程的分解方法。式(5.24)是自由空间中多关节机器人的驱动空间逆动力学方程

$$\boldsymbol{\tau}_m=\boldsymbol{M}_m(\boldsymbol{q})\boldsymbol{\varepsilon}_m+\boldsymbol{V}_m(\boldsymbol{q},\dot{\boldsymbol{q}})\boldsymbol{\omega}_m+\boldsymbol{B}_m\boldsymbol{\omega}_m+\boldsymbol{G}_m(\boldsymbol{q}) \tag{5.24}$$

式中：$\boldsymbol{M}_{\mathrm{m}}(\boldsymbol{q})=\boldsymbol{N}^{-1}\boldsymbol{M}(\boldsymbol{q})\boldsymbol{N}^{-1}$为驱动空间广义质量矩阵；$\boldsymbol{V}_{\mathrm{m}}(\boldsymbol{q},\dot{\boldsymbol{q}})=\boldsymbol{N}^{-1}\boldsymbol{V}(\boldsymbol{q},\dot{\boldsymbol{q}})\boldsymbol{N}^{-1}$为驱动空间科氏力和离心力耦合系数矩阵；$\boldsymbol{B}_{\mathrm{m}}=\boldsymbol{N}^{-1}\boldsymbol{B}\boldsymbol{N}^{-1}$为驱动空间黏滞阻尼系数矩阵，为对角阵，其对角线元素为电机转子侧等效阻尼 B_{m}；$\boldsymbol{G}_{\mathrm{m}}(\boldsymbol{q})=\boldsymbol{N}^{-1}\boldsymbol{G}(\boldsymbol{q})$为驱动空间重力矢量；$\boldsymbol{N}$ 为各关节线性传动机构的传动比矩阵，为常值对角阵；$\boldsymbol{\tau}_{\mathrm{m}}$ 为电机输出力矩矢量。

可将驱动空间广义质量矩阵拆分成两个部分

$$\boldsymbol{M}_{\mathrm{m}}(\boldsymbol{q})=\overline{\boldsymbol{M}}_{\mathrm{m}}+\Delta\boldsymbol{M}_{\mathrm{m}}(\boldsymbol{q}) \tag{5.25}$$

式中：$\overline{\boldsymbol{M}}_{\mathrm{m}}$ 为对角阵，其元素为常数，代表各电机的**平均总等效惯量** I_{m}，与机器人位形无关，称为主惯性矩阵；$\Delta\boldsymbol{M}_{\mathrm{m}}(\boldsymbol{q})$为非线性惯性矩阵，代表对角线上等效惯量的波动量和非对角线上的等效耦合惯量，其元素值随机器人位形变化。

据此，可以将式(5.24)右侧的电机力矩分解为

$$\boldsymbol{\tau}_{\mathrm{m}}=\boldsymbol{\tau}_{\mathrm{ml}}+\boldsymbol{\tau}_{\mathrm{md}} \tag{5.26}$$

$$\boldsymbol{\tau}_{\mathrm{ml}}=\overline{\boldsymbol{M}}_{\mathrm{m}}\boldsymbol{\varepsilon}_{\mathrm{m}}+\boldsymbol{B}_{\mathrm{m}}\boldsymbol{\omega}_{\mathrm{m}} \tag{5.27}$$

$$\boldsymbol{\tau}_{\mathrm{md}}=\Delta\boldsymbol{M}_{\mathrm{m}}(\boldsymbol{q})\boldsymbol{\varepsilon}_{\mathrm{m}}+\boldsymbol{V}_{\mathrm{m}}(\boldsymbol{q},\dot{\boldsymbol{q}})\boldsymbol{\omega}_{\mathrm{m}}+\boldsymbol{G}_{\mathrm{m}}(\boldsymbol{q}) \tag{5.28}$$

式中：$\boldsymbol{\tau}_{\mathrm{ml}}$表示与机器人状态无关的**线性驱动力矩矢量**，包含线性惯性力矩和阻尼力矩；$\boldsymbol{\tau}_{\mathrm{md}}$表示与机器人状态相关的**干扰驱动力矩矢量**，包含波动-耦合惯性力矩、离心-科氏力矩和重力矩。

式(5.27)中的每一行，都对应着一个关节电机的**线性简化模型**。根据此模型，可以利用经典控制理论设计电机的位置 PID 控制器，以及速度和加速度前馈补偿项，这将在 5.3 节讨论。式(5.28)的每一行，则对应着每个关节电机所受的**干扰力矩** τ_{md}，据此可以设计干扰力矩集中前馈补偿项，这将在 5.4 节讨论。

5.2.3　关节干扰力矩影响因素与分散控制方案原理

为机器人关节电机设计位置 PID 控制器时，如果干扰力矩 τ_{md}较小，则可以把它视为恒定小扰动，仅由 PID 控制器来抑制；否则，就需要在控制器中加以补偿。因此，总是希望系统的干扰力矩较小。当机器人机构和结构设计完成后，影响干扰力矩大小的主要因素是电机减速器的传动比，以及机器人的速度和加速度。

下面，结合单关节机器人和平面 2R 机器人进行定量分析。

【例 5-4】　对于图 5.19 所示工作于竖直平面的单关节机器人，电机和连杆参数见表 5.1，与本例相关的参数如下：$I_{\mathrm{r}}=1.19\times10^{-5}\ \mathrm{kg\cdot m^2}$，$B_{\mathrm{r}}=4.10\times10^{-4}\ (\mathrm{N\cdot m})/(\mathrm{rad/s})$，$L=0.1\ \mathrm{m}$，$m=0.5\ \mathrm{kg}$，$I_{\mathrm{l}}=5.0\times10^{-3}\ \mathrm{kg\cdot m^2}$，$B_{\mathrm{l}}=2.0\times10^{-2}\ (\mathrm{N\cdot m})/(\mathrm{rad/s})$，$g=9.8\ \mathrm{m/s^2}$。电机减速器传动比为 N，忽略减速器内部传动元件的惯量，试分析如下问题：

(1) 分别取传动比 $N=10$ 或 50，电机转子惯量 I_{r} 和阻尼 B_{r} 在电机转子侧等效转动惯量 I_{m} 和等效阻尼系数 B_{m} 中的占比；

(2) 当连杆最高转速和加速度分别取 $\dot{\theta}_{\max}=\dfrac{\pi}{2}(\mathrm{rad/s})$、$\ddot{\theta}_{\max}=2\pi(\mathrm{rad/s^2})$，传动比 $N=10$ 或 50 时，驱动空间逆动力学方程中各项的值，以及它们在电机驱动力矩中所占的比例。

解　(1) 根据式(5.1)可知，电机转子侧等效转动惯量 I_{m} 和等效阻尼系数 B_{m} 的计算公式为

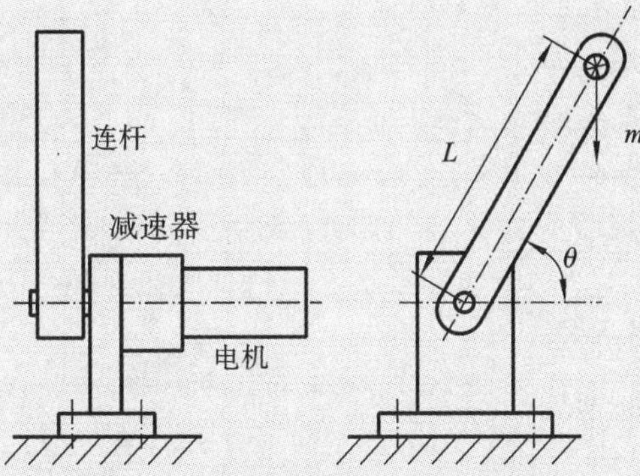

图 5.19　工作于竖直平面的单关节机器人

$$I_m = I_r + \frac{I_l}{N^2}$$

$$B_m = B_r + \frac{B_l}{N^2}$$

代入已知条件，得

当 $N=10$ 时，

$$I_m = I_r + \frac{I_l}{N^2} = \left(1.19\times10^{-5} + \frac{5.0\times10^{-3}}{10^2}\right)\ \mathrm{kg\cdot m^2} = 6.19\times10^{-5}\ \mathrm{kg\cdot m^2}$$

$$B_m = B_r + \frac{B_l}{N^2} = \left(4.10\times10^{-4} + \frac{2.0\times10^{-2}}{10^2}\right)(\mathrm{N\cdot m})/(\mathrm{rad/s}) = 6.1\times10^{-4}(\mathrm{N\cdot m})/(\mathrm{rad/s})$$

当 $N=50$ 时，

$$I_m = I_r + \frac{I_l}{N^2} = \left(1.19\times10^{-5} + \frac{5.0\times10^{-3}}{50^2}\right)\ \mathrm{kg\cdot m^2} = 1.39\times10^{-5}\ \mathrm{kg\cdot m^2}$$

$$B_m = B_r + \frac{B_l}{N^2} = \left(4.10\times10^{-4} + \frac{2.0\times10^{-2}}{50^2}\right)(\mathrm{N\cdot m})/(\mathrm{rad/s}) = 4.18\times10^{-4}(\mathrm{N\cdot m})/(\mathrm{rad/s})$$

将计算结果整理在表 5.9 中。

表 5.9　不同传动比下电机转子惯量和阻尼系数的占比

传动比	I_m/($\times10^{-5}$ kg·m²)	$\frac{I_r}{I_m}\times100\%$	$\frac{5I_r}{I_m}$	B_m/($\times10^{-4}$(N·m)/(rad/s))	$\frac{B_r}{B_m}\times100\%$
$N=10$	6.19	19%	0.96	6.1	67%
$N=50$	1.39	86%	4.28	4.18	98%

(2) 单关节机器人驱动空间逆动力学方程为

$$\tau_m = I_m\varepsilon_m + B_m\omega_m + \tau_{md}$$

且

$$\tau_{md} = \frac{mgL\cos\theta}{N}$$

代入已知条件，并只考虑负载转矩取最大值的情况，得

当 $N=10$ 时，

$$I_m\varepsilon_m = I_m\ddot{\theta}_{max}N = 6.19\times10^{-5}\times2\pi\times10\ \text{N}\cdot\text{m} = 0.39\times10^{-2}\ \text{N}\cdot\text{m}$$

$$B_m\omega_m = B_m\dot{\theta}_{max}N = 6.1\times10^{-4}\times\pi/2\times10\ \text{N}\cdot\text{m} = 0.96\times10^{-2}\ \text{N}\cdot\text{m}$$

$$\Delta\tau_{md} = \tau_{mdmax} = \frac{mgL\cos0^\circ}{N} = \frac{0.5\times9.8\times0.1}{10}\ \text{N}\cdot\text{m} = 4.90\times10^{-2}\ \text{N}\cdot\text{m}$$

当 $N=50$ 时，

$$I_m\varepsilon_m = I_m\ddot{\theta}_{max}N = 1.39\times10^{-5}\times2\pi\times50\ \text{N}\cdot\text{m} = 0.44\times10^{-2}\ \text{N}\cdot\text{m}$$

$$B_m\omega_m = B_m\dot{\theta}_{max}N = 4.18\times10^{-4}\times\pi/2\times50\ \text{N}\cdot\text{m} = 3.28\times10^{-2}\ \text{N}\cdot\text{m}$$

$$\Delta\tau_{md} = \tau_{mdmax} = \frac{mgL\cos0^\circ}{N} = \frac{0.5\times9.8\times0.1}{50}\ \text{N}\cdot\text{m} = 0.98\times10^{-2}\ \text{N}\cdot\text{m}$$

对于本例，干扰力矩的波动范围 $\Delta\tau_{md}$ 等于其最大值 τ_{mdmax}，计算结果见表 5.10 和图 5.20。

表 5.10 动力学方程中各项的值及其在电机总驱动力矩中的占比(单位：$\times10^{-2}$ N·m，比值无量纲)

传动比	总力矩 τ_m	线性力矩				干扰力矩波动范围 $\Delta\tau_{md}=\tau_{mdmax}$		
		惯性力矩 $I_m\varepsilon_m$		阻尼力矩 $B_m\omega_m$				
		取值	占比	取值	占比	取值	占比	与电机额定转矩之比 ($\tau_r=8.82\times10^{-2}$ N·m)
$N=10$	6.25	0.39	6%	0.96	15%	4.90	79%	56%
$N=50$	4.70	0.44	9%	3.28	70%	0.98	21%	11%

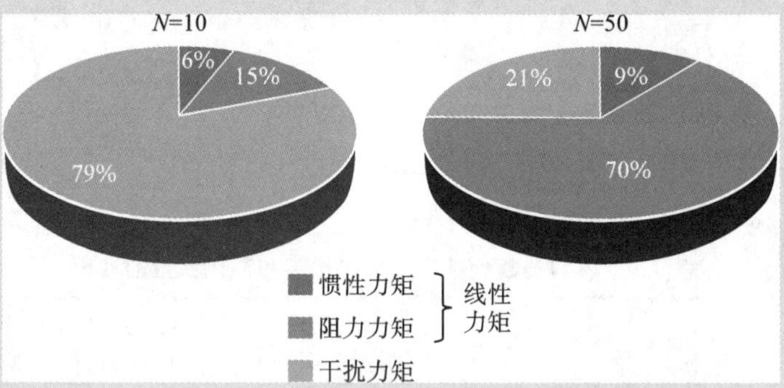

图 5.20 不同传动比下，电机总力矩中各力矩的占比

分析

1) 传动比 $N=10$

(1) 电机转子转动惯量与等效转动惯量之间的关系为惯量匹配要求的临界值，参见表 5.1 和式(5.7)。

(2) 在速度和加速度均不等于零的动态条件下，干扰力矩在电机总输出力矩中的占比达到 79%，是主导项，不能忽略。

(3) 干扰力矩的波动范围为电机额定转矩的 56%，不能视为小扰动。

2）传动比 $N=50$

（1）电机转子转动惯量和阻尼系数是等效转动惯量和等效阻尼系数中的主导项，此时，机器人模型偏差，即连杆惯量和关节阻尼偏差，对电机模型的影响较小。

（2）对于动态情况，干扰力矩在电机总输出力矩中的占比仅为 21%，电机逆动力学方程中的主导项是线性力矩。

（3）干扰力矩的波动范围只有电机额定转矩的 11%，可视为小扰动。

【例 5-5】 对于图 5.21 所示的平面 2R 机器人，若两杆及电机均取表 5.1 所示参数，即：$L_1=L_2=L=0.1\ \mathrm{m}$，$m_1=m_2=m=0.5\ \mathrm{kg}$，$B_{l1}=B_{l2}=B_l=2.0\times10^{-2}(\mathrm{N\cdot m})/(\mathrm{rad/s})$，$g=9.8\ \mathrm{m/s^2}$，$I_{r1}=I_{r2}=I_r=1.19\times10^{-5}\ \mathrm{kg\cdot m^2}$，$B_{r1}=B_{r2}=B_r=4.10\times10^{-4}(\mathrm{N\cdot m})/(\mathrm{rad/s})$。两关节减速器相同，传动比 $N_1=N_2=N$，关节最高转速 $\dot{\theta}_{1\max}=\dot{\theta}_{2\max}=\dot{\theta}_{\max}$，关节最高加速度 $\ddot{\theta}_{1\max}=\ddot{\theta}_{2\max}=\ddot{\theta}_{\max}$，忽略电机和减速器质量，试：

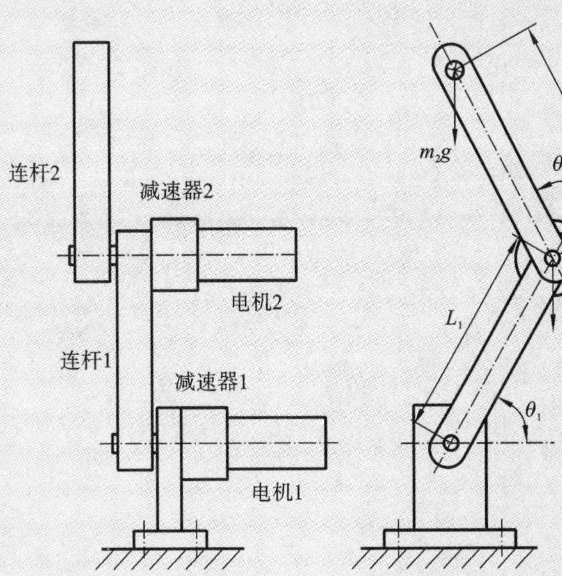

图 5.21　电机驱动的平面 2R 机器人

（1）分别取 $N=10$ 和 50，计算 $\boldsymbol{M}_m(\boldsymbol{\theta})$ 主对角线元素波动量 ΔM_{11}、ΔM_{22}，平均值 $\overline{M}_{11}$、$\overline{M}_{22}$，以及电机转子惯量在 $\overline{M}_{11}$、$\overline{M}_{22}$ 中的占比；

（2）关节最高转速和加速度分别取 $\dot{\theta}_{\max}=\dfrac{\pi}{4}(\mathrm{rad/s})$、$\ddot{\theta}_{\max}=\pi(\mathrm{rad/s^2})$ 或 $\dot{\theta}_{\max}=\dfrac{\pi}{2}(\mathrm{rad/s})$、$\ddot{\theta}_{\max}=2\pi(\mathrm{rad/s^2})$，传动比 $N=50$，计算驱动空间逆动力学方程中各力矩项的最大值，以及它们在电机总驱动力矩中所占的比例。

解　本例中，平面 2R 机器人驱动空间逆动力学方程的等效形式为

$$\boldsymbol{\tau}_m=\overline{\boldsymbol{M}}_m\boldsymbol{\varepsilon}_m+\boldsymbol{B}_m\boldsymbol{\omega}_m+\boldsymbol{\tau}_{md}$$

其中：

$$\boldsymbol{\tau}_{md}=\Delta\boldsymbol{M}_m(\boldsymbol{\theta})\boldsymbol{\varepsilon}_m+\boldsymbol{V}_m(\boldsymbol{\theta},\dot{\boldsymbol{\theta}})\boldsymbol{\omega}_m+\boldsymbol{G}_m(\boldsymbol{\theta})$$

$$\overline{\boldsymbol{M}}_{\mathrm{m}}=\begin{pmatrix}\overline{M}_{11} & 0\\ 0 & \overline{M}_{22}\end{pmatrix}=\begin{bmatrix}\dfrac{3mL^2}{N^2}+I_{\mathrm{r}} & 0\\ 0 & \dfrac{mL^2}{N^2}+I_{\mathrm{r}}\end{bmatrix}$$

$$=\begin{bmatrix}\dfrac{10^2}{N^2}\times 15+1.19 & 0\\ 0 & \dfrac{10^2}{N^2}\times 5+1.19\end{bmatrix}\times 10^{-5}$$

$$\Delta\boldsymbol{M}_{\mathrm{m}}(\boldsymbol{\theta})=\begin{pmatrix}\Delta M_{11} & M_{12}\\ M_{21} & \Delta M_{22}\end{pmatrix}=\begin{bmatrix}\dfrac{2mL^2}{N^2}\cos\theta_2+I_{\mathrm{r}} & \dfrac{mL^2}{N^2}(1+\cos\theta_2)\\ \dfrac{mL^2}{N^2}(1+\cos\theta_2) & 0\end{bmatrix}$$

$$=\begin{bmatrix}\dfrac{10^2}{N^2}\times 10\cos\theta_2+1.19 & \dfrac{10^2}{N^2}\times(5+5\cos\theta_2)\\ \dfrac{10^2}{N^2}\times(5+5\cos\theta_2) & 0\end{bmatrix}\times 10^{-5}$$

$$\boldsymbol{V}_{\mathrm{m}}(\boldsymbol{\theta},\dot{\boldsymbol{\theta}})=\begin{pmatrix}V_{11} & V_{12}\\ V_{21} & V_{22}\end{pmatrix}=\begin{bmatrix}0 & -\dfrac{mL^2(2\dot{\theta}_1+\dot{\theta}_2)\sin\theta_2}{N^2}\\ \dfrac{mL^2\dot{\theta}_1\sin\theta_2}{N^2} & 0\end{bmatrix}$$

$$=\begin{bmatrix}0 & -\dfrac{10^2}{N^2}\times(10\dot{\theta}_1+5\dot{\theta}_2)\sin\theta_2\\ \dfrac{10^2}{N^2}\times 5\dot{\theta}_1\sin\theta_2 & 0\end{bmatrix}\times 10^{-5}$$

$$\boldsymbol{B}_{\mathrm{m}}=\begin{pmatrix}B_{11} & 0\\ 0 & B_{22}\end{pmatrix}=\begin{bmatrix}\dfrac{B_1}{N^2}+B_{\mathrm{r}} & 0\\ 0 & \dfrac{B_1}{N^2}+B_{\mathrm{r}}\end{bmatrix}=\begin{bmatrix}\dfrac{0.02}{N^2}+4.1\times 10^{-4} & 0\\ 0 & \dfrac{0.02}{N^2}+4.1\times 10^{-4}\end{bmatrix}$$

$$\boldsymbol{G}_{\mathrm{m}}(\boldsymbol{\theta})=\begin{pmatrix}\tau_{\mathrm{mG1}}\\ \tau_{\mathrm{mG2}}\end{pmatrix}=\begin{bmatrix}\dfrac{2mgL\cos\theta_1+mgL\cos(\theta_1+\theta_2)}{N}\\ \dfrac{mgL\cos(\theta_1+\theta_2)}{N}\end{bmatrix}=\frac{0.49}{N}\begin{pmatrix}2\cos\theta_1+\cos(\theta_1+\theta_2)\\ \cos(\theta_1+\theta_2)\end{pmatrix}$$

(1) $\boldsymbol{M}_{\mathrm{m}}(\boldsymbol{\theta})$主对角线元素波动量$\Delta M_{11}$、$\Delta M_{22}$，平均值$\overline{M}_{11}$、$\overline{M}_{22}$，以及电机转子惯量占比如表5.11所示。

表5.11　$\boldsymbol{M}_{\mathrm{m}}(\boldsymbol{\theta})$分解后的各参数(单位为$\times 10^{-5}$ N·m^2，比值无量纲)

传动比	ΔM_{11}	ΔM_{22}	$M_{12}=M_{21}$	$\overline{M}_{11}$	$\overline{M}_{22}$	$\dfrac{I_{\mathrm{r}}}{\overline{M}_{11}}$	$\dfrac{I_{\mathrm{r}}}{\overline{M}_{22}}$
$N=10$	−10～+10	0	0～10	16.19	6.19	7%	19%
$N=50$	−0.4～+0.4	0	0～0.4	1.79	1.39	66%	86%

从表5.11可以得到如下结论：

①大传动比时，$\boldsymbol{M}_{\mathrm{m}}(\boldsymbol{\theta})$非对角线元素很小，可忽略；

②传动比越大，转子惯量在$\boldsymbol{M}_{\mathrm{m}}(\boldsymbol{\theta})$对角线元素中所占比例越大，用主对角线元素平均值代替电机总等效惯量，误差较小。

(2) 取 $N=50$，电机最大速度和加速度分别为 $\omega_{\mathrm{mmax}}=N\dot{\theta}_{\max}$，$\varepsilon_{\mathrm{mmax}}=N\ddot{\theta}_{\max}$，则驱动空间逆动力学方程中各项最大值与速度和加速度的关系，以及各项比例关系如表 5.12 所示。

表 5.12　逆动力学方程中各项最大值及其在电机总驱动力矩中的占比(单位为 $\times10^{-2}$ N·m，比值无量纲)

速度				$\dot{\theta}_{\max}=\frac{\pi}{4}$(rad/s)		$\dot{\theta}_{\max}=\frac{\pi}{2}$(rad/s)	
加速度				$\ddot{\theta}_{\max}=\pi$(rad/s^2)		$\ddot{\theta}_{\max}=2\pi$(rad/s^2)	
关节				1	2	1	2
总力矩				5.91	3.21	10.73	6.06
线性力矩	平均惯性力矩			0.28	0.22	0.56	0.44
	阻尼力矩			1.64	1.64	3.28	3.28
	合计	取值		1.92	1.86	3.84	3.72
		占比		33%	58%	36%	61%
干扰力矩	耦合力矩	非线性惯性力矩		0.13	0.06	0.25	0.13
		向心力+科氏力矩		0.92	0.31	3.70	1.23
		合计	取值	1.05	0.37	3.95	1.36
			占比	18%	12%	37%	22%
	重力矩	取值		2.94	0.98	2.94	0.98
		占比		50%	31%	27%	16%

注：这里的总力矩是各项力矩最大值的简单求和，仅用于比较各项力矩的占比，而非真实的电机总力矩。

从表 5.12 可见，耦合力矩不仅取决于传动比，而且受机器人运行速度和加速度的影响。当机器人工作于高速、高动态时，耦合力矩不能忽略；只有当传动比很大时，重力矩才能被视为小扰动。

由例 5-4 和例 5-5 可以得出如下结论：

(1) 关节减速器的传动比和机器人速度/加速度是决定机器人非线性程度的主要因素；

(2) 传动比越大，干扰力矩的影响越小，提高传动比有利于简化控制器设计；

(3) 机器人传动比大，且工作在低速、低动态时，耦合力矩小，可视为小扰动；

(4) 高速、高动态时，耦合力矩在总力矩中占比明显增加，不能视为小扰动；

(5) 只有传动比很大时，才能把重力矩视为小扰动。

根据上述结论，基于机器人驱动空间逆动力学方程的线性简化方法，可以设计两类位置 PID 控制器：**独立关节位置 PID 控制器和集中前馈补偿位置 PID 控制器**。它们都属于分散控制方案，下面简述其原理。

1) 独立关节位置 PID 控制器方案原理

当减速器传动比足够大，且机器人工作于低速、低动态工况时，可以把干扰力矩视为小扰动。于是，可以把各关节电机看作单输入/单输出的线性系统，为每个关节电机设计位置 PID 控制器。因各控制器可独立运行，所以也称为**独立关节位置 PID 控制器**，其原理如图 5.22 所示。

在独立关节位置 PID 控制器中，系统对干扰力矩 τ_{md} 的抑制完全由 PID 控制器来处理，它对干扰的抑制能力由控制器参数决定。独立关节位置 PID 控制系统中的电机既可以工作

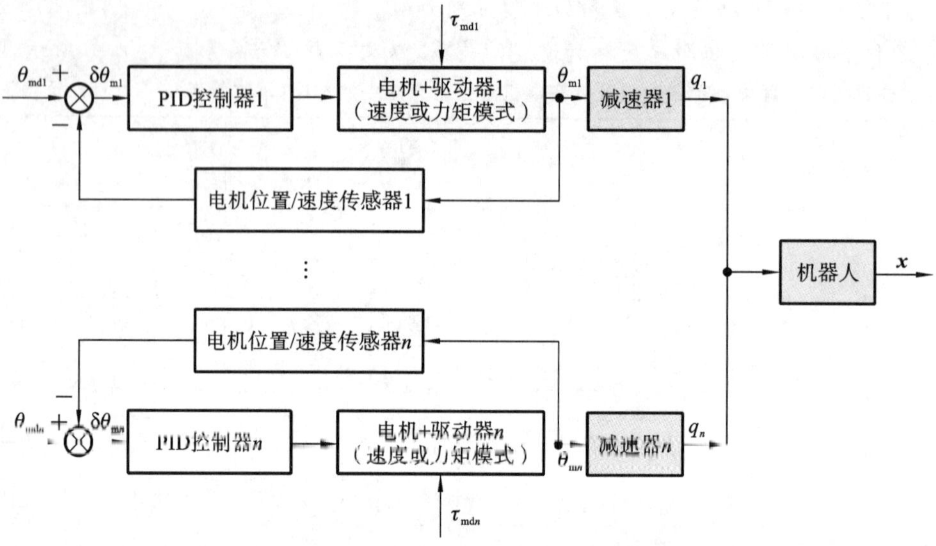

图 5.22　独立关节位置 PID 控制器原理图

在速度模式，也可以工作在力矩模式。根据电机通用模型和控制器参数，为独立关节位置 PID 控制器设计速度和加速度前馈，可以提高机器人对动态信号的跟随性能。5.3 节将详细讨论独立关节位置 PID 控制器。

2）集中前馈补偿位置 PID 控制器的方案原理

对于高速、高动态、重载机器人，耦合力矩和重力矩等干扰力矩不能视为小扰动。此时，可以在独立关节位置 PID 控制器的伺服环之外增加一个集中控制器，根据各关节电机的期望位置、速度和加速度，利用式(5.28)，提前计算出关节电机的理论干扰力矩矢量 $\boldsymbol{\tau}_{\tau ff}$，然后把它们作为集中前馈发送给独立关节位置 PID 控制器，这样就构造了一个**集中前馈补偿位置 PID 控制器**，其原理如图 5.23 所示。利用逆动力学方程计算的理论干扰力矩矢量记为 $\boldsymbol{\tau}_{\tau ff}$，以区别于实际干扰力矩 $\boldsymbol{\tau}_{md}$。

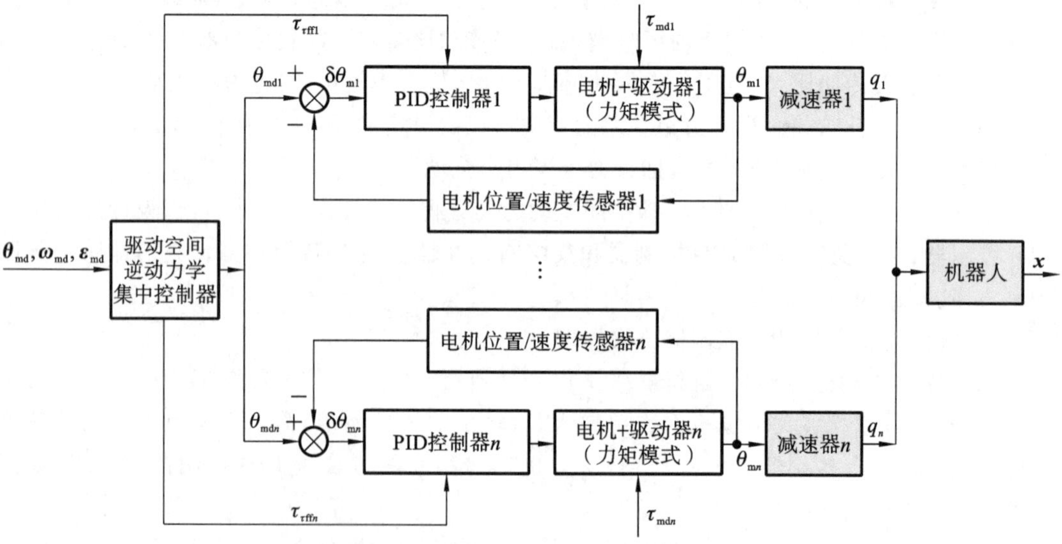

图 5.23　集中前馈补偿位置 PID 控制器原理图

集中前馈补偿位置 PID 控制器的前馈项，根据计算力矩 τ_{rff} 生成控制信号，精确补偿干扰力矩；而它的 PID 反馈控制器则克服由模型误差引起的系统偏差。由于集中前馈补偿位置 PID 控制器输出的控制信号与电机力矩相关，所以，它要求电机工作在力矩模式。5.4 节将详细讨论集中前馈补偿位置 PID 控制器。

5.3　独立关节位置 PID 控制器

5.3.1　无前馈位置 PID 控制器

1. 控制器设计

由 5.1 节可知，对于仅包含惯性力矩和阻尼力矩的电机模型，无论电机工作在速度模式还是力矩模式，都可以被简化为一个由一阶惯性系统表示的通用电机模型，其传递函数为

$$\Omega_{\text{m}}(s)=\frac{K_{\text{m}}}{1+T_{\text{m}}s}U_{\text{c}}(s)-\frac{K_{\text{d}}}{1+T_{\text{m}}s}\tau_{\text{md}}(s) \tag{5.29}$$

其中：K_{m} 和 K_{d} 分别为电机的开环增益和扰动增益。

通用电机模型动态图如图 5.24 所示。

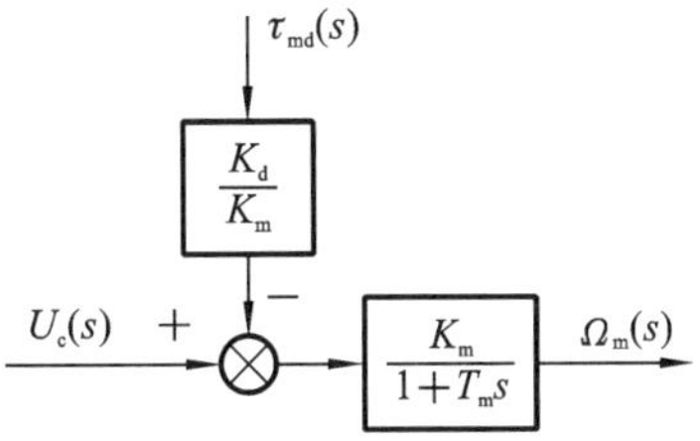

图 5.24　通用电机模型动态图

电机由电压型放大器驱动时，工作于速度模式；由电流型放大器驱动时，工作于力矩模式。在不同工作模式下，K_{m} 和 K_{d} 的计算公式不同，具体见表 5.4。

机器人关节经常需要跟踪指定的位置曲线，是一种典型的随动系统，可以采用图 5.25 所示的双闭环系统，对关节电机进行位置闭环控制。

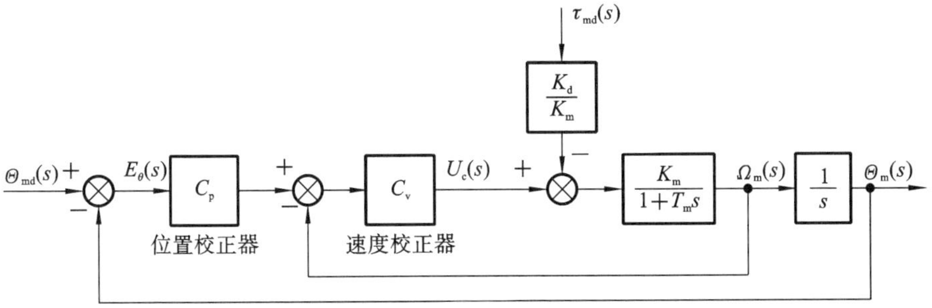

图 5.25　机器人关节电机的双闭环位置控制系统

图中，$\Theta_{\text{md}}(s)$ 表示电机期望转角，$\Theta_{\text{m}}(s)$ 和 $\Omega_{\text{m}}(s)$ 分别对应电机的实际转角和转速。为简化传递函数表达式，假定传感器的反馈增益均为 1。电机实际转角 $\Theta_{\text{m}}(s)$ 与控制量 $U_{\text{c}}(s)$ 之间的开环传递函数为

$$\frac{\Theta_{\text{m}}(s)}{U_{\text{c}}(s)}=\frac{K_{\text{m}}}{s(1+T_{\text{m}}s)} \tag{5.30}$$

可以看到，这是一个由积分环节和惯性环节构成的二阶系统。

控制器的设计目的就是要确定位置校正器 C_{p} 和速度校正器 C_{v} 的形式。为了有效抑制

干扰力矩 $\tau_{md}(s)$，该控制器应当做到：

（1）在干扰项之前，放大器增益足够大；

（2）为克服干扰力矩对稳态输出的影响，控制器中要有积分项。

一种简单的设计方法是取消速度反馈而仅使用位置反馈控制器，并使其具有 PID 控制器的形式，即

$$C_p = K_p\left(1 + \frac{1}{T_i s} + T_d s\right)$$

但是，在工程实践中，图 5.25 所示的双闭环结构得到了更广泛的应用，其优势如下：

（1）速度与位置之间不存在真实的物理环节，从速度到位置是一种纯粹的积分变换，当存在速度闭环时，如果速度稳态误差为零，在理论上，位置误差就一定等于零，这样可以简化位置控制器，利于参数整定；

（2）位于内环的速度闭环能够提高系统的动态响应，并有效抑制内环中的二次扰动；

（3）便于在速度校正器前引入速度前馈。

基于上述原因，可以把位置校正器和速度校正器分别设计为

$$\begin{cases} C_p = K_p \\ C_v = K_v \dfrac{1 + T_v s}{s} \end{cases} \tag{5.31}$$

式中：位置校正器为比例（P）控制器，速度校正器为比例-积分（PI）控制器。于是，图 5.25 可具体化为图 5.26 所示的系统模型。

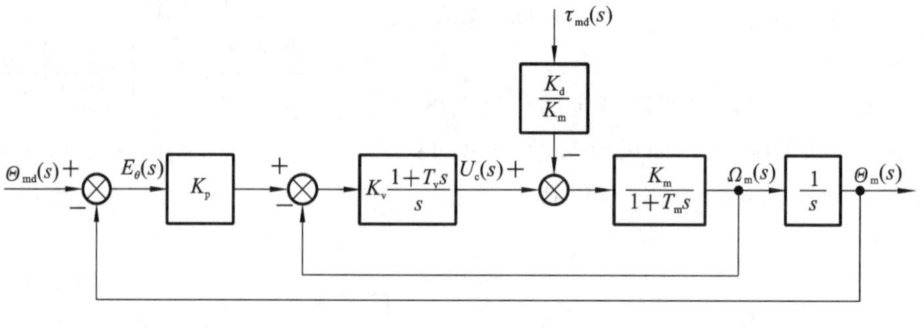

图 5.26　由位置 P 控制器和速度 PI 控制器构成的双闭环位置控制系统

图 5.26 所示系统可进一步转换为图 5.27 中的单反馈回路系统，它实际上等价于一个位置 PID 控制系统。

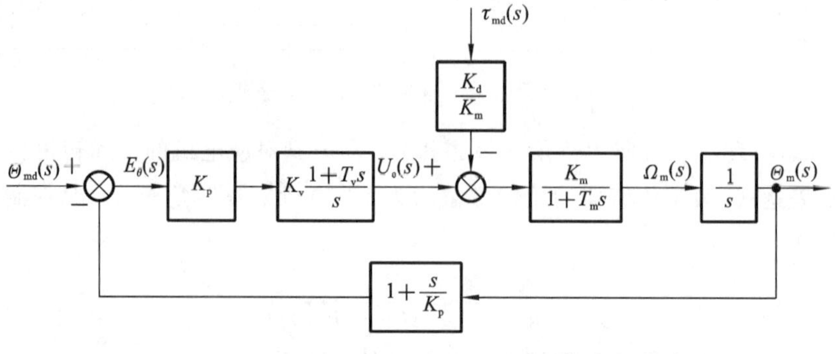

图 5.27　机器人关节电机的位置 PID 控制系统

图 5.27 所示系统的前向通道传递函数为

$$G(s)=\frac{K_m K_p K_v(1+T_v s)}{s^2(1+T_m s)} \tag{5.32}$$

反馈通道传递函数为

$$H(s)=1+\frac{s}{K_p} \tag{5.33}$$

因此，系统的开环传递函数为

$$G(s)H(s)=\frac{K_m K_p K_v(1+T_v s)\left(1+\dfrac{1}{K_p}s\right)}{s^2(1+T_m s)} \tag{5.34}$$

2. 参数整定

根据二阶系统 PID 校正的一般原则，选择 $T_v=T_m$，以消除被控对象的实极点。于是，系统的开环传递函数变为

$$G(s)H(s)=\frac{K_m K_p K_v\left(1+\dfrac{1}{K_p}s\right)}{s^2} \tag{5.35}$$

该开环传递函数存在两个零值极点和一个负实数零点($-K_p$)，因此，闭环系统的根轨迹是一个绕开环零点的圆，如图 5.28 所示。选择合适的位置反馈增益 K_p 和速度反馈增益 K_v，可以获得最优控制效果。

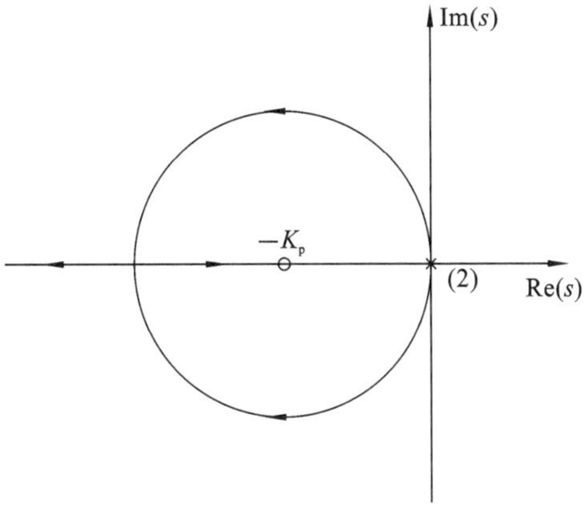

图 5.28　PID 位置闭环控制系统根轨迹

此时，系统的闭环传递函数为

$$W(s)=\frac{\Theta_m(s)}{\Theta_{md}(s)}=\frac{K_m K_p K_v}{s^2+K_m K_v s+K_m K_p K_v} \tag{5.36}$$

对照典型二阶系统的传递函数

$$W(s)=\frac{\omega_n^2}{s^2+2\zeta\omega_n s+\omega_n^2} \tag{5.37}$$

可以发现，调整控制器增益能得到任意自然频率 ω_n 和阻尼比 ζ

$$\omega_n=\sqrt{K_m K_p K_v} \tag{5.38}$$

$$\zeta=\frac{1}{2}\sqrt{\frac{K_m K_v}{K_p}} \tag{5.39}$$

闭环系统的特征根，即极点为

$$s_{1,2}=-\zeta\omega_n\pm\omega_n\sqrt{\zeta^2-1}$$

只要 K_v 和 K_p 取正，闭环系统特征根就有负实部，系统稳定。

如果已知系统的期望动态特性，即 ω_n 和 ζ 已知，可按下式计算增益

$$K_v=\frac{2\zeta\omega_n}{K_m} \tag{5.40}$$

$$K_p=\frac{\omega_n}{2\zeta} \tag{5.41}$$

此外，由前述分析可知，为消除实极点，PID 控制器的时间常数取

$$T_v=T_m \tag{5.42}$$

于是，根据式(5.40)至式(5.42)可得位置 PID 控制器的理论参数。

在工程实践中，常以理论参数为初值，让系统跟踪阶跃、正弦等标准输入信号，然后根据系统的实际响应调整 PID 参数，使系统响应符合预期。这一过程称为 PID 参数整定。由于模型误差和扰动的不确定性，参数整定过程往往需要反复进行。尽管如此，理论参数仍然给出了一个合理的整定范围，避免系统失稳。因此，从安全性的角度来说，上述计算理论 PID 参数的过程是必需的。

二阶闭环系统的稳定条件是阻尼比 $\zeta>0$。在系统稳定的前提下，可以设定系统阶跃响应 5%误差带调节时间 t_s 和阻尼比 ζ，据此计算自然频率 ω_n，其简化计算公式见表 5.13。之后，再根据式(5.40)和式(5.41)计算 PID 控制器参数初值。

表 5.13　二阶系统自然频率 ω_n 的简化计算公式

类　型	阻　尼　比	自然频率	特点及适用场合
欠阻尼	$1>\zeta>0$	$\omega_n=\dfrac{3.5}{\zeta t_s}$	系统以衰减振荡形式逼近期望值，当取 $\zeta=0.707$时，可以兼顾快速性和小超调
临界阻尼	$\zeta=1$	$\omega_n=\dfrac{4.75}{t_s}$	系统无超调逼近期望值，响应速度低于欠阻尼情况，是无超调响应的理想情况，常用于计算理想的 PID 控制器参数初值
过阻尼	$\zeta>1$	$\omega_n=\dfrac{3.3}{(\zeta-\sqrt{\zeta^2-1})t_s}$	系统无超调，缓慢逼近期望值，ζ 越大，系统响应越慢，仅适用于对响应速度要求不高、不允许超调的场合

3. *扰动响应*

位置控制系统在扰动作用下的恢复能力，是一个值得关注的问题。由机器人逆动力学方程可知，关节电机通常在扰动力矩作用下工作。

在图 5.27 所示闭环系统中，输出与扰动力矩之间的传递函数为

$$\frac{\Theta_m(s)}{\tau_{md}(s)}=\frac{\dfrac{K_d}{K_m}\cdot\dfrac{K_m s}{1+T_v s}}{s^2+K_mK_vs+K_mK_pK_v}=\frac{\dfrac{K_d}{K_mK_pK_v}s}{\left(1+\dfrac{1}{K_p}s+\dfrac{1}{K_mK_pK_v}s^2\right)(1+T_vs)} \tag{5.43}$$

一旦确定了控制器增益 K_p 和 K_v，闭环系统对扰动的增益 $\dfrac{K_d}{K_mK_pK_v}$ 也就随之确定。

闭环系统对扰动的响应时间，取决于与三个极点相关的时间常数。其中一个极点由速度 PI 控制器引入：$s_1=-\dfrac{1}{T_v}$，它对应的时间常数为 T_v。另外两个复数极点为：$s_{2,3}=-\zeta\omega_n\pm\omega_n\sqrt{\zeta^2-1}$，对应的时间常数为 $1/(\zeta\omega_n)$。据此可知，此闭环系统在常值扰动下的恢复时间为 $T_R=\max\{T_v,1/(\zeta\omega_n)\}$。

在工业机器人系统启动瞬间，通常要求机器人保持初始位姿，这是一个**位置保持问题**。此时，机器人各关节承受常值重力负载。常值扰动下的系统最大偏差和恢复时间，是位置保持问题的重点。对于由大传动比减速器驱动的关节，如果关节工作于低速状态，则在分析扰动作用下的动态响应问题时，可以认为扰动仅为当前构型下的常值重力负载。

4. 稳态误差

稳态误差反映了机器人关节跟踪输入信号的精度。稳态精度不仅与控制系统特性有关，也取决于输入信号的形式。

对于闭环系统，误差与输入的关系为

$$E_\theta(s)=\frac{1}{1+G(s)H(s)}\Theta_{\mathrm{md}}(s) \tag{5.44}$$

系统对输入响应的稳态误差可根据终值定理计算，即

$$\lim_{t\to\infty}e(t)=\lim_{s\to 0}sE_\theta(s)$$

由式(5.35)可知，按照式(5.40)至式(5.42)设定 PID 参数时，闭环系统表现为一个Ⅱ型系统。Ⅱ型系统对阶跃(常值)和斜坡(一次曲线)输入的稳态误差为零，对抛物线(二次曲线)输入的稳态误差有界，对三次曲线输入的稳态误差则为无穷大。对于机器人位置控制问题，二次曲线输入意味着加速度为常数，因此，也可称为加速度输入；三次曲线意味着加速度的变化率(也称为急动度，jerk)为常数，因此，也可称为急动度输入。

若控制信号为单位加速度，即

$$\Theta_{\mathrm{md}}(s)=\frac{1}{s^3}$$

则系统稳态误差为

$$\lim_{s\to 0}sE_\theta(s)=\lim_{s\to 0}\left(s\cdot\frac{1}{s^3}\cdot\frac{1}{1+GH}\right)=\lim_{s\to 0}\frac{1}{s^2\left[1+\frac{K_{\mathrm{m}}K_{\mathrm{p}}K_{\mathrm{v}}\left(1+\frac{1}{K_{\mathrm{p}}}s\right)}{s^2}\right]}=\frac{1}{K_{\mathrm{m}}K_{\mathrm{p}}K_{\mathrm{v}}} \tag{5.45}$$

式(5.45)说明，增大控制增益，可以减小关节跟踪加速度输入信号的稳态误差。

位置 S 曲线是一种典型的位置轨迹，可作为低速、轻载机器人的关节轨迹。它的位置轨迹由加速段、匀速段、减速段组成，包含加速度输入和斜坡输入。可以预期，本小节设计的无前馈 PID 控制器在跟踪关节位置 S 曲线时，将存在跟踪误差。

在工程实践中，为了兼顾高效率、平稳性和安全性，工业机器人常用速度 S 曲线来规划关节轨迹。速度 S 曲线由加加速段、匀加速段、减加速段、匀速段、加减速段、匀减速段和减减速段组成。这些轨迹段分别对应着位置控制期望值的急动度输入、加速度输入和斜坡输入。由于速度 S 曲线的加速度不存在突变，因此，理论上其应该具有比位置 S 曲线更好的平稳性，但是仍然存在跟踪误差。

【例 5-6】 图 5.29 所示工作于竖直平面的单关节机器人，由电压型放大器或电流型放大器驱动电机，系统实际参数见表 5.1，并假定机器人连杆质量和杆长的理论值与实际值之间均存在 5%的负偏差，即理论值为 $m\_d=m\times(1-5\%)$ 和 $L\_d=L\times(1-5\%)$。设初始关节角度为 0°(连杆水平)，减速器传动比为 $N=50$，分别针对速度模式和力矩模式电机，完成如下任务：

(1) 设计图 5.26 所示的双闭环位置控制系统，并对该控制器的积分环节设置选择开关，使其可以工作在 PD 控制器或 PID 控制器模式；

(2) 以临界阻尼和调节时间 0.1 s 为条件，计算两种电机模式、减速器传动比分别为 $N=10$ 或 50 的位置 PID 控制器增益；

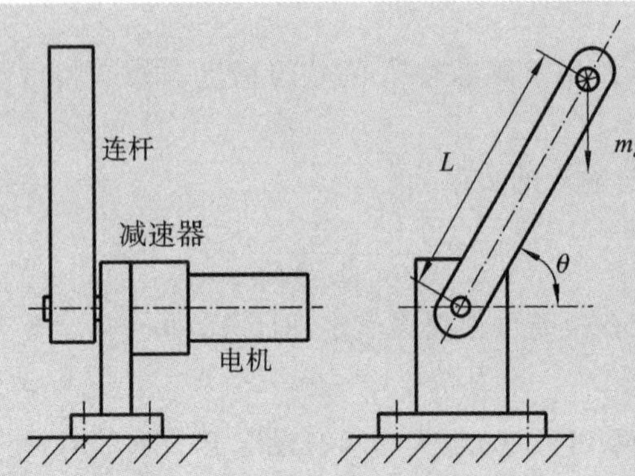

扫码下载
仿真例程

图 5.29 工作于竖直平面的单关节机器人

(3) 利用仿真系统，针对两种电机模式和减速器传动比 $N=50$ 的情况开展仿真验证，观察系统的速度和位置响应，并给出速度和位置误差，要求系统跟踪如下位置输入。

①位置保持——使机器人保持在水平位置，即位置和速度期望值均为零。

②斜坡轨迹——如图 5.30 所示，关节在 1 s 内从水平位置以 $\pi/4$ rad/s 的速度逆时针等速运动 1 s，然后停止 1 s。

③位置 S 轨迹——如图 5.31 所示，关节轨迹等分为匀加速、匀速、匀减速和静止 4 个阶段，各段运行时间均为 1 s，给定关节加速度值为 $\pm\pi/8$ rad/s^2。

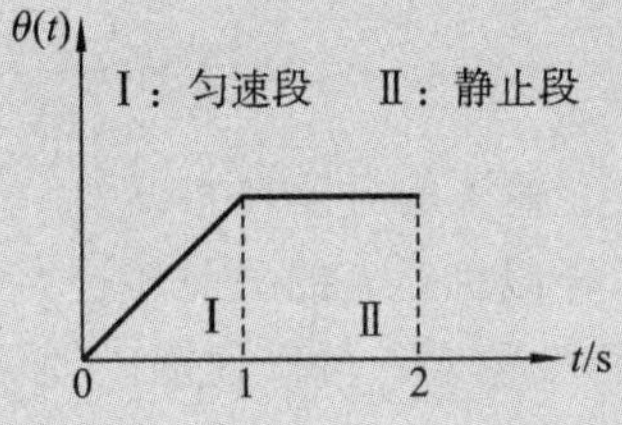

图 5.30 斜坡轨迹

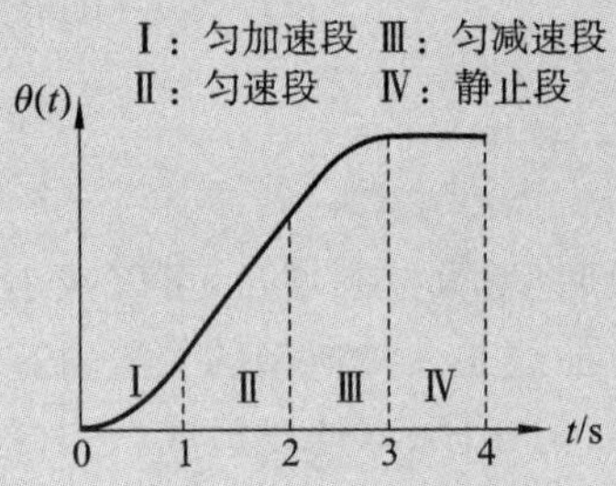

图 5.31 位置 S 轨迹

④速度 S 轨迹——如图 5.32 所示，关节轨迹等分为加加速、匀加速、减加速、匀速、加减速、匀减速、减减速和静止 8 个阶段，各段时间间隔如图所示，总运行时间为 7 s，给定关节急动度为 $\pm\pi/20$ rad/s^3。

解 1) 仿真系统设计

利用 SIMULINK 搭建包含积分项选择开关的双闭环位置控制器，如图 5.33 所示。

当开关断开时，系统为 PD 控制器；开关闭合时，系统为 PID 控制器。图中，N 为传动比，它把关节期望值转换为电机期望值；z^{-1} 用于模拟 1 ms 的计算延迟；U_c 之前的饱和器用于模拟实际计算机控制系统中 D/A 输出电压的上下限，这里取 ± 10 V。为了提高仿真精度，用于模拟实际系统响应的电机模型 M，并没有采用简化后的通用电机模型，而是分别采用了速度模式和力矩模式电机的精确模型。

也可编程实现图 5.33 所示系统，可扫码下载例程。

2) PID 控制器增益计算

任务要求系统工作在临界阻尼状态 $\zeta=1$，调节时间 $t_s=0.1$ s，据此计算系统自然频率：

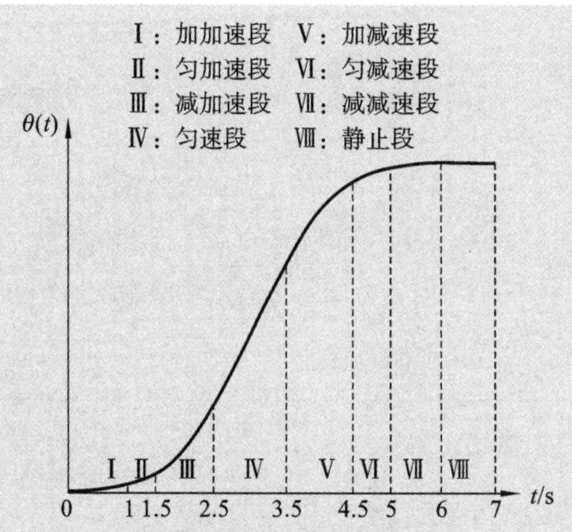

图 5.32　速度 S 轨迹

扫码下载
仿真例程

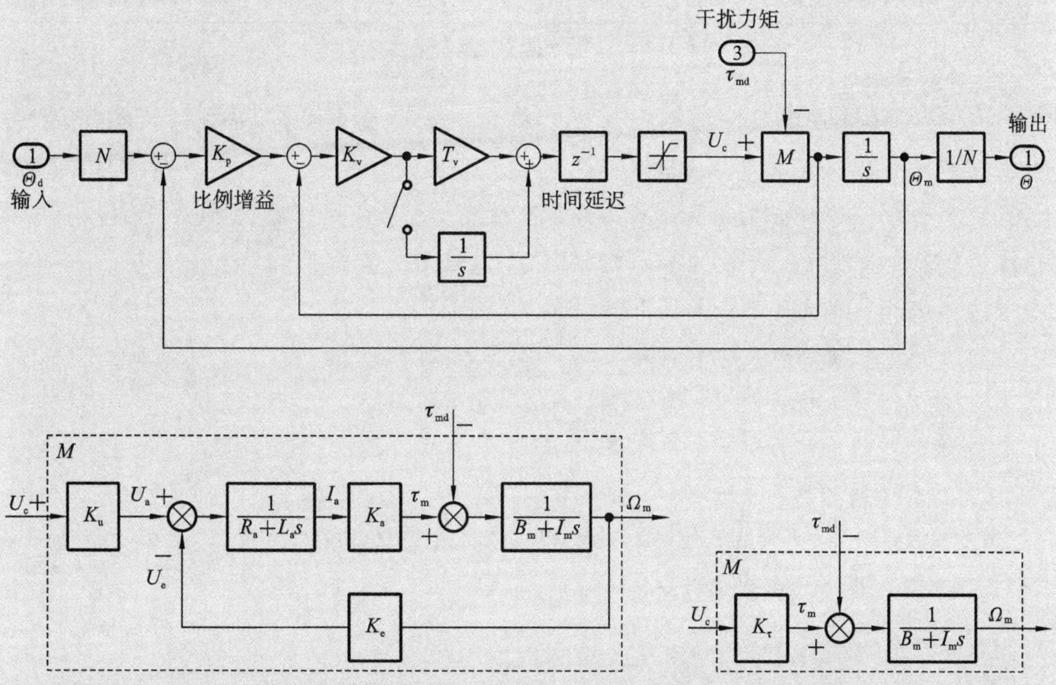

(a) 速度模式电机仿真模型　　(b) 力矩模式电机仿真模型

图 5.33　位置双闭环控制器作用下的单关节机器人仿真系统

$$\omega_n = \frac{4.75}{t_s} = 47.5\ \text{rad/s}$$

图 5.26 所示的双闭环位置控制器理想增益的计算公式为

$$T_v = T_m,\quad K_v = \frac{2\zeta\omega_n}{K_m},\quad K_p = \frac{\omega_n}{2\zeta}$$

其中，系统参数 T_m、K_m 和 K_d 的计算公式为（注意，控制参数应当根据机器人结构参数的理论值计算）

(1) 速度模式：

$$T_m = T_{mv} = \frac{R_a I_m}{K_e K_a + R_a B_m}, \quad K_m = K_{mv} = \frac{K_a K_u}{K_e K_a + R_a B_m}, \quad K_d = K_{dv} = \frac{K_{mv} R_a}{K_a K_u}$$

(2) 力矩模式：

$$T_m = T_{m\tau} = \frac{I_m}{B_m}, \quad K_m = K_{m\tau} = \frac{K_\tau}{B_m}, \quad K_d = K_{d\tau} = \frac{1}{B_m}$$

根据上述公式，计算系统参数和PID控制器增益，如表5.14所示。

表5.14　电机模型参数和PID控制器增益

传动比 N	速度模式						力矩模式					
	系统参数			PID参数			系统参数			PID参数		
	T_m	K_m	K_d	T_v	K_v	K_p	T_m	K_m	K_d	T_v	K_v	K_p
10	0.02	29.74	300.28	0.02	3.19	23.75	0.10	134.75	1.64×10^3	0.10	0.71	23.75
50	0.004	31.56	318.65	0.004	3.01	23.75	0.03	196.65	2.39×10^3	0.03	0.48	23.75

3) 仿真验证

根据表5.14中所列参数，分别以位置保持、斜坡轨迹、位置S轨迹和速度S轨迹为位置输入，取传动比$N=50$，控制参数取理论值，仿真模型参数取表5.1中的实际值进行仿真，得到图5.34至图5.41所示的仿真结果曲线。图中虚线表示期望轨迹，实线表示实际响应轨迹，点画线表示跟踪误差轨迹，纵坐标分别为关节速度和关节位置。

(1) 位置保持仿真结果如图5.34和图5.35所示。

(2) 位置斜坡轨迹仿真结果如图5.36和图5.37所示。

(3) 位置S轨迹仿真结果如图5.38和图5.39所示。

(4) 速度S轨迹仿真结果如图5.40和图5.41所示。

对上述仿真结果的简要分析如下：

(1) 多数情况下，力矩模式电机比速度模式电机有更快的响应速度，这是由于力矩模式电机在控制器作用下能保持控制力矩恒定；

(2) 对于所有输入形式，在系统启动瞬间，由于重力作用，关节都会偏离初始位置，之后在控制器作用下，开始跟踪期望轨迹；

(3) PD控制器无法实现稳态误差为零，这是因为PD控制器仅依靠偏差产生输出，为了克服重力矩，必须有位置偏差，控制信号才不为零；

(4) PID控制器可以实现静止时的稳态误差为零，这是因为积分环节对过程误差进行累积，即便稳态位置误差为零，输出的控制信号也不为零，能够克服重力矩；

(5) 图5.26所示的位置PID控制器难以有效跟踪动态指令，这是由于无前馈PID控制器本质上是单纯基于反馈的控制器，只有位置环存在偏差时，速度环才有有效输入，从而导致系统跟踪动态信号时存在滞后；

(6) 输入轨迹越平滑，跟踪误差越小，这是由于平滑轨迹的期望值突变小，降低了对系统动态特性的要求。

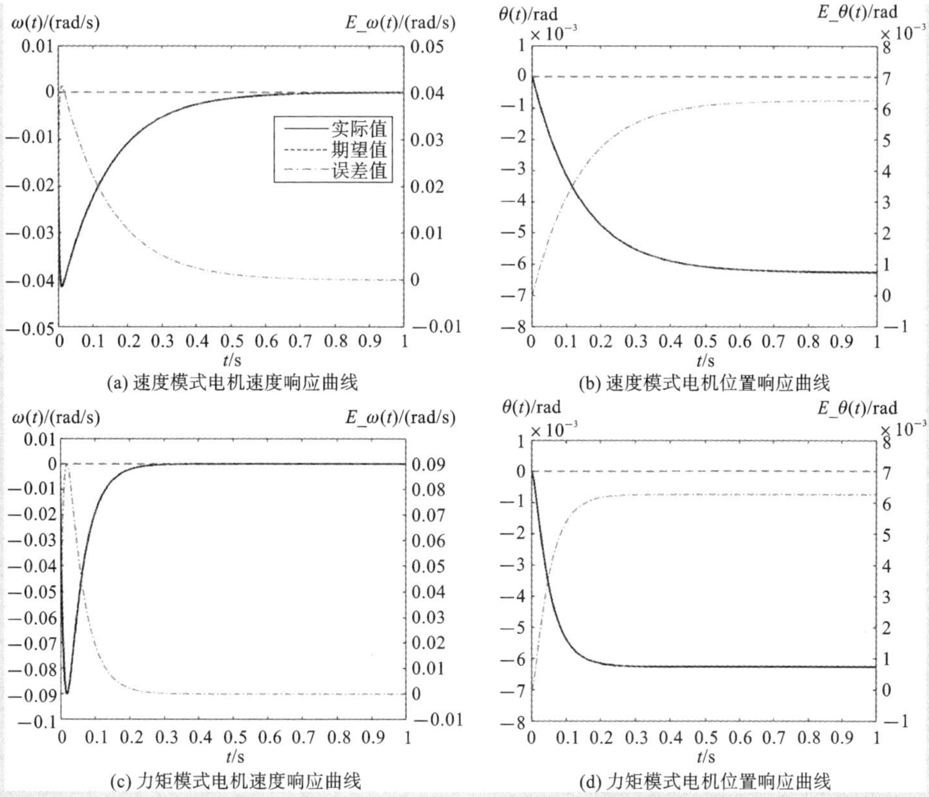

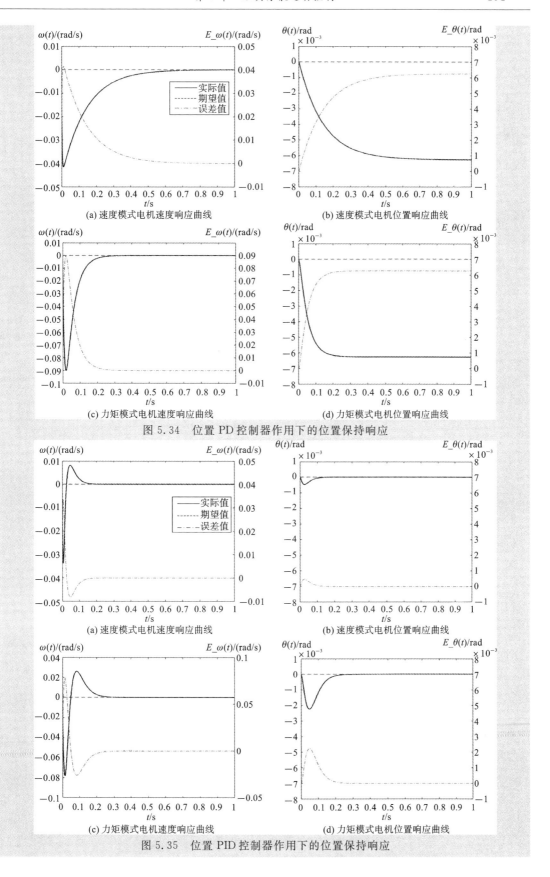

(a) 速度模式电机速度响应曲线　(b) 速度模式电机位置响应曲线

(c) 力矩模式电机速度响应曲线　(d) 力矩模式电机位置响应曲线

图 5.34　位置 PD 控制器作用下的位置保持响应

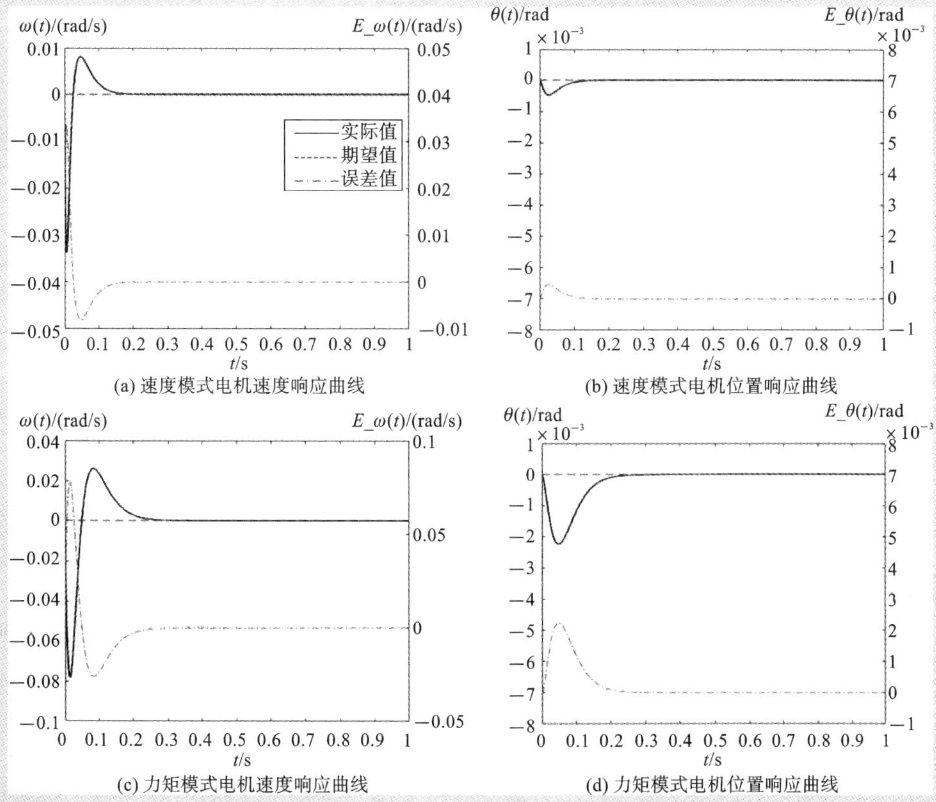

(a) 速度模式电机速度响应曲线　(b) 速度模式电机位置响应曲线

(c) 力矩模式电机速度响应曲线　(d) 力矩模式电机位置响应曲线

图 5.35　位置 PID 控制器作用下的位置保持响应

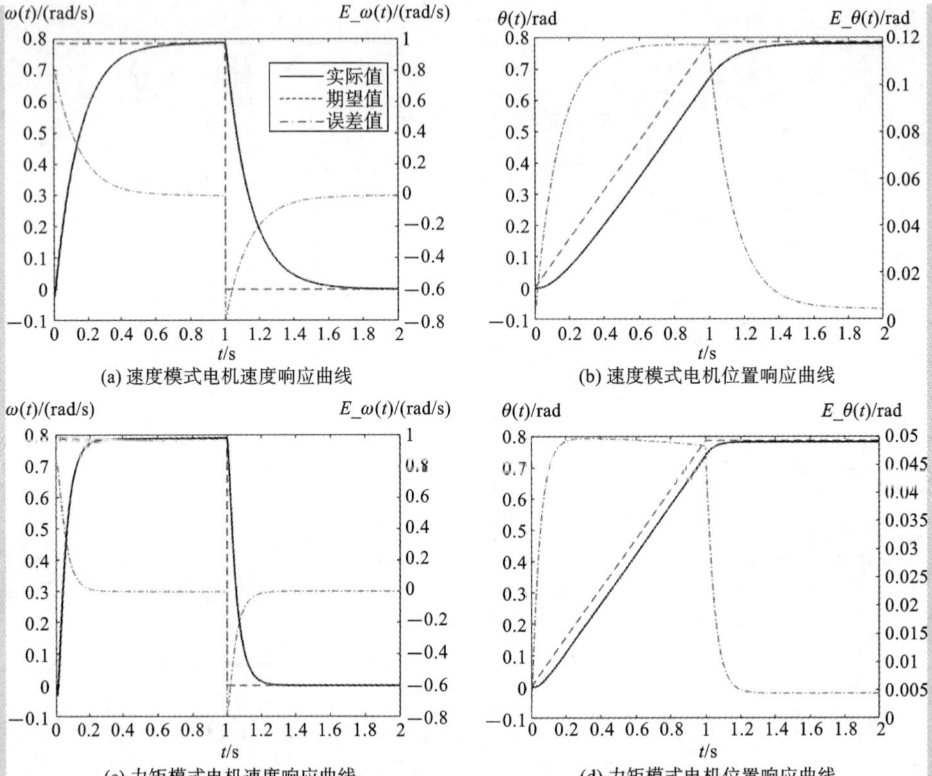

(a) 速度模式电机速度响应曲线　(b) 速度模式电机位置响应曲线

(c) 力矩模式电机速度响应曲线　(d) 力矩模式电机位置响应曲线

图 5.36　位置 PD 控制器作用下的位置斜坡响应

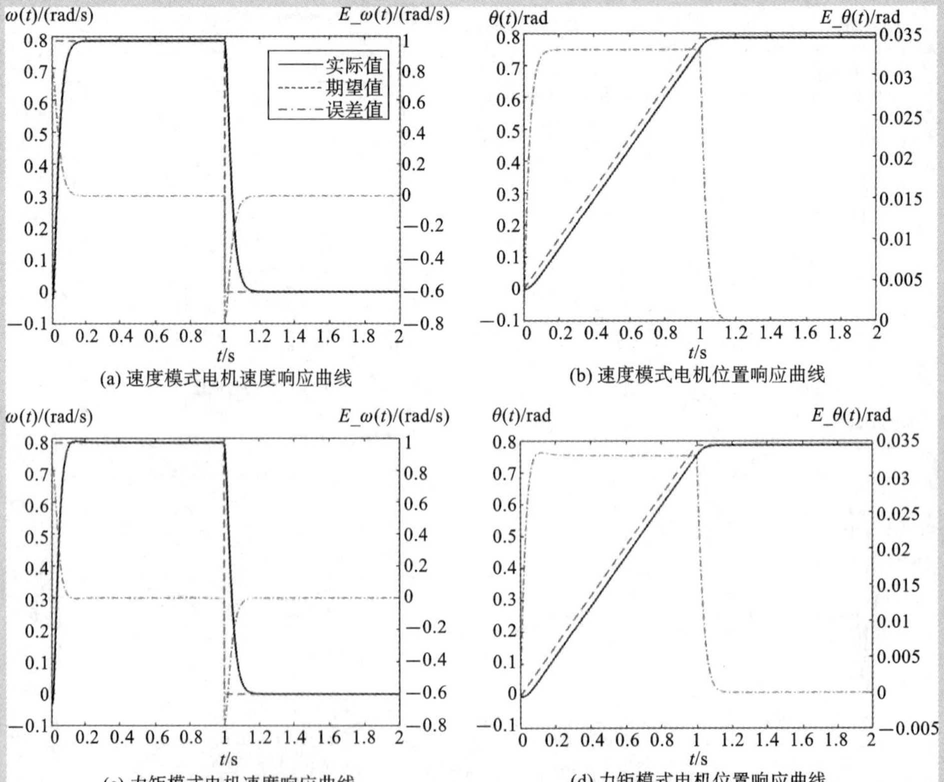

(a) 速度模式电机速度响应曲线　(b) 速度模式电机位置响应曲线

(c) 力矩模式电机速度响应曲线　(d) 力矩模式电机位置响应曲线

图 5.37　位置 PID 控制器作用下的位置斜坡响应

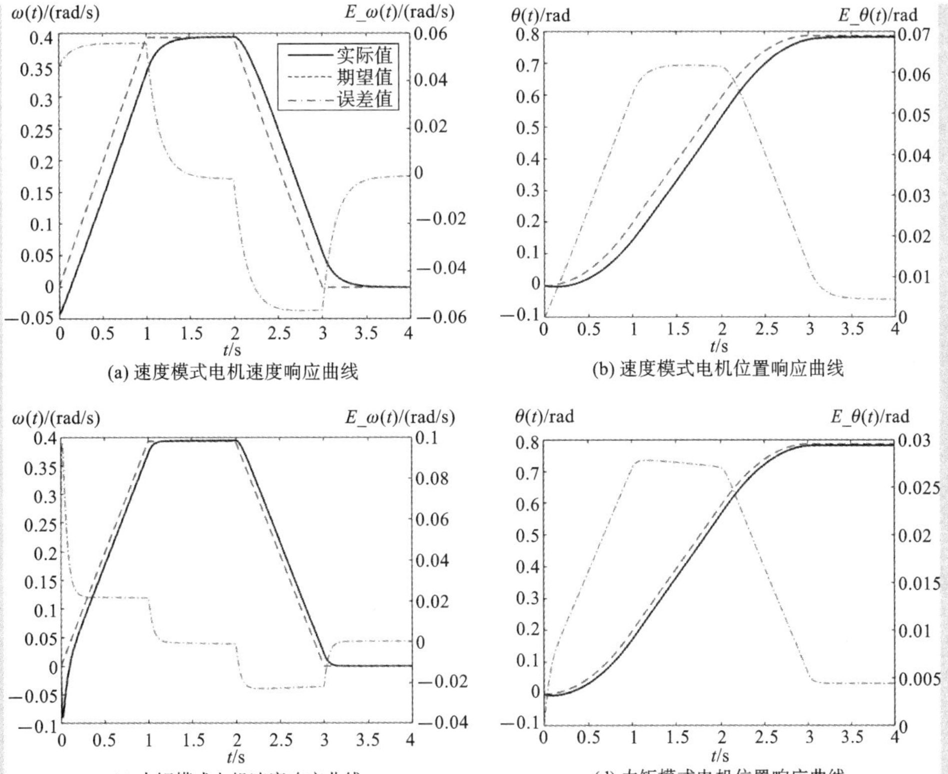

(a) 速度模式电机速度响应曲线　(b) 速度模式电机位置响应曲线

(c) 力矩模式电机速度响应曲线　(d) 力矩模式电机位置响应曲线

图 5.38　位置 PD 控制器作用下的位置 S 轨迹响应

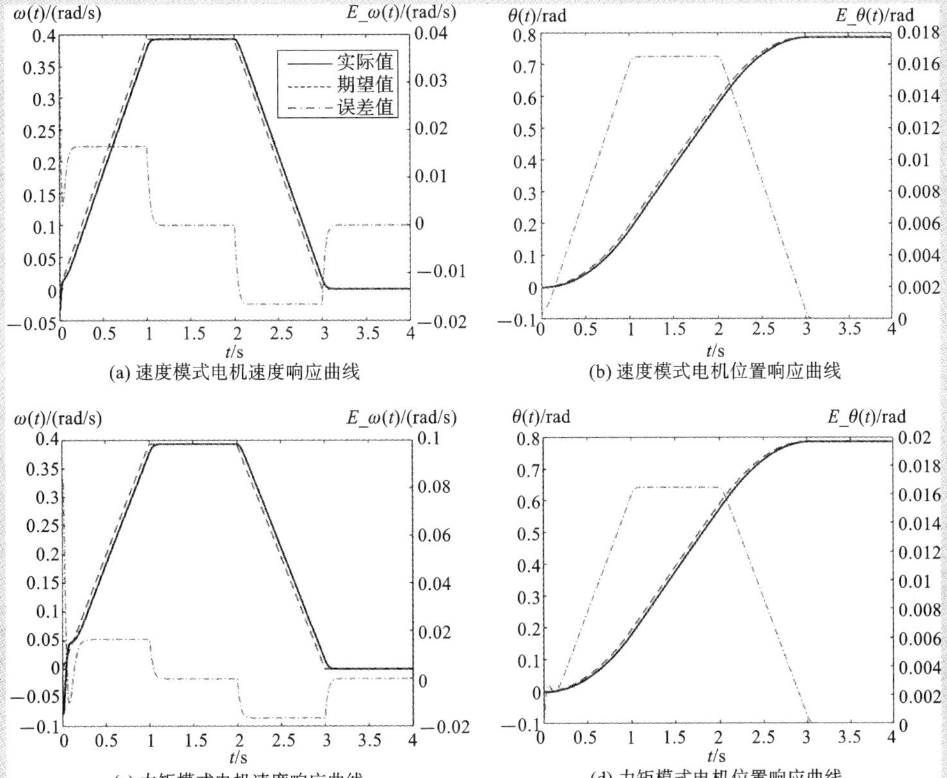

(a) 速度模式电机速度响应曲线　(b) 速度模式电机位置响应曲线

(c) 力矩模式电机速度响应曲线　(d) 力矩模式电机位置响应曲线

图 5.39　位置 PID 控制器作用下的位置 S 轨迹响应

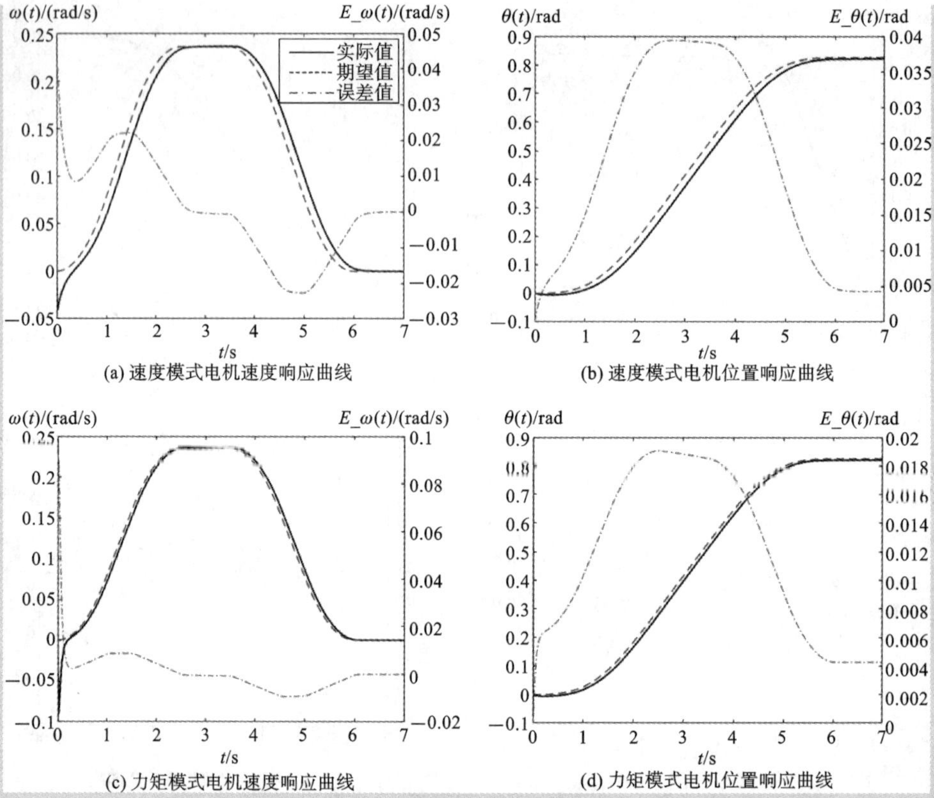

(a) 速度模式电机速度响应曲线　(b) 速度模式电机位置响应曲线

(c) 力矩模式电机速度响应曲线　(d) 力矩模式电机位置响应曲线

图 5.40　位置 PD 控制器作用下的速度 S 轨迹响应

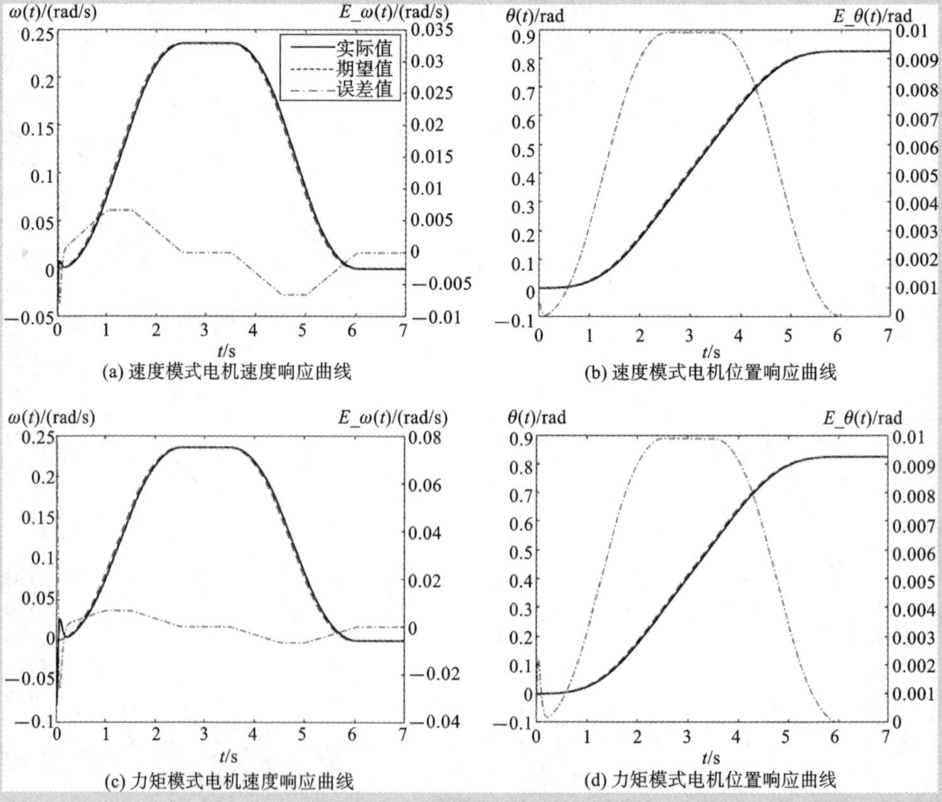

(a) 速度模式电机速度响应曲线　(b) 速度模式电机位置响应曲线

(c) 力矩模式电机速度响应曲线　(d) 力矩模式电机位置响应曲线

图 5.41　位置 PID 控制器作用下的速度 S 轨迹响应

例 5-6 说明积分项对重力矩的补偿作用较好，可以减小稳态误差。但是，真实机器人所受干扰力矩不仅包括重力矩，还有离心-科氏力矩和非线性惯性力。这些时变干扰的存在使得积分增益的整定变得困难。若增大积分增益导致超调，就需要适当降低比例增益。动态干扰或者输入的快速变化，会使得误差随时间累积。这种累积误差可能引起积分饱和现象，即，PI 控制器输出电压超出了电机和驱动器的性能上限，造成控制失效。为避免积分饱和，可以限制积分器输出阈值，或仅在电机接近指令点的时候才启用积分器。

在位置控制器中加入微分项和积分项，可以减小对动态信号的跟踪误差。商用运动控制器内部的位置-速度-电流三闭环算法中，除电流环采用 PI 控制器，速度和位置环均采用完整的 PID 控制器。这种方案可以通过反复调整 PID 参数的方式获得预期控制效果，适用于大多数被控对象。但是，过多的参数会造成整定困难，另外，位置环中的积分环节也不利于系统稳定。

如何在不增大速度环积分增益和位置环复杂度的前提下，提升系统跟踪动态误差的能力，是需要进一步探讨的问题。观察例 5-6 中的位置和速度跟踪误差曲线，可以发现，它们与对应的期望速度和加速度曲线非常接近。这一现象提示：给系统一个与速度和加速度期望值有关的前馈指令，应当有利于减小动态跟踪误差。

5.3.2　分散前馈补偿

提高系统对动态输入信号的跟踪能力，通常会采用按输入补偿的复合校正方法。本小节先针对一般电机位置闭环系统，讨论按输入补偿的设计方法，然后，把该方法应用到关节电机双闭环 PID 位置控制器中。为简化分析，本小节的讨论忽略干扰力矩。

不考虑闭环控制器和电机传递函数的具体形式，得到图 5.42 所示一般意义的电机位置闭环控制系统，其闭环传递函数见式(5.46)。

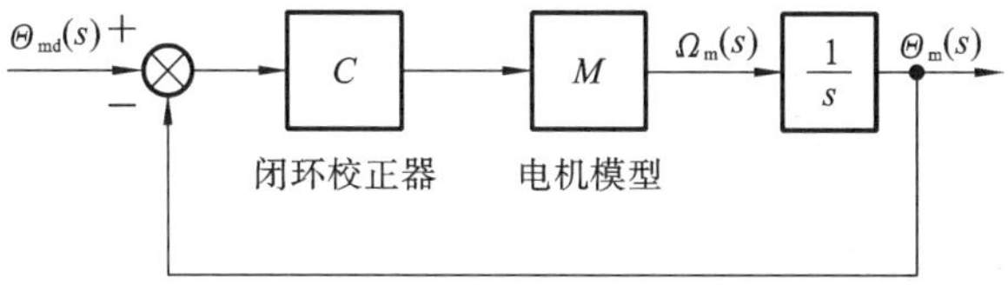

图 5.42　一般意义的电机位置闭环控制系统

$$W(s)=\frac{\dfrac{CM}{s}}{1+\dfrac{CM}{s}} \tag{5.46}$$

现在，根据电机的期望输入 $\Theta_{md}(s)$ 设计如下参考输入 $\Theta'_{md}(s)$

$$\Theta'_{md}(s)=\frac{1}{W(s)}\Theta_{md}(s)=\left(1+\frac{s}{CM}\right)\Theta_{md}(s)=\Theta_{md}(s)+\frac{1}{C}\frac{s}{M}\Theta_{md}(s) \tag{5.47}$$

当用参考输入 $\Theta'_{md}(s)$ 替换期望输入 $\Theta_{md}(s)$，并作用于图 5.42 所示的位置闭环控制系统时，可得系统输出为

$$\Theta_m(s)=W(s)\Theta'_{md}(s)=W(s)\frac{1}{W(s)}\Theta_{md}(s)=\Theta_{md}(s) \tag{5.48}$$

这表明，当以 $\Theta'_{md}(s)$ 为控制输入时，系统在理论上将完全复现期望轨迹 $\Theta_{md}(s)$。

根据式(5.47)，在图 5.42 中增加前馈项，得到具有理想跟踪性能的前馈补偿闭环控制系统，如图 5.43 所示。图中，把前馈补偿控制量的作用点置于闭环控制器之后，使前馈补偿与控制器无关。这样，就清晰地表明了按输入进行前馈补偿的数学意义：以被控对象传递函数的倒数为前馈补偿传递函数，可以实现对期望轨迹的无偏跟踪。

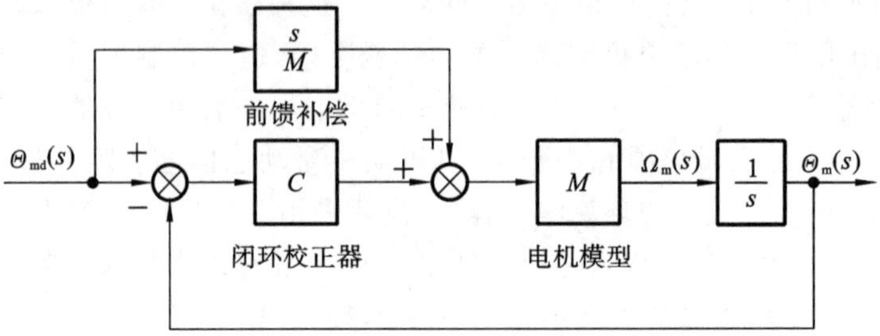

图 5.43　按输入前馈补偿的电机闭环控制系统

用表 5.4 中的通用模型来表示电机

$$M(s)=\frac{K_m}{1+T_m s} \tag{5.49}$$

将其代入式(5.47)，得

$$\begin{aligned}\Theta'_{md}(s)&=\Theta_{md}(s)+\frac{1}{C}\frac{1}{K_m}s\Theta_{md}(s)+\frac{1}{C}\frac{T_m}{K_m}s^2\Theta_{md}(s)\\&=\Theta_{md}(s)+\frac{1}{C}\frac{1}{K_m}\Omega_{md}(s)+\frac{1}{C}\frac{T_m}{K_m}\varepsilon_{md}(s)\end{aligned} \tag{5.50}$$

式(5.50)意味着根据期望位置、期望速度和期望加速度生成参考输入 $\Theta'_{md}(s)$。在机器人控制器完成位置轨迹规划后，上述期望值均已知，因此，根据期望输入设计前馈补偿，不存在技术上的困难。图 5.43 可进一步表示为速度和加速度前馈补偿的形式，如图 5.44 所示。

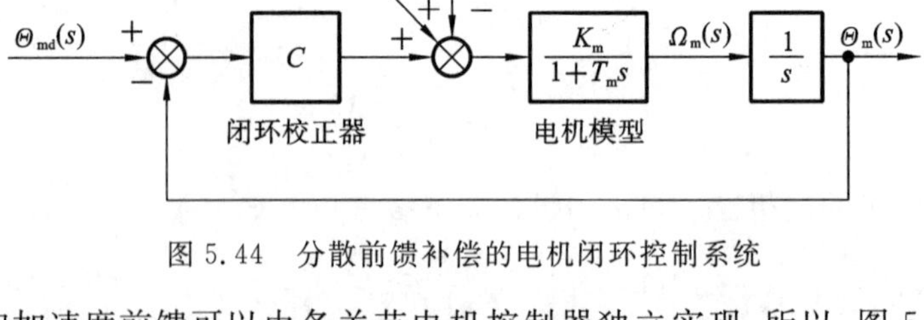

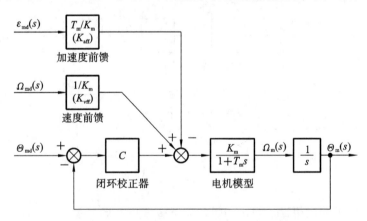

图 5.44　分散前馈补偿的电机闭环控制系统

因为速度和加速度前馈可以由各关节电机控制器独立实现，所以，图 5.44 所示控制器仍然是一种分散控制方法，速度和加速度补偿也被称为**分散前馈补偿**。速度前馈增益 K_{vff} 和加速度前馈增益 K_{aff} 分别为

$$K_{vff}=\frac{1}{K_m},\quad K_{aff}=\frac{T_m}{K_m} \tag{5.51}$$

对于图 5.26 所示的双闭环电机位置控制系统，也可以采取上述前馈补偿的设计思路，来提高系统跟踪动态信号的能力。不考虑扰动、电机模型和闭环控制器的细节，则图 5.26

所示系统可简化为图5.45，其闭环传递函数如式(5.52)所示，其中，$W_1(s)$是速度环的闭环传递函数。

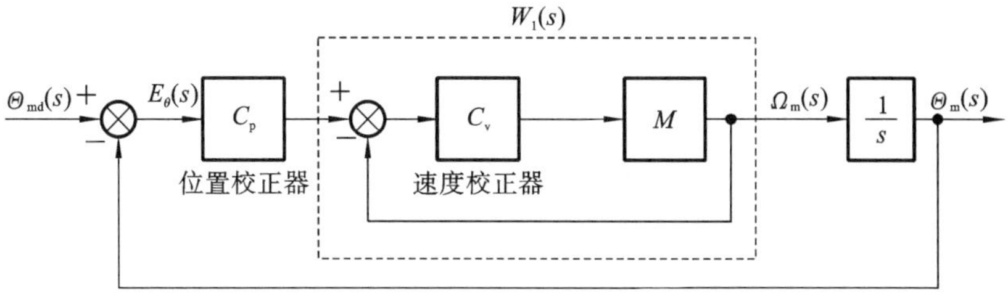

图5.45　双闭环电机位置控制系统简图

$$W(s)=\frac{C_pW_1\frac{1}{s}}{1+C_pW_1\frac{1}{s}},\quad W_1(s)=\frac{C_vM}{1+C_vM} \tag{5.52}$$

根据期望输入$\Theta_{md}(s)$设计参考输入$\Theta'_{md}(s)$，并将电机模型式(5.49)代入，得

$$\begin{aligned}\Theta'_{md}(s)&=\frac{1}{W(s)}\Theta_{md}(s)\\&=\Theta_{md}(s)+\frac{1}{C_p}\Omega_{md}(s)+\frac{1}{C_p}\frac{1}{C_v}\frac{1}{K_m}\Omega_{md}(s)+\frac{1}{C_p}\frac{1}{C_v}\frac{T_m}{K_m}\varepsilon_{md}(s)\end{aligned} \tag{5.53}$$

其中：$\Omega_{md}(s)$和$\varepsilon_{md}(s)$分别为电机的期望速度和期望加速度。

根据式(5.53)设计前馈补偿，得到包含速度指令、速度和加速度前馈的双闭环电机位置控制系统，如图5.46所示。理论上，该控制系统能跟踪任意期望轨迹。

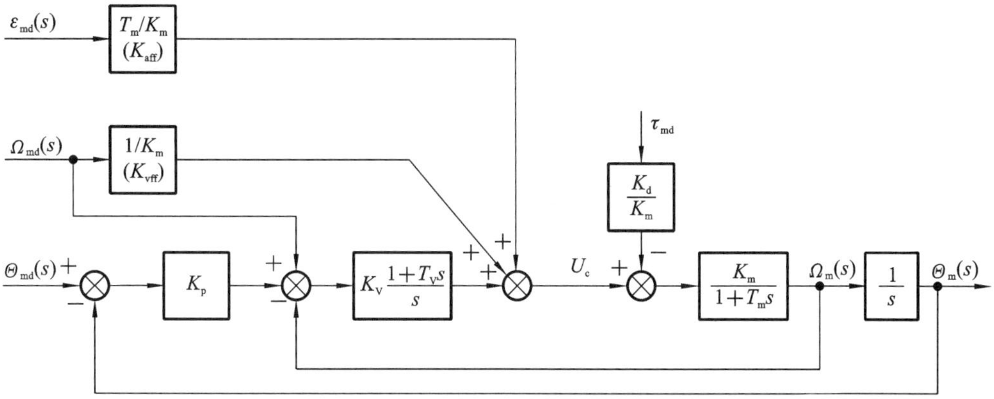

图5.46　分散前馈补偿双闭环电机位置控制系统

图5.46中，把式(5.53)等号右边第二项对应的输入点转移到位置校正器之后，这意味着在速度环引入了速度指令；第三、四项对应的输入点转移到速度校正器之后，体现为闭环控制之外的速度和加速度前馈，增益计算公式同式(5.51)。图5.46所示系统应当具有如下预期效果：增加速度环指令输入，即便在位置误差为零的情况下，也能保证速度环输出随速度指令变化；在闭环控制器之后引入速度和加速度前馈，进一步提升系统跟踪动态指令的能力。

【例 5-7】 对于例 5-6 中由力矩模式电机驱动的单关节机器人，设计分散前馈补偿双闭环位置控制系统，针对例 5-6 中的斜坡轨迹、位置 S 轨迹和速度 S 轨迹，再次进行仿真验证。

扫码下载仿真例程

解 利用 SIMULINK 搭建图 5.47 所示的仿真模型，或者编程仿真，参数设计与例 5-6 相同。书中只给出以力矩模式电机为被控对象的仿真结果。利用仿真例程，读者可自行验证速度模式电机的控制效果。

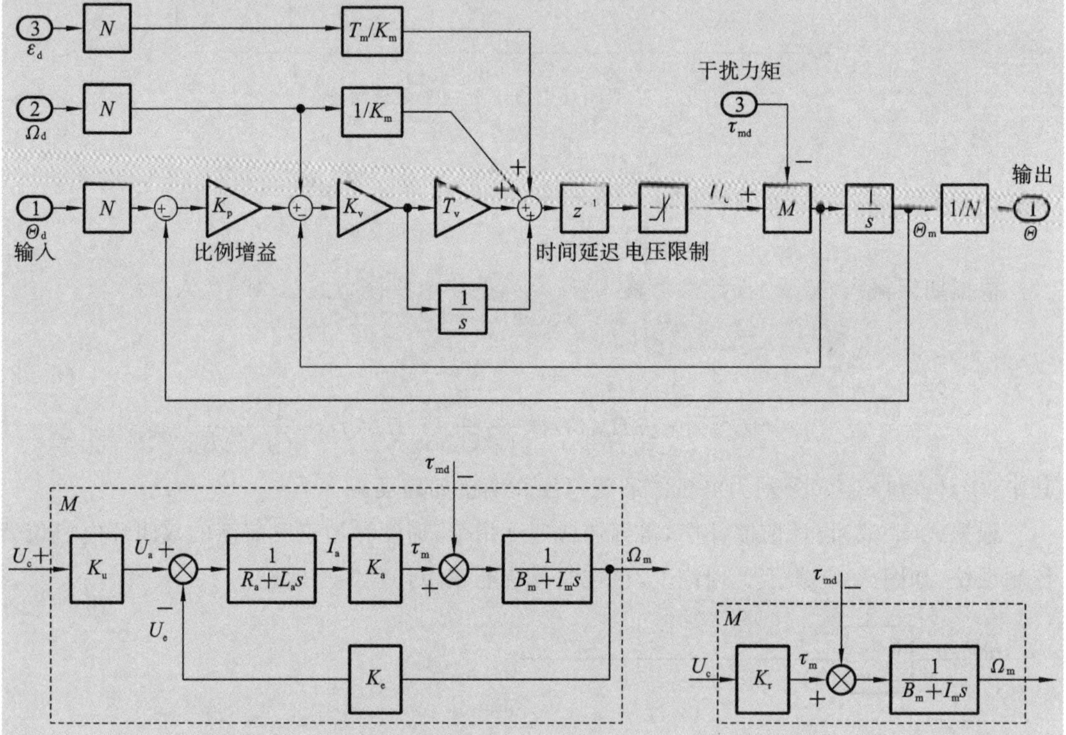

(a) 速度模式电机仿真模型　　(b) 力矩模式电机仿真模型

图 5.47　单关节机器人分散前馈补偿双闭环位置控制仿真系统

1）斜坡轨迹

图 5.48 为引入速度和加速度前馈后的速度和位置响应曲线。对比图 5.37(c)(d)，可以看到，引入速度和加速度前馈后，位置响应曲线基本无滞后，速度响应曲线只在速度突变处有明显偏差。由于斜坡轨迹的期望加速度在零和两个极大值之间切换，因此，加速度前馈的补偿作用不明显。

2）位置 S 轨迹

图 5.49 为引入速度和加速度前馈后的速度和位置响应曲线。对比图 5.39(c)(d)，可以看到，引入速度和加速度前馈后，位置响应曲线基本无滞后，速度响应曲线只有在初始时刻有小偏差。

对比加速度响应，可以看到逐次增加速度前馈和加速度前馈后的作用效果。如图 5.50 所示，引入速度前馈后，加速度响应曲线在突变处明显变小；进一步引入加速度前馈后，加速度偏差基本消失，而仅在初始时刻存在偏差，这是由初始时刻的重力矩干扰引起的。

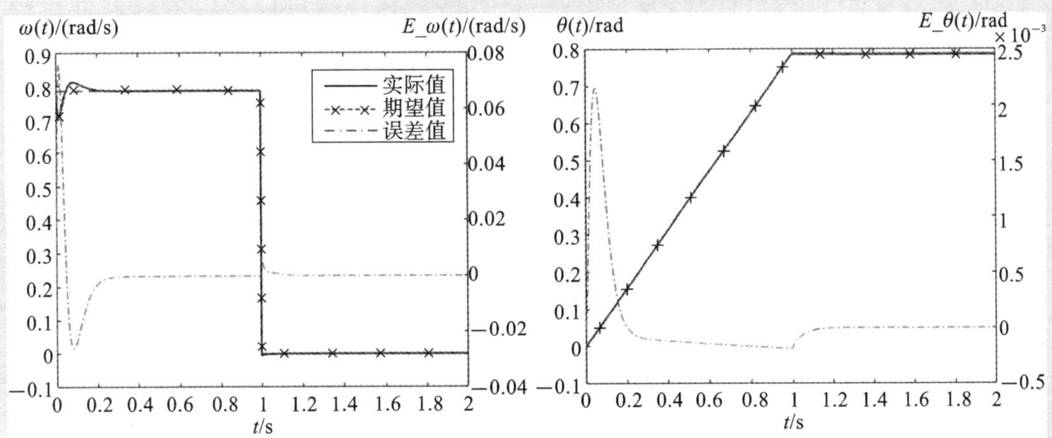

(a) 速度响应曲线　　(b) 位置响应曲线

图 5.48　单关节分散前馈补偿位置斜坡轨迹响应曲线

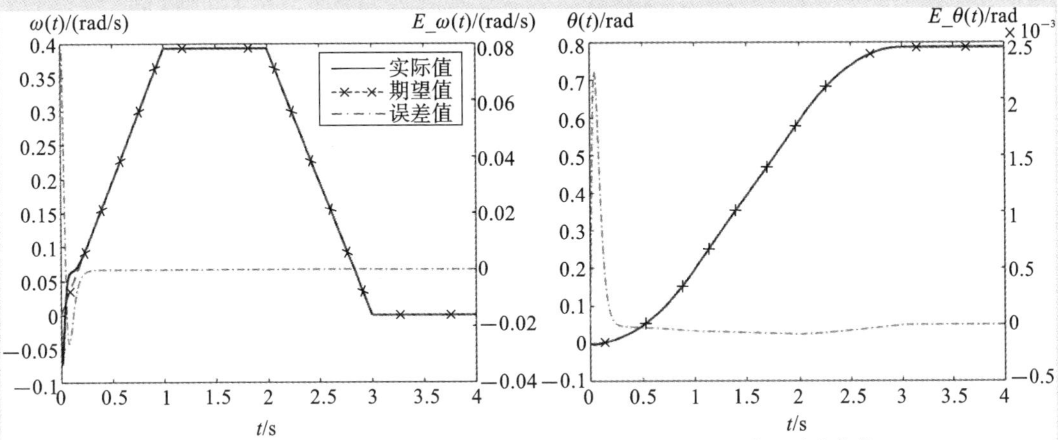

(a) 速度响应曲线　　(b) 位置响应曲线

图 5.49　单关节分散前馈补偿位置 S 轨迹响应曲线

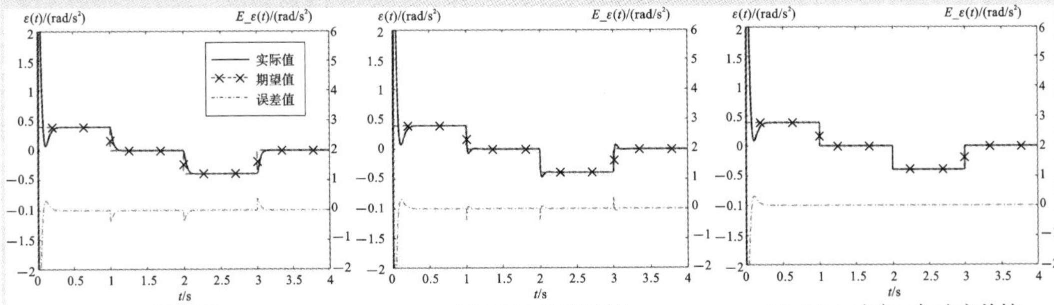

(a) PID　　(b) PID＋速度前馈　　(c) PID＋速度＋加速度前馈

图 5.50　跟踪位置 S 轨迹的加速度响应曲线对比

3）速度 S 轨迹

图 5.51 为引入速度和加速度前馈后的速度和位置响应曲线。对比图 5.41(c)(d)，可以看到，引入速度和加速度前馈后，位置响应曲线基本无滞后，速度响应曲线只有在初始时刻有小偏差，且偏差值小于跟踪位置 S 轨迹时的速度响应偏差。

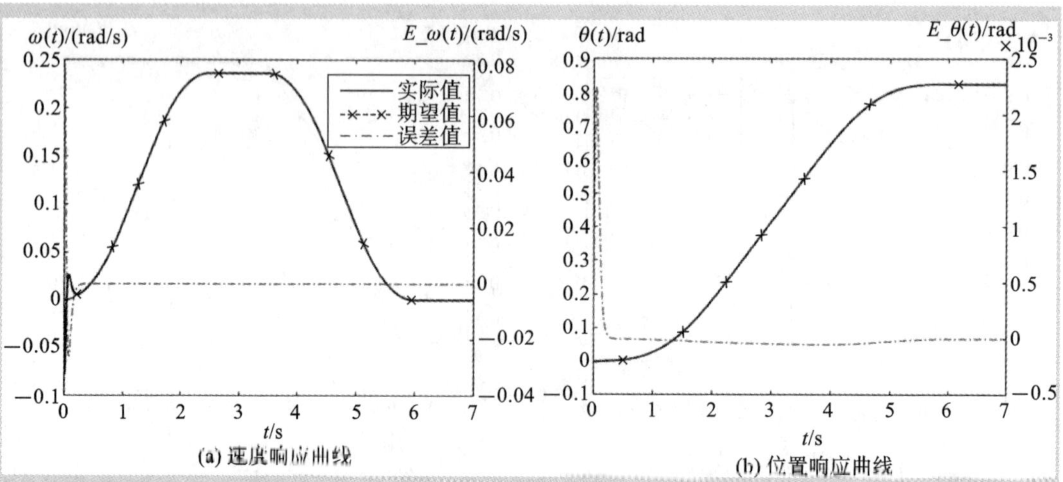

图 5.51　单关节分散前馈补偿速度 S 轨迹响应曲线

对比加速度响应，可以看到速度前馈和加速度前馈的作用效果，如图 5.52 所示。引入速度前馈后，除了开始时刻外，加速度响应曲线基本没有偏差。进一步引入加速度前馈后，加速度偏差没有进一步减小，这是由于速度 S 轨迹的期望加速度没有突变，降低了对控制器的要求。这说明：合理的期望轨迹有利于降低控制器设计和调试的难度。

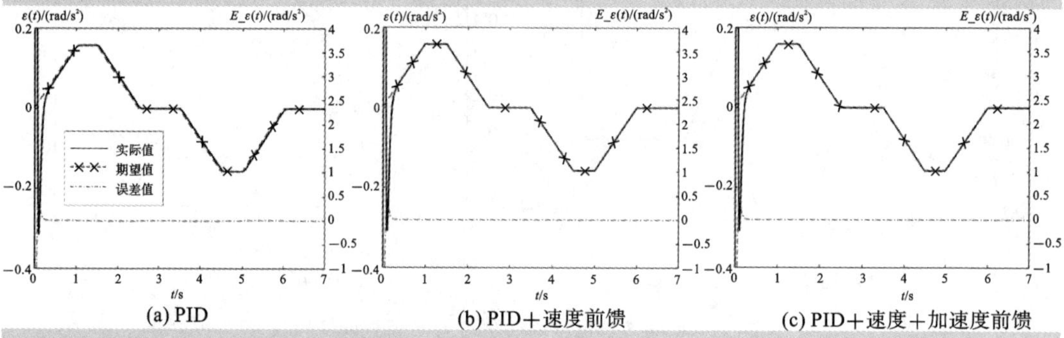

图 5.52　跟踪速度 S 轨迹的加速度响应曲线对比

例 5-7 表明，速度和加速度前馈能有效提升系统跟踪动态指令的能力。这一结论的直观解释是：当系统跟踪动态位置轨迹时，前馈项能够在位置误差出现前，就产生与期望速度和加速度相关的控制信号，从而使系统不依赖误差，就能根据输入产生有效控制信号。

速度和加速度前馈的设计过程总结如下：

(1) 计算系统闭环传递函数的倒数，得到前馈增益；

(2) 利用前馈增益把期望输入转换为参考输入；

(3) 将参考输入作用于原闭环系统，实现对期望输入的无偏跟踪。

多数商用电机控制器内置了图 5.53 所示的前馈补偿位置 PID 闭环控制算法，其中的前馈增益 K_{vff} 和 K_{aff} 也可以按照上述设计过程获得。

除了速度和加速度前馈外，图 5.53 所示系统还引入了初始偏置控制电压 U_{B}，用以补偿干扰力矩 τ_{md}。对于关节负载变化不大的机器人，例如，低速运行的直角坐标机器人，其干扰力矩主要由重力引起，且近似恒定，因此，可以采用固定偏置电压来补偿扰动。

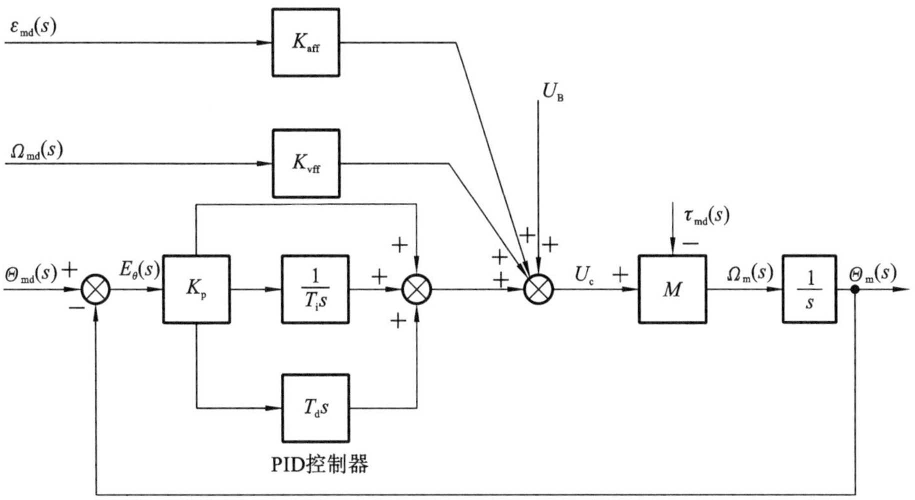

图 5.53　商用前馈补偿位置 PID 闭环控制器原理

这种利用偏置控制电压来补偿干扰力矩的方法，也适用于图 5.46 所示的分散前馈补偿双闭环位置 PID 控制器。不过，对于多数关节式机器人，干扰力矩不能简化为恒定力矩，因而无法用一个恒定的 U_B 来补偿。显然，U_B 应该根据机器人动力学模型中的干扰力矩来计算。

接下来，在讨论利用干扰力矩补偿控制电压的计算方法之前，先利用电机的力矩模型，进一步分析速度和加速度前馈补偿的物理意义。这将揭示出，按输入设计分散前馈补偿的方法，实际上是一种基于模型的设计方法，而按扰动设计前馈补偿也将遵循类似的思路。

5.3.3　分散前馈补偿的力矩模型

电流型放大器驱动的电机工作于力矩模式，需要用力矩模型来描述。根据表 5.4，用力矩增益 K_τ、电机转子侧等效惯量 I_m 和等效阻尼 B_m，替换图 5.46 中的时间常数 T_m、开环增益 K_m 和扰动增益 K_d

$$T_m = \frac{I_m}{B_m}, \quad K_m = \frac{K_\tau}{B_m}, \quad K_d = \frac{1}{B_m} \tag{5.54}$$

把式(5.54)代入式(5.51)，可得双闭环位置控制系统中前馈增益与电机动力学模型参数的关系

$$K_{vff} = \frac{B_m}{K_\tau}, \quad K_{aff} = \frac{I_m}{K_\tau} \tag{5.55}$$

于是，当电机工作于力矩模式时，图 5.46 所示的分散前馈补偿双闭环位置 PID 控制器可转化为图 5.54 的形式，其中采用了图 5.11 所示的电机力矩模型。

图中，控制器输出的控制电压 U_c 由三部分组成：反馈控制电压 U_{bt}、速度前馈控制电压 U_{vff} 和加速度前馈控制电压 U_{aff}。它们经过电机和放大器的力矩增益环节，被转换为电机转子控制力矩 τ_m。于是，τ_m 也由三个部分组成：反馈控制力矩 τ_{bf}、速度前馈控制力矩 τ_{vff} 和加速度前馈控制力矩 τ_{aff}。

根据图 5.54 所示结构，速度前馈产生的控制电压 U_{vff} 为

$$U_{vff} = \Omega_{md}(s) K_{vff} = \Omega_{md}(s) B_m / K_\tau \tag{5.56}$$

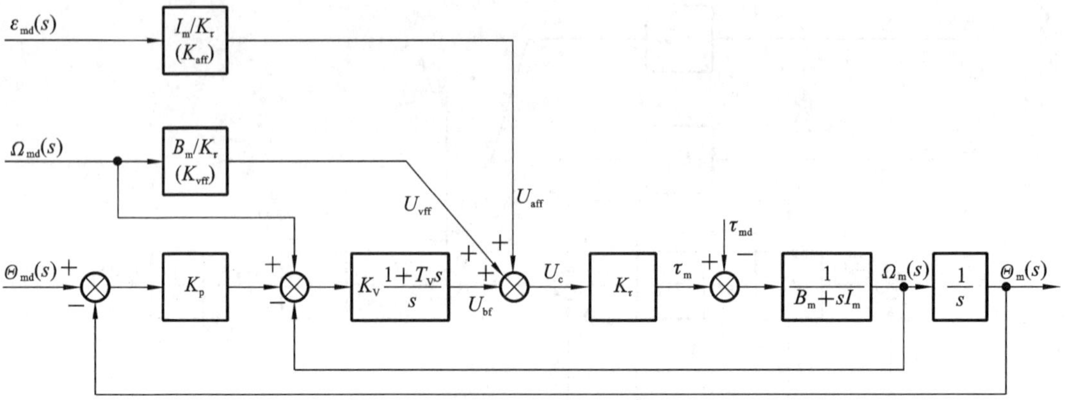

图 5.54　力矩模式电机的分散前馈补偿双闭环位置 PID 控制器

经过力矩增益环节后，得到与电机阻尼系数成正比的速度前馈控制力矩

$$\tau_{vff}=U_{vff}K_\tau=B_m\Omega_{md}(s)$$

其时域表达式为

$$\tau_{vff}=B_m\omega_{md} \tag{5.57}$$

加速度前馈产生的控制电压 U_{aff} 为

$$U_{aff}=\varepsilon_{md}(s)K_{aff}=\varepsilon_{md}(s)I_m/K_\tau=\Omega_{md}(s)sI_m/K_\tau \tag{5.58}$$

经过力矩增益环节后，得到与电机惯量成正比的加速度前馈控制力矩

$$\tau_{aff}=U_{aff}K_\tau=I_m\Omega_{md}(s)s \tag{5.59}$$

其时域表达式为

$$\tau_{aff}=I_m\varepsilon_{md} \tag{5.60}$$

将式(5.57)与式(5.60)求和，得到速度和加速度分散前馈产生的控制力矩，即

$$\tau_{vff}+\tau_{aff}=B_m\omega_{md}+I_m\varepsilon_{md} \tag{5.61}$$

可以注意到式(5.61)右侧正是关节电机动力学方程的线性简化模型。这意味着，速度和加速度前馈能够根据电机动力学模型，由期望速度和期望加速度得到理论控制力矩。如果模型精确，且系统中没有其他干扰，即 $\tau_{md}=0$，则电机在速度和加速度前馈的作用下就可以精确跟踪期望轨迹。因此，对于力矩模式电机，速度和加速度前馈控制也是一种基于动力学模型的控制方法。

对于大传动比、小质量，且工作于低速状态的机器人，其关节电机所受干扰力矩 τ_{md} 较小，干扰力矩和模型误差引起的控制误差，可以由闭环控制器输出的反馈控制电压 U_{bf} 和反馈控制力矩 τ_{bf} 补偿。在这种情况下，分散前馈补偿 PID 控制算法也可以得到令人满意的控制效果。

上述分析表明，如果在伺服系统中使电机工作在力矩模式，那么，控制器中各环节的输出量就具有了清晰的物理意义，这有利于设计更复杂的控制算法，以应对机器人这一类非线性系统的控制问题。因此，本书后续内容将基于力矩模式电机展开讨论。

尽管如此，由于速度模式电机所使用的电压型放大器具有成本优势，因此，在非线性程度较低的机器人系统中，例如低速直角坐标机器人、轮式机器人等，仍然可以采用速度模式电机。同时，电机工作于速度模式时，其固有的速度负反馈环节(感应电动势)，有利于提高系统在未建模扰动下的稳定性。

到目前为止，所讨论的控制算法都局限于单个关节。由于 PID 参数和速度、加速度前馈增益的设计，都基于假想的常系数电机模型，并且计算量小，因此为每个关节电机设计低成本控制硬件，例如，价格低廉的单片机，分别运行各电机的位置 PID 控制器。在运行过程中，上位机以固定的时序给每个关节控制器下发期望位置、速度和加速度。各关节电机控制器不需知道其他关节的运行状态，各自独立运行，即可控制本关节跟踪期望轨迹。

5.4　集中前馈补偿位置 PID 控制器

具有速度和加速度分散前馈补偿的位置 PID 控制器，仅考虑了电机模型，而把作用在关节上的干扰力矩作为小扰动来看待。从例 5-5 可知，对于重载、高速、高动态机器人，干扰力矩占比大，不能被视为小扰动。而例 5-5 的另一个启示是：如果已经建立了机器人的动力学模型，理论上可以计算出任意状态下的关节电机负载转矩。如果能够把期望的理论电机力矩换算成控制量，直接施加到电机驱动器上，则应该能够抵消干扰力矩的影响。这就是集中前馈补偿位置 PID 控制器的设计思路。

5.2.2 小节给出了驱动空间动力学方程分解方法和干扰力矩计算公式。从式(5.28)可知，干扰力矩的计算涉及复杂的矩阵和三角函数运算。对于分散控制系统，各电机的独立控制器通常采用低成本单片机，计算能力不足，不适合实时计算干扰力矩。为此，可以把电机驱动力矩分解成两个部分：不以系统状态变量(关节位置和速度)为参数的**线性驱动力矩**和包含状态变量的**干扰驱动力矩**。其中，与线性驱动力矩对应的控制电压，由每个电机的独立控制器计算，实施分散前馈补偿，这也是 5.3 节前馈 PID 控制器的设计思路；而与干扰驱动力矩对应的控制电压，则由一个高性能的集中控制器计算，实施集中前馈补偿。

5.4.1　集中前馈补偿的实现

在图 5.46 和图 5.54 系统的基础上，增加干扰力矩补偿项，就构成了图 5.55 所示的集中前馈补偿位置 PID 控制器。图中虚线表示带入参数，而不是乘法运算。

定义 $K_{\tau ff}$ 为干扰力矩前馈增益，当采用通用电机模型时，$K_{\tau ff}=K_d/K_m$，如图 5.55(a)所示。对于力矩模式电机，则 $K_{\tau ff}=1/K_\tau$，如图 5.55(b)所示。控制器根据干扰力矩公式(5.28)计算得到单个电机的理论干扰力矩 $\tau_{\tau ff}$。如果模型无误差，则 $\tau_{\tau ff}$ 应该等于实际干扰力矩 τ_{md}。于是，在经过力矩前馈增益环节后，$\tau_{\tau ff}$ 就补偿了干扰力矩 τ_{md}。

注意，图 5.55 仍然以单个电机为考察对象，其中的计算力矩 $\tau_{\tau ff}$ 为标量，是驱动空间理论干扰力矩矢量 $\boldsymbol{\tau}_{\tau ff}$ 的一个元素，可以根据式(5.28)中的一行计算得到。尽管如此，式(5.28)中的每一行却包含了所有相关关节的位置、速度和加速度信息。这些信息需要汇总到一个控制器中，加之干扰力矩计算的复杂性，利用高性能的集中控制器完成干扰力矩计算是合理的。正因为如此，干扰力矩前馈被称为**集中前馈**。又因为干扰力矩前馈的目的是补偿扰动，所以，这种控制器又被称为**按扰动设计的前馈校正控制器**。

图 5.55 中，无论电机工作在速度模式还是力矩模式，电机模型之前的控制电压 $U_c(s)$，都可以分解为四个部分

$$U_c(s)=U_{vff}(s)+U_{aff}(s)+U_{\tau ff}(s)+U_{bf}(s) \tag{5.62}$$

式中：$U_{vff}(s)$ 为速度前馈产生的控制信号；$U_{aff}(s)$ 为加速度前馈产生的控制信号；$U_{\tau ff}(s)$ 为力

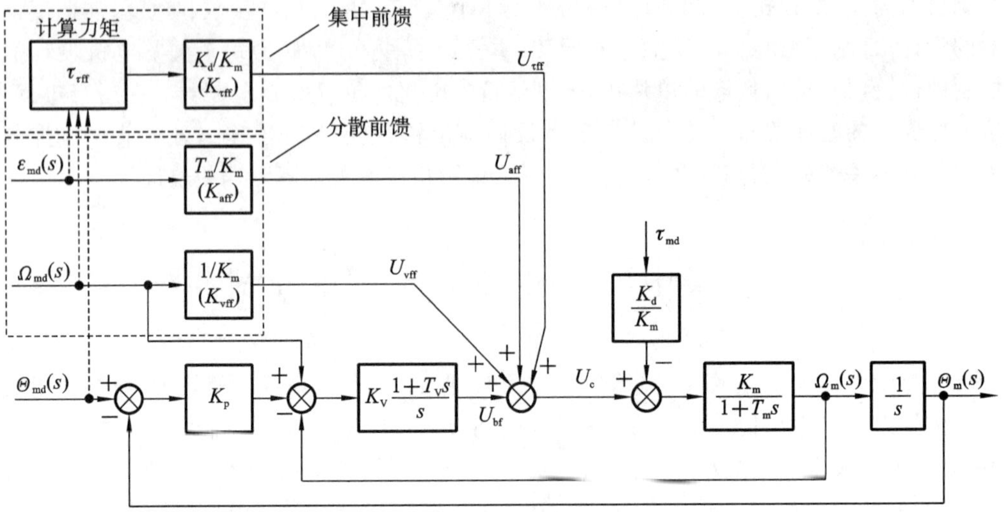

(a) 通用电机模型

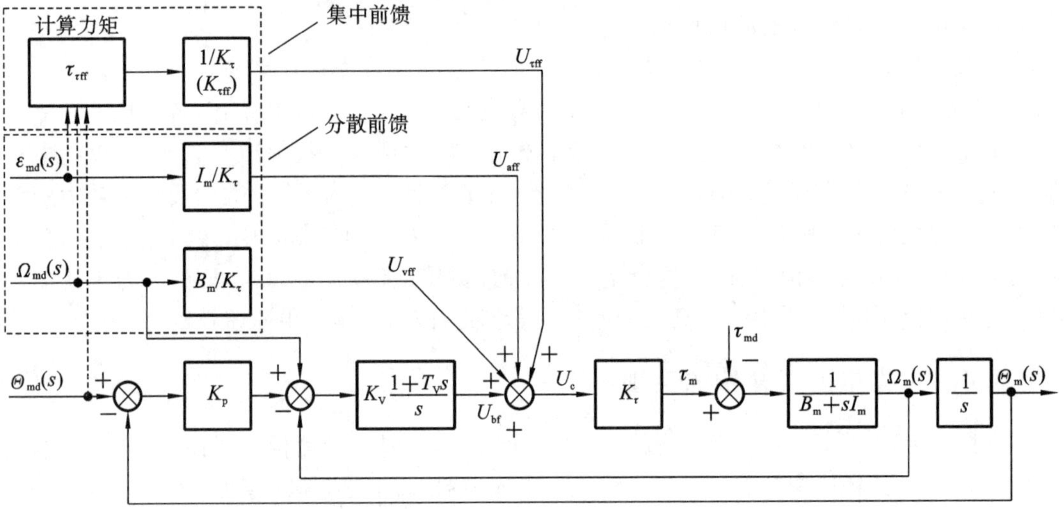

(b) 力矩电机模型

图 5.55　集中前馈补偿位置 PID 控制系统

矩前馈产生的控制信号；$U_{bf}(s)$为 PID 反馈控制器产生的控制信号。

对于速度模式电机，电机转速与电流/力矩存在耦合，难以建立控制电压各分量与电机动力学模型的直接对应关系。不过，对于力矩模式电机，这一关系则是清晰的，简要分析如下：

(1) $U_{vff}(s)$生成线性速度前馈控制力矩

$$\tau_{vff} = B_m \omega_d$$

(2) $U_{aff}(s)$生成线性加速度前馈控制力矩

$$\tau_{aff} = I_m \varepsilon_d$$

(3) $U_{\tau ff}(s)$生成干扰补偿控制力矩

$$\tau_{\tau ff} = [\boldsymbol{\tau}_{\tau ff}]_i = [\Delta \boldsymbol{M}_m(\boldsymbol{\theta})\boldsymbol{\varepsilon}_m + \boldsymbol{V}_m(\boldsymbol{\theta},\boldsymbol{\omega})\boldsymbol{\omega}_m + \boldsymbol{G}_m(\boldsymbol{\theta})]_i \tag{5.63}$$

$[\boldsymbol{\tau}_{\tau ff}]_i$ 是 $\boldsymbol{\tau}_{\tau ff}$的第 i 行，用于补偿作用于关节电机 i 上的干扰力矩。

(4) $U_{\mathrm{bf}}(s)$生成反馈控制力矩

$$\tau_{\mathrm{bf}} = U_{\mathrm{bf}} K_{\tau}$$

用于补偿因模型不精确和其他未知干扰引起的误差。

于是，作用于电机的综合控制力矩为

$$\tau_{\mathrm{m}} = \tau_{\mathrm{vff}} + \tau_{\mathrm{aff}} + \tau_{\tau\mathrm{ff}} + \tau_{\mathrm{bf}}$$

在图 5.26 所示的纯反馈控制系统中，控制力矩 τ_{m} 只包含与位置和速度跟踪误差有关的反馈项 τ_{bf}；在图 5.54 所示的分散前馈补偿控制系统中，增加了与电机模型相关的线性控制力矩 τ_{vff}和 τ_{aff}；而在图 5.55 所示的集中前馈补偿控制系统中，则进一步增加了前馈补偿力矩 $\tau_{\tau\mathrm{ff}}$。如果电机模型和机器人动力学模型完全准确，那么三个前馈项的和将完全符合机器人逆动力学模型，它们生成的驱动力将驱动机器人严格跟踪期望轨迹，且跟踪误差和反馈项都将为 0。尽管这在真实系统中不可能实现，但是，前馈的引入能大幅减小反馈误差，从而允许控制系统采用较小的反馈增益，有利于提高系统稳定性。

集中前馈补偿控制是一种基于模型的控制方法，它严格根据机器人动力学模型计算各关节控制力矩，而各关节的 PID 反馈控制器仅需克服因模型偏差和其他干扰引起的误差。这似乎解决了机器人的非线性控制问题。但是，第 6 章的分析会表明，这种方案并没有实现系统的线性化。

尽管如此，对于仅工作于自由空间的工业机器人，力矩前馈补偿位置控制器已能够满足需求。实际上，在多数工业机器人的运动控制算法中，出于降低计算复杂度和控制成本的考虑，干扰力矩补偿项中仅包含重力项，即仅对重力进行了补偿。但是这并不影响工业机器人实现较高的位置保持和跟踪精度。这归功于关节减速器的大传动比（通常传动比 $N>30$），它把耦合项 $\Delta\boldsymbol{M}_{\mathrm{m}}(\boldsymbol{\theta})$、$\boldsymbol{V}_{\mathrm{m}}(\boldsymbol{\theta},\boldsymbol{\omega})$等非线性项对电机的影响降低到了原值的 $1/N^2$，使电机转子惯量占据了主导地位，从而实现了各关节的近似解耦。

5.4.2　干扰力矩的计算频率

图 5.55 中各前馈项的计算过程发生在伺服环之外，因此，系统可以离线计算干扰力矩。离线计算意味着系统可以利用一个集中控制器，在关节轨迹规划之后、伺服控制启动之前，根据所有关节的期望位置、速度和加速度，以及动力学方程计算干扰力矩。计算得到的前馈项，由集中控制器按照固定的伺服周期，随期望值一同下发给独立关节位置 PID 控制器。关节控制器以伺服控制频率实施关节闭环控制。

尽管力矩前馈补偿项由上位机集中计算，但是各关节的闭环控制仍然是分散进行的，因此，从伺服控制回路的结构看，集中前馈补偿位置 PID 控制器是一种分散控制方案。

由于跟踪误差始终存在，为提高补偿精度，也可以让集中控制器在线计算式(5.28)中各系数矩阵，并令各矩阵的位形参数取机器人的实际值，即：$\Delta\boldsymbol{M}_{\mathrm{m}}(\boldsymbol{\theta})=\Delta\boldsymbol{M}_{\mathrm{m}}(N\boldsymbol{\theta}_{\mathrm{m}})$、$\boldsymbol{V}_{\mathrm{m}}(\boldsymbol{\theta},\boldsymbol{\omega})=\boldsymbol{V}_{\mathrm{m}}(\boldsymbol{\theta}_{\mathrm{m}},N\boldsymbol{\omega}_{\mathrm{m}})$、$\boldsymbol{G}_{\mathrm{m}}(\boldsymbol{\theta})=\boldsymbol{G}_{\mathrm{m}}(N\boldsymbol{\theta}_{\mathrm{m}})$。图 5.56 以力矩模式电机为例，给出了对应的控制系统原理。其中，虚线表示根据实际值计算前馈量，而非用于反馈控制。

为降低计算负担，图 5.56 中的集中控制器不必在每个伺服周期中都更新系数矩阵 $\Delta\boldsymbol{M}_{\mathrm{m}}(\boldsymbol{\theta})$、$\boldsymbol{V}_{\mathrm{m}}(\boldsymbol{\theta},\boldsymbol{\omega})$、$\boldsymbol{G}_{\mathrm{m}}(\boldsymbol{\theta})$，而可以采用更长的更新周期，例如伺服周期的 10 倍。在系数矩阵更新周期内，系统仅在关节控制器中更新线性的分散前馈控制电压，而不更新干扰力矩前

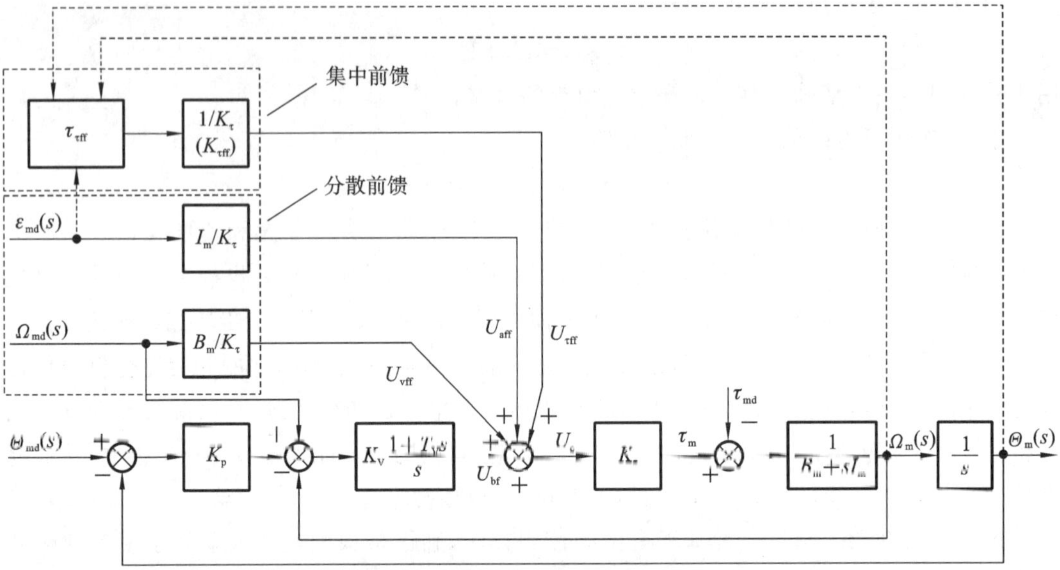

图 5.56　在线计算干扰力矩的集中前馈补偿位置控制系统

馈控制电压。此时，干扰力矩的计算频率低于伺服控制频率，但是高于轨迹规划频率。

无论离线还是在线计算干扰力矩，集中控制器总是以较低频率更新干扰力矩前馈补偿项，而关节控制器则以较高频率执行分散前馈补偿和 PID 闭环控制。这就是所谓的双频率控制模式。

知识点

• 关节力矩闭环

多数电流型放大器依赖电流控制来间接控制力矩。由于电流测量噪声通常较大，会导致力矩模式电机输出力矩 τ_{m} 不稳定，相对于控制电压 u_{c} 的线性度也不好，即 K_τ 的线性度不稳定。为了提升关节电机的力矩精度，可以在每个关节上安装力矩传感器，并为各关节设计独立的力矩控制器。这将有利于提高力矩前馈补偿的效果，也便于实现机器人的柔顺控制。高级的协作型机器人通常采用这种方案。

5.4.3　集中前馈补偿位置 PID 控制器实例

【例 5-8】　对于例 5-6 中由力矩模式电机驱动的单关节机器人，在例 5-7 控制器的基础上，增加干扰力矩集中前馈项，构成集中前馈补偿位置 PID 控制器，观察系统跟踪位置 S 轨迹和速度 S 轨迹时的加速度响应曲线，并与无力矩前馈补偿情况进行对比。

解　利用 SIMULINK 搭建图 5.57 所示的仿真模型，参数设计与例 5-6 相同。其中，用于计算干扰力矩的参数 $m_d=m\times(1-5\%)$和 $L_d=L\times(1-5\%)$为理论值。

图 5.58 和图 5.59 分别展示了双闭环位置 PID 控制器引入干扰力矩集中前馈项之后，跟踪位置和速度 S 轨迹的加速度响应。可以看到，在引入干扰力矩集中前馈项之后，初始时刻的加速度偏差明显减小。这说明，在产生位置偏差前，干扰力矩补偿预先产生了一个抵抗干扰力矩的控制量，有效降低了跟踪误差。

扫码下载
仿真例程

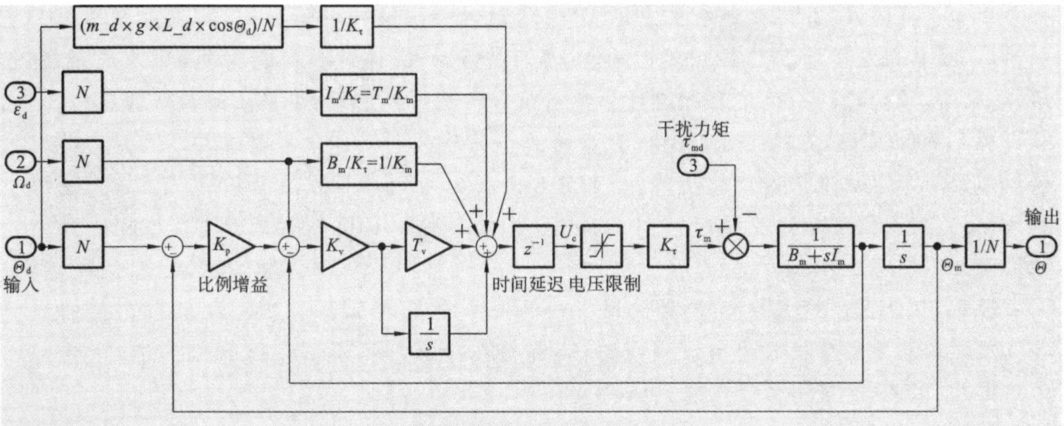

图 5.57　单关节机器人集中前馈补偿双闭环位置控制仿真系统

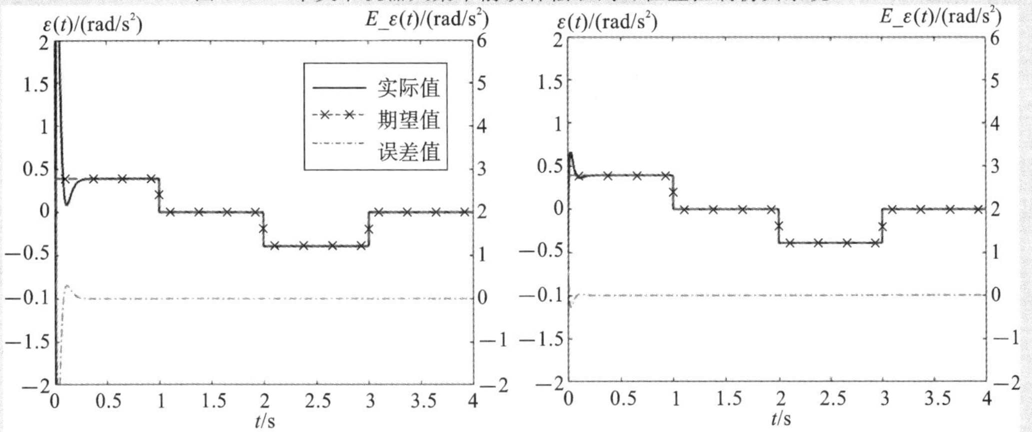

(a) PID＋速度＋加速度前馈　　(b) PID＋速度＋加速度＋力矩前馈项

图 5.58　跟踪位置 S 轨迹的加速度响应曲线对比

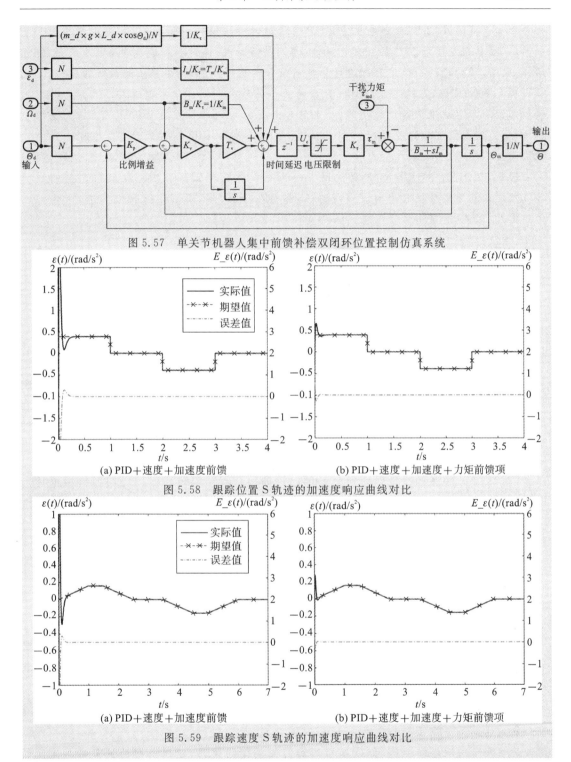

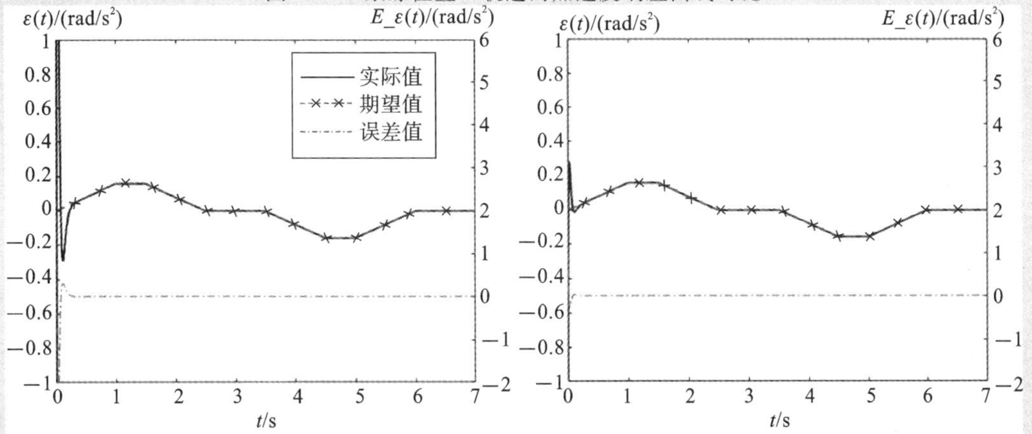

(a) PID＋速度＋加速度前馈　　(b) PID＋速度＋加速度＋力矩前馈项

图 5.59　跟踪速度 S 轨迹的加速度响应曲线对比

【例 5-9】　针对例 5-2 中平面 2R 机器人，假定机器人两个连杆的质量和杆长的理论值与实际值之间均存在 5％的负偏差，电机工作于力矩模式，跨导增益见表 5.1，两关节减速器传动比取 $N_1=N_2=50$，希望两关节均跟踪例 5-6 中的关节位置 S 轨迹。试构建 SIMULINK 仿真系统进行控制算法仿真，在该系统中，各电机动力学模型采用力矩模型，计算各电机的线性力矩和干扰力矩，并施加到电机力矩模型上，设计集中前馈补偿控制器，先仅考虑 PID 控制器，以临界阻尼设计 PID 控制器增益，观察两关节位置、速度和加速度曲线的变化规律；然后，逐次增加速度指令、速度和加速度分散前馈和干扰力矩前馈，观察上述曲线的变化。

解　参照图 5.57，为平面 2R 机器人的两个关节分别搭建集中前馈补偿控制器。各电机平均等效转动惯量、阻尼和干扰力矩的计算方法见例 5-5。电机的理论模型考虑了质量和杆长偏差，电机模型和 PID 参数的计算方法同例 5-6。

扫码下载
仿真例程

图 5.60 是无前馈 PID 控制器作用下的两关节速度和位置响应曲线，其位置规律与单关节机器人响应曲线类似，都存在滞后。关节 1 所受干扰力矩更大，因此，速度和位置响应偏差更大。

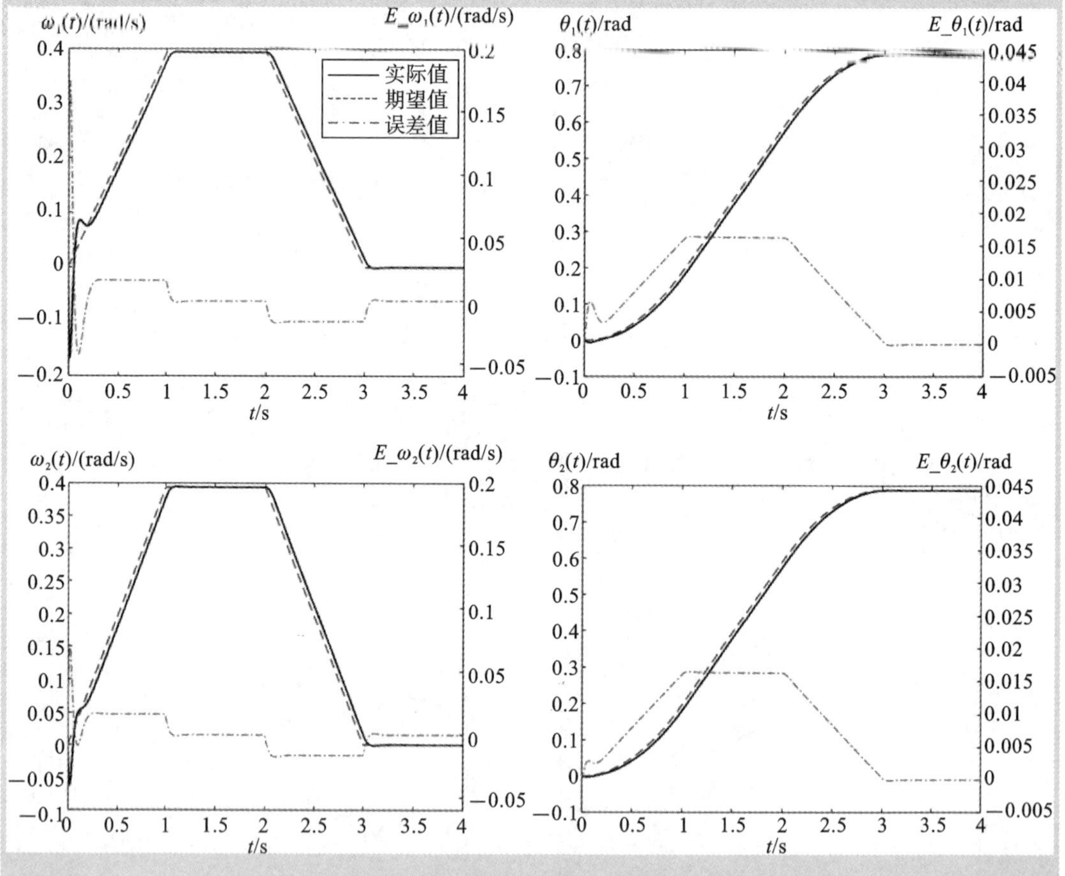

图 5.60　仅由 PID 控制器作用的两关节位置和速度响应曲线

增加了速度前馈后，位置跟踪误差就已经很小了，因此，本例仅给出了具有速度、加速度和力矩前馈的关节位置和速度响应曲线，如图 5.61 所示。

为了揭示逐次增加速度、加速度前馈和力矩前馈的效果，可以观察两关节的加速度曲线，如图 5.62 和图 5.63 所示。图中，为了便于对比，采用了相同的比例尺，导致部分曲线没有显示。可以看出，随着前馈项的增加，加速度曲线逐渐接近理想的矩形曲线，力矩前馈能有效减小系统初始时刻的加速度偏差。

利用本书提供的仿真例程，读者可设置较小传动比，来观察系统响应。

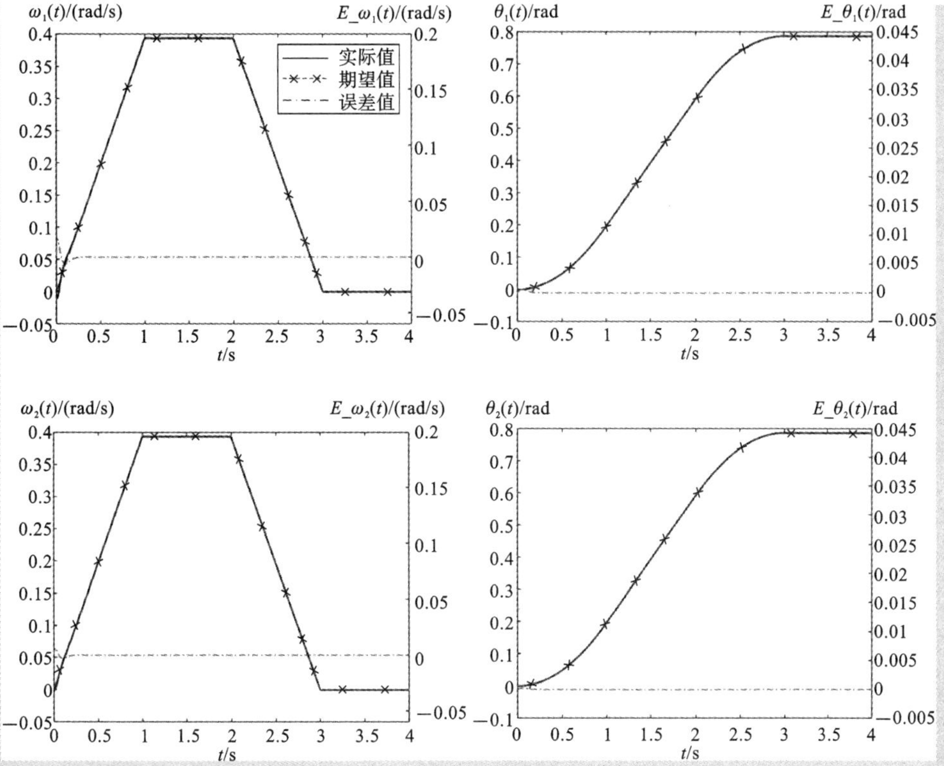

图 5.61　增加了速度、加速度和力矩前馈后的两关节位置和速度响应曲线

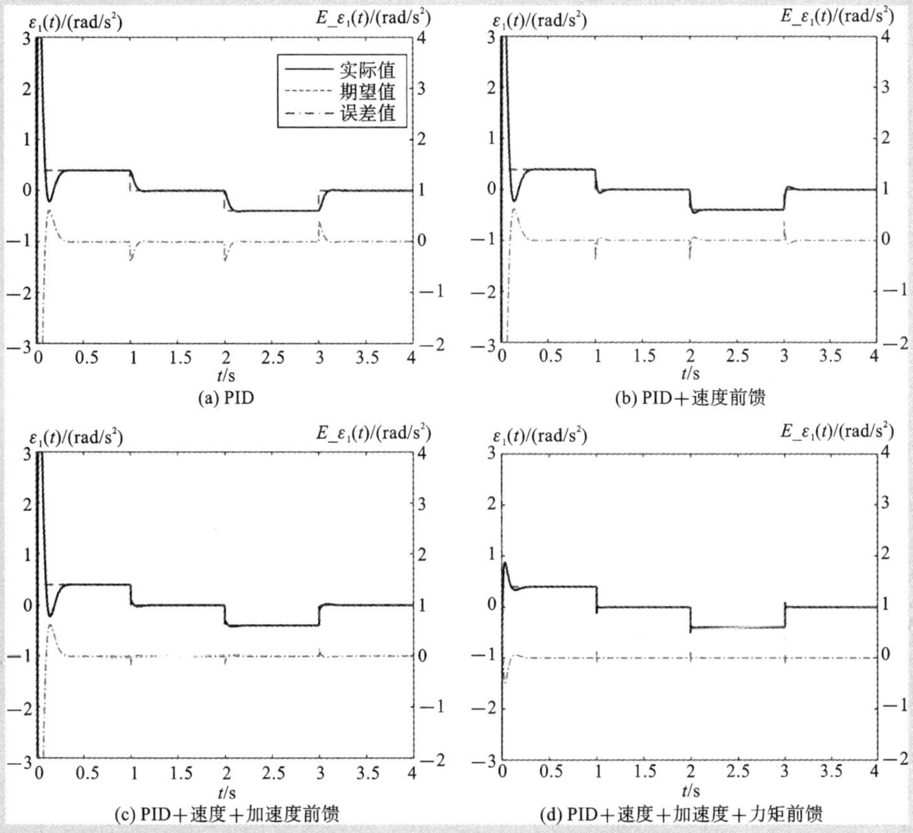

图 5.62　关节 1 在不同前馈项作用下的加速度曲线

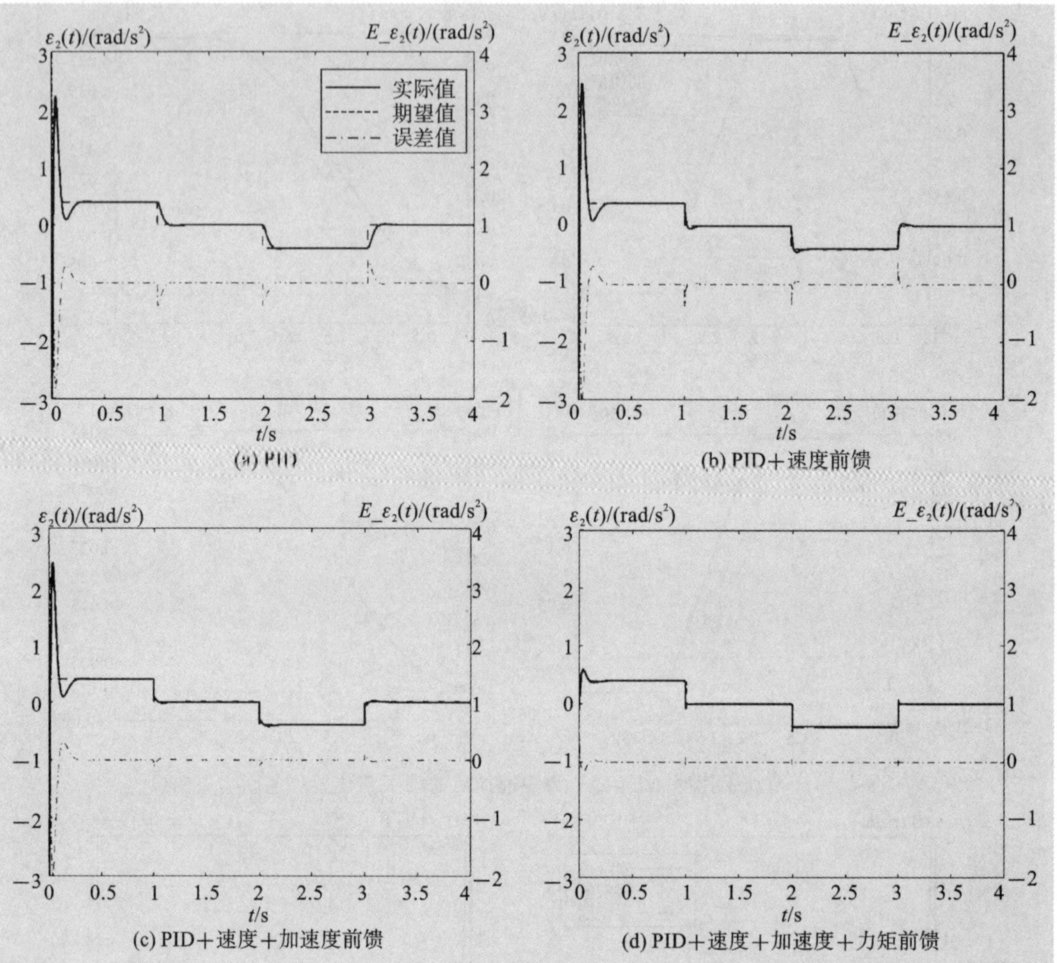

图 5.63　关节 2 在不同前馈项作用下的加速度曲线

5.5　PID 控制器的离散化

第 3 章简要介绍了工业机器人控制系统，它是以计算机为核心的数字控制系统。商用运动控制器已经内置了数字 PID 控制器，用户只需要通过理论计算和实验整定 PID 参数即可。对于低成本控制系统，往往需要设计者自行编写 PID 控制程序，构造数字 PID 控制器。

本节将简要介绍数字伺服控制系统的工作过程和数字 PID 控制算法的实现方法。

5.5.1　数字伺服控制系统简介

1. 数字伺服控制系统的工作过程

在机器人关节电机的数字伺服控制系统中，作为系统输入的关节轨迹以连续函数形式给出，计算机中的数字伺服控制器在每个伺服控制周期运行一次，工作于离散状态，而作为被控对象的关节电机和部分反馈传感器又工作于连续状态。因此，数字伺服控制系统中会存在 A/D 和 D/A 转换环节，以实现模拟信号和数字信号之间的转换，如图 5.64 所示。

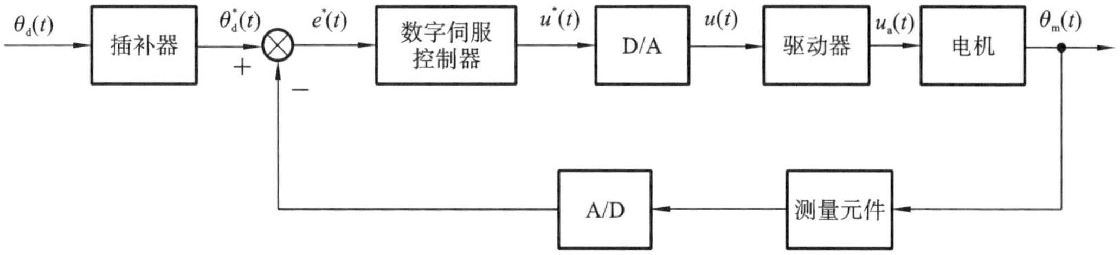

图 5.64　机器人关节的数字伺服控制系统结构图

对于系统输入，利用轨迹插补对连续轨迹进行采样，可以获得数字化的输入信号。对于模拟量反馈信号，则利用 A/D 转换器把模拟信号转换成数字信号。

之后，数字伺服控制器对输入信号 $\theta_d^*(t)$ 和反馈信号 $\theta_m^*(t)$ 做差，得到控制偏差 $e^*(t)$，经数字 PID 算法计算得到数字控制信号 $u^*(t)$，并存储到控制器的输出寄存器中，然后，再经 D/A 转换器形成模拟控制信号 $u(t)$。模拟控制信号 $u(t)$ 被驱动器放大为驱动信号 $u_a(t)$，驱动电机运转。

2. 插补及 A/D、D/A 的信号处理过程

从信号处理的角度看，插补、A/D 转换都包含**采样过程**和**保持过程**，而 D/A 转换则仅包含保持过程，如图 5.65 所示。

让模拟信号通过一个周期性闭合的开关，即可得到采样信号。在数字伺服控制系统中，反馈信号通过高频电子开关电路实现 A/D 采样；而控制的输入信号则通过插补程序实现虚拟采样。采样后得到与采样时刻的模拟信号幅值成正比的数字信号，并存储在数字伺服控制器的输入寄存器中。

图 5.65 中，输入信号的插补采样周期 T_{in} 大于伺服控制周期 T_c（一般为 3～5 倍），这一点在第 3.3.3 小节中已介绍（参见图 3.29）。而 A/D 转换的采样周期 T_s 则小于伺服控制周期，并满足香农采样定理，即**采样频率大于被控对象最高频率的两倍**。

这样，数字伺服控制器在每个伺服控制周期都会得到最新的反馈信号，而输入信号则会维持若干个伺服控制周期才更新。这样处理是为了让数字伺服控制器有足够的时间实现对输入信号的跟踪。需要注意的是，插补采样生成的是输入信号，因此，相对于反馈信号，它会提前把下一个插补点的信号值存储到数字伺服控制器的输入寄存器中。

D/A 转换是 A/D 转换的逆过程。在 D/A 转换过程中，数字伺服控制器输出寄存器中的数字信号被数模转换电路变换成等比例的模拟信号。寄存器在上述过程中扮演了保持器的角色，以保持采样点之间的信号值不变。这样的保持器使得每个采样区间的信号值为常数，其导数为零，故称为零阶保持器。

5.5.2　数字 PID 算法的实现

1. PID 控制器回顾

作为最常用的伺服控制算法，PID 控制算法也被广泛应用在数字伺服控制器中。

在连续系统中，PID 控制器的时域表达式和传递函数分别为

$$u(t) = K_p\left[e(t) + \frac{1}{T_i}\int_0^t e(t)\mathrm{d}t + T_d\frac{\mathrm{d}e(t)}{\mathrm{d}t}\right] \tag{5.64}$$

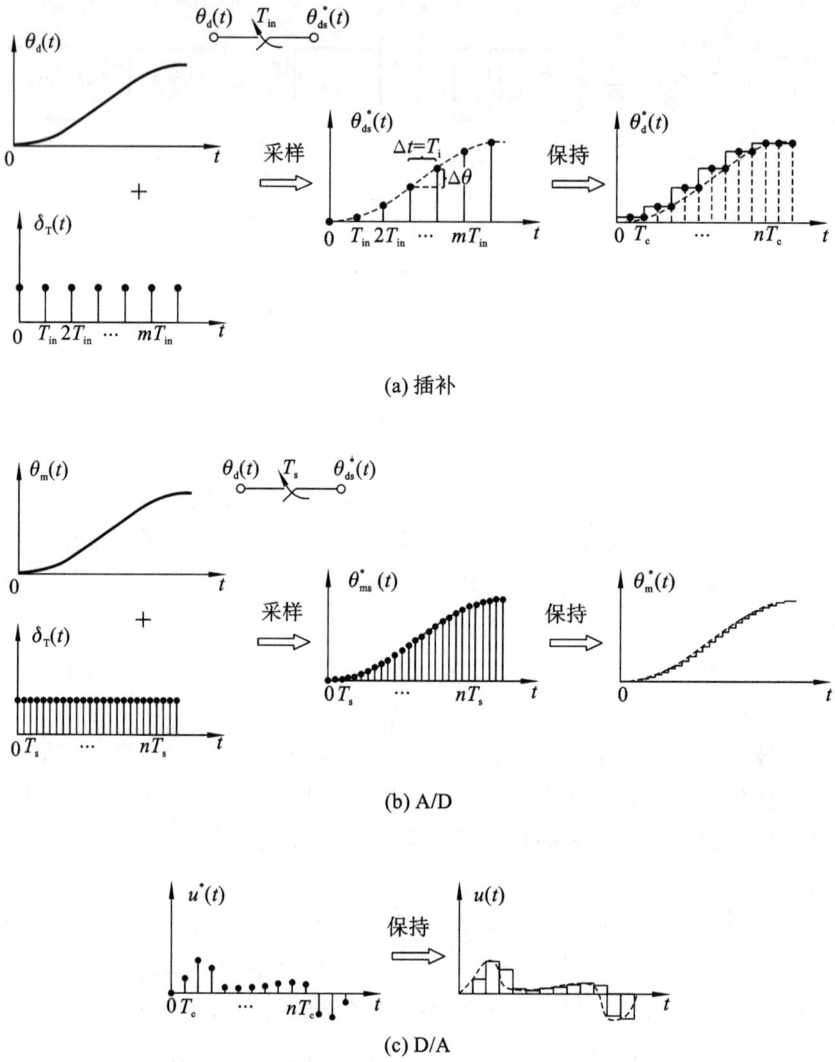

(a) 插补

(b) A/D

(c) D/A

图 5.65　插补、A/D 和 D/A 的过程

$$G_c(s)=\frac{U(s)}{E(s)}=K_p\left(1+\frac{1}{T_i s}+T_d s\right) \tag{5.65}$$

式中：K_p 为**比例增益**；T_i 为积分时间常数；T_d 为微分时间常数。对应的，定义 $K_i=\dfrac{K_p}{T_i}$ 为**积分增益**，$K_d=K_pT_d$ 为**微分增益**。

PID 控制器各环节的作用简述如下。

(1) 比例环节。把系统偏差 $e(t)$ 成比例地变换成控制信号，以减小偏差。

(2) 积分环节。用于消除稳态误差，提高系统稳态精度。积分作用的强弱取决于积分时间常数 T_i。T_i 越大，积分作用越弱，反之则越强。

(3) 微分环节。用于加快系统响应速度，缩短调节时间。微分信号反映了偏差信号的变化趋势，能在偏差信号变得太大之前，在系统中引入早期修正信号。

2. 绝对式数字 PID 算法

在数字控制器中，式(5.64)实际上由伺服中断服务程序实现，它以伺服控制周期 T_c 为间隔断续运行。为此，需要建立式(5.64)的离散化表达式。

首先，将式(5.64)中偏差项 $e(t)$ 和控制量 $u(t)$ 用离散量 $e(n)$、$u(n)$ 表示，n 表示第 n 次伺服控制，也就是迭代运算次数。

当伺服控制周期 T_c 很小时，可以用 T_c 近似代替时间微分 dt。

对于积分，用求和近似，即

$$\int_0^t e(t)\mathrm{d}t = \sum_{i=1}^{n} e(i)T_c \tag{5.66}$$

对于微分，用后向差分近似，即

$$\frac{\mathrm{d}e(t)}{\mathrm{d}t} = \frac{e(n)-e(n-1)}{T_c} \tag{5.67}$$

这样，式(5.64)就离散化为以下差分方程：

$$u(n) = K_p e(n) + \frac{K_p T_c}{T_i}\sum_{i=1}^{n} e(i) + \frac{K_p T_d}{T_c}[e(n)-e(n-1)] + u_0 \tag{5.68}$$

式中：u_0 是偏差为零时的控制初值。

式(5.68)中右端第一项是比例项，即

$$u_p(n) = K_p e(n) \tag{5.69}$$

右端第二项是积分项，即

$$u_i(n) = \frac{K_p T_c}{T_i}\sum_{i=1}^{n} e(i) \tag{5.70}$$

右端第三项是微分项，即

$$u_d(n) = \frac{K_p T_d}{T_c}[e(n)-e(n-1)] \tag{5.71}$$

式中：比例项是基本项，它可以单独使用或与其他两项组合使用，构成如下常用控制器。

(1) P 控制器：

$$u(n) = u_p(n) + u_0 \tag{5.72}$$

(2) PI 控制器：

$$u(n) = u_p(n) + u_i(n) + u_0 \tag{5.73}$$

(3) PD 控制器：

$$u(n) = u_p(n) + u_d(n) + u_0 \tag{5.74}$$

(4) PID 控制器：

$$u(n) = u_p(n) + u_i(n) + u_d(n) + u_0 \tag{5.75}$$

式(5.68)称为**绝对式数字 PID 算法**，因为它输出控制量的全量值。

3. 增量式数字 PID 算法

为避免式(5.68)中的积分求和计算，可以利用控制量的增量

$$\Delta u(n) = u(n) - u(n-1) \tag{5.76}$$

将式(5.68)代入式(5.76)得

$$\Delta u(n) = K_{pc}[e(n)-e(n-1)] + K_{ic}e(n) + K_{dc}[e(n)-2e(n-1)+e(n-2)] \tag{5.77}$$

式中：$K_{pc}=K_p$，为数字比例增益；$K_{ic}=K_p\dfrac{T_c}{T_i}=T_cK_i$，为数字积分增益；$K_{dc}=K_p\dfrac{T_d}{T_c}=\dfrac{K_d}{T_c}$，为数字微分增益。

式(5.77)称为**增量式数字 PID 控制算法**,因为它仅输出控制量的增量值。

根据增量式(5.77),可以得到绝对式数字 PID 算法的迭代计算式

$$u(n) = u(n-1) + \Delta u(n) \tag{5.78}$$

4. 应用数字 PID 算法的注意事项

1) 绝对式与增量式

绝对式数字 PID 算法输出全量控制信号,具有确定的物理含义,并且包含控制量初值 u_0,所以,一般都应采用绝对式数字 PID 算法计算控制量 $u(n)$。在实际使用中,多采用增量式(5.77)和式(5.78),迭代计算控制量 $u(n)$,便于编程实现。

位置随动控制要求被控对象实时跟踪时变位置信号。当被控对象具有积分特性时,例如步进电机,可以直接使用增量式数字 PID 控制器构成位置随动闭环控制器。这是因为步进电机的角度增量与其接收到的脉冲数成正比,所以,可以认为步进电机的绝对角位移是其输入控制量(脉冲数)的积分。因而,步进电机是一种具有位置积分特性的驱动器,它本身就具备一定的位置控制能力。在精度要求不高的场合,步进电机可以根据接收到的脉冲数,直接拖带负载运行到指定位置,构成开环位置控制系统。如果希望进一步提高控制精度,则可以增加位置检测环节,构造增量式位置 PID 随动控制器。这里的 PID 控制器可以直接输出增量值,即步进脉冲数,实现位置偏差校正。

对于某些自身具有位置控制能力的被控对象,也可以直接将增量式数字 PID 的输出作为控制量,例如图 5.66 所示的全闭环增量位置控制系统。

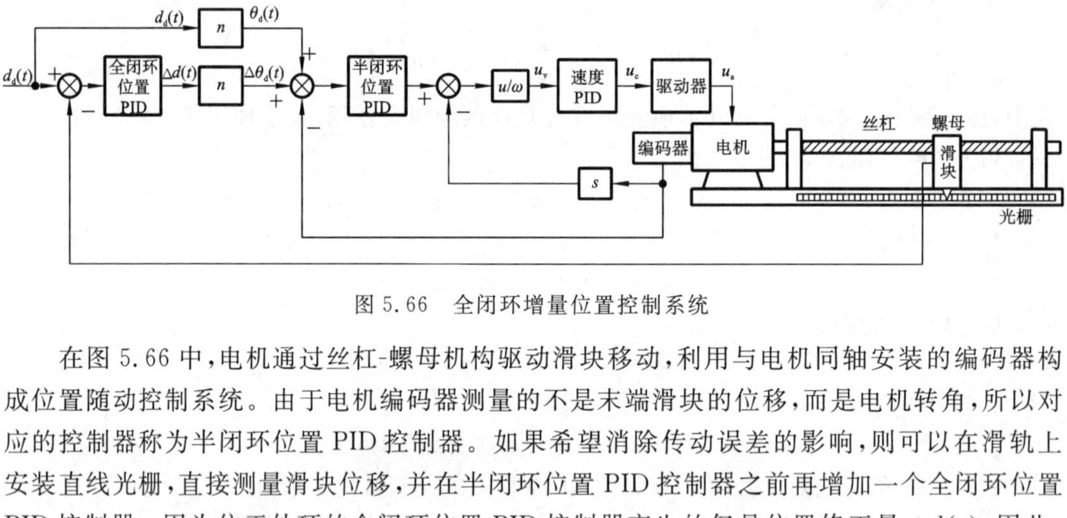

图 5.66　全闭环增量位置控制系统

在图 5.66 中,电机通过丝杠-螺母机构驱动滑块移动,利用与电机同轴安装的编码器构成位置随动控制系统。由于电机编码器测量的不是末端滑块的位移,而是电机转角,所以对应的控制器称为半闭环位置 PID 控制器。如果希望消除传动误差的影响,则可以在滑轨上安装直线光栅,直接测量滑块位移,并在半闭环位置 PID 控制器之前再增加一个全闭环位置 PID 控制器。因为位于外环的全闭环位置 PID 控制器产生的仅是位置修正量 $\Delta d(t)$,因此,它可以直接将增量式数字 PID 控制器的计算结果作为输出,而不需要累加。

2) 物理模型与过程量的量纲

尽管 PID 算法对被控对象模型的依赖度低,但是仍然需要算法设计人员了解被控对象和控制过程中每个环节的物理模型。只有这样,才能计算出 PID 参数的理论值,并把它们作为初值代入真实系统,然后通过实验进一步整定,得到理想的控制效果。这样做,可以有效降低实验风险、缩短整定时间。

同时,只有清楚各环节的物理模型,才能统一各过程量的量纲,使其具有明确的物理意义。例如,求系统偏差 $e(n)$时,应把系统输入 $\theta_d^*(t)$与传感器反馈 $\theta_m^*(t)$统一为角度量纲。

3）控制量 $u(n)$ 的取值范围

控制器输出的控制量 $u(n)$ 是数字量，而后续环节要求的输入量是模拟量。对于速度模式的电机，$u(n)$ 对应着驱动器输入电压 u_c；对于力矩模式电机，$u(n)$ 对应着电流伺服驱动器输入电压 u_τ。

因此，$u(n)$ 的变化范围应根据控制器的总增益来确定。为了确定 $u(n)$ 的具体数值，必须根据 D/A 转换分辨率、驱动器放大倍数、电流伺服驱动器的跨导增益、电机力矩常数或感应电动势常数等计算数字 PID 控制器的增益，使控制量 $u(n)$ 具有明确的物理意义。

4）控制量初值 u_0

控制量初值 u_0 对应着前馈补偿项，尽管式(5.78)中没有显式地表示控制量初值 u_0，但是，应当把它纳入迭代计算式。

5）数字增益与模拟增益

式(5.77)中的数字积分增益 K_{ic} 和数字微分增益 K_{dc} 并不等于模拟系统中的积分增益 K_i 和微分增益 K_d，它们随伺服控制周期 T_c 变化。当 T_c 变小时，K_{ic} 应变小，K_{dc} 应变大。

6）伺服控制周期与采样周期

在计算机或微处理器中以采样周期 T_s 为基本计时单元设定定时中断，定义伺服控制周期 $T_c=nT_s$ 和运动控制周期 $T_m=mT_s$。在定时中断服务程序中，以 T_s、T_c 和 T_m 是否到达为中断入口标志，按照图 3.23 所示流程分别编写采样、伺服控制和运动控制程序。

在系统性能允许的前提下，T_c 应尽量小，使得它对应的伺服控制频率大于系统最高频率的两倍。

当伺服控制周期 T_c 足够小时，数字 PID 控制器的性能接近模拟 PID 控制器。数字伺服控制系统的性能分析需要用到 Z 变换，并利用离散控制系统理论进行分析，这里不做讨论。

本 章 小 结

(1) 由电压型放大器驱动的电机工作在速度模式，当负载不变时，控制电压与电机的稳定转速成正比。此时，电压型放大器和电机的控制模型称为电机的速度模型。线性运动控制系统可以采用工作在速度模式的电机。由电流型放大器驱动的电机，其控制电压与电机的电磁转矩成正比，此时，称电机工作在力矩模式，对应的控制模型为电机的力矩模型。对于需要控制电机力矩的非线性运动控制系统，应使电机工作在力矩模式。

(2) 独立关节位置 PID 控制器可以按照典型二阶系统的校正方法来设计，适用于低成本的、分散的独立电机控制系统。

(3) 对于电机速度系统，速度和加速度前馈补偿是一种按输入设计的前馈补偿校正器，它能够有效提高系统跟踪动态指令的能力。机器人控制中，速度和加速度前馈补偿属于分散的线性前馈补偿，仍然可以由独立电机控制器实现。

(4) 电机的力矩模型具有清晰的物理概念，利于设计前馈补偿控制器。基于电机的力矩模型和驱动空间动力学方程，可以设计干扰力矩集中前馈补偿项。通过在伺服环之外施加线性前馈和力矩前馈补偿，能够减小开环控制误差，提高系统稳定性。尽管干扰力矩需要在集中控制器中计算，但是由于其伺服环仍然仅针对单个关节电机进行闭环控制，所以集中前馈补偿控制器也属于分散控制方法。

(5) 利用增量式算法构成绝对式数字 PID 算法的迭代计算式，是常用的数字 PID 实现方法，利用它可以实现前述的各种关节位置 PID 控制器。在使用中，要根据实际控制对象的模型和输出量的物理意义，确定采用绝对式还是增量式算法。

习　　题

简答分析题

5-1　简述有刷直流伺服电机速度模式和力矩模式的特点与适用场合。

5-2　简述位置 PID 控制器中速度前馈的作用。

5-3　力矩模式电机的位置 PID 控制器中，速度前馈与力矩前馈的区别是什么？

5-4　机器人力矩前馈被分为线性力矩前馈和干扰力矩前馈两部分，这样做的意义是什么？能否直接根据动力学方程计算所需力矩作为前馈？

5-5　总结论述并举例说明绝对式和增量式 PID 控制器分别适用于什么情况。

5-6　结合图 5.2，对于工作在速度模式的有刷直流电机，假设其拖带负载的惯量、阻尼已知，外界负载转矩已知且为常值，试推导其控制器输入控制电压与电机输出力矩之间关系的时域表达式。

5-7　表 5.15 给出了两种伺服电机的性能指标，利用表 5.4 中公式，分别计算两种电机的电气时间常数，并与机械时间常数进行对比。

表 5.15　两种直流空心杯伺服电机的特性参数

参　数	单　位	1#电机	2#电机
额定值			
额定电压	V	12	12
空载转速	r/min	8130	6400
空载电流	mA	320	182
额定转速	r/min	7610	5558
额定转矩(最大连续转矩)	mN·m	77.7	95.6
额定电流(最大连续负载电流)	A	6	5.6
堵转转矩	mN·m	2080	734
堵转电流	A	152	41
最大效率	86%	86	87
特征值			
相间电阻	Ω	0.0788	0.29
相间电感	mH	0.026	0.036
转矩常数	mN·m/A	13.7	17.8
转速常数	r/(min·V)	699	536

续表

参　　数	单　　位	1#电机	2#电机
转速/转矩斜率	(r/min)/(mN·m)	5.04	8.7
机械时间常数	ms	5.21	9.6
转子惯量	g·cm^2	99.5	105.3

5-8　对于图 5.1 中工作于竖直平面的单自由度旋转关节机器人，机器人及电机参数如表 5.1 所示，希望机器人按照习题 3-18 设定的规律运动，试为电机选择减速器，要求根据机器人关节力矩粗选传动比，然后进行惯量匹配校核。

5-9　当电机工作于力矩模式且采用位置 P 控制器和速度 PI 控制器时，推导系统对位置阶跃输入和斜坡输入的稳态误差。

5-10　证明图 5.27 所示的单反馈回路系统，等价于一个位置 PID 控制系统，并绘制系统响应动态图(提示：把反馈增益化简为单位增益)。

5-11　针对图 5.53 所示的商用 PID 控制器，采用标准电机模型 $M(s)=\dfrac{K_m}{1+T_m s}$，试根据按输入补偿的复合校正思路，确定速度前馈增益 K_{vff} 和加速度前馈增益 K_{aff} 的表达式。

5-12　在例 2-8 结论的基础上，假定两个关节变量的取值范围为 $\theta_1\in[0,2\pi]$，$\theta_2\in[0,2\pi]$，写出平面 2R 机器人两个关节电机的线性和非线性驱动力矩表达式。

5-13　在例 2-9 结论的基础上，假定两个关节变量的取值范围为 $\theta_1\in[0,2\pi]$，$d_2\in[d_{2\min},d_{2\max}]$，写出两个关节电机的线性和非线性驱动力矩表达式，并从中指出平面 RP 机器人两个关节电机的平均总等效惯性系数和阻尼系数。

编程练习题

5-14　竖直平面摆杆的闭环阶跃响应仿真——利用习题 3-20 结果，设计一个 PID 控制器，使摆杆跟踪指令位置轨迹，给定 1°的位置阶跃指令，绘制摆杆的位置和速度响应曲线，利用动画仿真摆杆的动力学响应。提示：在习题 3-20 循环语句内部，设计一个 PID 控制器，每 1 ms 调用一次 PID 控制器，生成摆杆驱动力矩，每 0.01 ms 调用一次摆杆动力学仿真函数，计算摆杆的加速度、速度和位置，注意 PID 增益的量纲，使其输出与实际系统所需力矩在同一个数量级。

5-15　竖直平面摆杆跟踪位置 S 轨迹的响应仿真——在习题 3-18 和习题 3-20 程序的基础上，使摆杆跟踪位置 S 轨迹，PID 控制器期望值即为习题 3-18 的输出结果，通过动力学仿真函数中的“重力选择参数”对比系统在有无重力作用时的响应。

5-16　竖直平面摆杆理想驱动力矩的计算——利用习题 3-20 中的摆杆仿真程序，编制一个逆动力学函数，计算该摆杆在指定状态下所需的驱动力矩。函数入口参数为杆长、末端质量、转动惯量、当前转角、当前角速度、当前的期望角加速度、转动阻尼系数、有无重力加速度的选择参数，返回参数为当前期望的总驱动力矩，干扰力矩和等效线性力矩。利用该逆动力学函数和习题 3-18、习题 3-20 程序，获得使摆杆跟踪位置 S 曲线的理想总驱动力矩、干扰力矩和等效线性力矩的时间曲线。

5-17　在习题 5-15 和习题 5-16 的基础上，利用 MATLAB 编程，假设电机工作在力矩模式，系统参数仍然从表 5.1 中取值，验证例 5-6 至例 5-8，并调整 PID 参数，观察系统响应。

(对于完全用 MATLAB 编程实现有困难的读者,可以借助 SIMULINK 实现摆杆输出响应的动力学仿真,但是,控制器要用 MATLAB 编程实现,以利于加深对实际控制器运行原理的理解。)

5-18　利用 MATLAB 编程验证例 5-9。要求:

(1) 验证两个关节的位置响应曲线,绘制误差响应曲线;

(2) 调整 K_p、K_v、K_i,观察响应曲线变化规律;

(3) 逐次增加速度前馈、加速度前馈和力矩前馈,利用题目给定的增益值观察响应曲线变化规律,调整 K_p、K_v、K_i,观察响应曲线变化规律;

(4) 总结对比采用相同的增益参数时,前馈项对响应曲线的影响。

第 6 章　逆动力学运动控制

扫码下载
本章课件

【内容导读与学习目标】

本章主要介绍基于逆动力学模型的集中控制器，设计关节空间逆动力学位置跟随控制器和基于重力模型的位置保持控制器，讨论基于转置雅可比的操作空间逆动力学位置跟随控制器和位置保持控制器。本章的主要难点在于逆动力学控制的原理。通过本章学习，希望读者能够：

(1) 掌握误差动力学方程和逆动力学控制的基本概念；

(2) 了解如何基于逆动力学模型建立关节空间和操作空间控制器。

6.1　误差动力学方程

第 5 章的讨论表明机器人是一类时变、非线性的被控对象，只有在把各关节电机作为单独控制对象，并且把关节间耦合力和重力等非线性项视为干扰的情况下，才能将其简化为线性定常系统。但是，这种近似只有在机器人关节采用大传动比减速器，且工作于低动态工况时才有效。利用集中前馈补偿似乎可以抵消非线性项的影响，但是，进一步的讨论会揭示它并没有实现系统的精确线性化。为了得到此结论，需要引入**误差动力学方程**的概念。

误差动力学方程是描述误差动态规律的微分方程。误差的动态规律实质上反映了控制系统的控制效果，是反馈控制的重要研究对象。第 6、7 两章将采用误差动力学方程来描述机器人的动态过程。

6.1.1　误差动力学方程的提出

下面，以简单的弹簧-质量-阻尼系统为例，说明误差动力学方程的构建方法。

如图 6.1(a)所示，对质量块施加一个初始扰动，使其偏离平衡位置，并规定质量块的平衡位置为位置零点。扰动消失后，质量块将经历如下动态过程

$$m\ddot{x} + b\dot{x} + kx = 0 \tag{6.1}$$

此时，该系统是一个典型的二阶自由振动系统，它的动态特性由系统质量 m、阻尼 b、刚度 k 这三个固有参数决定。

接下来，考虑设计一个控制器，使质量块跟踪给定的期望位置 $x_{\mathrm{d}}(t)$。为简洁，后文的符号中有时会省略时间变量。

定义 e_x 为质量块实际位置 x 相对于期望位置 x_{d} 的误差，它满足

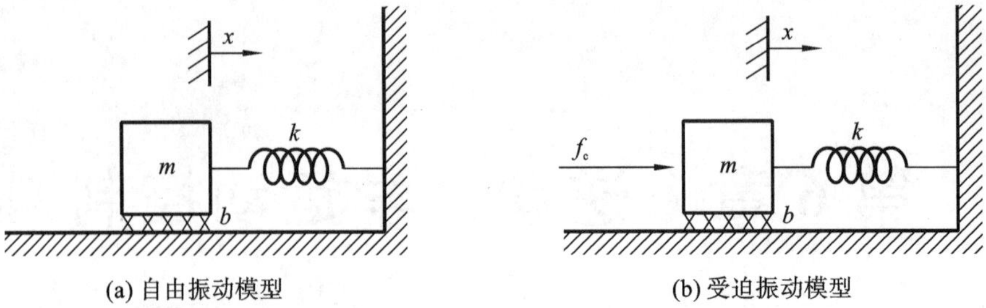

图 6.1　弹簧-质量-阻尼系统模型

$$\begin{cases} e_x = x_{\mathrm{d}} - x \\ \dot{e}_x = \dot{x}_{\mathrm{d}} - \dot{x} \\ \ddot{e}_x = \ddot{x}_{\mathrm{d}} - \ddot{x} \end{cases} \tag{6.2}$$

注意：如果 x_{d} 已知，对其进行时间微分，自然就得到了 $\dot{x}_{\mathrm{d}}$ 和 $\ddot{x}_{\mathrm{d}}$。

设计一个试图消除位置和速度误差的最简控制器，它输出如下控制力 f_{c}

$$f_{\mathrm{c}} = K_{\mathrm{p}} e_x + K_{\mathrm{v}} \dot{e}_x \tag{6.3}$$

式中：K_{p} 为位置增益；K_{v} 为速度增益。

可以看到，式(6.3)定义的控制力 f_{c} 是位置误差及其微分的线性函数，从位置控制的角度看，它代表了一个 PD 控制器。为了计算控制力，需要实时检测系统的位置和速度。在实际应用中，这是一种合理的选择。因为，真实系统的位置和速度容易测量且检测精度高，而加速度一般难以直接测量。于是，得到图 6.2 所示的闭环控制系统动态图。

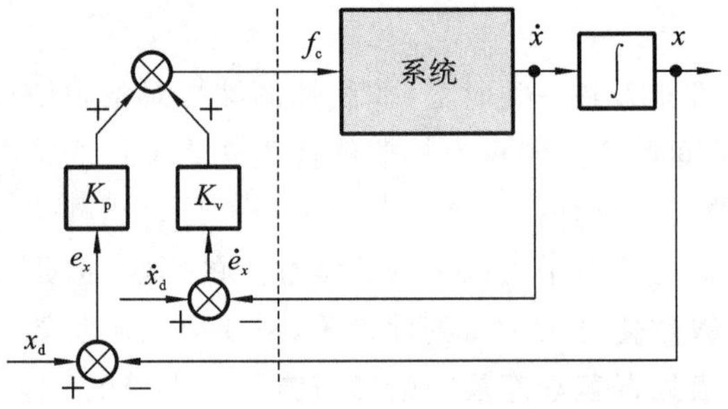

图 6.2　一个典型的位置 PD 控制系统

下面考察该系统在 PD 控制器作用下，误差 e_x 的动态响应。当控制力 f_{c} 作用于质量块时，系统成为图 6.1(b)所示的二阶受迫振动系统，其动力学方程为

$$m\ddot{x} + b\dot{x} + kx = f_{\mathrm{c}} \tag{6.4}$$

把式(6.2)和式(6.3)代入式(6.4)，并将其表示为误差的微分方程

$$m\ddot{e}_x + b_{\mathrm{c}}\dot{e}_x + k_{\mathrm{c}}e_x = m\ddot{x}_{\mathrm{d}} + b\dot{x}_{\mathrm{d}} + kx_{\mathrm{d}} \tag{6.5}$$

式中：$b_{\mathrm{c}} = b + K_{\mathrm{v}}$；$k_{\mathrm{c}} = k + K_{\mathrm{p}}$。

式(6.5)就是一个**误差动力学方程**。由于期望轨迹 x_{d}、$\dot{x}_{\mathrm{d}}$、$\ddot{x}_{\mathrm{d}}$ 已知，因此，式(6.5)中误差的变化规律，实际上就反映了系统状态 x 的动态过程。

可以把式(6.5)理解为一个质量为 m，阻尼为 b_{c}，刚度为 k_{c}，以误差 e_x 为状态变量，受时变驱动力 $m\ddot{x}_{\mathrm{d}} + b\dot{x}_{\mathrm{d}} + kx_{\mathrm{d}}$ 作用的虚拟弹簧-质量-阻尼受迫振动系统。该虚拟系统与图 6.2 所示的闭环控制系统具有相同的动力学特征，因此，可以用误差动力学方程来描述闭环控制系统的动力学特性。实际上，误差动力学方程与闭环系统的误差传递函数具有相同的意义，只不过它采用了微分方程的形式。

一般而言，总是希望系统的误差快速、无超调地收敛到零。但是，观察式(6.5)可以发现，如果希望系统跟踪一个动态轨迹 $x_d(t)$，即使对于简单的线性定常被控对象，PD 控制器也很难实现这一期望。因为，系统的误差响应既取决于系统固有参数和控制器参数，又受期望指令 x_d 的影响。

6.1.2　常系数齐次线性误差动力学方程

为了认识误差动力学方程的一般规律，现在先简化问题。假设图 6.2 所示系统的控制目标是使质量块停止在平衡位置——**系统的期望位置、速度和加速度均为零，即零位保持**问题。于是

$$x_d = 0, \dot{x}_d = 0, \ddot{x}_d = 0 \tag{6.6}$$

把式(6.6)代入式(6.5)，得

$$m\ddot{e}_x + b_c\dot{e}_x + k_c e_x = 0 \tag{6.7}$$

式(6.7)是弹簧-质量-阻尼系统零位保持 PD 控制器的系统误差动力学方程。它是一个**常系数齐次线性微分方程**，其形式非常简洁，是一个典型的二阶齐次微分方程。常系数齐次线性误差动力学方程的动态特性很容易分析，也有利于整定控制器参数。因为，仅仅改变控制器的位置增益 K_p 和速度增益 K_v，就可以改变上述二阶微分方程的系数，进而改变系统的动态特性。

二阶误差动力学方程可用于分析绝大多数系统的控制性能，具有重要意义。这里简单回顾一下二阶系统的特性。

首先，将式(6.7)写成标准二阶系统的形式

$$\ddot{e}_x + 2\zeta\omega_n\dot{e}_x + \omega_n^2 e_x = 0 \tag{6.8}$$

式中：ζ 为阻尼比；ω_n 为自然频率。

ζ 和 ω_n 的表达式可以根据系统固有参数和控制器参数得到。例如，对于式(6.7)所代表的 PD 控制器作用下的弹簧-质量-阻尼系统零位保持问题，有

$$\begin{cases} \zeta = \dfrac{b_c}{2\sqrt{mk_c}} = \dfrac{b+K_v}{2\sqrt{m(k+K_p)}} \\ \omega_n = \sqrt{\dfrac{k_c}{m}} = \sqrt{\dfrac{k+K_p}{m}} \end{cases} \tag{6.9}$$

由微分方程知识可知，式(6.8)的特征方程为

$$s^2 + 2\zeta\omega_n s + \omega_n^2 = 0 \tag{6.10}$$

特征方程的根为

$$s_{1,2} = -\zeta\omega_n \pm \omega_n\sqrt{\zeta^2-1} \tag{6.11}$$

当且仅当 $\zeta>0$ 时，二阶误差动力学方程式(6.8)收敛，系统稳定且稳态误差为零。

阻尼比的取值对系统动态特性有重要影响，总结如下。

1) 过阻尼：$\zeta>1$

两个根 $s_{1,2}$ 为不相等的负实数，式(6.8)的解为

$$e_x(t) = c_1 e^{s_1 t} + c_2 e^{s_2 t}$$

系统的误差响应是两个衰减指数函数之和。对于初始条件为 $e_x(0)=1$ 和 $\dot{e}_x(0)=0$ 的

单位阶跃输入，$c_{1,2}=-\dfrac{1}{2}\pm\dfrac{\zeta}{2\sqrt{\zeta^2-1}}$；**时间常数**分别为 $T_1=-\dfrac{1}{s_1}$ 和 $T_2=-\dfrac{1}{s_2}$。"较慢"的时间常数对应着绝对值较小的负根 $s_1=-\zeta\omega_n+\omega_n\sqrt{\zeta^2-1}$。当 $\zeta>1$ 时，系统进入 5%误差带的**调节时间**约为 $t_s=3.3T_1$。此时误差无超调，缓慢趋近于零。

2）临界阻尼：$\zeta=1$

根 $s_{1,2}=-\omega_n$ 为两个相等的负实数，式(6.8)的解为

$$e_x(t)=(c_1+c_2t)e^{st}$$

系统的误差响应是一个衰减指数函数乘以一个线性函数。对于初始条件为 $e_x(0)=1$ 和 $\dot{e}_x(0)=0$ 的单位阶跃输入，$c_1=1$，$c_2=\omega_n$；**时间常数** $T_1=T_2=1/\omega_n$；**调节时间**为 $t_s=4.75T$。此时误差无超调，且响应速度快于欠阻尼系统。如果要求系统响应无超调，临界阻尼是一种理想情况。

3）欠阻尼：$\zeta<1$

根 $s_{1,2}=-\zeta\omega_n\pm\omega_d\mathrm{i}$ 为一对共轭复数，其中 $\omega_d=\omega_n\sqrt{1-\zeta^2}$，称为**有阻尼固有频率**。式(6.8)的解为

$$e_x(t)=(c_1\cos\omega_d t+c_2\sin\omega_d t)e^{-\zeta\omega_n t}$$

系统的误差响应是一个衰减指数函数乘以一个正弦函数。对于初始条件为 $e_x(0)=1$ 和 $\dot{e}_x(0)=0$ 的单位阶跃输入，$c_1=1$，$c_2=\omega_n$；**时间常数** $T=1/(\zeta\omega_n)$；**调节时间** $t_s=3.5T$。阻尼比越小，系统响应越快，但是超调会加大。因此，对于需要兼顾响应速度和超调的情况，可以取**最佳阻尼比** $\zeta=0.707$。此时，系统调节时间最小，且超调量 $\sigma(\%)<5\%$。

如果已知阻尼比和调节时间，可以按照表 5.13 简单计算系统自然频率。

图 6.3 给出了过阻尼、临界阻尼和欠阻尼三种情况下，系统误差动力学方程特征根在复平面上的位置，以及对应的误差响应曲线 $e_x(t)$。图中还给出了特征根的变化与误差动态响应之间的关系：在实部为负数的区域，根越靠近左侧，即实部越小，调节时间越短；而距离实

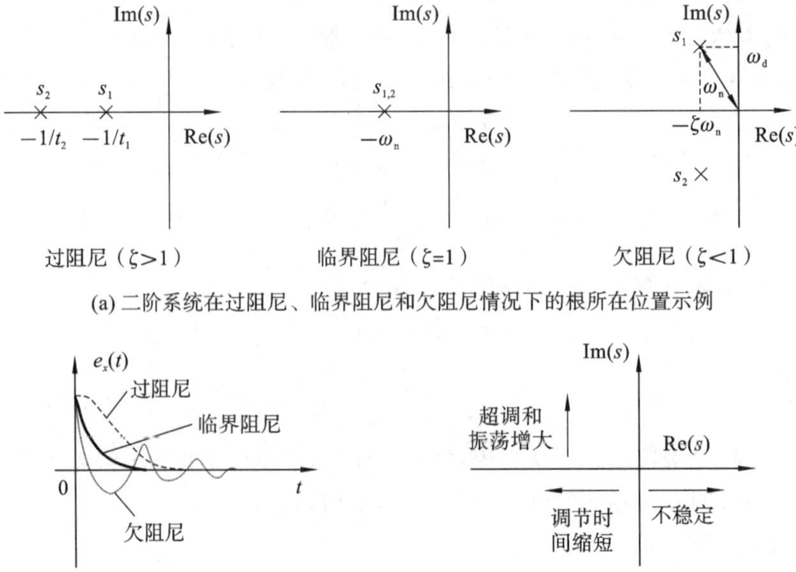

(a) 二阶系统在过阻尼、临界阻尼和欠阻尼情况下的根所在位置示例

(b) 二阶系统的误差响应　　(c) 根位置变化与响应变化之间的关系

图 6.3　二阶误差动力学方程的根与时间响应之间的关系

轴越远，即虚部绝对值越大，对应的超调和振荡也就越大。特征根位置和动态响应之间的关系，也适用于有两个以上特征根的高阶系统。上述分析与表 5.13 一致。

对于图 6.2 所示 PD 控制器作用下的零位保持系统，式(6.9)中控制参数 K_{p} 和 K_{v} 的变化，将引起闭环控制系统阻尼比和自然频率的变化。通过调节 K_{p} 和 K_{v}，能够获得所需的误差动态响应。

【例 6-1】 对于图 6.1(a)所示的弹簧-质量-阻尼系统，假设各参数值为：$m=1$、$b=1$、$k=1$。质量块在 $x=-1$ 处由静止状态被释放，定义系统相对于平衡位置的偏离量 x 为误差 e_x。求系统误差动态响应的时域表达式 $e_x(t)$。

解 系统误差动力学方程为

$$\ddot{e}_x+\frac{b}{m}\dot{e}_x+\frac{k}{m}e_x=0 \tag{6.12}$$

系统的特征方程为

$$s^2+s+1=0 \tag{6.13}$$

其特征根为 $s_{1,2}=-\frac{1}{2}\pm\frac{\sqrt{3}}{2}\mathrm{i}$，属于欠阻尼系统。

因此，系统误差动态响应为

$$e_x=\mathrm{e}^{-\frac{1}{2}t}\left(c_1\cos\frac{\sqrt{3}}{2}t+c_2\sin\frac{\sqrt{3}}{2}t\right) \tag{6.14}$$

根据已知初始条件 $e_x(0)=-1$ 和 $\dot{e}_x(0)=0$ 计算 c_1 和 c_2。为了在 $t=0$ 时满足初始条件，必须有

$$c_1=-1 \text{ 和 } -\frac{1}{2}c_1+\frac{\sqrt{3}}{2}c_2=0$$

解得，$c_1=-1$，$c_2=-\frac{\sqrt{3}}{3}$。因此，当 $t\geqslant 0$ 时，系统的误差响应为

$$e_x=\mathrm{e}^{-\frac{1}{2}t}\left(-\cos\frac{\sqrt{3}}{2}t-\frac{\sqrt{3}}{3}\sin\frac{\sqrt{3}}{2}t\right) \tag{6.15}$$

式(6.15)也可以写成如下形式

$$e_x(t)=\frac{2\sqrt{3}}{3}\mathrm{e}^{-\frac{1}{2}t}\cos\left(\frac{\sqrt{3}}{2}t-120^\circ\right) \tag{6.16}$$

式(6.16)即为所求系统的误差动态响应，本质上，它也表示了系统的动态响应。

【例 6-2】 仍然考察例 6-1 所示系统，但是对其施加一个控制力 $f_{\mathrm{c}}=K_{\mathrm{p}}e_x+K_{\mathrm{v}}\dot{e}_x$，构成一个 PD 控制器作用下的零位保持系统。如果希望在闭环刚度为 16.0 的条件下，获得一个临界阻尼系统，求控制器增益 K_{p} 和 K_{v}。

解 此闭环控制系统的误差动力学方程为

$$m\ddot{e}_x+b_{\mathrm{c}}\dot{e}_x+k_{\mathrm{c}}e_x=0 \tag{6.17}$$

式中：$b_{\mathrm{c}}=b+K_{\mathrm{v}}$ 为阻尼；$k_{\mathrm{c}}=k+K_{\mathrm{p}}$ 为刚度。

它对应的标准二阶系统形式为

$$\ddot{e}_x+2\zeta\omega_{\mathrm{n}}\dot{e}_x+\omega_{\mathrm{n}}^2e_x=0 \tag{6.18}$$

如果 $k_{\mathrm{c}}=16.0$，为了达到临界阻尼状态，则需要 $\zeta=1$。考虑到原系统 $m=1$、$b=1$、$k=1$，代入式(6.9)可以计算得到

$$K_{\mathrm{p}}=15.0,\quad K_{\mathrm{v}}=7.0 \tag{6.19}$$

例 6-2 展示了如何利用常系数齐次线性误差动力学方程，调节系统动态响应。如果能够设计一个控制器，在控制任意被控对象实现任意控制目标时，其误差动力学方程均表现为式(6.7)或式(6.8)所示的常系数齐次线性二阶微分方程，则将非常有利于控制器参数的整定。但是，仅仅用负反馈 PD 控制器，就能得到常系数齐次线性误差动力学方程的情况很少见。例如，对于图 6.2 所示系统，令 x_d 为不等于零的常数，则它对应的误差动力学方程就变为

$$m\ddot{e}_x + b_c\dot{e}_x + k_c e_x = kx_d$$

这是一个非齐次微分方程，无法直接转化成式(6.8)的标准形式。同时，由于稳态时微分项都等于零，因此稳态误差为

$$e_x = \frac{k}{k_c}x_d$$

当 $x_d \neq 0$ 时，为了获得零稳态误差，需要在图 6.2 所示控制器中增加积分项，构成 PID 反馈控制器，这样，系统的误差动力学方程就成为一个三阶系统。反馈控制器越复杂，控制参数越难以整定，且容易引起系统振荡、失稳。

另外，如果图 6.1 中的弹簧刚度是位移的函数，即 $k=k(x)$，则该系统就是一个非线性系统。对于非线性系统，即便是零位保持问题，简单 PD 反馈控制器作用下的系统误差动力学方程也表现为非线性方程，无法利用二阶常系数齐次微分方程的结论来分析其误差响应。

对于机器人这一类更为复杂的非线性被控对象，它不仅经常需要跟踪动态期望指令，而且其动力学模型的系数通常不是常数，因此，更加难以利用简单的反馈控制器得到齐次线性误差动力学方程。

逆动力学控制器能够实现非线性系统的线性化，并获得与期望轨迹无关的线性误差动力学方程。逆动力学控制器的设计要求已知被控对象的逆动力学模型。这种假设具有合理性，例如，机器人逆动力学方程的参数可以根据理论值确定。

6.2　逆动力学控制器的设计

针对图 6.1(b)所示在控制力作用下的受迫振动模型，要求构造某种包含 PD 反馈控制器的控制系统，其输出的控制力为 f_c，使系统跟踪期望位置 $x_d(t)$、速度 $\dot{x}_d(t)$ 和加速度 $\ddot{x}_d(t)$ 时，能得到下面的误差动力学模型

$$\ddot{e}_x + K_v\dot{e}_x + K_p e_x = 0 \tag{6.20}$$

式中：K_p 和 K_v 分别是 PD 反馈控制器的位置增益和速度增益。

尽管期望加速度已知，但是由于加速度不易测量，因此一般不会针对加速度设计反馈控制器。但是，作为速度的微分项，加速度将先于速度发生变化。如果把位置和速度误差变换成加速度的调节量，将有利于提高系统响应速度。因此，可以把期望加速度 $\ddot{x}_d$ 作为一个前馈项，与 PD 反馈控制器结合起来，得到如下指令加速度

$$y = \ddot{x}_d + K_v\dot{e}_x + K_p e_x \tag{6.21}$$

式(6.21)的物理意义是，利用位置增益 K_p 和速度增益 K_v，把位置误差 e_x 和速度误差 $\dot{e}_x$ 转换成加速度补偿项，叠加到期望加速度 $\ddot{x}_d$ 上，形成质量块的指令加速度 y。

设被控对象的逆动力学模型已知，其理论参数为 m_d、b_d 和 k_d，根据被控对象的逆动力学

模型、指令加速度 y、系统实际状态 $\dot{x}$ 和 $\ddot{x}$，生成如下控制力 f_c

$$f_c = m_d y + b_d \dot{x} + k_d x \tag{6.22}$$

将式(6.21)代入式(6.22)，就构造出了一个包含系统状态误差和逆动力学模型的**逆动力学 PD 控制器**，其输出的控制力 f_c 为

$$f_c = m_d(\ddot{x}_d + K_v \dot{e}_x + K_p e_x) + b_d \dot{x} + k_d x \tag{6.23}$$

式(6.23)的物理意义是：①控制力符合系统的逆动力学模型，理论上应能驱动系统实现期望轨迹；②如果系统存在状态误差 e_x 和 $\dot{e}_x$，那么根据误差调整指令加速度，就能改变控制力，进而减小误差。式(6.23)对应的控制器原理如图 6.4 所示，图中虚线箭头表示**逆动力学模型采用系统当前状态**。

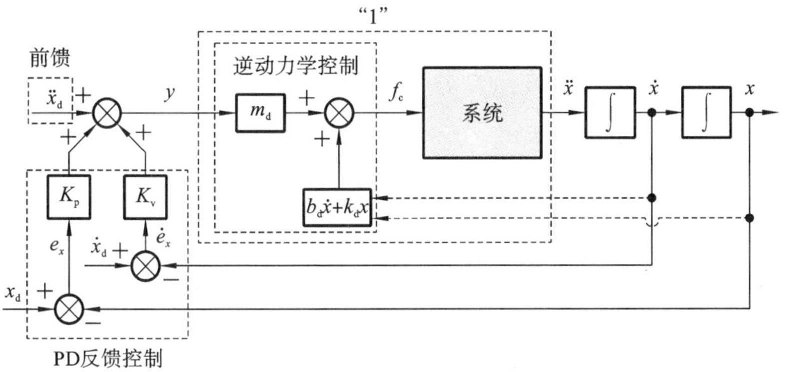

图 6.4　逆动力学 PD 控制器

当把控制力 f_c 施加到真实系统上时，系统的响应遵循动力学方程

$$m\ddot{x} + b\dot{x} + kx = f_c$$

把式(6.23)代入上式，得

$$m\ddot{x} + b\dot{x} + kx = m_d(\ddot{x}_d + K_v \dot{e}_x + K_p e_x) + b_d \dot{x} + k_d x \tag{6.24}$$

如果系统模型完全精确，即 $m=m_d, b=b_d, k=k_d$，则式(6.24)可化简为

$$\ddot{e}_x + K_v \dot{e}_x + K_p e_x = 0 \tag{6.25}$$

可以看到，式(6.25)与式(6.20)的形式完全一致。这样，就利用构造的逆动力学 PD 控制器，得到了**与系统动力学方程参数和期望轨迹均无关**的齐次线性误差动力学模型。

实际上，上述结论也可以按照现代控制理论中逆模型控制的设计思路得到，简述如下。

首先考虑设计一个不含反馈校正环节的逆模型控制器，其输入为 y，输出为控制力 f_c。f_c 与输入 y 以及系统状态 $\dot{x}$ 和 $\ddot{x}$ 的关系满足系统逆动力学模型

$$f_c = m_d y + b_d \dot{x} + k_d x$$

当该控制力 f_c 作用在真实系统上时，得到

$$m\ddot{x} + b\dot{x} + kx = m_d y + b_d \dot{x} + k_d x$$

如果模型完全精确，即可得

$$y = \ddot{x}$$

因此，对于图 6.1 所示的机械系统，其逆模型控制器的输入 y 应为加速度量纲。

在逆模型控制器的作用下，系统对输入 y 的响应类似一个质量为"1"的单位质量块，如图 6.4 所示，是一个**线性系统**，这与系统本身是否线性无关。可见，引入逆模型，无论真实系统是否线性，都可以使输入 y 的作用对象成为一个线性系统。

由于模型误差在所难免，为了保证控制精度，采用“前馈＋反馈”的思路设定逆模型控制器的输入 y

$$y=\ddot{x}_{\mathrm{d}}+K_{\mathrm{v}}\dot{e}_x+K_{\mathrm{p}}e_x$$

式中：$\ddot{x}_{\mathrm{d}}$ 为前馈项，是已知的期望加速度；$K_{\mathrm{v}}\dot{e}_x+K_{\mathrm{p}}e_x$ 为反馈项，由 PD 反馈控制器根据系统误差计算得到。

对于图 6.1 所示系统或者机器人系统，因为关注的是以系统动力学模型描述的位置和速度状态，所以，它们对应的逆模型控制器也被称为**逆动力学控制器**。

此外，还可以从控制力生成的角度进一步理解逆动力学控制器。

把式(6.23)中的控制力 f_{c} 分解成如式(6.26)所示的两个部分，其对应的原理框图如图 6.5 所示。

$$f_{\mathrm{c}}=\underbrace{(m_{\mathrm{d}}\ddot{x}_{\mathrm{d}}+b_{\mathrm{d}}\dot{x}+k_{\mathrm{d}}x)}_{\text{逆动力学项}}+\underbrace{m_{\mathrm{d}}(K_{\mathrm{v}}\dot{e}_x+K_{\mathrm{p}}e_x)}_{\text{反馈项}} \tag{6.26}$$

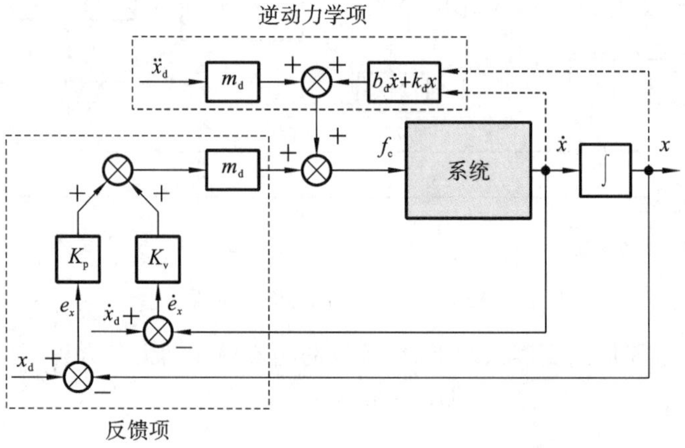

图 6.5　逆动力学 PD 控制器的另一种结构

在图 6.5 所示系统中，控制器首先根据被控对象的当前实际位置和速度状态以及期望加速度，利用被控对象的逆动力学模型计算得到**预期控制力**；然后，控制器根据状态反馈进行误差补偿，生成加速度补偿量，再乘以被控对象质量，得到补偿误差的**反馈控制力**；最后，把预期控制力与反馈控制力求和，得到最终的控制力。获得预期控制力的过程，是基于逆动力学模型的开环控制过程；而获得反馈控制力的过程，则是基于反馈的闭环控制过程，与被控对象动力学模型无关。

式(6.25)所代表的闭环系统具有二阶线性微分方程的特点。如果 K_{p} 和 K_{v} 为正，误差收敛，则当系统停止时，有

$$\begin{cases}\dot{e}_x=0\\ \ddot{e}_x=0\end{cases} \tag{6.27}$$

且

$$K_{\mathrm{p}}e_x=0 \tag{6.28}$$

于是，系统的稳态误差

$$e_x=0 \tag{6.29}$$

调整增益 K_{p} 和 K_{v}，可以直接调节闭环系统的动态特性。对于形如式(6.25)的单位质量误差动力学方程，当给定阻尼比 $\zeta>0$ 和系统阶跃响应 5％误差带调节时间 t_{s} 时，可以先按

照表 5.13 所示公式计算系统自然频率 ω_n，然后再根据式(6.30)计算 K_p 和 K_v 的理论值。对于实际系统，应当以理论值为初值，然后根据系统实际响应调整 K_p 和 K_v，以获得理想结果。

$$K_p = \omega_n^2, \quad K_v = 2\zeta\omega_n \tag{6.30}$$

注意：在式(6.25)的推导过程中，并没有对期望位置 $x_d(t)$ 做任何限定，它可以是一个时变量。这说明，逆动力学控制器对输入不敏感，它仅仅利用 PD 反馈控制器，就能够实现轨迹跟踪控制。这是它相对于独立关节位置 PID 控制器的优点之一。

当系统模型不精确或存在没有建模的扰动时，可以认为外界对被控对象施加了一个干扰力 f_d。为了克服干扰力，可以在闭环控制器中增加一个积分项，如图 6.6 所示。

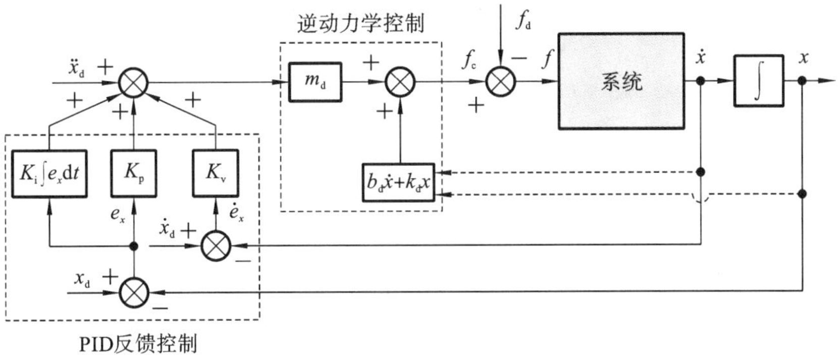

图 6.6　逆动力学 PID 控制器

此时，系统的误差动力学方程为

$$\ddot{e}_x + K_v\dot{e}_x + K_p e_x + K_i\int e_x \mathrm{d}t = f_d/m \tag{6.31}$$

对式(6.31)求微分得

$$\dddot{e}_x + K_v\ddot{e}_x + K_p\dot{e}_x + K_i e_x = \dot{f}_d/m \tag{6.32}$$

式(6.32)是一个三阶常系数微分方程。

当系统模型已知时，干扰力通常由模型误差和状态检测误差引起。提高模型参数的标定精度和传感器精度，可以尽量减小上述误差。因此，干扰力通常是一个小扰动，可以认为是恒定值。于是，在稳态时

$$\dot{f}_d = 0 \tag{6.33}$$

$$K_i e_x = 0 \tag{6.34}$$

系统的稳态误差仍然等于零，即

$$e_x = 0 \tag{6.35}$$

增加积分项可得到逆动力学 PID 控制器，它使系统具备克服恒定干扰力的能力。在实际使用中，如果系统模型具有一定的准确度，逆动力学 PID 控制器中的积分增益 K_i 通常取较小值即可，这样能够有效避免系统失稳。

【例 6-3】 如图 6.7 所示一个悬垂的无阻尼弹簧质量系统，m 为质量，k 为拉簧刚度，考虑重力作用。下方直线电机的驱动杆与质量块固连，可对质量块施加双向驱动力 f_c，不计驱动杆质量。以质量块位移 x 为状态变量，规定向上为正，当弹簧伸长量为零时，$x=0$。若要控制质量块位移，试：

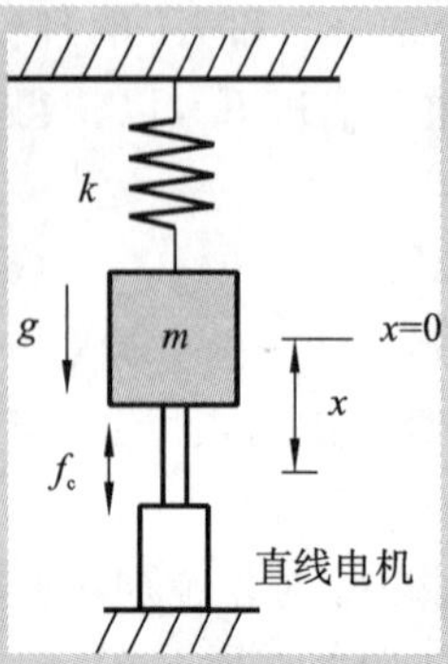

图 6.7　受控弹簧质量系统

(1) 设计系统逆动力学 PD 控制器，并推导其误差动力学方程；

(2) 如果希望系统呈现临界阻尼状态，且调节时间 $t_s = 1$ s，试确定闭环控制系统的控制增益；

(3) 在选定的控制增益下，设定目标位置为重力与弹力平衡的位置，希望系统以临界阻尼状态停止在目标位置。当质量块的位置、速度、加速度均为 0 时启动控制，若 $m=1$ kg，$k=1$ N/mm，重力加速度 $g=9.8\ \mathrm{m/s^2}$，计算启动时刻驱动力 f_c 的大小和方向。

解　(1) 系统逆动力学方程为

$$f_c = m\ddot{x} + kx + mg$$

据此设计图 6.8 所示的逆动力学控制器。

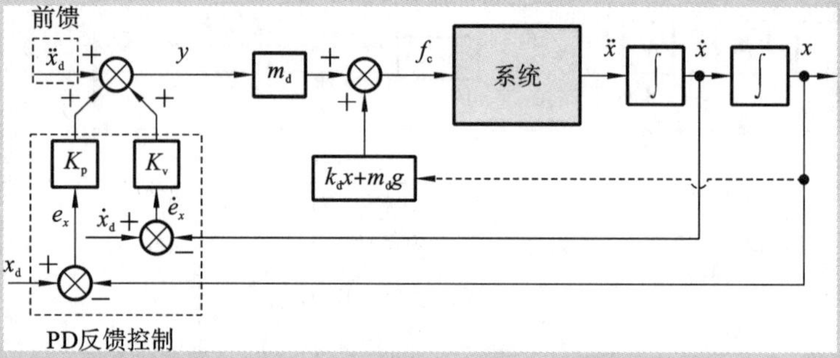

图 6.8　受控弹簧质量系统的逆动力学控制器

控制器输出的控制力 f_c 为

$$f_c = (\ddot{x}_d + e_x K_p + \dot{e}_x K_v) m_d + k_d x + m_d g$$

当控制力作用到系统上时，有

$$m\ddot{x} + kx + mg = (\ddot{x}_d + e_x K_p + \dot{e}_x K_v) m_d + k_d x + m_d g$$

如果模型精确，则

$$k = k_d, \quad m = m_d$$

于是得系统误差动力学方程为

$$\ddot{e}_x + K_v \dot{e}_x + K_p e_x = 0$$

(2) 在临界阻尼下

$$\zeta = 1$$

当调节时间 $t_s = 1$ s 时，根据系统自然频率简化计算公式，有

$$\omega_n = 4.75/t_s = 4.75\ \mathrm{rad/s}$$

由式(6.30)得

$$K_p = \omega_n^2 = 22.6$$

$$K_v = 2\zeta\omega_n = 9.5$$

(3) 系统在自由状态下的平衡位置为

$$x_b = -m_d g / k_d = -10\ \mathrm{mm}$$

根据题意，将平衡位置设定为期望位置

$$x_d = x_b = -10\ \text{mm}$$

期望加速度和速度为

$$\dot{x}_d = 0,\quad \ddot{x}_d = 0$$

系统初始条件为

$$x = 0,\quad \dot{x} = 0,\quad \ddot{x} = 0$$

根据控制力计算公式和初始条件，并采用国际标准单位，得

$$f_c = (\ddot{x}_d + e_x K_p + \dot{e}_x K_v) m_d + k_d x + m_d g = -\left(\frac{10}{1000}\right) \times K_p + 9.8\ \text{N} = 9.57\ \text{N}$$

方向向上。

6.3 集中前馈补偿位置PID控制器的问题

下面从误差动力学方程的角度，以机器人系统而非单个电机为研究对象，重新考察第5.4节讨论的集中前馈补偿位置PID控制器。为此，把图5.55所示集中前馈补偿位置PID控制器扩展到整个机器人，如图6.9所示。为了简化问题，从本节开始，本书将在机器人关节空间来考察控制问题，并采用式(2.140)所示的关节空间动力学方程。当研究自由空间运动控制问题时，式(2.140)中的末端接触力 $\boldsymbol{F}_e$ 等于零。

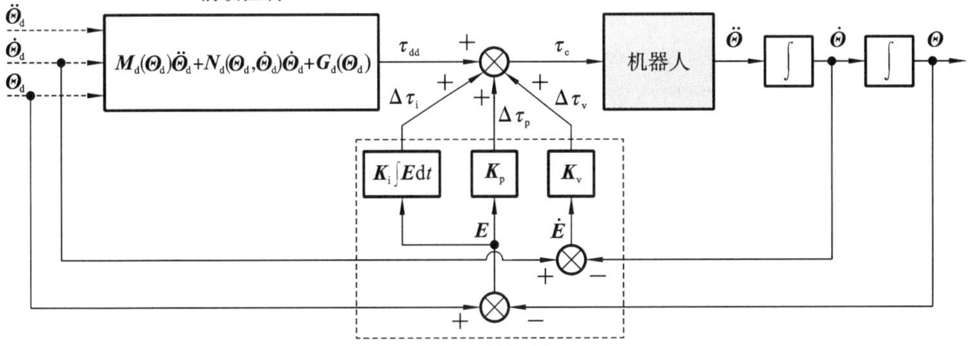

图6.9 在关节空间表示的集中前馈补偿位置控制器

图中“机器人”指真实机器人本体，并且电机和传动机构惯量已折算到关节空间；图中的输入/输出变量均为关节变量，各变量和参数均为矢量和矩阵；虚线表示把期望值代入计算模型，并假定控制器中内含了电流放大器的力矩增益 $\boldsymbol{K}_\tau$ 和传动比 $\boldsymbol{N}$，从而能直接输出关节控制力矩 $\boldsymbol{\tau}_c$。图6.9在时域中表示关节空间的输入/输出关系，因此，用微分形式表达速度和加速度。PID控制器也在时域表达，并按照其实际物理意义，将位置、速度和积分三个环节并列，便于分析讨论。图中：

$\boldsymbol{E} = \boldsymbol{\Theta}_d - \boldsymbol{\Theta}$ 为关节位置误差矢量；

$\dot{\boldsymbol{E}} = \dot{\boldsymbol{\Theta}}_d - \dot{\boldsymbol{\Theta}}$ 为关节速度误差矢量；

$\boldsymbol{K}_p$、$\boldsymbol{K}_v$ 和 $\boldsymbol{K}_i$ 分别是比例、微分和积分增益矩阵，它们都是对角阵。

在之后的章节中将采用与图6.9类似的表示法和符号约定，不再专门说明。

此外，图 6.9 中的逆动力学模型在式(2.140)的基础上进行了简化

$$\boldsymbol{\tau}_{dd} = \boldsymbol{M}_d(\boldsymbol{\Theta}_d)\ddot{\boldsymbol{\Theta}}_d + \boldsymbol{N}_d(\boldsymbol{\Theta}_d,\dot{\boldsymbol{\Theta}}_d)\dot{\boldsymbol{\Theta}}_d + \boldsymbol{G}_d(\boldsymbol{\Theta}_d) \tag{6.36}$$

式中：$\boldsymbol{\tau}_{dd}$是理想控制力矩；$\boldsymbol{N}_d(\boldsymbol{\Theta}_d,\dot{\boldsymbol{\Theta}}_d)=\boldsymbol{V}_d(\boldsymbol{\Theta}_d,\dot{\boldsymbol{\Theta}}_d)+\boldsymbol{B}_d$，是与速度项相关的参数矩阵；下标 d 表示理想模型。

式(6.36)包含了线性和非线性力矩前馈，与图 5.55 所示控制系统的前馈力矩项之和等效。

图 6.9 所示控制系统可以理解为：前馈控制器根据关节期望值估算理想的控制力矩 $\boldsymbol{\tau}_{dd}$，然后，再根据位置和速度跟踪误差，计算反馈控制力矩的调整量 $\Delta\boldsymbol{\tau}_p$、$\Delta\boldsymbol{\tau}_v$ 和 $\Delta\boldsymbol{\tau}_i$，最后与理想控制力矩 $\boldsymbol{\tau}_{dd}$合并，得到输出给关节的实际控制力矩 $\boldsymbol{\tau}_c$

$$\begin{aligned}\boldsymbol{\tau}_c &= \boldsymbol{\tau}_{dd} + \Delta\boldsymbol{\tau}_p + \Delta\boldsymbol{\tau}_v + \Delta\boldsymbol{\tau}_i \\ &= \boldsymbol{M}_d(\boldsymbol{\Theta}_d)\ddot{\boldsymbol{\Theta}}_d + \boldsymbol{N}_d(\boldsymbol{\Theta}_d,\dot{\boldsymbol{\Theta}}_d)\dot{\boldsymbol{\Theta}}_d + \boldsymbol{G}_d(\boldsymbol{\Theta}_d) + \boldsymbol{K}_p\boldsymbol{E} + \boldsymbol{K}_v\dot{\boldsymbol{E}} + \boldsymbol{K}_i\int\boldsymbol{E}\mathrm{d}t\end{aligned} \tag{6.37}$$

在控制力矩 $\boldsymbol{\tau}_c$ 作用在机器人上后，机器人的响应遵循以下动力学模型

$$\boldsymbol{M}(\boldsymbol{\Theta})\ddot{\boldsymbol{\Theta}} + \boldsymbol{N}(\boldsymbol{\Theta},\dot{\boldsymbol{\Theta}})\dot{\boldsymbol{\Theta}} + \boldsymbol{G}(\boldsymbol{\Theta}) = \boldsymbol{\tau}_c \tag{6.38}$$

式中各参数矩阵无下标，表示真实系统的模型参数，其中，$\boldsymbol{N}(\boldsymbol{\Theta},\dot{\boldsymbol{\Theta}})=\boldsymbol{V}(\boldsymbol{\Theta},\dot{\boldsymbol{\Theta}})+\boldsymbol{B}$，表示与速度项相关的参数矩阵。

合并式(6.37)与式(6.38)，得

$$\begin{aligned}&\boldsymbol{M}(\boldsymbol{\Theta})\ddot{\boldsymbol{\Theta}} + \boldsymbol{N}(\boldsymbol{\Theta},\dot{\boldsymbol{\Theta}})\dot{\boldsymbol{\Theta}} + \boldsymbol{G}(\boldsymbol{\Theta}) \\ &= \boldsymbol{M}_d(\boldsymbol{\Theta}_d)\ddot{\boldsymbol{\Theta}}_d + \boldsymbol{N}_d(\boldsymbol{\Theta}_d,\dot{\boldsymbol{\Theta}}_d)\dot{\boldsymbol{\Theta}}_d + \boldsymbol{G}_d(\boldsymbol{\Theta}_d) + \boldsymbol{K}_p\boldsymbol{E} + \boldsymbol{K}_v\dot{\boldsymbol{E}} + \boldsymbol{K}_i\int\boldsymbol{E}\mathrm{d}t\end{aligned} \tag{6.39}$$

在一定的模型精度和控制误差范围内，可以假定 $\boldsymbol{M}_d(\boldsymbol{\Theta}_d)\cong\boldsymbol{M}(\boldsymbol{\Theta})$、$\boldsymbol{N}_d(\boldsymbol{\Theta}_d,\dot{\boldsymbol{\Theta}}_d)\cong\boldsymbol{N}(\boldsymbol{\Theta},\dot{\boldsymbol{\Theta}})$、$\boldsymbol{G}_d(\boldsymbol{\Theta}_d)\cong\boldsymbol{G}(\boldsymbol{\Theta})$，$\boldsymbol{\Theta}_d\cong\boldsymbol{\Theta}$、$\dot{\boldsymbol{\Theta}}_d\cong\dot{\boldsymbol{\Theta}}$。由于机器人关节位置和速度可以精确测量，式(6.36)中计算前馈力矩时用到的期望位置 $\boldsymbol{\Theta}_d$ 和速度 $\dot{\boldsymbol{\Theta}}_d$ 实际上可以用测量值 $\boldsymbol{\Theta}$、$\dot{\boldsymbol{\Theta}}$ 代替，如图5.56所示。因此，假定前馈力矩计算公式中 $\boldsymbol{\Theta}_d\cong\boldsymbol{\Theta}$、$\dot{\boldsymbol{\Theta}}_d\cong\dot{\boldsymbol{\Theta}}$ 是合理的，而加速度则不能做这种假设。

根据以上假定，对式(6.39)进行化简和微分，可得集中前馈补偿位置 PID 控制器作用下机器人的误差动力学方程

$$\ddot{\boldsymbol{E}} + \boldsymbol{M}^{-1}(\boldsymbol{\Theta})\boldsymbol{K}_v\ddot{\boldsymbol{E}} + \boldsymbol{M}^{-1}(\boldsymbol{\Theta})\boldsymbol{K}_p\dot{\boldsymbol{E}} + \boldsymbol{M}^{-1}(\boldsymbol{\Theta})\boldsymbol{K}_i\boldsymbol{E} = \boldsymbol{0} \tag{6.40}$$

显然，由于 $\boldsymbol{M}^{-1}(\boldsymbol{\Theta})$随机器人位形变化，式(6.40)所示误差动力学方程是一个非线性三阶系统。可以预见，当机器人运动时，式(6.40)的特征根(即系统极点)将在复平面上移动。对于正定的控制增益 $\boldsymbol{K}_p$、$\boldsymbol{K}_v$ 和 $\boldsymbol{K}_i$，不能确保 $\boldsymbol{M}^{-1}(\boldsymbol{\Theta})\boldsymbol{K}_p$、$\boldsymbol{M}^{-1}(\boldsymbol{\Theta})\boldsymbol{K}_v$ 和 $\boldsymbol{M}^{-1}(\boldsymbol{\Theta})\boldsymbol{K}_i$ 在机器人全位形空间中正定。即，在某些位形空间，机器人可能工作于欠阻尼状态，甚至会出现式(6.40)的特征根位于虚轴右侧，从而导致误差发散的情况。

式(6.40)表明，在伺服环之外进行非线性补偿的集中前馈补偿位置 PID 控制器，不能使机器人系统完全解耦为线性系统。这对于高速、大负载机器人的动态控制问题，不是一个最佳选择。

为保证系统稳定、误差收敛，可以采用如下两种控制器。

1. 变增益集中前馈补偿位置 PID 控制器

通过实验为各关节的集中前馈补偿位置 PID 控制器设定若干组不同的增益，确保 $\boldsymbol{M}^{-1}(\boldsymbol{\Theta})\boldsymbol{K}_p$、$\boldsymbol{M}^{-1}(\boldsymbol{\Theta})\boldsymbol{K}_v$ 和 $\boldsymbol{M}^{-1}(\boldsymbol{\Theta})\boldsymbol{K}_i$ 在不同位形和速度范围内始终正定。这种方法需要通

过大量实验来整定增益。

2. 逆动力学控制器

首先设计逆动力学控制器，使机器人系统线性化。在此基础上设计反馈控制器，得到常系数线性误差动力学方程。这样，就使得系统在全位形空间都能获得预期的动态响应和稳态误差。

接下来，讨论如何针对机器人关节空间的自由运动问题设计逆动力学控制器。

6.4　机器人逆动力学运动控制器

6.4.1　逆动力学位置跟随 PD 控制器

首先设计基于逆动力学模型的开环控制器，如图 6.10 所示。

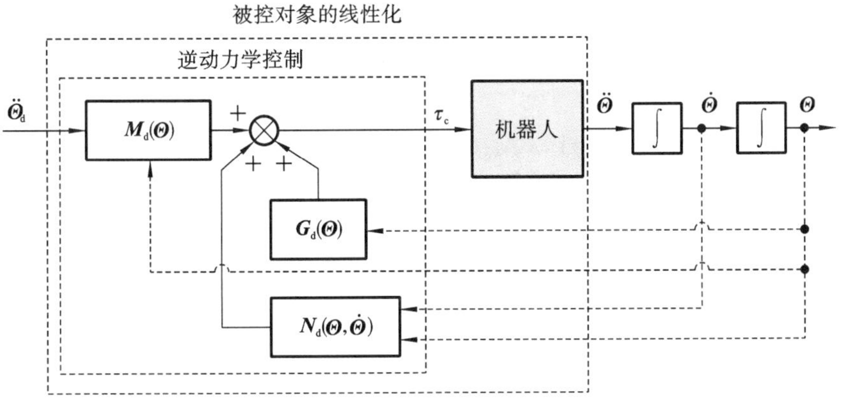

图 6.10　基于逆动力学模型的线性化开环控制器

假定机器人关节期望加速度 $\ddot{\boldsymbol{\Theta}}_d$ 已知，机器人动力学模型精确，并且控制系统能够准确测量各关节的实际位置和速度。此时，就可以以期望加速度 $\ddot{\boldsymbol{\Theta}}_d$ 为输入，根据机器人的真实位置 $\boldsymbol{\Theta}$、速度 $\dot{\boldsymbol{\Theta}}$ 和机器人逆动力学模型，准确计算期望的关节控制力矩 $\boldsymbol{\tau}_c$。

$$\boldsymbol{\tau}_c = \boldsymbol{M}_d(\boldsymbol{\Theta})\ddot{\boldsymbol{\Theta}}_d + \boldsymbol{N}_d(\boldsymbol{\Theta},\dot{\boldsymbol{\Theta}})\dot{\boldsymbol{\Theta}} + \boldsymbol{G}_d(\boldsymbol{\Theta}) \tag{6.41}$$

图 6.10 所示控制器有三个特点：①控制系统根据机器人逆动力学模型、实际位置、实际速度和期望加速度实时计算控制力矩；②如果模型和测量值完全精确，则机器人实际加速度 $\ddot{\boldsymbol{\Theta}}$ 将完全跟踪控制器输入 $\ddot{\boldsymbol{\Theta}}_d$，从指令 $\ddot{\boldsymbol{\Theta}}_d$ 的角度看，被控制对象是一个“单位”线性系统；③该系统没有对机器人的位置和速度进行反馈控制，是一个开环控制系统。

由于结构误差、未建模干扰、模型简化、关节力矩控制误差等因素，机器人的实际响应不可能与期望值完全一致，不可避免地存在位置和速度误差。为了消除跟踪误差，在图 6.10 的基础上增加位置和速度反馈控制，得到图 6.11 所示的机器人逆动力学位置跟随 PD 控制器。

逆动力学位置跟随 PD 控制器输出的控制力矩为

$$\boldsymbol{\tau}_c = \boldsymbol{M}_d(\boldsymbol{\Theta})(\ddot{\boldsymbol{\Theta}}_d + \boldsymbol{K}_p\boldsymbol{E} + \boldsymbol{K}_v\dot{\boldsymbol{E}}) + \boldsymbol{N}_d(\boldsymbol{\Theta},\dot{\boldsymbol{\Theta}})\dot{\boldsymbol{\Theta}} + \boldsymbol{G}_d(\boldsymbol{\Theta}) \tag{6.42}$$

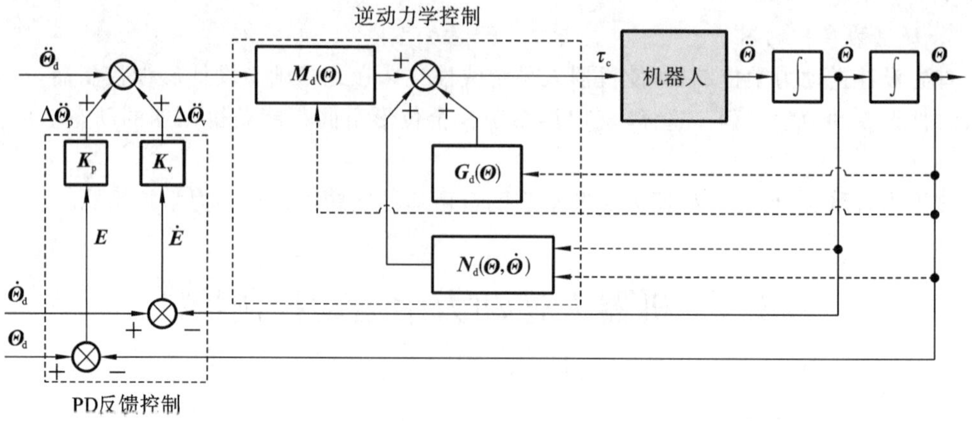

图 6.11 机器人逆动力学位置跟随 PD 控制器

式中:$\boldsymbol{K}_p$ 是位置增益矩阵,为对角阵;$\boldsymbol{K}_v$ 是速度增益矩阵,为对角阵。

当该控制力矩施加到真实机器人上时,机器人的响应遵循如下动力学模型

$$\boldsymbol{M}(\boldsymbol{\Theta})\ddot{\boldsymbol{\Theta}}+\boldsymbol{N}(\boldsymbol{\Theta},\dot{\boldsymbol{\Theta}})\dot{\boldsymbol{\Theta}}+\boldsymbol{G}(\boldsymbol{\Theta})=\boldsymbol{\tau}_c \tag{6.43}$$

把式(6.42)代入式(6.43),得

$$\boldsymbol{M}(\boldsymbol{\Theta})\ddot{\boldsymbol{\Theta}}+\boldsymbol{N}(\boldsymbol{\Theta},\dot{\boldsymbol{\Theta}})\dot{\boldsymbol{\Theta}}+\boldsymbol{G}(\boldsymbol{\Theta})=\boldsymbol{M}_d(\boldsymbol{\Theta})(\ddot{\boldsymbol{\Theta}}_d+\boldsymbol{K}_p\boldsymbol{E}+\boldsymbol{K}_v\dot{\boldsymbol{E}})+\boldsymbol{N}_d(\boldsymbol{\Theta},\dot{\boldsymbol{\Theta}})\dot{\boldsymbol{\Theta}}+\boldsymbol{G}_d(\boldsymbol{\Theta}) \tag{6.44}$$

在一定的模型误差内,假定

$$\boldsymbol{M}_d(\boldsymbol{\Theta})\cong\boldsymbol{M}(\boldsymbol{\Theta}),\quad \boldsymbol{N}_d(\boldsymbol{\Theta},\dot{\boldsymbol{\Theta}})\cong\boldsymbol{N}(\boldsymbol{\Theta},\dot{\boldsymbol{\Theta}}),\quad \boldsymbol{G}_d(\boldsymbol{\Theta})\cong\boldsymbol{G}(\boldsymbol{\Theta})$$

可得控制系统误差方程

$$\ddot{\boldsymbol{E}}+\boldsymbol{K}_v\dot{\boldsymbol{E}}+\boldsymbol{K}_p\boldsymbol{E}=\boldsymbol{0} \tag{6.45}$$

式中:$\ddot{\boldsymbol{E}}=\ddot{\boldsymbol{\Theta}}_d-\ddot{\boldsymbol{\Theta}}$ 为加速度误差矢量。

式(6.45)是一个标准的**二阶常系数齐次线性误差动力学方程**,它描述了一个具有“单位质量”的多自由度虚拟弹簧-阻尼自由振动系统,该虚拟系统的状态变量就是真实机器人的关节误差矢量。因为关节期望值已知,所以式(6.45)实际上描述了机器人关节的运动规律和控制特性。

由位置增益 $\boldsymbol{K}_p$ 和速度增益 $\boldsymbol{K}_v$ 构成的控制器是一个典型的 PD 控制器:位置增益 $\boldsymbol{K}_p$ 可类比为控制器的虚拟弹簧刚度,起到使误差趋于零的作用;速度增益 $\boldsymbol{K}_v$ 可类比为控制器的虚拟阻尼系数,起到抑制振荡的作用。

根据标准二阶系统微分方程解的特点可知,只要式(6.45)中的 $\boldsymbol{K}_p$ 和 $\boldsymbol{K}_v$ 是正定矩阵,就可以保证误差收敛,并且所选误差增益与机器人的位形和速度无关。此外,该控制器的动态响应与指令类型也无关,因此在理论上,它可以跟踪设定的轨迹。这也是它被称为位置跟随控制器的原因。

6.4.2 逆动力学位置 PID 控制器

在式(6.45)的推导过程中,假定计算模型与真实机器人系统完全一致,然而,这在实际中不可能做到,主要有以下两点原因。

1. 降采样误差

由于动力学模型计算量大，在实际中经常采取简化和降采样的方法，来降低控制系统的计算负担。所谓简化，就是忽略速度项 $\boldsymbol{N}_{\mathrm{d}}(\boldsymbol{\Theta},\dot{\boldsymbol{\Theta}})$。这样，逆动力学计算只与机器人位形有关，而与速度无关。降采样就是以低于伺服控制的频率进行逆动力学模型的更新。例如，伺服频率为 500 Hz，而逆动力学模型更新的频率则为 100 Hz。显然，这种简化处理将使计算模型偏离机器人真实状态。

2. 模型误差

难以获得精确的机器人动力学模型是另一个更重要的原因。对于某些参数尤其如此，例如摩擦阻尼系数。对动力学模型至关重要的广义质量矩阵和重力项，也难以准确获得。实际的机器人总是要抓持各种工件和工具，而在机器人出厂时，不能预知末端工具或工件的质量和惯量分布。虽然能够根据被抓持物体的设计模型估算其质量和惯量，但是，对于稍微复杂一些的物体，就难以获得其准确的质量分布。因此，要保证动力学模型的精确性是困难的。

基于以上原因，在真实情况下，通常会出现

$$\boldsymbol{M}_{\mathrm{d}}(\boldsymbol{\Theta}) \neq \boldsymbol{M}(\boldsymbol{\Theta}),\quad \boldsymbol{N}_{\mathrm{d}}(\boldsymbol{\Theta},\dot{\boldsymbol{\Theta}}) \neq \boldsymbol{N}(\boldsymbol{\Theta},\dot{\boldsymbol{\Theta}}),\quad \boldsymbol{G}_{\mathrm{d}}(\boldsymbol{\Theta}) \neq \boldsymbol{G}(\boldsymbol{\Theta})$$

在式(6.42)表示的逆动力学 PD 控制器作用下，机器人系统误差动力学方程为

$$\ddot{\boldsymbol{E}} + \boldsymbol{K}_{\mathrm{v}}\dot{\boldsymbol{E}} + \boldsymbol{K}_{\mathrm{p}}\boldsymbol{E} = \boldsymbol{M}_{\mathrm{d}}^{-1}[(\boldsymbol{M}-\boldsymbol{M}_{\mathrm{d}})\ddot{\boldsymbol{\Theta}} + (\boldsymbol{N}-\boldsymbol{N}_{\mathrm{d}})\dot{\boldsymbol{\Theta}} + (\boldsymbol{G}-\boldsymbol{G}_{\mathrm{d}})] \tag{6.46}$$

为简明起见，式(6.46)中没有写出各系数矩阵中的变量。

可见，当理论模型与真实系统不一致时，尽管 PD 控制器作用下的系统误差动力学方程仍然是常系数且线性的，但是系统的稳态误差也不再是零，而变为

$$\boldsymbol{E} = \boldsymbol{K}_{\mathrm{p}}^{-1}\boldsymbol{M}_{\mathrm{d}}^{-1}(\boldsymbol{G}-\boldsymbol{G}_{\mathrm{d}}) \tag{6.47}$$

不仅如此，由于式(6.46)的右侧与机器人的真实加速度、速度和位形都有关，当模型误差、系统加速度或速度过大时，系统甚至可能出现失稳。

可将式(6.46)右侧视为干扰力矩 $\boldsymbol{\tau}_{\mathrm{d}}$

$$\boldsymbol{\tau}_{\mathrm{d}} = \boldsymbol{M}_{\mathrm{d}}^{-1}[(\boldsymbol{M}-\boldsymbol{M}_{\mathrm{d}})\ddot{\boldsymbol{\Theta}} + (\boldsymbol{N}-\boldsymbol{N}_{\mathrm{d}})\dot{\boldsymbol{\Theta}} + (\boldsymbol{G}-\boldsymbol{G}_{\mathrm{d}})]$$

在反馈控制器中增加积分环节可以克服力矩，并消除稳态误差。因此，在控制力矩计算公式(6.42)右侧的加速度补偿项中增加积分项，使其变成一个逆动力学位置 PID 控制器，其输出的控制力矩为

$$\boldsymbol{\tau}_{\mathrm{c}} = \boldsymbol{M}_{\mathrm{d}}(\boldsymbol{\Theta})\left(\ddot{\boldsymbol{\Theta}}_{\mathrm{d}} + \boldsymbol{K}_{\mathrm{v}}\dot{\boldsymbol{E}} + \boldsymbol{K}_{\mathrm{p}}\boldsymbol{E} + \boldsymbol{K}_{\mathrm{i}}\int \boldsymbol{E}\mathrm{d}t\right) + \boldsymbol{N}_{\mathrm{d}}(\boldsymbol{\Theta},\dot{\boldsymbol{\Theta}})\dot{\boldsymbol{\Theta}} + \boldsymbol{G}_{\mathrm{d}}(\boldsymbol{\Theta}) \tag{6.48}$$

该控制器对应的系统框图如图 6.12 所示。

当式(6.48)表示的控制器作用于真实机器人时，系统的误差动力学方程为

$$\ddot{\boldsymbol{E}} + \boldsymbol{K}_{\mathrm{v}}\dot{\boldsymbol{E}} + \boldsymbol{K}_{\mathrm{p}}\boldsymbol{E} + \boldsymbol{K}_{\mathrm{i}}\int \boldsymbol{E}\mathrm{d}t = \boldsymbol{\tau}_{\mathrm{d}} \tag{6.49}$$

对式(6.49)求微分得

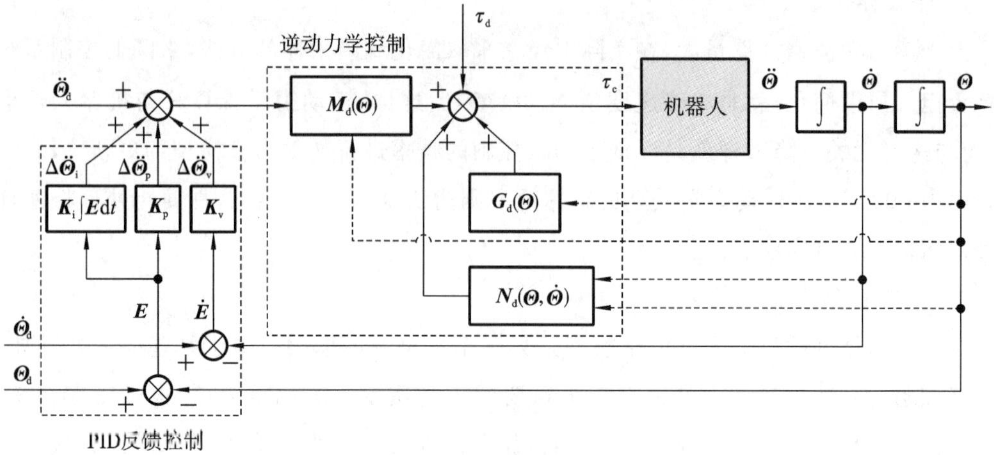

图 6.12 机器人逆动力学位置 PID 控制器

$$\dddot{E}+K_v\ddot{E}+K_p\dot{E}+K_iE=\dot{\tau}_d \tag{6.50}$$

当系统未建模误差较小时，干扰 τ_d 幅度也较小，可以假定它恒定，则

$$\dot{\tau}_d=0$$

此时，式(6.50)可简化为三阶常系数齐次线性微分方程

$$\dddot{E}+K_v\ddot{E}+K_p\dot{E}+K_iE=0 \tag{6.51}$$

稳态时，由于误差的各阶微分都等于零，因此稳态误差为零。

对比图 6.12 中的逆动力学位置 PID 控制器和图 6.9 中的集中前馈补偿位置 PID 控制器，可以发现它们的共同点是，都利用了逆动力学模型来计算部分控制力矩，而它们的不同点则表现在以下两个方面。

(1) 逆动力学控制器的反馈项通过调整指令加速度，再乘以质量矩阵来生成控制力矩，由于控制力矩中包含了质量矩阵，从而可确保获得常系数的误差动力学方程，使得系统动态响应不随机器人位形和速度变动，成功地实现了被控对象的线性化；集中前馈补偿控制器的反馈项则直接生成控制力矩，没有考虑系统质量，导致误差动力学方程的系数中出现质量项，没有实现系统的线性化。

(2) 逆动力学控制器的反馈项和逆动力学项都需要集中计算，且计算过程均在伺服环内部进行，考虑到逆动力学计算的复杂性，为保证较高的伺服控制频率，要求控制器硬件具有很高的计算能力或通信速率；集中前馈补偿控制器可以在伺服环外离线执行逆动力学计算，降低了对控制器硬件性能的要求。

在实践中，基于逆动力学模型的集中控制方法较少使用积分项，主要原因有以下三点。

(1) 由于模型误差引入的干扰力矩通常不是常数，积分项并不能保证稳态误差为零。

(2) 由于广义质量矩阵 $M_d(\Theta)$ 中非对角线元素的耦合作用，针对某个关节误差的控制作用会引起其他关节控制力矩的变化。因此，在集中控制器中引入积分项可能会导致关节之间的耦合振荡。而对于一个实际系统，在多数情况下，稳定性比稳态精度更重要。

(3) 当机器人与环境发生接触时，在接触方向的位置误差积分可能使接触力持续增大，最终导致机器人损坏或环境被破坏。

鉴于此，PD 控制器仍然是机器人逆动力学控制器的主要方案。

【例 6-4】 针对例 5-9 中平面 2R 机器人，电机工作于力矩模式，两关节减速器传动比取 $N_1 = N_2 = 50$(或 10)，希望两关节跟踪与例 5-6 中(3)相同的关节位置 S 轨迹，试完成下述任务：

(1) 设计关节空间逆动力学位置跟随 PD 控制器，使两个关节处于临界阻尼状态，调节时间 $t_s = 0.1$ s；

(2) 假设两关节杆长和质量的实际值存在 5% 的负偏差，设计 PID 控制器，并进行仿真验证。

解 (1) 在逆动力学位置跟随 PD 控制器作用下，系统误差动力学方程为

$$\ddot{\boldsymbol{E}} + \boldsymbol{K}_v \dot{\boldsymbol{E}} + \boldsymbol{K}_p \boldsymbol{E} = \boldsymbol{0}$$

扫码下载

仿真例程

对于临界阻尼状态，有

$$\zeta = 1$$

根据临界阻尼状态的自然频率简化计算公式，有

$$\omega_n = \frac{4.75}{t_s} = 47.5 \text{ rad/s}$$

由式(6.30)得

$$K_{p1} = K_{p2} = \omega_n^2 = 2256$$

$$K_{v1} = K_{v2} = 2\zeta\omega_n = 95$$

于是，得系统 PD 控制器增益矩阵

$$\boldsymbol{K}_p = \begin{pmatrix} 2256 & 0 \\ 0 & 2256 \end{pmatrix}$$

$$\boldsymbol{K}_v = \begin{pmatrix} 95 & 0 \\ 0 & 95 \end{pmatrix}$$

(2) 参考图 6.12 搭建 SIMULINK 仿真系统或编写仿真程序。为克服模型偏差，积分增益矩阵取值如下

$$\boldsymbol{K}_i = \begin{pmatrix} 10 & 0 \\ 0 & 10 \end{pmatrix}$$

运行仿真系统，得到图 6.13、图 6.14 所示结果。

当 $N=50$ 时，在存在模型偏差的情况下，系统仍然能够准确跟踪位置轨迹。对比例 5-9 图 5.63 中集中前馈 PID 控制器的响应曲线，可以看到逆动力学 PID 控制器的加速度曲线更平滑，误差更小。更进一步，即便在 $N=10$ 的小传动比情况下，逆动力学 PID 控制器仍然能保持稳定，仅由于模型偏差，存在很小的稳态误差。

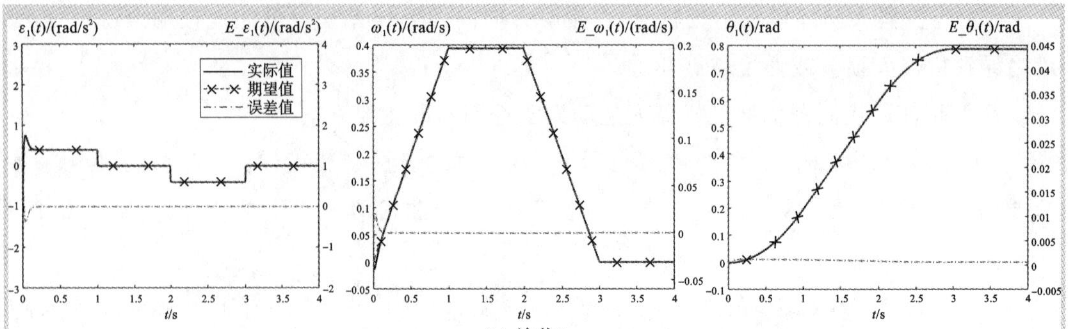

(a) 关节1

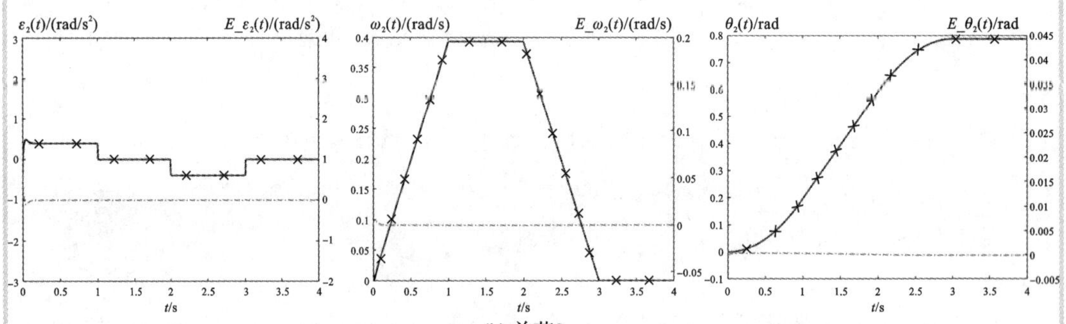

(b) 关节2

图 6.13　$N=50$ 时的响应曲线

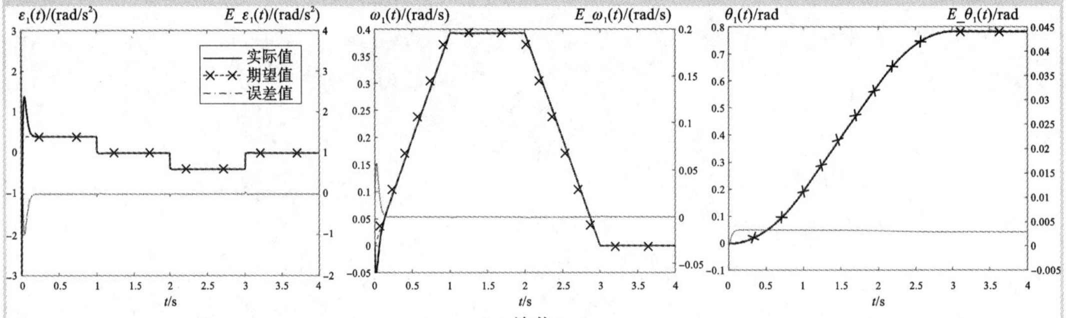

(a) 关节1

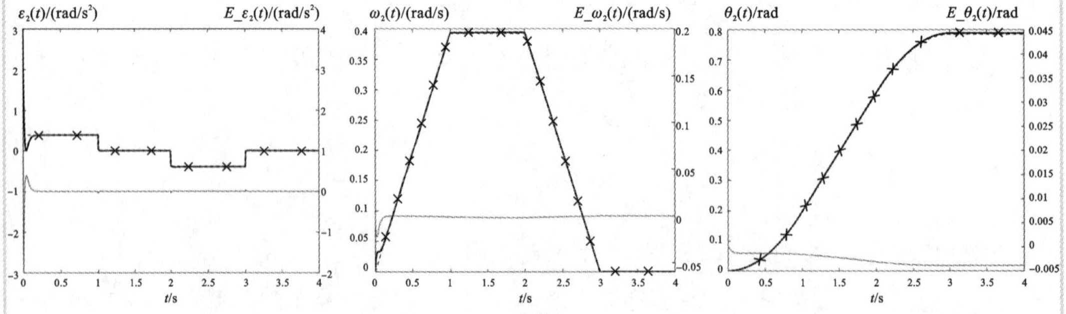

(b) 关节2

图 6.14　$N=10$ 时的响应曲线

逆动力学 PD 和 PID 控制器都是基于模型的集中控制方案，已经不属于经典控制理论的范畴。对于这样一类系统的稳定性，需要在状态空间控制理论的框架下，利用李雅普诺夫稳定性分析方法来分析，下面对此进行简要介绍。

6.4.3　李雅普诺夫稳定性分析

李雅普诺夫稳定性分析方法以 19 世纪俄国数学家李雅普诺夫的名字命名，它是一种通用的基于能量分析的稳定性证明方法。下面仍然以简单的弹簧-质量-阻尼系统为例，说明该方法的一般概念。

图 6.15 所示自由状态弹簧-质量-阻尼系统的动力学方程为

$$m\ddot{x} + b\dot{x} + kx = 0 \tag{6.52}$$

系统的总能量为

$$V = \frac{1}{2}m\dot{x}^2 + \frac{1}{2}kx^2 \tag{6.53}$$

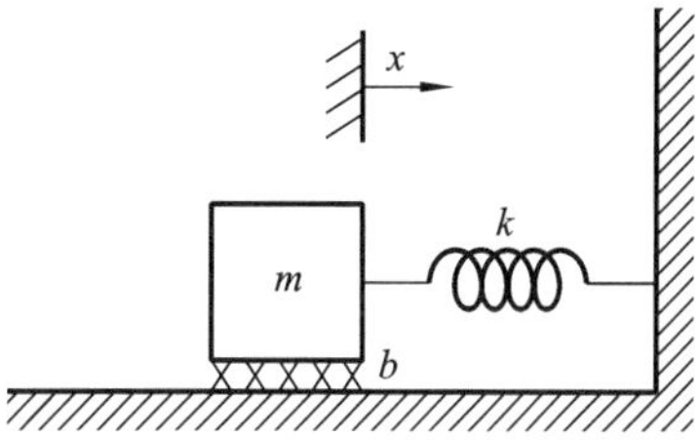

图 6.15　自由状态的弹簧-质量-阻尼系统

式中右端第一项为质量块动能，第二项为弹簧势能，系统能量 V 总是非负的。将式(6.53)对时间求微分得到系统总能量的变化率

$$\dot{V} = m\dot{x}\ddot{x} + kx\dot{x} \tag{6.54}$$

将式(6.52)代入式(6.54)，消去 $m\ddot{x}$，得

$$\dot{V} = -b\dot{x}^2 \tag{6.55}$$

如果 $b>0$，则式(6.55)总是负的。这说明自由状态的弹簧-质量-阻尼系统的能量总是在耗散，除非 $\dot{x}=0$。

由此可以得出结论，在自由状态的弹簧-质量-阻尼系统受到初始干扰离开平衡位置后，将不断丧失能量直到静止。静止状态下，$\dot{x}=0$、$\ddot{x}=0$，由式(6.52)可得 $x=0$。

因此，通过能量分析可知，式(6.52)所示系统在任何初始条件下，最终都将稳定在平衡点。这个简单实例说明了李雅普诺夫稳定性分析方法的一般原理。

李雅普诺夫稳定性分析方法的一个显著特点是，不需要求解系统微分方程即可判断系统的稳定性。需要注意的是，李雅普诺夫方法虽然可以判断稳定性，但是却无法给出系统动态性能的任何信息。也就是说，这种能量分析方法不能判断系统是过阻尼还是欠阻尼，也不能给出系统抑制干扰所需的时间。

李雅普诺夫稳定性分析方法对非线性系统同样有效，这里简要介绍李雅普诺夫方法的一般理论。

通过恰当的变量定义，总是可以把高阶微分方程写成一组一阶微分方程的形式

$$\dot{\boldsymbol{X}} = f(\boldsymbol{X}) \tag{6.56}$$

式中：$\boldsymbol{X}$ 为表征系统状态的 $m\times 1$ 向量；$f(\cdot)$ 可以是非线性函数。现在考察由式(6.56)所表征系统的稳定性。

根据李雅普诺夫方法，如果式(6.56)所示系统是稳定的，则必须能够构造出一个满足以下两个性质的广义能量函数 $V(\boldsymbol{X})$，也称**李雅普诺夫函数**：

(1) $V(\boldsymbol{X})$ 具有连续的一阶偏导数，且只有当 $\boldsymbol{X}=\boldsymbol{0}$ 时，才有 $V(\boldsymbol{0})=0$，对于任意 $\boldsymbol{X}\neq\boldsymbol{0}$，有 $V(\boldsymbol{X})>0$；

(2) $\dot{V}(\boldsymbol{X})\leqslant 0$，$\dot{V}(\boldsymbol{X})$为$V(\boldsymbol{X})$在系统所有轨迹上的变化率。

如果上述两个性质仅在特定区域成立，则系统为弱稳定的；如果两个性质在全局成立，则系统为强稳定的。

对李雅普诺夫函数的直观解释为，如果存在一个能够表示系统"能量"的正定的状态函数，且"能量"状态函数的值一直减小或保持为常数，则系统是稳定的，即系统的状态向量$\boldsymbol{X}$是有界的。

如果$\dot{V}(\boldsymbol{X})$严格小于零，则系统渐进稳定，且系统状态$\boldsymbol{X}$渐进收敛于零向量，即$\boldsymbol{X}\rightarrow\boldsymbol{0}$。

如果$\dot{V}(\boldsymbol{X})\leqslant 0$（注意包含等号），在某些条件下，系统也是渐进稳定的。此时可以通过讨论$\dot{V}(\boldsymbol{X})=0$时，状态$\boldsymbol{X}$的取值来进行判断。如果只有当$\boldsymbol{X}=\boldsymbol{0}$时才存在$\dot{V}(\boldsymbol{X})=0$，根据李雅普诺夫函数的定义，说明系统在$\boldsymbol{X}=\boldsymbol{0}$处"能量"变化率为零，且恰好耗尽"能量"，所以可以确定系统收敛于零向量，即$\boldsymbol{X}\rightarrow\boldsymbol{0}$；如果当$\dot{V}(\boldsymbol{X})=0$时，$\boldsymbol{X}\neq\boldsymbol{0}$，则说明系统在还存在"能量"的情况下，被"黏结在"$\boldsymbol{X}\neq\boldsymbol{0}$的某处。

下面通过两个简单实例说明如何利用李雅普诺夫方法判定系统稳定性。

【例 6-5】 对于一个线性系统

$$\dot{\boldsymbol{X}}=-\boldsymbol{A}\boldsymbol{X} \tag{6.57}$$

式中：$\boldsymbol{A}$为$m\times m$阶正定矩阵。试讨论该系统的稳定性。

解 设候选李雅普诺夫函数为

$$V(\boldsymbol{X})=\frac{1}{2}\boldsymbol{X}^{\mathrm{T}}\boldsymbol{X} \tag{6.58}$$

该函数是连续且非负的。对其求微分得

$$\dot{V}(\boldsymbol{X})=\boldsymbol{X}^{\mathrm{T}}\dot{\boldsymbol{X}}=\boldsymbol{X}^{\mathrm{T}}(-\boldsymbol{A}\boldsymbol{X})=-\boldsymbol{X}^{\mathrm{T}}\boldsymbol{A}\boldsymbol{X} \tag{6.59}$$

因为$\boldsymbol{A}$是正定矩阵，可以确保

$$\dot{V}(\boldsymbol{X})\leqslant 0 \tag{6.60}$$

所以，式(6.58)确实是式(6.57)所代表系统的李雅普诺夫函数。

该系统渐进稳定，且收敛到$\boldsymbol{X}=\boldsymbol{0}$。因为$\dot{V}(\boldsymbol{X})$仅在$\boldsymbol{X}=\boldsymbol{0}$处为零，而在其他位置均为负，说明式(6.57)表征的系统"能量"将一直减小，直到$\boldsymbol{X}=\boldsymbol{0}$。

【例 6-6】 某单位质量的弹簧-阻尼系统，其弹簧和阻尼均为非线性的，系统微分方程为

$$\ddot{x}+b(\dot{x})+k(x)=0 \tag{6.61}$$

函数$b(\cdot)$和$k(\cdot)$为一、三象限的连续函数，并且

$$\begin{cases}\dot{x}b(\dot{x})>0, x\neq 0\\ xk(x)>0, x\neq 0\end{cases} \tag{6.62}$$

试讨论该系统的稳定性。

解 设候选李雅普诺夫函数为

$$V(x,\dot{x})=\frac{1}{2}\dot{x}^2+\int_0^x k(x)\mathrm{d}x \tag{6.63}$$

可以看到，该函数是一个能量形式的非负函数。将其求微分得

$$\dot{V}(x,\dot{x})=\dot{x}\ddot{x}+k(x)\dot{x} \tag{6.64}$$

将式(6.61)代入式(6.64)，消去$\ddot{x}$，得

$$\dot{V}(x,\dot{x})=-\dot{x}b(\dot{x}) \tag{6.65}$$

根据已知条件式(6.62)可知，$\dot{V}(\cdot)\leqslant 0$，且是半负定的，因为它只是$\dot{x}$的函数而不是$x$的函数。

为了判断该系统是否渐进稳定，考察 $\dot{V}(\cdot)=0$ 的条件：当 $\dot{V}(\cdot)=0$ 时，一定有 $\dot{x}=0$。代入式(6.61)，可以发现，此时系统微分方程变为

$$\ddot{x}=-k(x) \tag{6.66}$$

可以看到，$x=0$ 是式(6.66)的唯一解。

因此，仅当 $x=\dot{x}=\ddot{x}=0$ 时，系统才是渐进稳定的。

下面，利用李雅普诺夫方法讨论一个简单的机器人逆动力学控制器——重力补偿位置保持 PD 控制器的稳定性。

6.4.4 重力补偿位置保持 PD 控制器及其稳定性

对于位置保持问题，期望速度和加速度均等于零，且系统实际速度很小，即

$$\ddot{\boldsymbol{\Theta}}_{\mathrm{d}}=\mathbf{0},\quad \dot{\boldsymbol{\Theta}}_{\mathrm{d}}=\mathbf{0},\quad \dot{\boldsymbol{\Theta}}=\mathbf{0}$$

在设计控制器时可以不考虑逆动力学方程中的速度项，也不考虑与惯性力相关的质量项。据此，可以把逆动力学位置跟随 PD 控制器简化为重力补偿位置保持 PD 控制器，如图 6.16 所示。该控制器虽然不能使机器人跟踪连续轨迹，但是能够使机器人保持在任意位置。图 6.16 中仍然保留的速度负反馈起到抑制速度波动的作用。

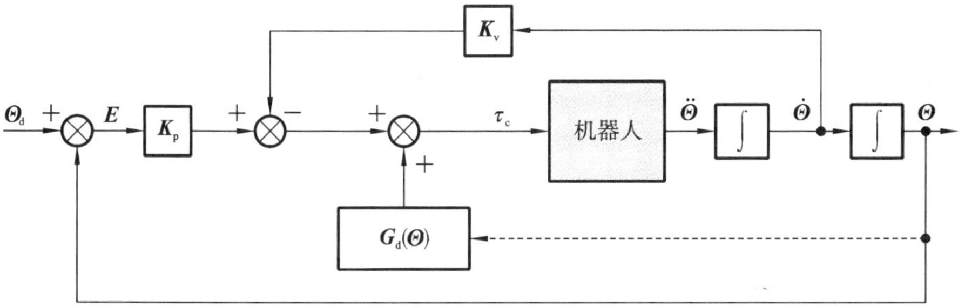

图 6.16　重力补偿位置保持 PD 控制器

重力补偿位置保持 PD 控制器输出的控制力矩为

$$\boldsymbol{\tau}_{\mathrm{c}}=\boldsymbol{K}_{\mathrm{p}}\boldsymbol{E}-\boldsymbol{K}_{\mathrm{v}}\dot{\boldsymbol{\Theta}}+\boldsymbol{G}(\boldsymbol{\Theta}) \tag{6.67}$$

式中：$\boldsymbol{K}_{\mathrm{p}}$ 和 $\boldsymbol{K}_{\mathrm{v}}$ 为正定对角增益矩阵。

直观上看，该控制器监测位置误差和速度波动，并给出与位置误差和速度波动成正比的控制信号，然后叠加关节所受重力，使机器人保持在期望位置。式(6.67)中，$\boldsymbol{K}_{\mathrm{p}}\boldsymbol{E}$ 可理解为在每个关节上施加了虚拟弹性力，该弹性力总是使关节回到期望位置，$\boldsymbol{K}_{\mathrm{p}}$ 是虚拟广义刚度；$\boldsymbol{K}_{\mathrm{v}}\dot{\boldsymbol{\Theta}}$ 则表示虚拟阻尼力，$\boldsymbol{K}_{\mathrm{v}}$ 为虚拟阻尼系数，目的是减小系统波动，提高稳定性。

将式(6.67)代入机器人动力学方程

$$\boldsymbol{M}(\boldsymbol{\Theta})\ddot{\boldsymbol{\Theta}}+\boldsymbol{V}(\boldsymbol{\Theta},\dot{\boldsymbol{\Theta}})\dot{\boldsymbol{\Theta}}+\boldsymbol{B}\dot{\boldsymbol{\Theta}}+\boldsymbol{G}(\boldsymbol{\Theta})=\boldsymbol{\tau}_{\mathrm{c}} \tag{6.68}$$

这里采用了速度耦合项与阻尼项分离的动力学模型。于是，得到闭环系统的微分方程，即

$$\boldsymbol{M}(\boldsymbol{\Theta})\ddot{\boldsymbol{\Theta}}+\boldsymbol{V}(\boldsymbol{\Theta},\dot{\boldsymbol{\Theta}})\dot{\boldsymbol{\Theta}}+\boldsymbol{B}\dot{\boldsymbol{\Theta}}+\boldsymbol{K}_{\mathrm{v}}\dot{\boldsymbol{\Theta}}=\boldsymbol{K}_{\mathrm{p}}\boldsymbol{E} \tag{6.69}$$

下面用李雅普诺夫方法分析该闭环系统的稳定性。

假设候选的李雅普诺夫函数为

$$V=\frac{1}{2}\dot{\boldsymbol{\Theta}}^{\mathrm{T}}\boldsymbol{M}(\boldsymbol{\Theta})\dot{\boldsymbol{\Theta}}+\frac{1}{2}\boldsymbol{E}^{\mathrm{T}}\boldsymbol{K}_{\mathrm{p}}\boldsymbol{E} \tag{6.70}$$

式(6.70)显然是一个“能量”形式的函数，第一项为系统“动能”，第二项为系统偏离期望

位置时的虚拟“弹性势能”。由于广义质量矩阵 $\boldsymbol{M}(\boldsymbol{\Theta})$ 和虚拟广义刚度矩阵 $\boldsymbol{K}_{\mathrm{p}}$ 都为正定矩阵，因此式(6.70)非负。

对式(6.70)求微分，得

$$\dot{V}=\frac{1}{2}\dot{\boldsymbol{\Theta}}^{\mathrm{T}}\dot{\boldsymbol{M}}(\boldsymbol{\Theta})\dot{\boldsymbol{\Theta}}+\dot{\boldsymbol{\Theta}}^{\mathrm{T}}\boldsymbol{M}(\boldsymbol{\Theta})\ddot{\boldsymbol{\Theta}}-\dot{\boldsymbol{\Theta}}^{\mathrm{T}}\boldsymbol{K}_{\mathrm{p}}\boldsymbol{E} \tag{6.71}$$

为了消去 $\boldsymbol{M}(\boldsymbol{\Theta})\ddot{\boldsymbol{\Theta}}$，将式(6.69)代入式(6.71)，得

$$\begin{aligned}\dot{V}&=\frac{1}{2}\dot{\boldsymbol{\Theta}}^{\mathrm{T}}[\dot{\boldsymbol{M}}(\boldsymbol{\Theta})-2\boldsymbol{V}(\boldsymbol{\Theta},\dot{\boldsymbol{\Theta}})]\dot{\boldsymbol{\Theta}}-\dot{\boldsymbol{\Theta}}^{\mathrm{T}}(\boldsymbol{B}+\boldsymbol{K}_{\mathrm{v}})\dot{\boldsymbol{\Theta}}\\&=-\dot{\boldsymbol{\Theta}}^{\mathrm{T}}(\boldsymbol{B}+\boldsymbol{K}_{\mathrm{v}})\dot{\boldsymbol{\Theta}}\end{aligned} \tag{6.72}$$

式中利用了 $\dot{\boldsymbol{\Theta}}^{\mathrm{T}}[\dot{\boldsymbol{M}}(\boldsymbol{\Theta})-2\boldsymbol{V}(\boldsymbol{\Theta},\dot{\boldsymbol{\Theta}})]\dot{\boldsymbol{\Theta}}=\boldsymbol{0}$ 这一性质，其可通过分析机器人拉格朗日方程的结构来加以证明。

由于机器人的摩擦阻尼项 $\boldsymbol{B}$ 为正，只要 $\boldsymbol{K}_{\mathrm{v}}$ 为正定矩阵，式(6.72)就非正。因此，根据式(6.70)和式(6.72)，可以判定式(6.70)是式(6.69)所表征的闭环控制系统的李雅普诺夫函数。

分析式(6.72)，可以发现，只要在系统状态变量 $\boldsymbol{\Theta}$ 的任意轨迹上存在 $\dot{\boldsymbol{\Theta}}\neq\boldsymbol{0}$ 的情况，$\dot{V}$ 就为负，此时表征闭环系统“能量”的李雅普诺夫函数 V 一定下降。只有当 $\dot{\boldsymbol{\Theta}}=\boldsymbol{0}$ 时，才有 $\dot{V}=0$，此时，系统进入平衡状态，则一定有 $\ddot{\boldsymbol{\Theta}}=\boldsymbol{0}$。把这些条件代入闭环系统微分方程式(6.69)，可得在衡状态下，有

$$\boldsymbol{K}_{\mathrm{p}}\boldsymbol{E}=\boldsymbol{0} \tag{6.73}$$

即

$$\boldsymbol{E}=\boldsymbol{\Theta}_{\mathrm{d}}-\boldsymbol{\Theta}=\boldsymbol{0} \tag{6.74}$$

此时，机器人停留在期望位置。

上述推导过程证明，只要所选的比例增益 $\boldsymbol{K}_{\mathrm{p}}$ 和速度增益 $\boldsymbol{K}_{\mathrm{v}}$ 为正定矩阵，图 6.16 所示的简单 PD 反馈控制加上伺服环内的重力补偿，就能使机器人在期望位置全局渐进稳定。

重力补偿 PD 控制器与仅包含重力前馈补偿的独立关节 PID 控制器非常类似，而后者是多数工业机器人采用的控制器。因此，重力补偿 PD 控制器的稳定性证明，解释了为什么多数工业机器人在低动态情况下能正常工作。

重力补偿 PD 控制器仅能实现机器人趋向期望位置，但并不能保证机器人跟踪期望的运动轨迹，而式(6.42)所表示的逆动力学位置跟随 PD 控制器，在理论上能够完成轨迹跟踪控制任务，但是，模型的不准确性将带来一些意料之外的问题。在理论上，可以利用李雅普诺夫方法，设计鲁棒控制器和自适应控制器来解决此类问题。目前，这些控制方法并没有在工业机器人中得到广泛采用，本书不做深入讨论，感兴趣的读者，可以参阅文献[1]、[17]等。

6.5　操作空间运动控制概述

6.5.1　操作空间运动控制的基本原理

操作空间通常用与基座或机器人末端固连的笛卡尔坐标系来表达，它用于描述机器人末端执行器的位姿和力。操作空间控制问题可分为两类：一类是操作对象不固定，控制系统

需要实时观测操作对象和末端执行器的位姿变化,并在操作空间完成末端执行器的位置闭环控制,例如机器人打乒乓球或抓取传送带上的物品;另一类是机器人与环境有接触力,需要同时兼顾力与位置控制,例如装配作业。可见,操作空间控制问题关注的是机器人末端工具在操作空间的位姿或力,要求根据操作空间的状态反馈实施闭环控制。

同样,为了获得线性化的误差动力学模型,需要利用操作空间逆动力学方程设计逆动力学控制器。然后,在此基础上针对上述第一类问题设计操作空间位置跟随控制器,即本小节讨论的内容;针对第二类问题设计力控制器,这将在第 7 章讨论。

第 2.4.4 小节给出了操作空间动力学模型的推导过程,根据式(2.151),如果已知系统状态,可得考虑了机器人末端接触力的操作空间动力学方程

$$\boldsymbol{F}_x = \boldsymbol{M}_x(\boldsymbol{q})\ddot{\boldsymbol{x}} + \boldsymbol{N}_x(\boldsymbol{q},\dot{\boldsymbol{q}})\dot{\boldsymbol{x}} + \boldsymbol{G}_x(\boldsymbol{q}) + \boldsymbol{F}_e \tag{6.75}$$

式中:$\boldsymbol{M}_x(\boldsymbol{q})=\boldsymbol{J}^{-\mathrm{T}}\boldsymbol{M}(\boldsymbol{q})\boldsymbol{J}^{-1}$ 表示等效到操作空间的机器人广义质量矩阵;$\boldsymbol{N}_x(\boldsymbol{q},\dot{\boldsymbol{q}})=\boldsymbol{J}^{-\mathrm{T}}[\boldsymbol{V}(\boldsymbol{q},\dot{\boldsymbol{q}})+\boldsymbol{B}(\boldsymbol{q})-\boldsymbol{M}\boldsymbol{J}^{-1}\dot{\boldsymbol{J}}]\boldsymbol{J}^{-1}$ 表示等效到操作空间与广义速度有关的耦合力和阻尼力矩阵;$\boldsymbol{G}_x(\boldsymbol{q})=\boldsymbol{J}^{-\mathrm{T}}\boldsymbol{G}(\boldsymbol{q})$ 表示等效到操作空间的重力矢量;$\boldsymbol{J}$ 为机器人速度雅可比矩阵;$\boldsymbol{F}_x$ 表示等效到操作空间的虚拟广义驱动力;$\boldsymbol{F}_e$ 表示机器人作用于环境的接触力矢量。

上述矩阵参数、力矢量和状态矢量通常以机器人末端工具为参考对象,它们可以定义在**基坐标系或末端工具坐标系中**,为简洁,省略了表示该坐标系的左上标。

式(6.75)的意义可以用图 6.17 表示:一个与机器人末端工具同步运动的等效质量块 $\boldsymbol{M}_x$,受等效广义驱动力 $\boldsymbol{F}_x$、环境接触力 $\boldsymbol{F}_e$、等效重力 $\boldsymbol{G}_x$ 和等效阻尼 $\boldsymbol{N}_x\dot{\boldsymbol{x}}$ 的共同作用,具有加速度 $\ddot{\boldsymbol{x}}$ 和速度 $\dot{\boldsymbol{x}}$。因此,该等效质量-阻尼系统具有与机器人系统相同的动力学特性。

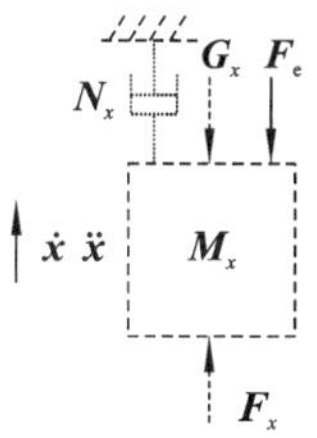

图 6.17　操作空间动力学模型示意

本节将利用操作空间逆动力学方程研究第一类问题,即自由空间中的运动控制,不涉及与环境的接触力,此时,末端接触力 $\boldsymbol{F}_e=\boldsymbol{0}$。第 3.4 节的图 3.33 给出了操作空间运动控制系统的总体方案,接下来将讨论它的两种具体实现方法。

如果获得了末端执行器的位姿反馈,就可以把它与期望位姿对比,求得位姿误差 $\delta\boldsymbol{x}$,然后针对位姿误差设计控制器,把位姿误差 $\delta\boldsymbol{x}$ 转换为关节控制力矩 $\boldsymbol{\tau}_c$,驱动机器人运动以消除误差。有两种控制器方案可以完成这一控制过程,它们分别是**逆雅可比控制器和转置雅可比控制器**。

逆雅可比控制器适用于系统初始误差为零,并且过程误差很小的场合。此时,可以把位姿误差 $\delta\boldsymbol{x}$ 通过逆雅可比矩阵 $\boldsymbol{J}^{-1}$ 转换为关节误差 $\delta\boldsymbol{q}$,然后设计控制器把 $\delta\boldsymbol{q}$ 转换为使误差减小的关节控制力矩 $\boldsymbol{\tau}_c$。图 6.18 表明了逆雅可比控制器的基本原理。式中,为简明起见,没有表示速度反馈,并且把电机驱动器、电机和减速器合并到关节中,虚线表示末端实际位姿也可以根据关节位置计算得到。

与逆雅可比控制器不同,转置雅可比控制器直接把位姿误差 $\delta\boldsymbol{x}$ 变换为操作空间的虚拟修正力 $\boldsymbol{F}_x$,然后用 $\boldsymbol{F}_x$ 乘以转置雅可比矩阵 $\boldsymbol{J}^{\mathrm{T}}$,求得对应的关节控制力矩 $\boldsymbol{\tau}_c$,以驱动机器人运动,消除位姿误差。图 6.19 表明了转置雅可比控制器的基本原理。

如果上述两种方案中的控制器都是简单的位置比例反馈控制器,则机器人非线性耦合

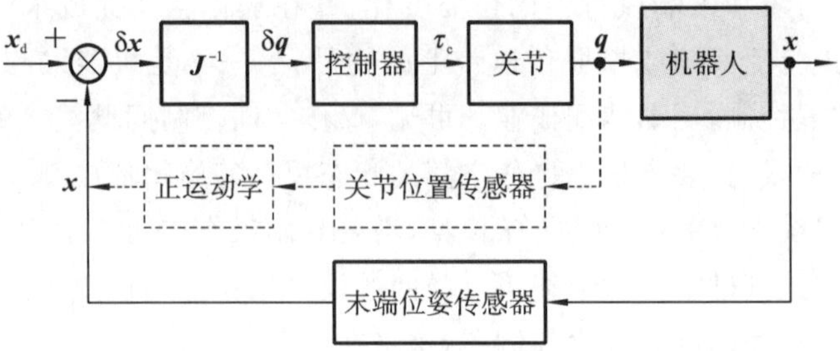

图 6.18　操作空间中的逆雅可比控制方案

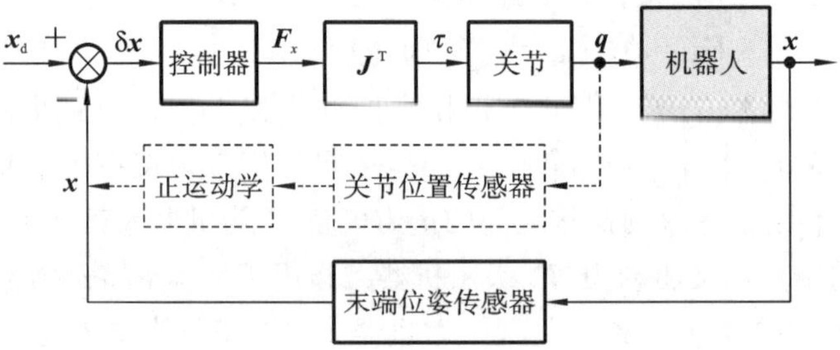

图 6.19　操作空间中的转置雅可比控制方案

的特点，将使闭环控制极点随机器人位形和速度变化漂移，难以判定控制器的稳定性。虽然通过选择合适的多组增益，简单的位置比例反馈控制器也能稳定工作，但是并不能在整个工作空间都保证良好的控制性能。因此，在设计操作空间控制器时，也有必要对机器人进行线性化。仍然可以采用逆动力学控制的思路设计操作空间控制器。尽管逆雅可比和转置雅可比两种控制方案都可选，但是为便于理解，并与第 7 章的讨论保持一致，下面将基于转置雅可比控制方案，讨论基于操作空间逆动力学模型的运动控制器设计思路。

6.5.2　操作空间逆动力学控制

对于自由空间运动控制问题，令式(6.75)中的 $\boldsymbol{F}_e=\boldsymbol{0}$，然后，据此设计逆动力学补偿项，可以在操作空间实现被控对象的线性化，如图 6.20 所示。可以看到，其中的逆动力学模型根据已知期望加速度 $\ddot{\boldsymbol{x}}_d$，生成期望控制量：操作空间广义控制力 $\boldsymbol{F}_{xc}$ 和对应的关节控制力矩 $\boldsymbol{\tau}_c$。控制力 $\boldsymbol{F}_{xc}$ 计算公式如下

$$\boldsymbol{F}_{xc}=\boldsymbol{M}_{xd}(\boldsymbol{q})\ddot{\boldsymbol{x}}_d+\boldsymbol{N}_{xd}(\boldsymbol{q},\dot{\boldsymbol{q}})\dot{\boldsymbol{x}}+\boldsymbol{G}_{xd}(\boldsymbol{q}) \tag{6.76}$$

式中：$\boldsymbol{F}_{xc}$ 为操作空间的广义等效控制力；$\boldsymbol{M}_{xd}(\boldsymbol{q})$、$\boldsymbol{N}_{xd}(\boldsymbol{q},\dot{\boldsymbol{q}})$ 和 $\boldsymbol{G}_{xd}(\boldsymbol{q})$ 表示操作空间的理想模型参数矩阵。

控制力 $\boldsymbol{F}_{xc}$ 通过转置雅可比转换为关节控制力矩 $\boldsymbol{\tau}_c$。当系统模型精确时，$\boldsymbol{\tau}_c$ 将驱动机器人末端加速度 $\ddot{\boldsymbol{x}}$ 精确跟踪指令加速度 $\ddot{\boldsymbol{x}}_d$。这样，就建立了从期望加速度 $\ddot{\boldsymbol{x}}_d$ 到实际加速度 $\ddot{\boldsymbol{x}}$ 的线性映射，实现了操作空间被控对象的线性化。

当末端存在位姿误差和速度误差时，基于上述线性化被控对象，设计操作空间的位置 PD 反馈控制器，如图 6.21 所示，把末端位姿和速度误差转换成加速度补偿量，使末端执行器跟踪期望位姿轨迹。

图 6.21 控制器输出的操作空间广义控制力 $\boldsymbol{F}_{xc}$ 和关节控制力矩 $\boldsymbol{\tau}_c$ 为

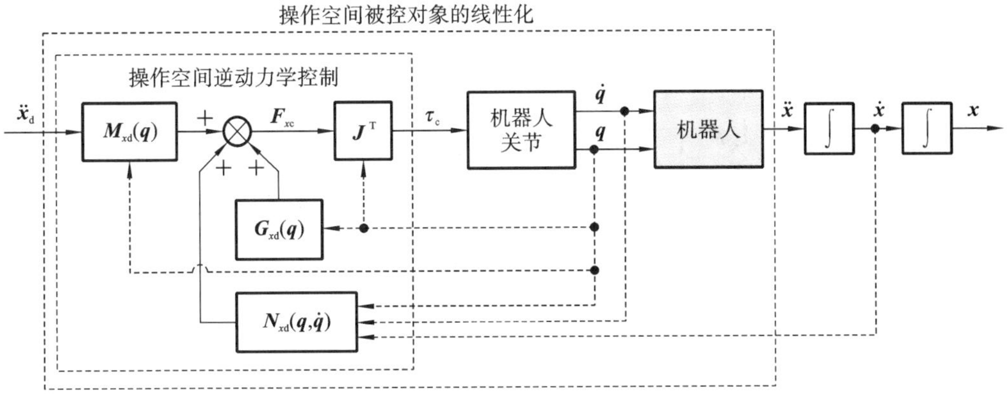

图 6.20　基于操作空间逆动力学模型的线性化开环控制器

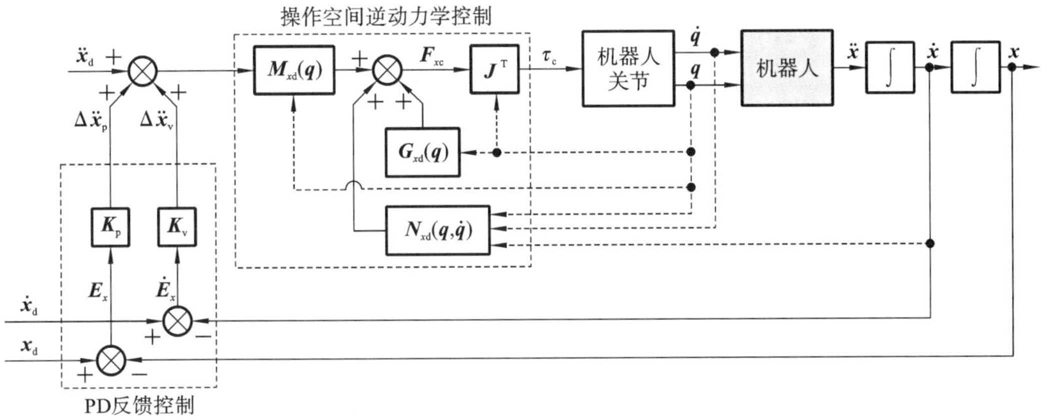

图 6.21　操作空间逆动力学位置 PD 控制器

$$F_{xc} = M_{xd}(q)(\ddot{x}_d + K_p E_x + K_v \dot{E}_x) + N_{xd}(q,\dot{q})\dot{x} + G_{xd}(q) \tag{6.77}$$

$$\tau_c = J^T F_{xc} \tag{6.78}$$

式中：$E_x = x_d - x$ 为操作空间位姿跟踪误差。

在广义控制力 F_{xc} 作用下，机器人运动规律将遵循操作空间动力学方程，把式(6.77)代入式(6.75)，并假定模型误差很小，可以得到闭环系统误差动力学方程，即

$$\ddot{E}_x + K_v \dot{E}_x + K_p E_x = 0 \tag{6.79}$$

可见，操作空间逆动力学控制器实现了系统的线性化，使闭环系统的误差动力学方程表现为常系数齐次微分方程。

与关节空间控制一样，在实际使用中，操作空间逆动力学控制器也可以采用双速率控制方式，对动力学参数采用低于闭环控制的更新频率，以降低计算负担。例如，如果闭环控制的更新频率为 500 Hz，则动力学模型中各参数矩阵的更新频率可选择为 100 Hz。

类似的，当图 6.21 中的速度和加速度期望值均为零时，上述闭环控制系统就蜕变成一个操作空间的重力补偿位置保持 PD 控制器，如图 6.22 所示，对应的操作空间广义控制力为

$$F_{xc} = K_p E_x - K_v \dot{x} + G_{xd}(q) \tag{6.80}$$

仍然可以利用李雅普诺夫方法证明该位置保持控制器的稳定性，这里不再赘述。

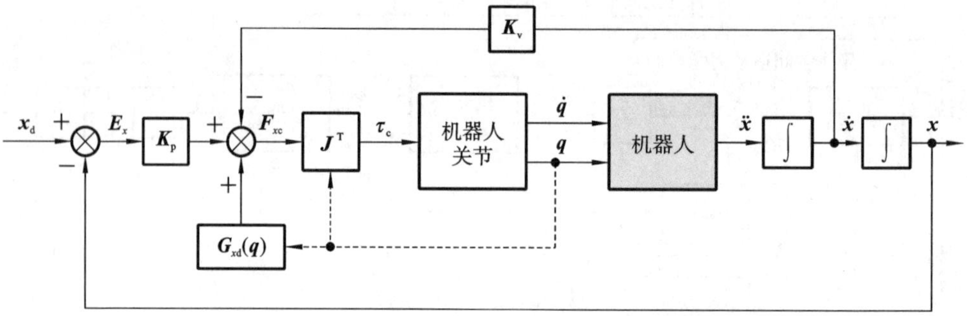

图 6.22　操作空间重力补偿位置保持 PD 控制器

【例 6-7】 仍然考察例 6-4 中平面 2R 机器人，假设杆质量和杆长存在 5%的负偏差，要求驱动机器人末端跟踪图 6.23 所示的一条水平直线，其中$\{o_b x_b y_b\}$为基坐标系，$\{o_t x_t y_t\}$为末端坐标系，机器人末端在 3 s 内从基坐标系起点坐标(0.1 m,0 m)运动到终点坐标(0.15 m,0 m)，机器人末端的轨迹曲线的时间规律为位置 S 轨迹，加速、减速和匀速段时长均为 1 s，指令轨迹曲线如图 6.24 所示。设计操作空间逆动力学 PID 控制器完成此任务，并仿真，要求调节时间均为 0.1 s，系统处于临界阻尼状态。

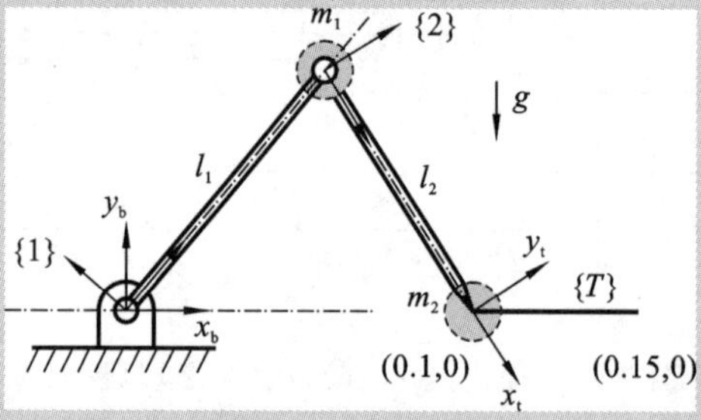

扫码下载
仿真例程

图 6.23　平面 2R 机器人末端跟踪水平直线

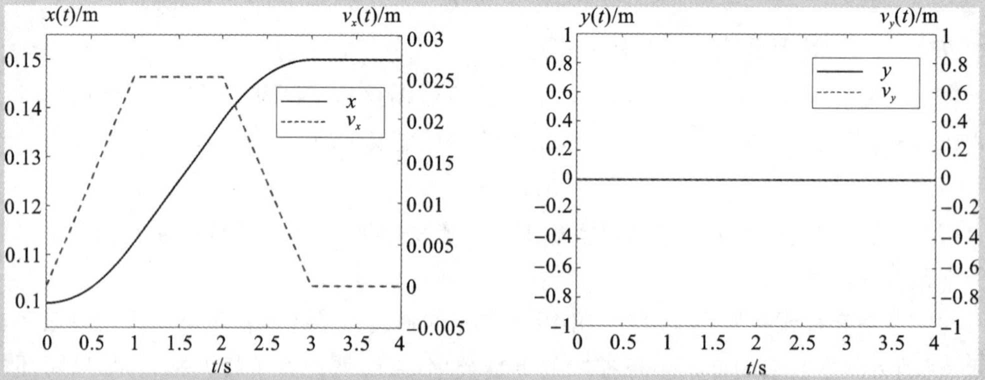

图 6.24　平面 2R 机器人末端沿直线运行时的指令轨迹曲线

解　参考图 6.21，并在控制器中增加积分项，搭建 SIMULINK 仿真系统或编写仿真程序。由于逆动力学控制方法中 PID 控制器增益的取值与对象本身的特性无关，所以 K_p、K_v 和 K_i 仍然沿用例 6-4 中的值。

$$\boldsymbol{K}_{\mathrm{p}}=\begin{pmatrix}2256 & 0\\ 0 & 2256\end{pmatrix},\quad \boldsymbol{K}_{\mathrm{v}}=\begin{pmatrix}95 & 0\\ 0 & 95\end{pmatrix},\quad \boldsymbol{K}_{\mathrm{i}}=\begin{pmatrix}10 & 0\\ 0 & 10\end{pmatrix}$$

仿真得到图 6.25 所示的系统响应曲线。

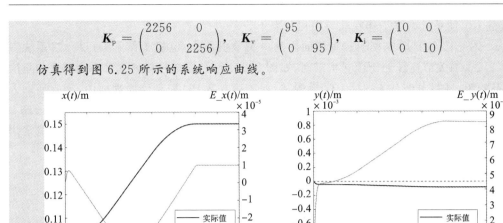

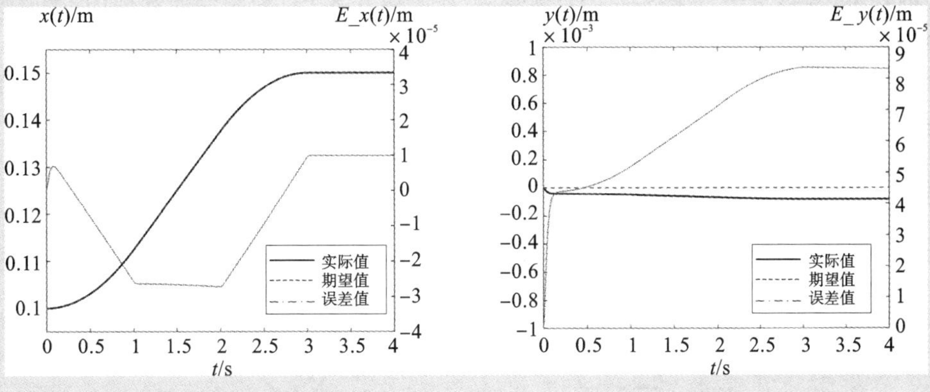

图 6.25　平面 2R 机器人的操作空间逆动力学 PID 控制器响应曲线

可以看到，在存在模型偏差的情况下，系统仍然能够准确跟踪末端位置轨迹。

本 章 小 结

(1) 误差动力学方程可以描述闭环控制系统的动态特性，具有形式简单、概念清晰的特点。考察误差动力学方程是否是线性的，可以指导非线性对象闭环控制器的设计。

(2) 逆动力学控制器基于机器人逆动力学模型在线计算控制量，实现了非线性被控对象的线性化，使反馈控制器参数与原系统无关，获得了线性化的误差动力学方程，可以设计出全局稳定的机器人运动控制器。

(3) 逆动力学控制器的设计思路既可用于关节空间控制问题，也可用于操作空间控制问题，它们的区别在于状态空间不同，并且使用了各自状态空间的动力学模型。

(4) 李雅普诺夫方法是适用于机器人这一类复杂系统的稳定性分析方法，具有广泛的适用性。

习　　题

简答分析题

6-1　什么是误差动力学模型？简述建立误差动力学模型的方法。

6-2　简述关节空间逆动力学控制器与集中前馈控制器的共同点和主要区别。

6-3　简述利用逆动力学模型实现非线性被控对象的线性化闭环反馈控制的思路。

6-4　简述机器人逆动力学闭环控制方法中双速率控制的概念。

6-5　某系统动力学模型为 $(2\sqrt{\theta}+1)\ddot{\theta}+3\dot{\theta}^2-\sin\theta=\tau$，其中 θ 为系统变量，τ 为驱动力，试设计该系统的逆动力学 PD 控制器，绘制闭环系统原理图。当系统控制刚度 $K_{\mathrm{p}}=10$ 时，

确定增益 K_v，使系统始终工作在临界阻尼状态下。

6-6　对于图 5.1(b)工作于竖直平面内的单关节机器人，电机工作于力矩模式，系统参数见表 5.1。当关节连杆处于倒立状态时，如图 6.26 所示，以连杆偏离垂直平衡位置的角度 θ 为状态变量，试写出该系统的动力学模型，绘制逆动力学 PD 控制器原理框图，推导逆动力学 PD 控制器作用下的系统误差动力学模型。在系统初始偏移角为 5°、初始速度为 0 rad/s 时对其施加控制力矩，若希望系统以临界阻尼回复到平衡位置，调节时间 $t_s=1$ s，试确定闭环控制系统的控制增益。当质量 m 存在 10% 的偏差时，计算 PD 控制器的稳态误差。

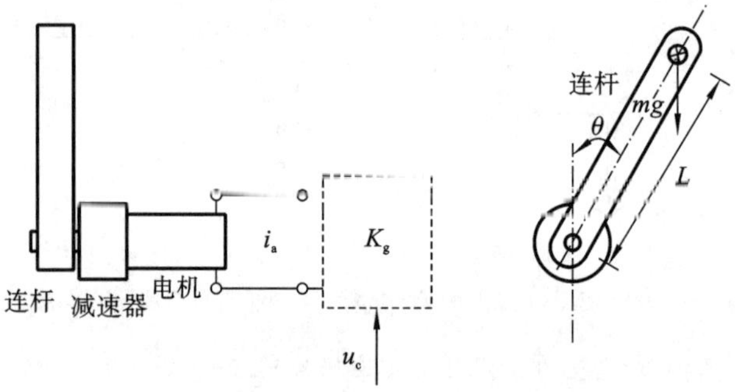

图 6.26　控制单关节机械臂回复到垂直倒立位置的模型

6-7　对于例 6-7 中的平面 2R 机器人，考虑重力，设计以末端坐标系 $\{o_t x_t y_t\}$ 为参考的操作空间逆动力学位置保持 PD 控制器，使机械臂在 x、y 两个方向的刚度都为 5，并处于临界阻尼状态。

编程练习题

6-8　在习题 6-6 的已知条件和计算结果的基础上，考虑重力，用 MATLAB 编程绘制误差响应曲线。当质量 m 的真实值为 0.45 kg 时，把质量误差以干扰力矩的形式作用在系统上再次进行仿真，观察误差曲线的变化，确定稳态误差。为了消除稳态误差，采用逆动力学 PID 控制器，尝试设置不同的积分增益 K_i，观察误差响应曲线的变化。(提示：可以在习题 5-17程序的基础上修改。)

6-9　利用 MATLAB 编程验证例 6-4，调整积分增益矩阵 $\boldsymbol{K}_i$，观察误差响应曲线的变化，并与习题 5-18 集中前馈补偿控制的结果对比，说明两种控制方案的区别。

6-10　利用 MATLAB 编程验证例 6-7，调整 PID 控制器参数，观察误差响应曲线的变化。

第 7 章　机器人力控制基础

扫码下载
本章课件

【内容导读与学习目标】

本章主要介绍机器人力控制的基本问题，包括刚性环境假设下的力位混合控制、弹性接触条件下的刚度模型和阻抗模型、力交互中的阻抗和导纳控制，最后介绍力闭环控制的概念。本章主要难点在于力位混合控制和阻抗控制。通过本章学习，希望读者能够：

(1) 掌握机器人力控制、力位混合控制的基本概念和方法；

(2) 了解弹性接触条件下的力控制模型，以及阻抗控制和导纳控制等概念与方法。

7.1　机器人力控制的基本概念

随着技术的成熟，工业机器人的应用领域不断拓展。除了搬运、焊接、涂胶、喷涂等关注运动精度的传统应用外，机器人也被广泛应用于打磨、抛光、装配、人机协作、力交互等需要**力控制**(force control)的场景。在这些场合中，有时需要借助力控制实现某种程度的柔顺性，以确保安全；有时要求保证接触力的精度，以符合加工工艺或满足人机交互需求。

实现柔顺性有被动和主动两种方法。**被动柔顺**(passive compliance)适用于重复、批量化的生产任务，可通过在工业机器人末端加装柔性结构来实现，具有简单、成本低的优点，但是对任务的适应性差。**主动柔顺**(active compliance)则通过力控制实现，对任务的适应性强，但是控制方法复杂，有些方法对机器人自身的动态特性有很高的要求。

远程柔顺中心(remote center of compliance，RCC)装置是实现被动柔顺的典型器件，它通常安装在机器人末端，辅助机器人进行柔性装配作业。利用设计合理的结构和弹性元件，RCC 使机器人获得了一个多自由度的柔顺末端，它受力后将绕工件与环境的接触点发生转动，如图 7.1 所示。这有利于实现工件的对正，使机器人完成精度要求高于自身定位精度的装配任务。工业机器人的重复定位精度一般只有 0.1 mm；少数高精度工业机器人也只能达到 0.05 mm；而典型的轴、孔类零件的尺寸公差带则通常小于 0.05 mm。尽管如此，利用 RCC 的被动柔顺特性和力监测，工作于运动控制模式的机器人仍然可以完成简单的轴孔装配任务。

主动柔顺要求在机器人上安装力觉传感器，并采用力控制算法。力位混合控制和阻抗控制是两类常用的力控制算法。**力位混合控制**(hybrid force-position control)对不同方向上

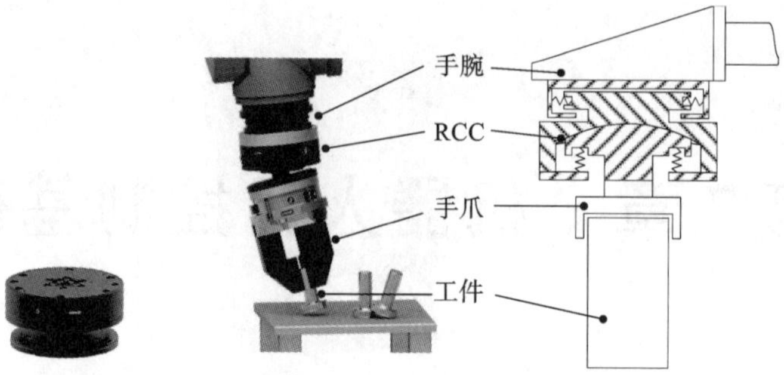

(a) RCC外观　　(b) 装有RCC的机械手作业　　(c) RCC原理

图 7.1　RCC 与被动柔顺

的力和位置进行解耦控制；而**阻抗控制**(impedance control)则把力和位置纳入同一模型中加以考虑。

力位混合控制适用于机器人末端与刚性环境接触的场合，它可以实现仅依靠位置控制难以完成的控制任务。例如，对于在黑板上用粉笔画一条直线的任务，利用力位混合控制算法，就可以在黑板平面方向上实施运动控制，同时，在黑板平面的法线方向上实施力控制，以保证一定的接触力。沿接触方向的力控制，可以避免由于位置误差导致粉笔离开黑板或者折断。

更进一步，如果所画直线的直线度指标超出了机器人的位置控制精度，则可以考虑利用一个固定的直尺，让机器人沿直尺绘制直线。此时，可以沿直尺方向实施运动控制，而在垂直于直尺边线和黑板平面的方向上进行力控制，使粉笔与直尺边线和黑板始终保持接触。这种利用力控制实现沿固定约束运动的方法，可以有效提升运动精度。图 7.2 展示了机器人利用腕力传感器和力位混合控制算法，实现对复杂曲面的抛光作业。

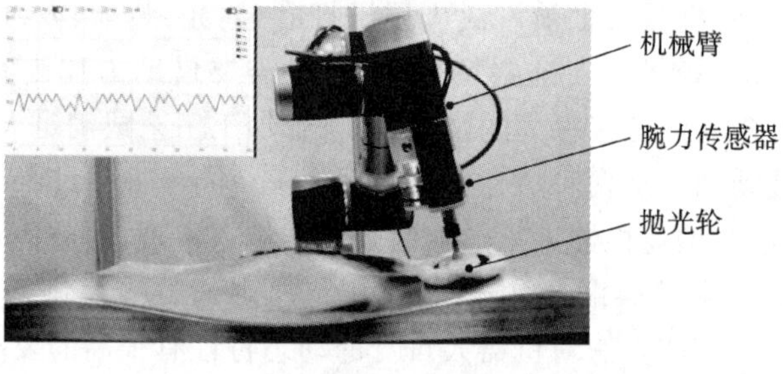

图 7.2　利用力位混合控制抛光复杂曲面

阻抗控制用于需要兼顾位置和力控制特性的场合，例如协作型机器人或**力觉交互设备**(haptic device)。协作型机器人或力觉交互设备由人握持拖动，在运动过程中向操作者施加虚拟的反馈力，实现拖带示教、虚拟现实仿真、遥操作和康复训练等。在这里，控制的目标是使机器人具备与被模拟对象一致的动力学特征，例如质量、刚度和阻尼，从而为操作者提供真实的力觉交互感受。因为这种动力学特征可以用阻抗模型来描述，所以，以实现理想阻抗模型为目标的力控制，被称为阻抗控制。

力控制的期望值通常包括末端接触力，但是，末端接触力最终由机器人关节电机产生，而机器人结构则处于从电机到末端的力传递路径中，因此，机器人结构的惯量和刚度对末端力的控制品质也有很大影响。简单来说，小惯量、高刚度的机器人本体和电机，有利于提高力控制的灵敏度和响应速度；而大惯量、低刚度的机器人本体和电机，则有利于保证力控制的稳定性。可见，要实现理想的力控制，既要考虑环境的力学特性，也要考虑机器人的等效力学模型。为简化问题，本书假设机器人结构刚度无穷大。

鉴于力控制问题的复杂性，本章有选择地介绍力控制的若干基本问题。首先讨论机器人末端受刚性约束时的力控制方法，然后引申出环境刚度无穷大假设下的力位混合控制问题，最后介绍有限环境刚度条件下的阻抗控制器，以及由此衍生出的导纳控制器和力闭环控制器。

7.2　完全刚性约束下的力控制

如果环境刚度无穷大，则称环境为**刚性环境**，它对机器人末端的约束为**刚性约束**。

考虑机器人末端被刚性环境完全约束的情形。如图 7.3 所示，机器人末端执行器与墙壁固连，要求控制机器人与环境的接触力，使其达到期望值 $\boldsymbol{F}_{\mathrm{ed}}$。尽管这种情形在现实中很少发生，但是这种简单的抽象有利于引出力控制的思路，进而引申出后续的力位混合控制方法。此外，这里同时假定机器人非冗余，即末端不运动时，关节也不运动。显然，在这种情况下，只需要且只能讨论力控制问题，因为任何方向的位置波动，都会导致末端出现无穷大的力，不是损毁环境，就是损坏机器人。

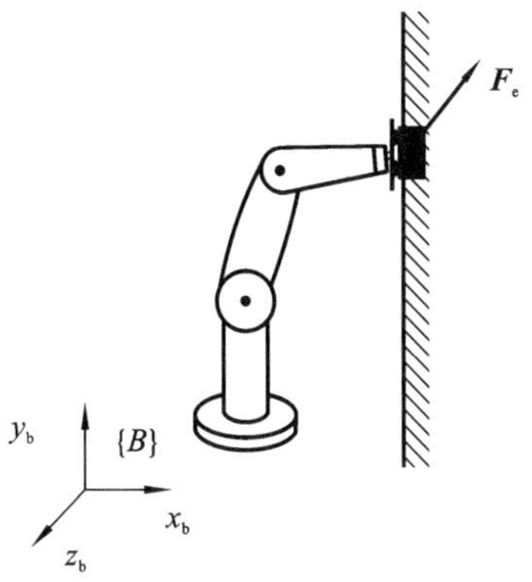

图 7.3　末端与环境固连的机器人

力控制问题的期望值通常是末端接触力，它定义在操作空间，所以需要在操作空间讨论控制器设计问题。把机器人操作空间逆动力学方程重写如下

$$\boldsymbol{F}_x = \boldsymbol{M}_x(\boldsymbol{q})\ddot{\boldsymbol{x}} + \boldsymbol{N}_x(\boldsymbol{q},\dot{\boldsymbol{q}})\dot{\boldsymbol{x}} + \boldsymbol{G}_x(\boldsymbol{q}) + \boldsymbol{F}_{\mathrm{e}} \tag{7.1}$$

式中：$\boldsymbol{F}_{\mathrm{e}}$ 为机器人作用于环境的接触力矢量，它可以定义在基坐标系或末端坐标系。

图 7.3 中末端与刚性环境完全固连，因此，广义速度和加速度均为零，于是，式(7.1)可简化为

$$\boldsymbol{F}_x = \boldsymbol{G}_x(\boldsymbol{q}) + \boldsymbol{F}_{\mathrm{e}} \tag{7.2}$$

据此，可以计算开环状态下的关节控制力

$$\boldsymbol{F}_{x\mathrm{c}} = \boldsymbol{G}_{x\mathrm{d}}(\boldsymbol{q}) + \boldsymbol{F}_{\mathrm{ed}} \tag{7.3}$$

$$\boldsymbol{\tau}_{\mathrm{c}} = \boldsymbol{J}^{\mathrm{T}}\boldsymbol{F}_{x\mathrm{c}} \tag{7.4}$$

式中：$\boldsymbol{G}_{x\mathrm{d}}(\boldsymbol{q})$ 为操作空间的理想重力模型；$\boldsymbol{F}_{\mathrm{ed}}$ 为期望末端力矢量；$\boldsymbol{J}$ 为速度雅可比，它的取值与末端接触力的描述坐标系有关。

如果模型足够精确，且关节驱动器能够准确输出关节控制力矩 $\boldsymbol{\tau}_{\mathrm{c}}$，就能获得期望的末端力。

机器人电机驱动器通常内置电流闭环，在一定程度上可以保证关节力的精度。当使用直接驱动型力矩电机时，电机的电流或力矩控制精度更好。但是，一般而言，由于减速器和关节轴承引入的摩擦、滞后和弹性等因素的影响，电机的输出力矩并不与关节力成线性关

系。为此，需要利用力传感器检测末端力信号，并反馈给控制器，实现力的闭环控制。

一种可行方案是，在各关节上安装一维扭矩传感器，直接测量实际关节力矩 $\boldsymbol{\tau}$，并反馈给关节控制器，由各关节控制器独立进行各自关节的力闭环控制，这是当前高端协作型机器人所采用的方案。另一种方案是在机器人腕部安装六维力传感器，测量末端六维力矢量 $\boldsymbol{F}_{\mathrm{e}}$，然后反馈给集中控制器，对末端力实施集中反馈闭环控制。在理论上，集中反馈力控制方案能够与逆动力学运动控制器混合，因此，本章将介绍此方案。

如果不考虑成本，可以既在机器人关节安装传感器，用于关节力矩闭环控制；也在手腕安装腕力传感器，用于末端接触力闭环控制，这样能进一步提高力控制精度。

同样采用逆动力学控制器的设计思路设计力闭环控制器，得到图 7.4 所示的力控制器，它包含符合式(7.3)的力前馈和重力补偿以及 PI 反馈控制器，其输出的广义控制力为

$$\boldsymbol{F}_{xc}=\boldsymbol{G}_{xd}(\boldsymbol{q})+\boldsymbol{F}_{\mathrm{ed}}+\boldsymbol{K}_{\mathrm{fp}}\boldsymbol{E}_{\mathrm{f}}+\boldsymbol{K}_{\mathrm{fi}}\int\boldsymbol{E}_{\mathrm{f}}(t)\mathrm{d}t \tag{7.5}$$

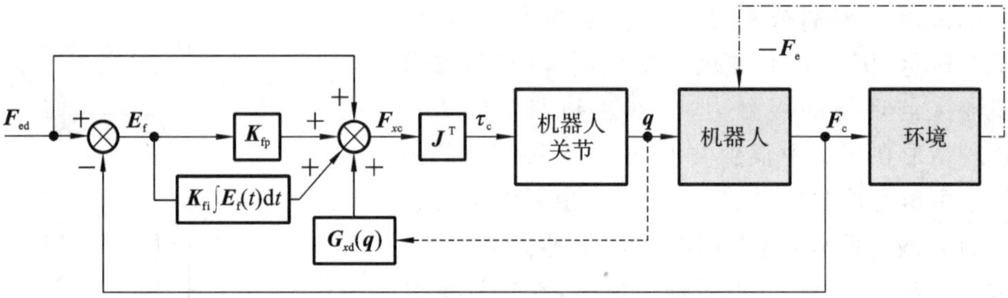

图 7.4　末端固连机器人的力控制系统原理

注意，图 7.4 中用点画线表示环境反作用于机器人的接触力 $-\boldsymbol{F}_{\mathrm{e}}$，其不是反馈。相较于式(7.3)，式(7.5)所代表的控制器利用了误差项 $\boldsymbol{E}_{\mathrm{f}}=\boldsymbol{F}_{\mathrm{ed}}-\boldsymbol{F}_{\mathrm{e}}$。

把式(7.5)代入式(7.2)，并假设机器人模型无误差，可以得到末端固连机器人的力闭环控制系统误差动力学方程

$$(\boldsymbol{I}+\boldsymbol{K}_{\mathrm{fp}})\boldsymbol{E}_{\mathrm{f}}+\boldsymbol{K}_{\mathrm{fi}}\int\boldsymbol{E}_{\mathrm{f}}(t)\mathrm{d}t=\boldsymbol{0} \tag{7.6}$$

在实际系统中，假定模型误差会带来恒定的干扰力 $\Delta\boldsymbol{F}_{\mathrm{e}}$，于是误差动力学方程变为

$$(\boldsymbol{I}+\boldsymbol{K}_{\mathrm{fp}})\boldsymbol{E}_{\mathrm{f}}+\boldsymbol{K}_{\mathrm{fi}}\int\boldsymbol{E}_{\mathrm{f}}(t)\mathrm{d}t=\Delta\boldsymbol{F}_{\mathrm{e}} \tag{7.7}$$

式(7.7)对时间求微分，得

$$(\boldsymbol{I}+\boldsymbol{K}_{\mathrm{fp}})\dot{\boldsymbol{E}}_{\mathrm{f}}+\boldsymbol{K}_{\mathrm{fi}}\boldsymbol{E}_{\mathrm{f}}=\boldsymbol{0} \tag{7.8}$$

这表明，当 $\boldsymbol{K}_{\mathrm{fp}}$ 和 $\boldsymbol{K}_{\mathrm{fi}}$ 均为正定矩阵时，在恒定干扰力的情况下，式(7.5)表示的前馈重力补偿 PI 力控制器的稳态误差 $\boldsymbol{E}_{\mathrm{f}}$ 收敛到零。

该控制器根据式(7.3)施加前馈和重力补偿，使控制器输出的广义控制力具有符合系统模型的基准值。这样会使得力误差的范围较小，从而允许力反馈控制器采用较小的反馈增益。因为力的测量信号通常伴随较大的噪声，所以小的误差增益有利于系统的稳定。

在设计反馈控制器时需要意识到，没有传感器能够测量“力微分”，而力传感器输出信号通常波动较大，也很难通过数值“微分”得到稳定的“力微分”。因此，为避免输出信号的波动，力控制器通常不包含微分环节，而是采用比例-积分控制器，来保证稳态精度。

上述控制器看起来简单而有效，然而，真实环境中的末端接触力实际上还取决于环境约

束状态。如果由于某些未知原因，机器人末端在期望接触力的方向上并没有与环境发生接触，那么机器人将在式(7.5)计算出的广义控制力作用下，试图在非接触方向上产生期望接触力。此时，机器人将产生不受限的加速运动，从而造成危险。

实际使用中，在需要实施力控制的方向上，机器人通常不运动或速度很小。因此，可以在控制器中增加速度阻尼，以限制控制器输出，避免危险情况的发生。据此修正力控制器，得到图 7.5 所示的原理图，它对应的广义控制力为

$$\boldsymbol{F}_{xc} = \boldsymbol{G}_{xd}(\boldsymbol{q}) + \boldsymbol{F}_{ed} + \boldsymbol{K}_{fp}\boldsymbol{E}_{f} + \boldsymbol{K}_{fi}\int \boldsymbol{E}_{f}(t)\mathrm{d}t - \boldsymbol{K}_{fv}\dot{\boldsymbol{x}} \tag{7.9}$$

式中：$\boldsymbol{K}_{fv}$ 为正定的速度阻尼增益矩阵；$\dot{\boldsymbol{x}}$ 为末端速度矢量。

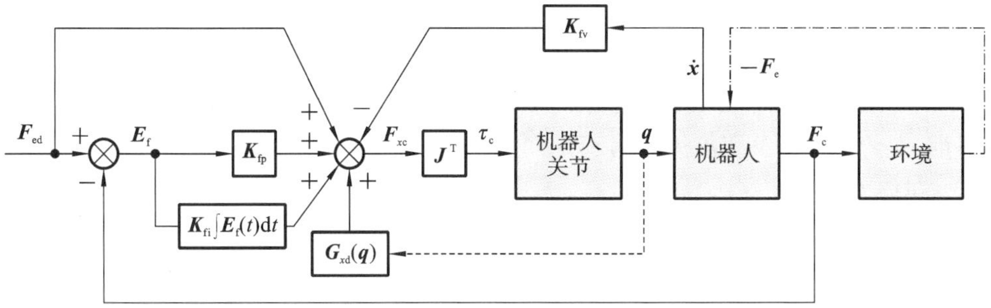

图 7.5　有速度阻尼的力控制器原理

7.3　刚性约束与力位混合控制

7.3.1　力位混合控制问题概述

假设机器人与刚性环境表面接触，机器人末端在某些方向受刚性约束作用，但是在另一些方向具有运动的可能性。在这种情况下，如果既要求机器人末端保持与环境的接触力，又要让它在某些方向上运动，就出现了力位混合控制问题，例如，前述机器人在黑板上沿直尺用粉笔画线的控制问题。

此时，机器人控制工程师面临两项任务：

(1) **任务规划**——为机器人指定符合环境约束和任务要求的位置轨迹和力轨迹；

(2) **控制器设计**——为机器人设计满足位置轨迹和力轨迹控制要求的控制器。

任务规划看似简单，实则困难。它要求控制工程师不仅对控制任务有清晰的理解，还要能从控制任务的需求出发，在机器人结构设计方面提出合理建议，例如适当降低约束方向的结构刚度。而当任务规划确定后，控制工程师还需要根据每一个任务阶段的具体控制目标，设计不同的控制器。只有任务规划和控制器设计都合理，机器人才能完成期望的力位混合控制任务。因此，实现力位混合控制是一项高难度的工作。

设想对于一台安装有硬刮板的机器人，希望它刮除玻璃上的硬物。在刮板接触到玻璃之前，机器人应该采用位置控制模式接近玻璃。一旦检测到刮板与玻璃之间的接触力，就需要切换控制模式。此时，在玻璃面的法线方向上只能进行力控制，而不能进行位置控制。否则，法线方向上微小的位置偏差就会在末端产生极大的力，造成玻璃破碎。而在平行于玻璃

面的方向，则最好采用位置控制。如果在这个方向上采用力控制，那么由于静-动摩擦力的变化、硬块的突然出现或脱落，会造成运动方向的阻力突变，导致力控制不稳定，致使运行速度失控。

而对于同样一个机器人，当它用海绵擦拭玻璃时，在玻璃面法线方向上则应当采用位置控制，而不要采用力控制。因为海绵的刚度很小，在该方向上能检测到的反馈力也近乎为零，容易淹没在信号噪声里。此时，如果在玻璃面法线方向实施力控制，则可能导致机器人沿该方向持续加速运动，导致机器人与玻璃碰撞。当然，可以在实施位置控制的同时，监测法线方向的力，把它作为位置控制的安全终止条件之一。

通过这种一般性的讨论可以发现：在接触刚度很大的方向上，只需要讨论力控制问题；而在自由方向或接触刚度很小的方向，则仅需讨论位置控制问题。

因此，力位混合控制的一般原理可以总结为：

(1) 高接触刚度和任务需求，决定了力控制和位置控制发生在不同的方向上，力和位置相互解耦，在约束方向上实施力控制，而在自由方向上则实施位置控制；

(2) 在约束方向上设计力控制器，生成与末端力相关的广义控制力矢量，而在自由方向上设计位置控制器，生成与运动相关的广义控制力矢量；

(3) 合并力控制器和位置控制器输出的两组广义控制力矢量，形成最终的广义控制力矢量。

7.3.2　刚性环境约束与任务规划

根据环境约束选择正确的控制策略和控制器类型，是实施力位混合控制的前提，因此，需要考察刚性接触对机器人运动的约束作用。

首先从运动的视角来考察接触约束的作用。当机器人没有与环境发生接触时，其末端运动无约束，可以在空间 6 个维度自由运动；一旦末端与环境发生接触，在约束方向上环境就会对机器人施加**运动约束**。运动约束降低了自由运动的维数。只有在非约束方向，机器人才存在运动的可能，也只有在这些方向上，才可以指定机器人运动控制指令。在运动约束方向上不能设定运动指令，否则，由于运动误差的存在，机器人或环境可能会损坏。显然，如果希望机器人末端运动状态完全确定，就应当保证运动约束的维数与运动指令的维数之和等于 6。

接下来，从力的视角来考察环境约束的影响。当机器人末端被完全固定时，如图 7.3 所示末端固连于墙面的机器人，其末端 6 维力矢量均可控。一旦解除某些方向的运动约束，那么在这些方向上，即自由运动方向，就不可能产生接触力。可见，自由运动对接触力来说反而是一种**约束**，称之为**力约束**。只有在运动约束方向上，才有可能产生接触力。在运动约束方向上，可以人为设定力的指令值。在自由运动方向上不能施加力指令值，否则，机器人会因为在自由运动方向上始终无法获得指定的力，而不受限地持续加速运动。同样，如果希望机器人末端力完全确定，也应该保证力指令值的维数与力约束的维数之和等于 6。

可见，在刚性接触假设下，运动与力的关系如同一个硬币的两面，是一种对偶关系。运动约束对应着可以实施力控制的方向，而力约束对应着能够实施运动控制的方向。如果希望机器人末端的运动和力都确定，就需要使力指令值的维数等于运动约束的维数，而运动指令值的维数等于力约束的维数。

下面通过一个实例来进行说明。图 7.6 中的机器人末端握住手柄上可自由转动的把手，试图完成摇动手柄的工作。约束坐标系 $x_c y_c z_c$ 在把手的当前位置，x_c 指向手柄转动中心。假设手柄刚度无穷大，末端与把手没有相对运动。这样，机器人在 x_c、z_c 两个方向上的直线运动被约束，绕 x_c、y_c 的两个旋转运动也被约束，体现为图 7.6 所示的 4 个运动约束，而在自由运动方向，则表现为 2 个力约束。

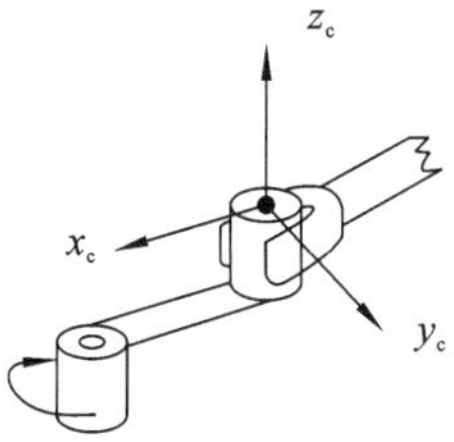

运动约束	力约束
${}^c v_x=0$	${}^c f_y=0$
${}^c v_z=0$	${}^c n_z=0$
${}^c \omega_x=0$	
${}^c \omega_y=0$	
运动指令值	**力指令值**
${}^c v_y=r\alpha$	${}^c f_x=0$
${}^c \omega_z=\alpha$	${}^c f_z=0$
	${}^c n_x=0$
	${}^c n_y=0$

图 7.6　约束与期望值关系的实例

为了实现摇动手柄的动作，设定 2 个运动指令值，即绕手柄中心的转动角速度 α，以及手柄处的线速度 $r\alpha$，其中，r 为手柄半径。单纯从实现运动的角度来说，约束条件已经足够。为了限制运动约束方向的接触力，还要在运动约束方向上给机器人末端设定 4 个力指令值，使机器人在摇动手柄的过程中表现出一定的柔顺性。当然，在实际工程中，可以通过结构设计，适当降低运动约束方向上的系统刚度，从而减少力指令值的维度，降低控制的复杂度。

从上面的例子可以看出，控制期望值的设定，既要满足运动约束和力约束，又要便于实现。在机器人完成任务的过程中，约束经常会发生变化，控制期望值也要随之变化。任务规划的重要工作就是指定控制期望值。下面以机器人执行轴孔装配任务的过程，来说明如何随着约束的变化进行任务规划。

图 7.7 展示了一个简化后的机器人轴孔装配流程：机器人夹持轴在自由状态下向下运动(图 7.7(a))，直至轴与工件接触(图 7.7(b))，然后横向移动，使轴与孔对正(图 7.7(c))，最后机器人向下运动，把轴完全插入孔(图 7.7(d))。约束坐标系位于轴末端。在装配流程的各阶段，约束、期望值、进入后续状态的条件和控制器类型如表 7.1 所示。

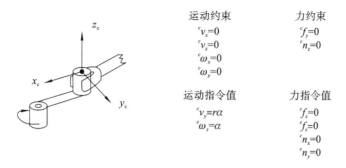

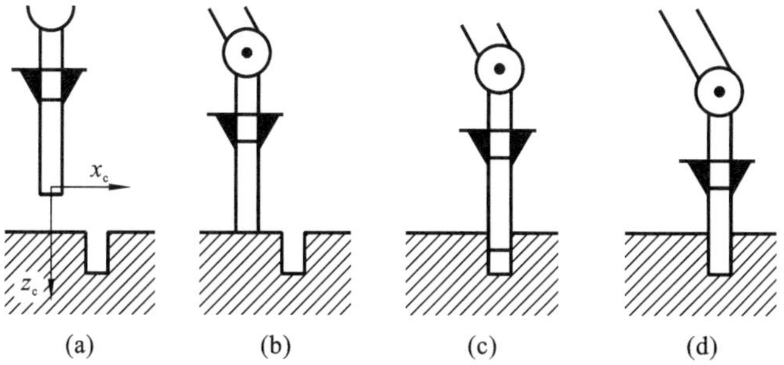

图 7.7　轴孔装配任务规划过程

各状态的任务规划和控制策略如下：

(1) 接近状态——设置运动指令值为机器人垂直向下运动 $v_z=v_{\text{approach}}$，其他自由方向的速度为零。机器人采用位置控制器，并实时监测垂直方向上的力 f_z。当 f_z 大于某个阈值 $f_{\text{threshold}}$ 时，说明轴与工件接触，约束状态改变，进入状态(b)。

(2) 横移状态——设置运动指令值为向右运动 $v_x = v_{\text{slide}}$，其他自由方向运动速度为零。同时，为了保持与工件的接触状态，设置力指令值，使垂直方向力为恒定接触力 $f_z = f_{\text{contact}}$，其他方向力等于零。机器人采用力位混合控制器，并实时监测垂直方向的速度。当 v_z 大于某个阈值 $v_{\text{threshold}}$ 时，说明轴孔已对正，轴开始进入孔，进入状态(c)。

(3) 插入状态——设置运动指令值为向下运动 $v_z = v_{\text{insert}}$，其他自由方向运动速度为零。同时，在运动约束方向上设置等于零的力指令值，使机器人保持一定的柔顺性。机器人采用力位混合控制器，并实时监测 f_z。当 f_z 大于某个阈值 $f_{\text{threshold}}$ 时，说明轴已到底，进入状态(d)。

(4) 停止状态——装配任务已完成，控制停止。

表 7.1　轴孔装配过程的约束状态和任务规划

状　态	(a)接近状态	(b)横移状态	(c)插入状态	(d)停止状态
运动约束	无	${}^c v_z = 0$ ${}^c \omega_x = 0$ ${}^c \omega_y = 0$	${}^c v_x = 0$ ${}^c v_y = 0$ ${}^c \omega_x = 0$ ${}^c \omega_y = 0$	${}^c v_x = 0$ ${}^c v_y = 0$ ${}^c v_z = 0$ ${}^c \omega_x = 0$ ${}^c \omega_y = 0$
力约束	${}^c f_x = 0$ ${}^c f_y = 0$ ${}^c f_z = 0$ ${}^c n_x = 0$ ${}^c n_y = 0$ ${}^c n_z = 0$	${}^c f_x = 0$ ${}^c f_y = 0$ ${}^c n_z = 0$	${}^c f_z = 0$ ${}^c n_z = 0$	${}^c n_z = 0$
运动指令值	${}^c v_x = 0$ ${}^c v_y = 0$ ${}^c v_z = v_{\text{approach}}$ ${}^c \omega_x = 0$ ${}^c \omega_y = 0$ ${}^c \omega_z = 0$	${}^c v_x = v_{\text{slide}}$ ${}^c v_y = 0$ ${}^c \omega_z = 0$	${}^c v_z = v_{\text{insert}}$ ${}^c \omega_z = 0$	无
力指令值	无	${}^c f_z = f_{\text{contact}}$ ${}^c n_x = 0$ ${}^c n_y = 0$	${}^c f_x = 0$ ${}^c f_y = 0$ ${}^c n_x = 0$ ${}^c n_y = 0$	无
状态退出条件	${}^c f_z \geqslant f_{\text{threshold}}$	${}^c v_z \geqslant v_{\text{threshold}}$	${}^c f_z \geqslant f_{\text{threshold}}$	无
控制器类型	位置控制	力位混合控制	力位混合控制	控制中止

从这个实例可知，机器人的任务规划就是依据任务要求和约束条件，设置合理的控制期望值的过程。当人工约束设定后，控制器类型也就确定了。在不同的自然约束条件下，控制程序将选择不同的控制期望值和控制器类型。控制程序通过检测当前状态下的某个自然约

束是否被破坏，来判断是否进入了新的接触状态。例如对于(a)状态检测力约束 $f_z=0$，对于(b)状态检测运动约束 $v_z=0$。

目前，任务规划通常由控制工程师来完成，自动任务规划还是一个开放的研究课题。

7.3.3　力位混合控制

1. 力位混合控制的简单实例

接下来，以机器人在黑板上写字的控制问题为例，探讨力位混合控制。如图 7.8 所示，为简化问题，设机器人末端执行器坐标系 $x_e y_e z_e$ 与墙面的约束坐标系 $x_c y_c z_c$ 平行，书写过程中末端姿态保持不变，字的笔画已经被抽象成位置轨迹，且书写力已知。

对于图 7.8 所示的任务场景，在约束坐标系下，约束和控制期望值如表 7.2 所示。

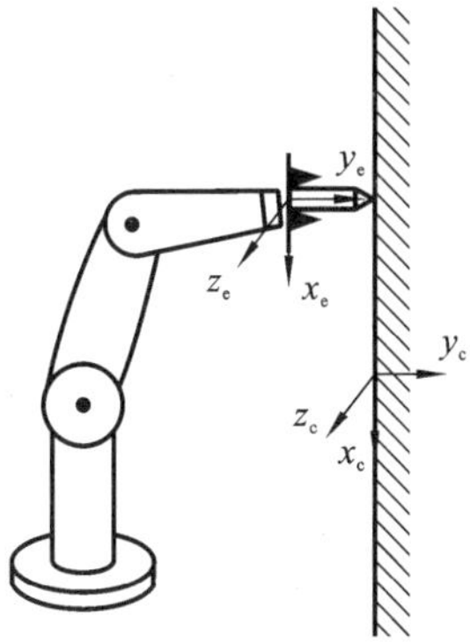

图 7.8　在黑板上写字的机器人

表 7.2　写字机器人的末端约束与控制期望值

运动约束	力约束	运动指令值	力指令值
${}^c v_y=0$	${}^c f_x=0$ ${}^c f_z=0$ ${}^c n_x=0$ ${}^c n_y=0$ ${}^c n_z=0$	${}^c v_x=v_{x\text{write}}$ ${}^c v_z=v_{z\text{write}}$ ${}^c \omega_x=0$ ${}^c \omega_y=0$ ${}^c \omega_z=0$	${}^c f_y=f_{\text{write}}$

根据控制期望值和字的笔画，可以设定末端期望位姿轨迹以及末端力指令：

$$\boldsymbol{x}_{\text{ed}}=\begin{pmatrix}x_{\text{ed}}\\ \tilde{0}\\ z_{\text{ed}}\\ 0\\ 0\\ 0\end{pmatrix},\quad \dot{\boldsymbol{x}}_{\text{ed}}=\begin{pmatrix}\dot{x}_{\text{ed}}\\ \tilde{0}\\ \dot{z}_{\text{ed}}\\ 0\\ 0\\ 0\end{pmatrix},\quad \ddot{\boldsymbol{x}}_{\text{ed}}=\begin{pmatrix}\ddot{x}_{\text{ed}}\\ \tilde{0}\\ \ddot{z}_{\text{ed}}\\ 0\\ 0\\ 0\end{pmatrix},\quad \boldsymbol{F}_{\text{ed}}=\begin{pmatrix}\tilde{0}\\ f_{\text{eyd}}\\ \tilde{0}\\ \tilde{0}\\ \tilde{0}\\ \tilde{0}\end{pmatrix}$$

式中：位置轨迹 $\boldsymbol{x}_{\text{ed}}$ 根据字的轨迹获得；速度和加速度轨迹 $\dot{\boldsymbol{x}}_{\text{ed}}$、$\ddot{\boldsymbol{x}}_{\text{ed}}$ 决定了书写速度和加速度，根据位置轨迹的时间微分得到。$\dot{\boldsymbol{x}}_{\text{ed}}$ 和 $\boldsymbol{F}_{\text{ed}}$ 中各元素与表 7.2 中的控制期望值对应。

这里需要注意两点：

(1) 因为本例中接触面是平面，且末端坐标系与约束坐标系平行，所以，可以直接把约束平行映射到末端坐标系，获得所需要的控制期望值。

(2) 为了适应运动约束 ${}^c v_y=0$，期望位置、速度和加速度矢量中的对应元素在理论上应该为自由量，即不对其进行控制，但是为了控制器能够完成计算，这里将其设定为“0”，并用上标“～”标识，表明它不是真正的期望值。期望末端力矢量中与力约束 ${}^c f_x=0$、${}^c f_z=0$、${}^c n_x=0$、${}^c n_y=0$、${}^c n_z=0$ 对应的元素也做类似处理。

可以看到，机器人末端的位置控制和力控制分布在不同的子空间中，不存在相互耦合，因此，可以单独设计各自的控制器。

1）力位混合控制器的位置控制部分

由于控制的期望值是末端位姿，因此显然应该采用操作空间控制方法。应用第 6 章中图 6.21 所示的操作空间逆动力学位置 PD 控制器，并稍加改动，得到力位混合控制器的位置控制部分，如图 7.9 所示。

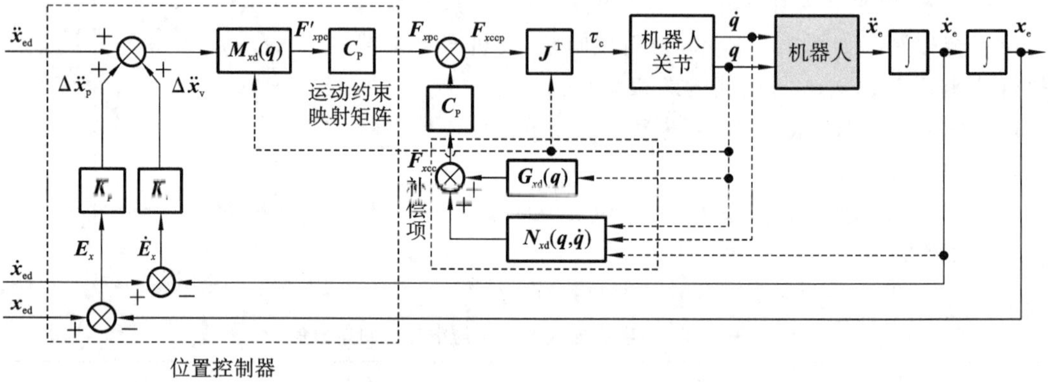

图 7.9　力位混合控制器的位置控制部分

注意图 7.9 中控制器与图 6.21 的不同之处。在这里，根据加速度前馈和位置/速度反馈，计算得到广义控制力矢量 $\boldsymbol{F}'_{xpc}$，然后左乘一个运动约束映射矩阵 $\boldsymbol{C}_{\mathrm{P}}$，得到符合运动约束的广义控制力矢量 $\boldsymbol{F}_{xpc}$，即

$$\boldsymbol{F}_{xpc}=\boldsymbol{C}_{\mathrm{P}}\boldsymbol{F}'_{xpc}\text{，且 }\boldsymbol{C}_{\mathrm{P}}=\begin{pmatrix}1&0&0&0&0&0\\0&0&0&0&0&0\\0&0&1&0&0&0\\0&0&0&1&0&0\\0&0&0&0&1&0\\0&0&0&0&0&1\end{pmatrix}$$

在此例中，由于末端坐标系与约束坐标系平行，约束方向与末端坐标系对正，因此，$\boldsymbol{C}_{\mathrm{P}}$ 中的元素只有 0 和 1。

上述运算把 $\boldsymbol{F}_{xpc}$ 中在运动约束方向（y_{e} 方向）上的元素强制置零。从理论上说，就是把与运动相关的广义控制力映射到自由运动子空间。通过这样的操作，无论反馈的末端位置信号如何变化，位置控制器都不会在运动约束方向上有控制信号输出，从而遵循了运动约束，避免在约束方向上耦合出扰动力。

出于同样的目的，用于补偿重力、科氏-向心力的控制力 $\boldsymbol{F}_{xcc}$ 也被映射到了自由运动方向，最终得到仅与位置控制相关的控制力 $\boldsymbol{F}_{xccp}$

$$\boldsymbol{F}_{xccp}=\boldsymbol{F}_{xpc}+\boldsymbol{C}_{\mathrm{P}}\boldsymbol{F}_{xcc}$$

2）力位混合控制器的力控制部分

力控制部分可以采用图 7.5 所示的力控制方案，但是为了适应末端运动的情况，需要做以下两点变化：

（1）由于机器人处于运动状态，因此除了重力补偿外，也要对速度相关的耦合力进行补偿；

(2) 与图 7.9 的位置控制器类似，要把与末端力相关的广义控制力矢量映射到有效力空间，使其符合力约束。

由此，得到图 7.10 所示的力位混合控制器的力控制部分。

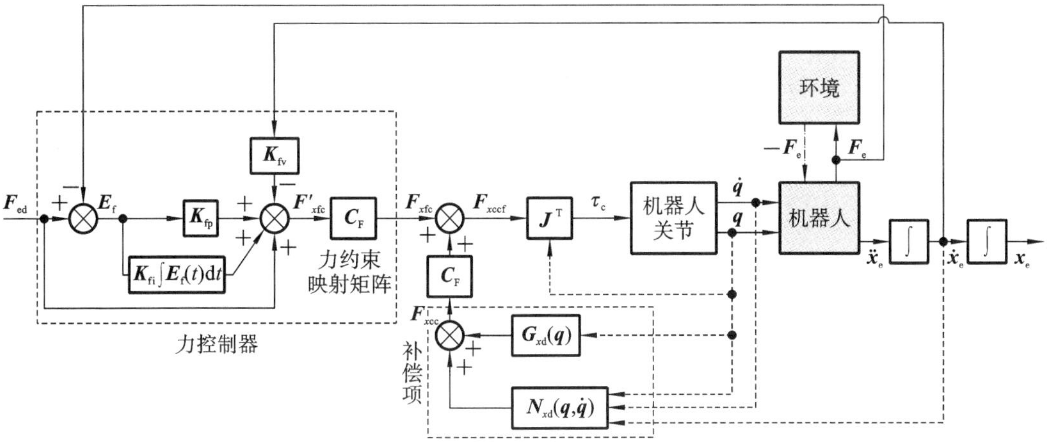

图 7.10　力位混合控制器的力控制部分

其中，由力前馈和反馈项计算得到广义控制力矢量 $\boldsymbol{F}'_{x\text{fc}}$，将其左乘一个力约束映射矩阵 $\boldsymbol{C}_\text{F}$，得到符合力约束的广义控制力矢量 $\boldsymbol{F}_{x\text{fc}}$，即

$$\boldsymbol{F}_{x\text{fc}} = \boldsymbol{C}_\text{F}\boldsymbol{F}'_{x\text{fc}}，且\ \boldsymbol{C}_\text{F} = \boldsymbol{I} - \boldsymbol{C}_\text{P} = \begin{pmatrix} 0 & 0 & 0 & 0 & 0 & 0 \\ 0 & 1 & 0 & 0 & 0 & 0 \\ 0 & 0 & 0 & 0 & 0 & 0 \\ 0 & 0 & 0 & 0 & 0 & 0 \\ 0 & 0 & 0 & 0 & 0 & 0 \\ 0 & 0 & 0 & 0 & 0 & 0 \end{pmatrix}$$

可以看到，力约束映射矩阵 $\boldsymbol{C}_\text{F}$ 与运动约束映射矩阵 $\boldsymbol{C}_\text{P}$ 互为对偶。

上述运算使得 $\boldsymbol{F}_{x\text{fc}}$ 中与力约束方向(除 y_e 之外的其他方向)对应的元素被强制置零。这样，就把力控制器输出的广义控制力矢量映射到了自由力空间，无论反馈的末端力信号怎样变化，都不会在力约束方向(即自由运动方向)上产生控制输出，避免了对运动控制的干扰。

在力控制部分，补偿重力、科氏力和向心力的控制力 $\boldsymbol{F}_{x\text{cc}}$ 也被映射到了约束方向，最终获得仅与力控制相关的控制力 $\boldsymbol{F}_{x\text{ccf}}$

$$\boldsymbol{F}_{x\text{ccf}} = \boldsymbol{F}_{x\text{fc}} + \boldsymbol{C}_\text{F}\boldsymbol{F}_{x\text{cc}}$$

3) 完整的力位混合控制器

利用约束映射矩阵，得到了两个完全解耦的广义控制力矢量 $\boldsymbol{F}_{x\text{ccp}}$ 和 $\boldsymbol{F}_{x\text{ccf}}$，有效排除了运动控制和力控制的相互耦合干扰，并使它们符合各自的约束。把 $\boldsymbol{F}_{x\text{ccp}}$ 与 $\boldsymbol{F}_{x\text{ccf}}$ 简单求和即可得到完整的力位混合控制器，如图 7.11 所示，其中控制力 $\boldsymbol{F}_{x\text{c}}$ 为

$$\begin{aligned} \boldsymbol{F}_{x\text{c}} &= \boldsymbol{F}_{x\text{ccp}} + \boldsymbol{F}_{x\text{ccf}} \\ &= \boldsymbol{F}_{x\text{pc}} + \boldsymbol{C}_\text{P}\boldsymbol{F}_{x\text{cc}} + \boldsymbol{F}_{x\text{fc}} + \boldsymbol{C}_\text{F}\boldsymbol{F}_{x\text{cc}} \\ &= \boldsymbol{F}_{x\text{pc}} + \boldsymbol{F}_{x\text{fc}} + \boldsymbol{F}_{x\text{cc}} \end{aligned}$$

因为 $\boldsymbol{C}_\text{P} + \boldsymbol{C}_\text{F} = \boldsymbol{I}$，所以力位混合控制器中的重力和速度耦合力补偿项，最终以 $\boldsymbol{F}_{x\text{cc}}$ 的完整形式出现。

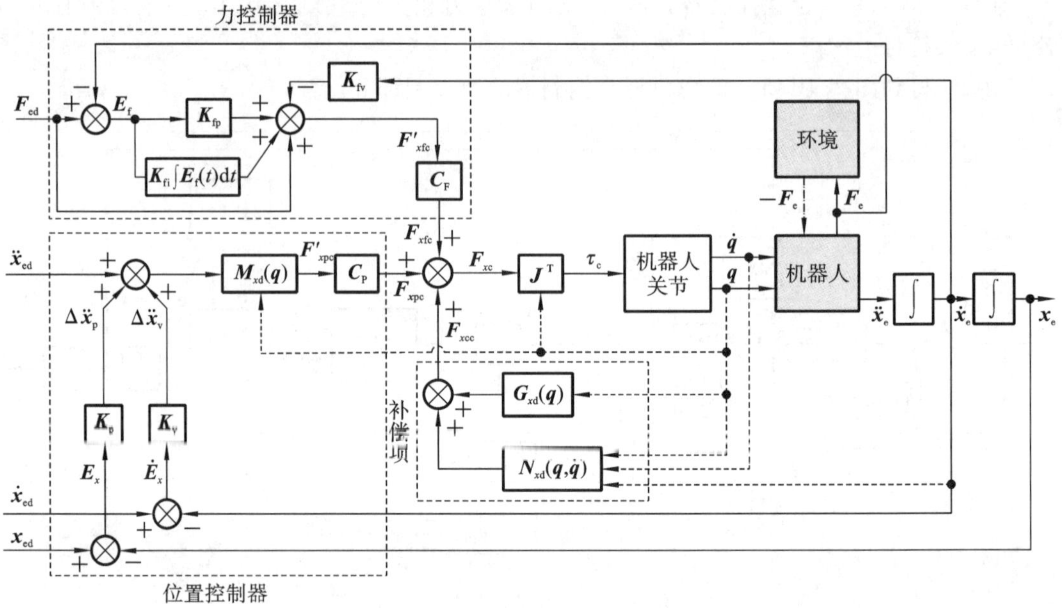

图 7.11　力位混合控制器

图 7.11 所示的力位混合控制器实质上适用于所有刚性接触场景，只不过随着环境约束面的变化，两个约束映射矩阵 $\boldsymbol{C}_{\mathrm{P}}$ 和 $\boldsymbol{C}_{\mathrm{F}}$ 不同。例如，对于图 7.7(c)机器人已经把轴装配到孔中的状态，根据表 7.1，可以很容易写出它对应的约束映射矩阵

$$\boldsymbol{C}_{\mathrm{P}}=\begin{pmatrix}0&0&0&0&0&0\\0&0&0&0&0&0\\0&0&1&0&0&0\\0&0&0&0&0&0\\0&0&0&0&0&0\\0&0&0&0&0&1\end{pmatrix},\quad \boldsymbol{C}_{\mathrm{F}}=\begin{pmatrix}1&0&0&0&0&0\\0&1&0&0&0&0\\0&0&0&0&0&0\\0&0&0&1&0&0\\0&0&0&0&1&0\\0&0&0&0&0&0\end{pmatrix}$$

【例 7-1】 以例 6-7 已知条件为前提，要求机器人在一个刚性平面上绘制图 7.12 所示直线，同时，在 y_{b} 方向施加 10 N 的恒定压力，控制指令曲线如图 7.13 所示。试设计力位混合控制器，实现该控制目标，并进行仿真验证。为了能够正确模拟接触力，在本例中，假定环境刚度为 $k_y=1\times10^5$ N/m，接触力为正压力。

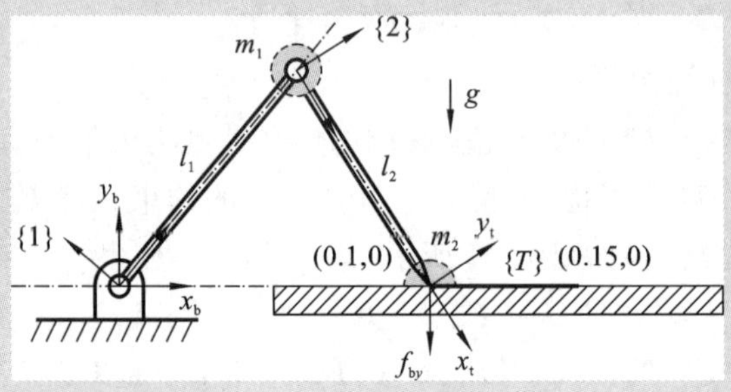

图 7.12　平面 2R 机器人在刚性平面上绘制直线

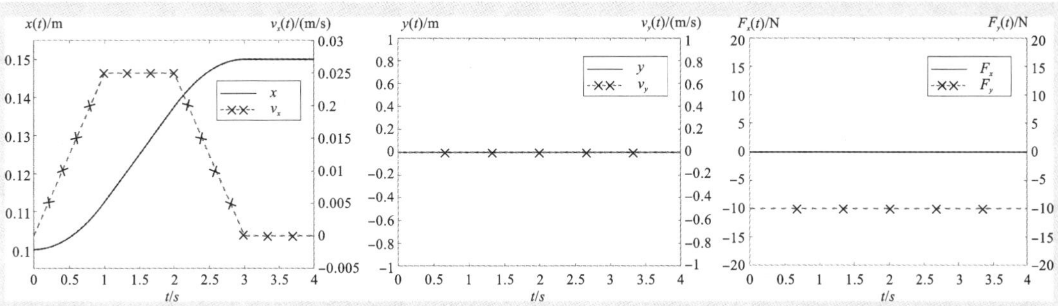

图 7.13　平面 2R 机器人力位混合控制指令

解　依据图 7.11 设计控制器，并搭建仿真环境或编写仿真程序，其中，位置控制器增加了积分环节，用以补偿模型偏差。仿真中，位置和力控制器增益取值分别如下

$$\boldsymbol{K}_{\mathrm{p}}=\begin{pmatrix}2256 & 0\\ 0 & 2256\end{pmatrix},\quad \boldsymbol{K}_{\mathrm{v}}=\begin{pmatrix}95 & 0\\ 0 & 95\end{pmatrix},\quad \boldsymbol{K}_{\mathrm{i}}=\begin{pmatrix}10 & 0\\ 0 & 10\end{pmatrix}$$

$$\boldsymbol{K}_{\mathrm{fp}}=\begin{pmatrix}6 & 0\\ 0 & 6\end{pmatrix},\quad \boldsymbol{K}_{\mathrm{fv}}=\begin{pmatrix}5 & 0\\ 0 & 5\end{pmatrix},\quad \boldsymbol{K}_{\mathrm{fi}}=\begin{pmatrix}100 & 0\\ 0 & 100\end{pmatrix}$$

扫码下载
仿真例程

仿真结果如图 7.14 和图 7.15 所示。

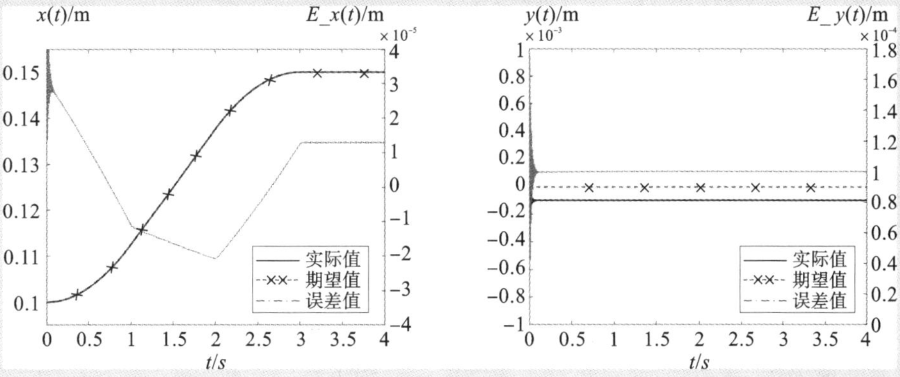

图 7.14　位置响应曲线

可以看到，采用力位混合控制器，x 方向位置响应的误差很小，与无接触力情况下的操作空间位置跟随 PID 控制器基本一致，但是在初始时刻存在波动，且误差曲线与独立的位置控制器存在不同。这是由于模型偏差，x 方向位置受到 y 方向位置波动的影响。

y 方向接触力在经过一段调节时间后基本稳定在期望值附近，符合预期。由于不存在绝对刚性物体，也不可能仿真刚度无穷大的接触面，因此在 y 方向仍然存在小的位置变化，表明接触面存在微小变形。变形与接触力的关系符合题中的环境刚度假设。

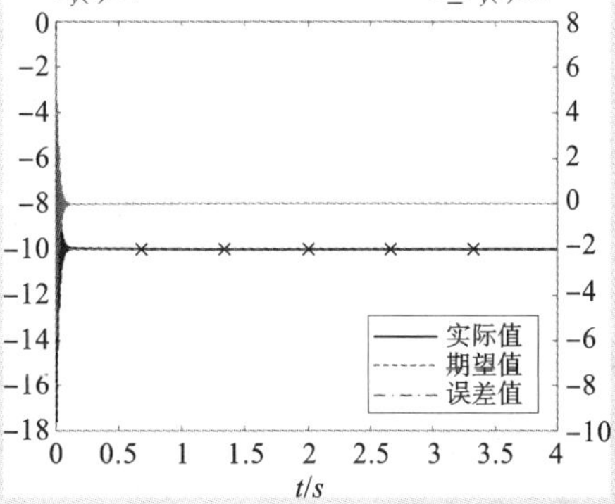

图 7.15　力响应曲线

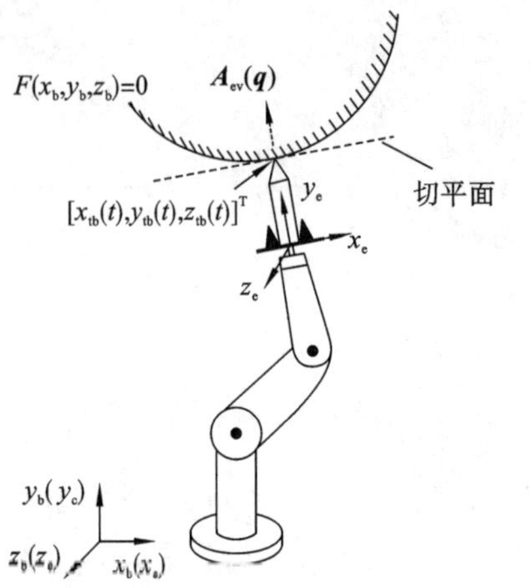

图 7.16　机器人在空间任意曲面上写字的力位混合控制

*2. 力位混合控制的推广

现在考虑更为一般的情况，例如机器人在空间任意曲面上写字，如图 7.16 所示。此时，需要根据约束面的数学模型计算约束矩阵 $\boldsymbol{C}_P$ 和 $\boldsymbol{C}_F$。

空间曲面仅在沿接触点的法线方向对笔尖施加运动约束，因此，如果能够得到任意时刻笔尖处的空间曲面法线表达式，即可计算出约束矩阵。

假设约束曲面定义在基坐标系中，当前时刻约束坐标系与基坐标系重合，约束曲面方程为

$$F(x_b,y_b,z_b)=0 \tag{7.10}$$

由于笔尖在曲面上运动，因此笔尖位置坐标 $[x_{tb}(t),y_{tb}(t),z_{tb}(t)]^T$ 是一个时间函数，且满足式(7.10)，即

$$F(x_{tb}(t),y_{tb}(t),z_{tb}(t))=0 \tag{7.11}$$

式(7.11)对时间求导，并代入当前时刻的笔尖坐标，得

$$\frac{\partial F}{\partial x_b\,\big|_{x_b=x_{tb}}}v_{xb}+\frac{\partial F}{\partial y_b\,\big|_{y_b=y_{tb}}}v_{yb}+\frac{\partial F}{\partial z_b\,\big|_{z_b=z_{tb}}}v_{zb}=0$$

上式可以写成矩阵形式

$$\left(\frac{\partial F}{\partial x_b\,\big|_{x_b=x_{tb}}}\quad\frac{\partial F}{\partial y_b\,\big|_{y_b=y_{tb}}}\quad\frac{\partial F}{\partial z_b\,\big|_{z_b=z_{tb}}}\right)\begin{pmatrix}v_{xb}\\v_{yb}\\v_{zb}\end{pmatrix}=0 \tag{7.12}$$

考虑到笔尖坐标又是关节位置矢量的函数，所以，式(7.12)可以进一步简写为

$$\begin{aligned}\boldsymbol{A}_{vb}(\boldsymbol{q})\dot{\boldsymbol{x}}_{vb}&=0\\\dot{\boldsymbol{x}}_{vb}&=\boldsymbol{v}_b\end{aligned} \tag{7.13}$$

式中：1×3 矩阵 $\boldsymbol{A}_{vb}(\boldsymbol{q})$ 就是约束曲面上过接触点的法线方向，$\dot{\boldsymbol{x}}_{vb}$ 为笔尖线速度矢量。式(7.13)清晰地表达了空间曲面对机器人末端的运动约束：$\dot{\boldsymbol{x}}_{vb}$ 在 $\boldsymbol{A}_{vb}(\boldsymbol{q})$ 上的投影为零。

为了便于讨论，把 $\dot{\boldsymbol{x}}_{vb}$ 转换到末端坐标系中，即

$$\dot{\boldsymbol{x}}_{ve}={}_b^e\boldsymbol{R}\dot{\boldsymbol{x}}_{vb}$$

将上式代入式(7.13)，得

$$\boldsymbol{A}_{ve}(\boldsymbol{q})\dot{\boldsymbol{x}}_{ve}=0 \tag{7.14}$$

式中：$\boldsymbol{A}_{ve}(\boldsymbol{q})=\boldsymbol{A}_{vb}(\boldsymbol{q}){}_e^b\boldsymbol{R}$。

由于点接触对角速度没有影响，因此，把 $\boldsymbol{A}_{ve}(\boldsymbol{q})$ 简单地增广三列零元素，即可表示对 6 维广义速度矢量的约束

$$\boldsymbol{A}_e(\boldsymbol{q})\dot{\boldsymbol{x}}_e=0 \tag{7.15}$$

对于图 7.16 所示仅有一个点接触的特例，$\dot{\boldsymbol{x}}_e=(\boldsymbol{v}_e,\boldsymbol{\omega}_e)^T$ 为 6×1 矢量；$\boldsymbol{A}_e(\boldsymbol{q})$ 为 1×6 矩阵，且后三列均为零。需要注意的是，为使 $\boldsymbol{A}_e(\boldsymbol{q})$ 的行仅表示方向，需要对行向量进行归一化计算，使其模等于 1。

事实上，式(7.15)是表达空间运动约束的通式，$\boldsymbol{A}_e(\boldsymbol{q})$ 被称为**约束雅可比矩阵**，它是一个 $k\times6$ 矩阵，每一行表征一个运动约束方向。图 7.16 中的点接触带来 1 个运动约束，因此它对应的 $\boldsymbol{A}_e(\boldsymbol{q})$ 矩阵只有 1 行；而图 7.7(c)所示轴与孔的面接触则带来 4 个运动约束，所以，它

对应的 $\boldsymbol{A}_{\mathrm{e}}(\boldsymbol{q})$ 矩阵应该有 4 行。

$\boldsymbol{A}_{\mathrm{e}}(\boldsymbol{q})$ 的数学意义是：末端速度矢量位于 $\boldsymbol{A}_{\mathrm{e}}(\boldsymbol{q})$ 的零空间，因此，在 $\boldsymbol{A}_{\mathrm{e}}(\boldsymbol{q})$ 的行空间中，速度矢量只能取零值，即末端速度矢量在 $\boldsymbol{A}_{\mathrm{e}}(\boldsymbol{q})$ 各行所代表的方向上的投影等于零。于是，机器人末端速度矢量只有在 $\boldsymbol{A}_{\mathrm{e}}(\boldsymbol{q})$ 的正交补空间才有取值，也就是说，只有在与 $\boldsymbol{A}_{\mathrm{e}}(\boldsymbol{q})$ 各行垂直的方向上，末端才有运动，控制器才能进行位置控制。可见，$\boldsymbol{A}_{\mathrm{e}}(\boldsymbol{q})$ 的秩就等于运动约束数。对于图 7.16 的情况，$\boldsymbol{A}_{\mathrm{e}}(\boldsymbol{q})$ 的秩等于 1，机器人末端速度矢量只有在过接触点的法线方向不能运动。对于末端可自由运动的机器人，$\boldsymbol{A}_{\mathrm{e}}(\boldsymbol{q})$ 的秩为零。

很自然地，作为运动矢量的对偶矢量，末端接触力矢量位于 $\boldsymbol{A}_{\mathrm{e}}(\boldsymbol{q})$ 正交补空间的零空间，力矢量在这个空间的投影等于零。于是，与速度矢量相对，末端力矢量仅在 $\boldsymbol{A}_{\mathrm{e}}(\boldsymbol{q})$ 的行空间中才有取值，控制器才能进行力控制。图 7.16 中的机器人末端力矢量只有在过接触点的法线上才有取值。对于末端固定的机器人，$\boldsymbol{A}_{\mathrm{e}}(\boldsymbol{q})$ 满秩。

现在回到最初的问题，即如何计算广义控制力的约束映射矩阵 $\boldsymbol{C}_{\mathrm{P}}$ 和 $\boldsymbol{C}_{\mathrm{F}}$。因为 $\boldsymbol{C}_{\mathrm{P}}$ 和 $\boldsymbol{C}_{\mathrm{F}}$ 都是 6×6 矩阵，而约束雅可比矩阵 $\boldsymbol{A}_{\mathrm{e}}(\boldsymbol{q})$ 为 $k\times6$ 非方阵，所以，需要找到根据 $\boldsymbol{A}_{\mathrm{e}}(\boldsymbol{q})$ 求取 $\boldsymbol{C}_{\mathrm{P}}$ 和 $\boldsymbol{C}_{\mathrm{F}}$ 的方法。

根据末端接触力 $\boldsymbol{F}_{\mathrm{e}}$ 位于 $\boldsymbol{A}_{\mathrm{e}}(\boldsymbol{q})$ 的行空间这一特性，再考虑到 $\boldsymbol{F}_{\mathrm{e}}$ 是在末端坐标系中表示的 6×1 矢量，可以令末端接触力 $\boldsymbol{F}_{\mathrm{e}}$ 为

$$\boldsymbol{F}_{\mathrm{e}} = \boldsymbol{A}_{\mathrm{e}}^{\mathrm{T}}(\boldsymbol{q})\boldsymbol{\lambda} \tag{7.16}$$

式中：$k\times1$ 矢量 $\boldsymbol{\lambda}$ 称为拉格朗日乘子，其元素可以理解为接触力 $\boldsymbol{F}_{\mathrm{e}}$ 在 $\boldsymbol{A}_{\mathrm{e}}(\boldsymbol{q})$ 各行上投影的值。这样，式(7.16)所示的接触力 $\boldsymbol{F}_{\mathrm{e}}$ 就准确地满足了环境约束。

将式(7.16)代入操作空间逆动力学方程式(7.1)，得

$$\boldsymbol{F}_x = \boldsymbol{M}_x(\boldsymbol{q})\ddot{\boldsymbol{x}} + \boldsymbol{N}_x(\boldsymbol{q},\dot{\boldsymbol{q}})\dot{\boldsymbol{x}} + \boldsymbol{G}_x(\boldsymbol{q}) + \boldsymbol{A}_{\mathrm{e}}^{\mathrm{T}}(\boldsymbol{q})\boldsymbol{\lambda} \tag{7.17}$$

从式(7.17)中解出加速度项 $\ddot{\boldsymbol{x}}$，得

$$\ddot{\boldsymbol{x}} = \boldsymbol{M}_x^{-1}(\boldsymbol{F}_x - \boldsymbol{N}_x\dot{\boldsymbol{x}} - \boldsymbol{G}_x - \boldsymbol{A}_{\mathrm{e}}^{\mathrm{T}}\boldsymbol{\lambda}) \tag{7.18}$$

为了简洁，式中没有表示关节变量。

将式(7.15)再次对时间求导得

$$\dot{\boldsymbol{A}}_{\mathrm{e}}(\boldsymbol{q})\dot{\boldsymbol{x}} + \boldsymbol{A}_{\mathrm{e}}(\boldsymbol{q})\ddot{\boldsymbol{x}} = 0$$

注意：这里为与式(7.17)保持符号一致，省略了 $\dot{\boldsymbol{x}}$ 和 $\ddot{\boldsymbol{x}}$ 的下标 e。

把式(7.18)代入上式，并利用 $\dot{\boldsymbol{A}}_{\mathrm{e}}(\boldsymbol{q})\dot{\boldsymbol{x}} = -\boldsymbol{A}_{\mathrm{e}}(\boldsymbol{q})\ddot{\boldsymbol{x}}$，得

$$\boldsymbol{\lambda} = (\boldsymbol{A}_{\mathrm{e}}\boldsymbol{M}_x^{-1}\boldsymbol{A}_{\mathrm{e}}^{\mathrm{T}})^{-1}[\boldsymbol{A}_{\mathrm{e}}\boldsymbol{M}_x^{-1}(\boldsymbol{F}_x - \boldsymbol{N}_x\dot{\boldsymbol{x}} - \boldsymbol{G}_x) - \boldsymbol{A}_{\mathrm{e}}\ddot{\boldsymbol{x}}] \tag{7.19}$$

推导过程中应注意 $\boldsymbol{A}_{\mathrm{e}}(\boldsymbol{q})$ 不是方阵，不能简单求逆。

然后，再将式(7.19)代回式(7.17)，整理得

$$\boldsymbol{C}_{\mathrm{P}}\boldsymbol{F}_x = \boldsymbol{C}_{\mathrm{P}}(\boldsymbol{M}_x\ddot{\boldsymbol{x}} + \boldsymbol{N}_x\dot{\boldsymbol{x}} + \boldsymbol{G}_x) \tag{7.20}$$

式中：

$$\boldsymbol{C}_{\mathrm{P}} = \boldsymbol{I} - \boldsymbol{C}_{\mathrm{F}},\quad \boldsymbol{C}_{\mathrm{F}} = \boldsymbol{A}_{\mathrm{e}}^{\mathrm{T}}(\boldsymbol{A}_{\mathrm{e}}\boldsymbol{M}_x^{-1}\boldsymbol{A}_{\mathrm{e}}^{\mathrm{T}})^{-1}\boldsymbol{A}_{\mathrm{e}}\boldsymbol{M}_x^{-1} \tag{7.21}$$

式(7.21)中的 $\boldsymbol{C}_{\mathrm{P}}$ 和 $\boldsymbol{C}_{\mathrm{F}}$ 就是待求的两个约束映射矩阵。其中，6×6 矩阵 $\boldsymbol{C}_{\mathrm{P}}$ 的秩为 $n-k$，它把广义控制力限制在与运动约束相切的方向上，用以产生期望的运动；6×6 矩阵 $\boldsymbol{C}_{\mathrm{F}}$ 的秩为 k，它把广义控制力限制在运动约束方向上，用以产生期望的接触力。

至此，根据图 7.11、式(7.17)和式(7.21)，可以得到广义控制力的计算公式

$$\begin{aligned}\boldsymbol{F}_{xc} = &\boldsymbol{C}_{\mathrm{P}}[\boldsymbol{M}_{xd}(\boldsymbol{q})(\ddot{\boldsymbol{x}}_{ed} + \boldsymbol{K}_{v}\dot{\boldsymbol{E}}_{x} + \boldsymbol{K}_{p}\boldsymbol{E}_{x})] \\ &+ \boldsymbol{C}_{\mathrm{F}}[\boldsymbol{F}_{ed} + \boldsymbol{K}_{fp}\boldsymbol{E}_{f} + \boldsymbol{K}_{fi}\int \boldsymbol{E}_{f}(t)\mathrm{d}t - \boldsymbol{K}_{fv}\dot{\boldsymbol{x}}] \\ &+ \boldsymbol{N}_{x}(\boldsymbol{q},\dot{\boldsymbol{q}})\dot{\boldsymbol{x}} + \boldsymbol{G}_{x}(\boldsymbol{q})\end{aligned} \tag{7.22}$$

对应的关节控制力计算公式为

$$\boldsymbol{\tau}_{c} = \boldsymbol{J}^{\mathrm{T}}\boldsymbol{F}_{xc} \tag{7.23}$$

在上述推导过程中，所涉及的矩阵都在末端执行器坐标系中表达。在基坐标系中表达上述矩阵和矢量，也能得到同样的结论。

力控制器和位置控制器各自输出的广义控制力，通过 $\boldsymbol{C}_{\mathrm{P}}$ 和 $\boldsymbol{C}_{\mathrm{F}}$ 这两个对偶投影矩阵实现了严格解耦，所以两个控制器可以各自独立进行稳定性、稳态误差和动态特性分析。

力位混合控制器在实际使用中面临一些困难。首先，完全刚性的物体并不存在，无论是机器人的结构刚度还是环境刚度都不可能无穷大，对于接触刚度有限的场合，力位混合控制中的纯刚性假设不成立。

其次，力位混合控制需要环境约束的精确描述，否则无法获得正确的约束表达式 $\boldsymbol{A}_{e}(\boldsymbol{q})\dot{\boldsymbol{x}}_{e}=0$ 和映射矩阵 $\boldsymbol{C}_{\mathrm{P}}$、$\boldsymbol{C}_{\mathrm{F}}$。如果刚体是被精确建模的工件，例如需要打磨抛光的模具毛坯，就可以得到约束的显式表达。但是，即便是这样，由于安装和测量误差等因素的影响，也不可能得到与末端坐标系准确匹配的约束方程。如果映射矩阵不精确，那么在约束方向上的位置误差将产生过大的接触力，而在自由方向上则有可能产生意料之外的位置漂移。此时，可以通过降低反馈增益使控制器变“软”，来提高稳定性和安全性；也可以在机器人结构中引入被动柔性环节，达到类似效果。但是，控制器或结构“刚度”的降低，将不可避免地降低控制精度和响应速度。

此外，力位混合控制器需要根据环境约束状态的变化切换控制策略，在不同类型的控制策略中进行转换，这使得系统无法采用统一的控制模型。如果控制器切换不正确或不及时，其就会与环境约束状态不匹配，可能导致系统失控。

最后，由于力传感器噪声、力控制器带宽较小等原因，在约束方向采用直接力反馈控制，也可能导致系统不稳定。

针对以上问题，研究人员提出了在环境刚度有限的条件下，利用位置控制器分析和实施力控制的方法。

7.4 弹性约束下的阻抗控制

7.4.1 弹性约束与接触刚度

当机器人末端与有限刚度环境接触时，在接触方向上将出现有限的位移和接触力。定义有限刚度环境为**弹性环境**，它施加给机器人的约束是一种**弹性约束**。

图 7.17 表示了位置控制器作用下，机器人与弹性环境接触的情形。这里采用了环境的弹性假设，把环境抽象为基准面和接触面两个部分，两个面之间存在**接触刚度** $\boldsymbol{K}$，忽略环境变形部分的阻尼和质量特性。当机器人与环境接触时，基准面不运动，而接触面随机器人末端运动。假设机器人在初始位姿 $\boldsymbol{x}_{0}$ 处与环境接触，然后，在位置控制器的作用下向指令位

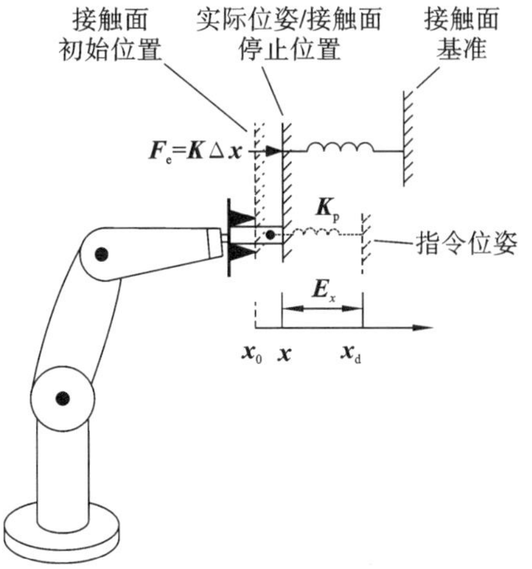

图 7.17　位置控制机器人与弹性环境接触时的平衡状态

姿 $\boldsymbol{x}_d$ 运动，机器人的实际停止位姿为 $\boldsymbol{x}$。在上述过程中，假设机器人与环境始终保持接触，环境变形量为 $\Delta\boldsymbol{x}=\boldsymbol{x}-\boldsymbol{x}_0$。

由环境变形引起的末端接触力矢量为

$$\boldsymbol{F}_e=\boldsymbol{K}\Delta\boldsymbol{x}=\boldsymbol{K}(\boldsymbol{x}-\boldsymbol{x}_0) \tag{7.24}$$

考虑到某个方向的变形，即 $\Delta\boldsymbol{x}$ 中某个不为零的值，可能引起 $\boldsymbol{F}_e$ 中其他方向值的变化，所以，$\boldsymbol{K}$ 是一个 6×6 的半正定刚度矩阵，其非对角线元素表示不同方向之间变形与力的耦合关系。直观上理解，$\boldsymbol{K}$ 代表了一个六维弹簧，它对机器人末端施加压力和扭矩。

针对图 7.17 所示情形，控制工程师既能选择位移 $\boldsymbol{x}_d$ 作为控制期望，也能选择接触力 $\boldsymbol{F}_e$ 作为控制期望，但是，却不能同时指定某个方向上的位移和接触力，而只能选择其一。因为式(7.24)表明，接触力与位移之间存在严格的映射关系，所以，确定了其中一个，另一个也就随之确定。具体选择力还是位移作为控制期望，应根据任务特点来确定。

例如考虑机器人与人握手的场景，可以把人手视为一个刚度有限的接触环境。当希望机器人主动时，就可以选择位置期望值为控制指令，同时监测力信号以保证安全；当希望人主动时，则以力期望值为控制指令，通过把力维持在一个较小的波动范围，使机器人跟随人的动作，此时需要监测速度以保证安全。

无论选择位置还是力作为控制期望，都可以围绕位置控制器来构造任务控制器。位置控制器具有易于实现、位置检测精度高、带宽高等优点，被大多数工业机器人所采用。这也是研究人员选择在位置控制器的基础上，实现力控制的一个重要原因。

为了更进一步理解在位置控制器的作用下，接触力、环境刚度以及机器人状态之间的关系，接下来介绍位置控制的刚度模型和阻抗模型，并说明如何利用它们实现力控制。

7.4.2　位置控制器的刚度模型

当机器人与弹性环境接触，且仅关注机器人保持目标位姿的能力时，可以利用机器人位置控制的刚度模型来开展研究，图 7.17 反映了这种情况。

在 6.5.2 小节介绍过操作空间重力补偿位置保持 PD 控制器，它能够使机器人保持在平衡状态。当在图 6.22 所示控制原理框图中引入环境刚度和接触力后，就得到了重力补偿位置保持 PD 控制器的刚度模型，如图 7.18 所示。图中考虑了环境刚度 $\boldsymbol{K}$，并表示了接触力对机器人的影响，需要注意的是，环境作用于机器人的力应为 $\boldsymbol{F}_e$ 的反作用力 $-\boldsymbol{F}_e$。

位置保持 PD 控制器输出的控制力为

$$\boldsymbol{F}_{xc}=\boldsymbol{K}_p\boldsymbol{E}_x-\boldsymbol{K}_v\dot{\boldsymbol{x}}+\boldsymbol{G}_{xd}(\boldsymbol{q}) \tag{7.25}$$

式中：$\boldsymbol{E}_x=\boldsymbol{x}_d-\boldsymbol{x}$，是操作空间的位置误差矢量。

对于与弹性环境接触且处于平衡状态的机器人，其速度和加速度均为零，于是，逆动力学方程简化为

$$\boldsymbol{F}_x=\boldsymbol{G}_x(\boldsymbol{q})+\boldsymbol{F}_e \tag{7.26}$$

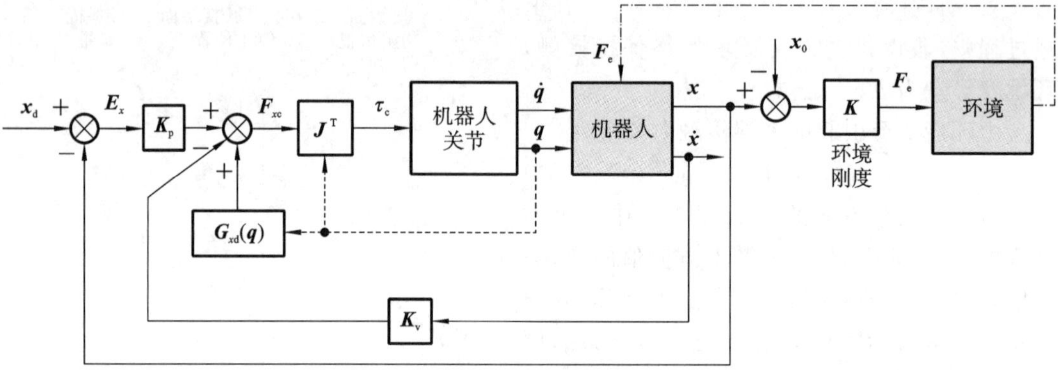

图 7.18 位置保持 PD 控制器的刚度模型

将式(7.25)代入式(7.26),并令速度为零,假定模型精确,就得到系统的稳态误差模型

$$K_p E_x = F_e \tag{7.27}$$

可见,由于接触力的存在,位置保持 PD 控制器将无法使稳态误差为零。

根据式(7.24)和式(7.27)可知,机器人最终停止位姿由位置误差反馈增益 K_p 和环境刚度 K 共同决定。此时,可以把位置保持 PD 控制器看作在机器人末端施加的刚度为 K_p 的主动弹簧,它把机器人拉向期望位姿,如图 7.17 所示。因此,也称位置误差反馈增益 K_p 为主动刚度或控制刚度。

给定了指令位姿 x_d 和接触面初始位姿 x_0,就可以根据主动刚度 K_p 和接触刚度 K,计算出机器人的实际停止位姿 x 和接触力 F_e。联立式(7.24)和式(7.27),得

$$\begin{cases} x = \dfrac{Kx_0 + K_p x_d}{K + K_p} \\ F_e = \dfrac{KK_p}{K + K_p}(x_d - x_0) \end{cases} \tag{7.28}$$

式中:$\dfrac{KK_p}{K+K_p}$称为**联合刚度**,它表征了在控制器和环境的共同作用下,接触力 F_e 与指令位姿 x_d 的关系。联合刚度的表达式表明,环境刚度和控制刚度的效果可视为一组并联弹簧。

对于给定的指令位姿 x_d,如果接触刚度 K 一定,当主动刚度 K_p 越大时,则:

(1) 接触力 F_e 将越大,且接触力的增加率小于主动刚度的增加率,见式(7.28);

(2) 稳态误差 E_x 将变小,机器人末端停止位姿 x 将更加接近指令位姿 x_d,见式(7.27)。

反之,如果 K_p 一定,K 越大,则:

(1) 接触力 F_e 越大;

(2) x 越远离指令位姿 x_d,稳态误差 E_x 变大。

联立式(7.28)和式(7.27),消掉 F_e,并用参考位姿 x_r 替换实际停止位姿 x,得到

$$x_d = \frac{K}{K_p}(x_r - x_0) + x_r \tag{7.29}$$

利用式(7.29),可以在弹性约束条件下,利用位置保持 PD 控制器驱动机器人到达期望位姿,具体方法如下。

如果希望机器人在弹性环境约束方向上精确到达某期望位姿,就可以把该位姿设定为参考位姿 x_r。然后根据式(7.29)计算指令位姿 x_d,再把 x_d 作为控制指令发送给位置控制器。理想情况下,机器人就应该停止在参考位姿 x_r 处。此时,要注意验算或检测接触力的

大小，避免 $\boldsymbol{F}_e$ 过大，造成机器人或环境的损坏。

将式(7.28)写成式(7.30)的形式

$$\boldsymbol{x}_d = \frac{\boldsymbol{K}+\boldsymbol{K}_p}{\boldsymbol{K}\boldsymbol{K}_p}\boldsymbol{F}_e + \boldsymbol{x}_0 \tag{7.30}$$

利用式(7.30)可以使机器人在弹性约束条件下，利用位置保持 PD 控制器驱动机器人得到期望的接触力，具体方法如下。

当希望机器人在弹性约束方向上获得期望的末端接触力 $\boldsymbol{F}_e$ 时，可以根据式(7.30)计算指令位置 $\boldsymbol{x}_d$，并把它作为控制指令发送给位置控制器。理想情况下，机器人末端所受接触力就应当是期望的接触力 $\boldsymbol{F}_e$。同样，也要确保接触力在可接受范围内。

可以看到，在弹性约束的静平衡状态下，利用位置保持 PD 控制器既可以实现位置控制，也可以实现力控制。需要注意的是，这里的力控制是通过位置控制器间接实现的。对力指令而言，该控制器是一种力的开环控制器，尽管能够确保系统的静态稳定性，但是不能保证力的精度，因为接触刚度 $\boldsymbol{K}$ 一般无法精确建模。

7.4.3　位置控制器的阻抗模型——阻抗控制器

位置控制器的刚度模型描述了机器人与弹性环境接触的静态特性。如果关注机器人与弹性环境接触过程中的动态稳定性，就需要讨论其动态特性。

1. 阻抗控制器的导出

由第 6 章可知，工作于自由空间的机器人，在逆动力学位置控制器的作用下，其动态特性可以用二阶常系数齐次误差动力学方程表示

$$\ddot{\boldsymbol{E}}_x + \boldsymbol{K}_v\dot{\boldsymbol{E}}_x + \boldsymbol{K}_p\boldsymbol{E}_x = \boldsymbol{0}$$

这可以理解为一个**质量为“1”的质量-弹簧-阻尼系统的自由振动模型**。

可以设想，当机器人与环境发生接触时，能否设计一种控制器，使机器人系统的动态特性表现为一种**质量-弹簧-阻尼系统的受迫振动模型**，且外部激励力就是接触力 $\boldsymbol{F}_e$？如果能够实现，则系统对应的误差动力学方程应为

$$\hat{\boldsymbol{M}}\ddot{\boldsymbol{E}}_x + \hat{\boldsymbol{B}}\dot{\boldsymbol{E}}_x + \hat{\boldsymbol{K}}\boldsymbol{E}_x = \boldsymbol{F}_e \tag{7.31}$$

式中：$\hat{\boldsymbol{M}}$ 为虚拟质量；$\hat{\boldsymbol{K}}$ 为虚拟刚度；$\hat{\boldsymbol{B}}$ 为虚拟阻尼。

如果 $\hat{\boldsymbol{M}}$、$\hat{\boldsymbol{K}}$ 和 $\hat{\boldsymbol{B}}$ 可由控制器参数调节，就意味着该控制器能够使机器人在特定接触力 $\boldsymbol{F}_e$ 的作用下，呈现预期的动态响应，这也就意味着系统可控。

回顾图 6.21 所示的操作空间位置跟随 PD 控制器，它对应的广义控制力为

$$\boldsymbol{F}_{xc} = \boldsymbol{M}_{xd}(\boldsymbol{q})(\ddot{\boldsymbol{x}}_d + \boldsymbol{K}_p\boldsymbol{E}_x + \boldsymbol{K}_v\dot{\boldsymbol{E}}_x) + \boldsymbol{N}_{xd}(\boldsymbol{q},\dot{\boldsymbol{q}})\dot{\boldsymbol{x}} + \boldsymbol{G}_{xd}(\boldsymbol{q}) \tag{7.32}$$

将式(7.32)代入系统逆动力学方程式(7.1)，并假设模型精确，就可以得到当末端接触力 $\boldsymbol{F}_e$ 不为零时，机器人在位置跟随 PD 控制器作用下的误差动力学方程

$$\ddot{\boldsymbol{E}}_x + \boldsymbol{K}_v\dot{\boldsymbol{E}}_x + \boldsymbol{K}_p\boldsymbol{E}_x = \boldsymbol{M}_r^{-1}(\boldsymbol{q})\boldsymbol{F}_e \tag{7.33}$$

观察此方程，可以发现它是一个质量为“1”的**质量-弹簧-阻尼系统非线性受迫振动模型**，其刚度为 $\boldsymbol{K}_p$，阻尼为 $\boldsymbol{K}_v$。它与期望模型式(7.31)最大的区别在于，其激励力不等于实际接触力 $\boldsymbol{F}_e$，且随机器人位形变化。

考察式(7.32)，可以发现，操作空间位置跟随 PD 控制器的逆动力学模型中没有接触力。这是造成式(7.33)右边出现非线性项的原因。因此，在式(7.32)的逆动力学部分中增加接触力 $\boldsymbol{F}_e$，自然可以消除非线性项。但是，这样的简单操作，将导致式(7.33)的等号右侧

等于零，得到一个齐次误差动力学方程。为了使误差动力学方程中出现接触力，需要再把接触力 $\boldsymbol{F}_{\mathrm{e}}$ 通过负反馈引入输入端。由此，得到了图 7.19 所示的单位质量阻抗型位置 PD 控制器。

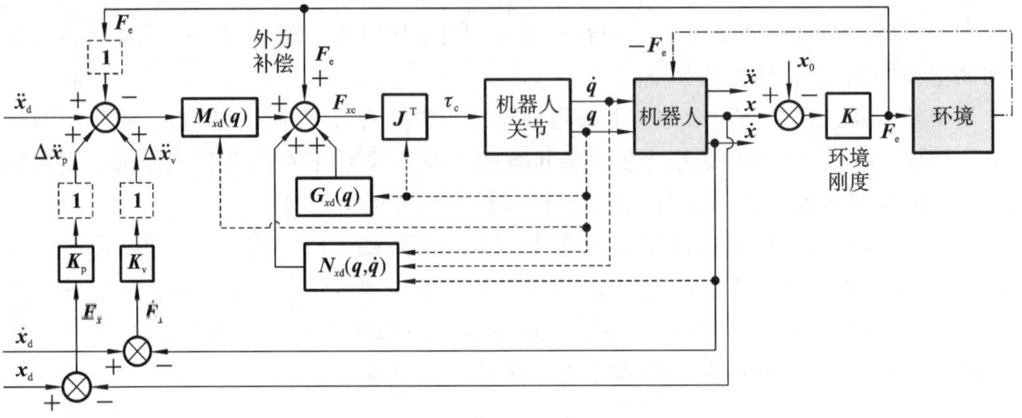

图 7.19　单位质量阻抗型位置 PD 控制器原理

图 7.19 所示控制器输出的广义控制力为

$$\boldsymbol{F}_{x\mathrm{c}} = \boldsymbol{M}_{x\mathrm{d}}(\boldsymbol{q})(\ddot{\boldsymbol{x}}_{\mathrm{d}} + \boldsymbol{K}_{\mathrm{p}}\boldsymbol{E}_x + \boldsymbol{K}_{\mathrm{v}}\dot{\boldsymbol{E}}_x - \boldsymbol{F}_{\mathrm{e}}) + \boldsymbol{N}_{x\mathrm{d}}(\boldsymbol{q},\dot{\boldsymbol{q}})\dot{\boldsymbol{x}} + \boldsymbol{G}_{x\mathrm{d}}(\boldsymbol{q}) + \boldsymbol{F}_{\mathrm{e}} \tag{7.34}$$

将式(7.34)代入系统逆动力学方程式(7.1)，并假设模型精确，得到如下误差动力学方程

$$\ddot{\boldsymbol{E}}_x + \boldsymbol{K}_{\mathrm{v}}\dot{\boldsymbol{E}}_x + \boldsymbol{K}_{\mathrm{p}}\boldsymbol{E}_x = \boldsymbol{F}_{\mathrm{e}} \tag{7.35}$$

式(7.35)描述了一个单位质量的**质量-弹簧-阻尼系统的受迫振动模型**，且激振力就是接触力。这已经非常接近式(7.31)，区别仅在于其虚拟质量为“1”，正如图 7.19 中用虚线框标识的那样。

对于机械系统，质量是决定其动态特性的一个重要因素。很自然地，可以进一步设想，令图 7.19 中虚线框中的质量项不为“1”，应该就能得到预期的误差动力学方程式(7.31)。由此，得到最终的阻抗型位置 PD 控制器，如图 7.20 所示，它输出的广义控制力为

$$\boldsymbol{F}_{x\mathrm{c}} = \boldsymbol{M}_{x\mathrm{d}}(\boldsymbol{q})(\ddot{\boldsymbol{x}}_{\mathrm{d}} + \boldsymbol{M}_{\mathrm{v}}^{-1}\boldsymbol{K}_{\mathrm{p}}\boldsymbol{E}_x + \boldsymbol{M}_{\mathrm{v}}^{-1}\boldsymbol{K}_{\mathrm{v}}\dot{\boldsymbol{E}}_x - \boldsymbol{M}_{\mathrm{v}}^{-1}\boldsymbol{F}_{\mathrm{e}}) + \boldsymbol{N}_{x\mathrm{d}}(\boldsymbol{q},\dot{\boldsymbol{q}})\dot{\boldsymbol{x}} + \boldsymbol{G}_{x\mathrm{d}}(\boldsymbol{q}) + \boldsymbol{F}_{\mathrm{e}} \tag{7.36}$$

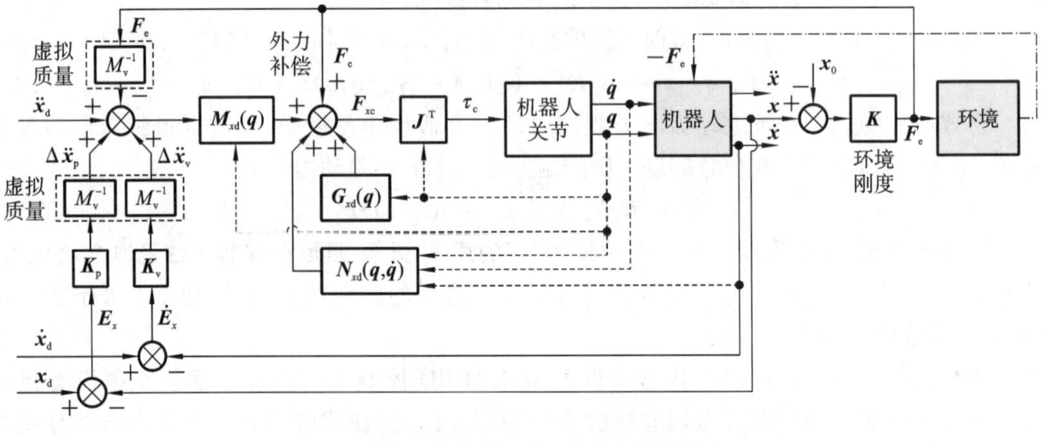

图 7.20　阻抗型位置 PD 控制器原理

将式(7.36)代入式(7.1)，可得系统误差动力学方程

$$\boldsymbol{M}_{\mathrm{v}}\ddot{\boldsymbol{E}}_x+\boldsymbol{K}_{\mathrm{v}}\dot{\boldsymbol{E}}_x+\boldsymbol{K}_{\mathrm{p}}\boldsymbol{E}_x=\boldsymbol{F}_{\mathrm{e}} \tag{7.37}$$

令 $\hat{\boldsymbol{M}}=\boldsymbol{M}_{\mathrm{v}}$，$\hat{\boldsymbol{B}}=\boldsymbol{K}_{\mathrm{v}}$，$\hat{\boldsymbol{K}}=\boldsymbol{K}_{\mathrm{p}}$，就得到了预期的误差动力学方程式(7.31)。

对式(7.31)进行拉普拉斯变换，然后把两边同除以 $\boldsymbol{E}_x(\boldsymbol{s})$，得

$$\hat{\boldsymbol{M}}\boldsymbol{s}^2+\hat{\boldsymbol{B}}\boldsymbol{s}+\hat{\boldsymbol{K}}=\boldsymbol{F}_{\mathrm{e}}(\boldsymbol{s})/\boldsymbol{E}_x(\boldsymbol{s})=\boldsymbol{Z}(\boldsymbol{s}) \tag{7.38}$$

可见，误差动力学方程式(7.31)，表示了从位置误差 $\boldsymbol{E}_x(\boldsymbol{s})$ 到接触力 $\boldsymbol{F}_{\mathrm{e}}(\boldsymbol{s})$ 的传递函数，如图 7.21 所示。

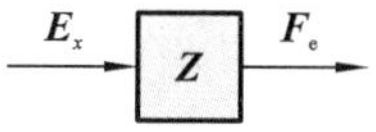

图 7.21　阻抗的概念

借用电路阻抗的概念来描述机械系统中“力”与“位移”的比例关系，称此关系为机械阻抗，因而定义 $\boldsymbol{Z}(\boldsymbol{s})$ 为**阻抗**(impedance)。

式(7.31)所示误差动力学方程被称为标准阻抗模型，因而，称式(7.36)代表的控制器为阻抗型位置 PD 跟随控制器，简称**阻抗控制器**。

需要在概念上明确的是，阻抗控制器其实并不控制“阻抗”，而只是借用阻抗的概念来描述机器人在此类控制器作用下的动态特性，称为“设定阻抗的位置控制器”似乎更为合理。阻抗控制器的说法只是沿用了学界对此类控制器的习惯称谓。

2. 阻抗控制器参数计算

当指令位置 $\boldsymbol{x}_{\mathrm{d}}(t)$ 是时间函数时，接触力 $\boldsymbol{F}_{\mathrm{e}}$ 将随 $\boldsymbol{x}_{\mathrm{d}}(t)$ 波动，这相当于对系统作用了一个时变扰动。此时，难以定量分析系统的动力学特性。

但是，当期望位置 $\boldsymbol{x}_{\mathrm{d}}$ 是常数时，由于 $\dot{\boldsymbol{x}}_{\mathrm{d}}=\boldsymbol{0}$、$\ddot{\boldsymbol{x}}_{\mathrm{d}}=\boldsymbol{0}$、$\boldsymbol{F}_{\mathrm{e}}=\boldsymbol{K}(\boldsymbol{x}-\boldsymbol{x}_0)$，可以证明系统的动力学方程可变换为

$$\boldsymbol{M}_{\mathrm{v}}\ddot{\boldsymbol{x}}+\boldsymbol{K}_{\mathrm{v}}\dot{\boldsymbol{x}}+(\boldsymbol{K}_{\mathrm{p}}+\boldsymbol{K})\boldsymbol{x}=\boldsymbol{K}_{\mathrm{p}}\boldsymbol{x}_{\mathrm{d}}+\boldsymbol{K}\boldsymbol{x}_0 \tag{7.39}$$

在环境刚度 $\boldsymbol{K}$、控制刚度 $\boldsymbol{K}_{\mathrm{p}}$、指令位置 $\boldsymbol{x}_{\mathrm{d}}$ 和环境初始位置 $\boldsymbol{x}_0$ 都确定的条件下，式(7.39)的右侧为常数，表示了一个在恒定扰动下的二阶系统。此时，就可以用经典二阶系统的分析方法来讨论系统的动力学特性了。

与式(7.39)对应的自然频率和阻尼比分别为

$$\begin{cases}\boldsymbol{\omega}_{\mathrm{n}}=\sqrt{\dfrac{\boldsymbol{K}_{\mathrm{p}}+\boldsymbol{K}}{\boldsymbol{M}_{\mathrm{v}}}}\\[2ex]\zeta=\dfrac{\boldsymbol{K}_{\mathrm{v}}}{2\sqrt{\boldsymbol{M}_{\mathrm{v}}(\boldsymbol{K}_{\mathrm{p}}+\boldsymbol{K})}}\end{cases} \tag{7.40}$$

对于环境刚度为零的方向，式(7.40)中 $\boldsymbol{K}$ 的对应项为零。

在实际使用中，当机器人与环境发生接触时，通常期望速度 $\dot{\boldsymbol{x}}_{\mathrm{d}}$ 和期望加速度 $\ddot{\boldsymbol{x}}_{\mathrm{d}}$ 都很小，因此，根据式(7.39)和式(7.40)分析系统动态特性具有实用性。

在设计阻抗控制器时，需要根据系统稳定状态和预期的动态特性，计算控制器参数：控制刚度 $\boldsymbol{K}_{\mathrm{p}}$、虚拟质量 $\boldsymbol{M}_{\mathrm{v}}$ 和阻尼系数 $\boldsymbol{K}_{\mathrm{v}}$。

对于环境刚度不为零的方向，控制刚度 $\boldsymbol{K}_{\mathrm{p}}$ 可以依据稳定状态的期望停止位姿 $\boldsymbol{x}_{\mathrm{r}}$ 或接触力 $\boldsymbol{F}_{\mathrm{er}}$ 来计算，具体如下

$$\boldsymbol{K}_{\mathrm{p}}=\frac{\boldsymbol{K}(\boldsymbol{x}_{\mathrm{r}}-\boldsymbol{x}_0)}{\boldsymbol{x}_{\mathrm{d}}-\boldsymbol{x}_{\mathrm{r}}}\quad \text{或}\quad \boldsymbol{K}_{\mathrm{p}}=\frac{\boldsymbol{F}_{\mathrm{er}}\boldsymbol{K}}{\boldsymbol{K}(\boldsymbol{x}_{\mathrm{d}}-\boldsymbol{x}_0)-\boldsymbol{F}_{\mathrm{er}}} \tag{7.41}$$

式(7.41)实际上是式(7.29)和式(7.30)的另一种形式。之所以可以这样考虑，是因为当系统处于稳态时，$\dot{\boldsymbol{x}}=\boldsymbol{0}$、$\ddot{\boldsymbol{x}}=\boldsymbol{0}$，误差动力学模型退化成了刚度模型，而控制刚度 $\boldsymbol{K}_{\mathrm{p}}$ 决定了稳态停止位姿或接触力。

如果进一步给定了系统的动态特性，即自然频率和阻尼比，则可以利用式(7.42)计算虚拟质量 $\boldsymbol{M}_v$ 和阻尼系数 $\boldsymbol{K}_v$

$$\begin{cases}\boldsymbol{M}_v=\dfrac{\boldsymbol{K}_p+\boldsymbol{K}}{\boldsymbol{\omega}_n^2}\\ \boldsymbol{K}_v=\dfrac{2\zeta(\boldsymbol{K}_p+\boldsymbol{K})}{\boldsymbol{\omega}_n}\end{cases}\tag{7.42}$$

对于环境刚度等于零的方向，则可以先指定 $\boldsymbol{K}_p$，再根据式(7.42)计算 $\boldsymbol{M}_v$ 和 $\boldsymbol{K}_v$；或者指定 $\boldsymbol{M}_v$，计算 $\boldsymbol{K}_p$ 和 $\boldsymbol{K}_v$。

7.4.4 阻抗控制器的特点

尽管阻抗控制器中引入了力信号，但是并没有把反馈的力信号与力指令进行求差，然后进行力偏差校正，这是它与图 7.5 中力闭环控制器的根本区别。因此，阻抗控制器本质上仍然是位置控制器，而不是力控制器。但是，它把接触力和位置纳入一个模型中进行考察，这就为运动控制和力控制提供了一个统一的框架。

设想在阻抗控制器作用下，机器人先在自由空间运动，然后与环境发生接触的过程，如图 7.22 所示。可以看到，无论在自由状态还是约束状态，都不需对阻抗控制器的结构进行调整。机器人的动态响应已经由控制器设置的虚拟质量 $\hat{\boldsymbol{M}}$、阻尼 $\hat{\boldsymbol{B}}$ 和刚度 $\hat{\boldsymbol{K}}$，以及末端接触力 $\boldsymbol{F}_e$ 决定了。机器人行为的不同仅在于：自由状态下，描述系统响应的误差动力学模型遵循自由振动模型；而在接触状态下，误差动力学模型则变为受迫振动模型。

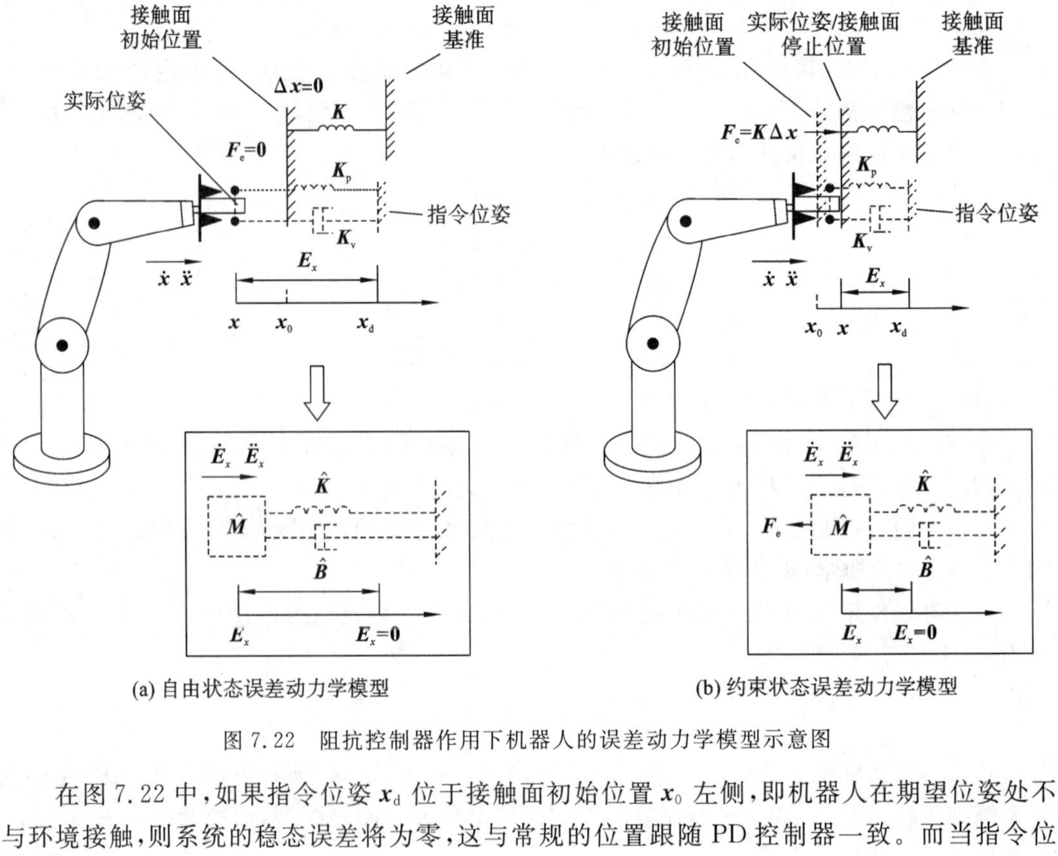

(a) 自由状态误差动力学模型　　(b) 约束状态误差动力学模型

图 7.22　阻抗控制器作用下机器人的误差动力学模型示意图

在图 7.22 中，如果指令位姿 $\boldsymbol{x}_d$ 位于接触面初始位置 $\boldsymbol{x}_0$ 左侧，即机器人在期望位姿处不与环境接触，则系统的稳态误差将为零，这与常规的位置跟随 PD 控制器一致。而当指令位

姿 $\boldsymbol{x}_{\mathrm{d}}$ 位于接触面初始位置 $\boldsymbol{x}_0$ 右侧，即机器人在期望位姿与环境接触时，系统的稳态误差将不等于零，而由式(7.27)决定。通过设定恰当的阻抗参数，可以避免机器人与环境接触时出现振荡。

上述分析说明，阻抗控制器对自由状态和约束状态都具有良好的适应性。这样，就避免了力位混合控制面临的控制策略切换问题，有利于保证系统稳定。

当阻抗控制器用于位置控制时，可以选用较大的阻抗值，以保证高的位置控制精度和抗干扰能力。因为 $\boldsymbol{E}_x(s)=\boldsymbol{Z}(s)\boldsymbol{F}_{\mathrm{e}}(s)$，所以虚拟质量 $\hat{\boldsymbol{M}}$、阻尼 $\hat{\boldsymbol{B}}$ 和刚度 $\hat{\boldsymbol{K}}$ 中的一个或多个参数较大，$\boldsymbol{Z}(s)$ 就大，机器人就呈现高阻抗。$\hat{\boldsymbol{K}}$ 较大时，机器人响应速度快，稳态误差小；$\hat{\boldsymbol{M}}$ 较大时，机器人响应速度慢，轨迹误差大，与环境接触时冲击大；$\hat{\boldsymbol{B}}$ 较大时，机器人响应速度慢，超调量小。较高的阻抗意味着一旦机器人与环境发生接触，将产生较大的接触力。因此，在利用大阻抗控制参数实施位置控制时，机器人应当工作在自由状态，或者接触环境刚度较小。从另一个角度说，实施位置控制的理想环境应该是低阻抗的。

如果接触刚度已知，且要求机器人在约束状态下仍然能够到达参考位姿 $\boldsymbol{x}_{\mathrm{r}}$，例如用软橡胶刮板擦玻璃，那么，可以利用式(7.29)计算接触状态下的指令位姿 $\boldsymbol{x}_{\mathrm{d}}$，把它交由阻抗控制器实施位置控制。此时，在理论上，机器人将会运动到期望的参考位姿 $\boldsymbol{x}_{\mathrm{r}}$。

当阻抗控制器用于约束状态的力控制时，可以根据式(7.30)计算能够获得期望接触力 $\boldsymbol{F}_{\mathrm{e}}$ 的指令位姿 $\boldsymbol{x}_{\mathrm{d}}$，并交由阻抗控制器实施控制。理论上，机器人稳态时的接触力就是期望力 $\boldsymbol{F}_{\mathrm{e}}$。这种由位置控制来间接获得期望力的方法，不能保证力的精度，因为它对力指令是开环的，但是，它能够保证系统的稳定性。在这种情况下，通常会选择较小的 $\hat{\boldsymbol{K}}$ 和相对较大的 $\hat{\boldsymbol{M}}$ 和 $\hat{\boldsymbol{B}}$，以避免动态过程中的接触力过大，同时保证系统稳定。

当机器人在阻抗控制器的作用下主动与环境接触时，需要在机器人上安装力传感器来检测接触力。力信息不仅是控制回路中的状态变量，也是判定末端是否发生接触的依据。控制器可以根据预设的接触力阈值，调用不同的阻抗参数。另外，实时检测接触力对确保安全也是必要的。毕竟，仅仅依赖环境模型和机器人位姿信息，并不能准确判定何时会发生接触，或者精确计算接触力。

7.4.5　导纳控制器

在工程实践中，应用图 7.20 所示的阻抗控制器可能存在如下问题：

(1) 参数整定困难；

(2) 必须依赖精确的机器人动力学模型；

(3) 必须采用输出信号与关节力矩成正比的集中式控制器。

首先，阻抗控制器的阻抗项内嵌在位置控制器中，使得参数的整定变得困难。以主动刚度 $\boldsymbol{K}_{\mathrm{p}}$ 为例，它有两个作用，其一是模拟二阶系统的刚度特性，其二是消除稳态位置误差。为了提高位置控制的抗干扰能力，势必要选择较高的主动刚度，这样，就会导致接触力过高，或者无法满足特定的阻抗特性；为了满足低阻抗特性，或使系统表现出一定的柔性，则需要选用较低的主动刚度，于是，在干扰作用下，系统容易发生扰动。

其次，阻抗控制器本质上仍然是逆动力学位置控制器，它依赖于精确的机器人动力学模型来实施补偿。然而，在实践中，通常难以获得工业机器人的精确动力学模型，尤其是摩擦和速度耦合项。这样，控制系统的稳定性就会降低。

最后，阻抗控制器采用集中式控制器，要求控制器直接控制各关节力矩，因此，阻抗控制器也被归为**基于关节力矩的力控制方案**。在实验室机器人上，可以通过自行搭建控制系统来实现阻抗控制器。然而，工业机器人为了确保安全，通常并不提供关节力矩指令接口，而仅开放关节位置或速度指令接口。这样，就导致基于关节力矩和集中控制模式的阻抗控制器，难以被应用到常规工业机器人上。

针对上述问题，研究人员提出了**导纳控制器**(admittance controller)的概念。导纳控制器的基本思路是：不改变机器人已有的位置控制器，而把阻抗模拟与位置控制分离，根据实际接触力和期望的阻抗特性，实时计算位置补偿量 $\Delta\boldsymbol{x}$，并把它叠加到期望位置 $\boldsymbol{x}_d$ 上，生成新的指令位置 $\boldsymbol{x}_c$，作为位置控制器的输入。图 7.23 表示了导纳控制器的实现原理，其中，新的指令位置 $\boldsymbol{x}_c$ 称为**柔性位置**。

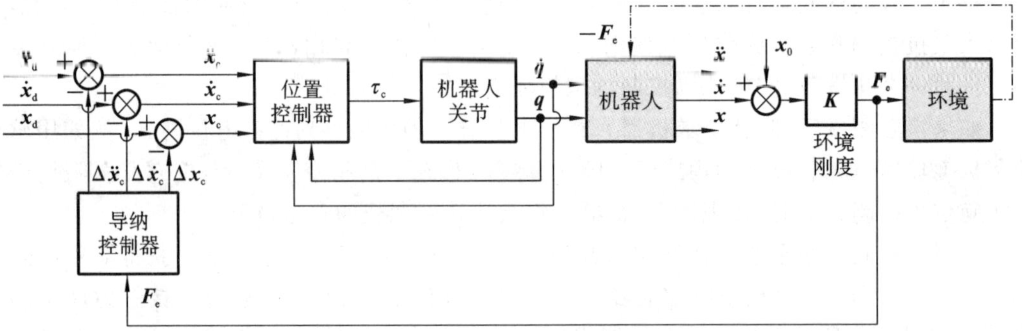

图 7.23　导纳控制器原理

导纳控制器根据接触力和期望的阻抗特性生成位置补偿量 $\Delta\boldsymbol{x}$，它满足下式

$$\hat{\boldsymbol{M}}\Delta\ddot{\boldsymbol{x}}+\hat{\boldsymbol{B}}\Delta\dot{\boldsymbol{x}}+\hat{\boldsymbol{K}}\Delta\boldsymbol{x}=\boldsymbol{F}_e \tag{7.43}$$

式中：$\Delta\boldsymbol{x}=\boldsymbol{x}_d-\boldsymbol{x}_c$。

式(7.43)的拉普拉斯变换形式为

$$\frac{1}{\hat{\boldsymbol{M}}s^2+\hat{\boldsymbol{B}}s+\hat{\boldsymbol{K}}}=\Delta\boldsymbol{X}(s)/\boldsymbol{F}_e(s)=\boldsymbol{Y}(s) \tag{7.44}$$

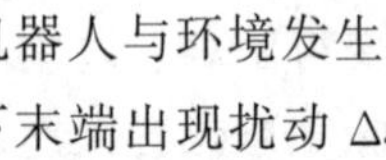

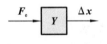

图 7.24　导纳的概念

式(7.44)表明，$\boldsymbol{Y}(s)$是从力到位置的传递函数，正好与阻抗的概念相反，于是，$\boldsymbol{Y}(s)$被定义为**导纳**(admittance)，其概念如图 7.24 所示。导纳是阻抗的倒数，它仍然反映了力与位置的动态阻抗关系。

图 7.23 包含内环的位置控制器和外环的导纳控制器。导纳控制器根据接触力 $\boldsymbol{F}_e$ 和导纳 $\boldsymbol{Y}(s)$计算出位置补偿量 $\Delta\boldsymbol{x}$ 及其一阶、二阶微分。如果位置控制器带宽足够大且无偏差，当机器人与环境发生接触时，机器人的动态响应将准确跟踪 $\Delta\boldsymbol{x}$，其表现为：在接触力 $\boldsymbol{F}_e$ 作用下末端出现扰动 $\Delta\boldsymbol{x}$，而 $\Delta\boldsymbol{x}$ 与 $\boldsymbol{F}_e$ 的关系，符合由 $\hat{\boldsymbol{M}}$、$\hat{\boldsymbol{B}}$ 和 $\hat{\boldsymbol{K}}$ 定义的机械阻抗。

从力控制的角度看，导纳控制器显得更加清晰。当机器人与环境没有接触时，反馈力为零，机器人按照位置控制模式运动。当出现反馈力时，控制器就会根据指定的阻抗特性计算位置扰动量，利用位置控制器使机器人产生符合指定阻抗特性的动态响应。

由于导纳控制器建立在位置控制器的基础上，且对位置控制器没有任何改动，因此它可以直接用于现有的工业机器人来实施力控制。机器人的位置控制器可以采用独立关节控制或逆动力学控制方法中的任何一种，导纳控制不会改变位置控制的稳定性。正因为如此，导纳控制器也被称为**基于位置的力控制方案**。

单纯的导纳控制也没有对接触力进行偏差校正，不能保证实际接触力跟踪力指令，本质上它仍然是一种力的开环控制器。

7.4.6　力觉交互中的阻抗控制

当要求机器人被人拖带运行时，就出现了力觉交互问题，此时，可以认为机器人是一种力觉设备。与机器人对环境主动施加接触力不同，力觉交互中的力通常由人主动施加。力觉交互设备可以利用前述阻抗控制器或导纳控制器，使其在人的拖动下表现出被动柔顺行为，并对人施加符合虚拟阻抗特性的交互力，如图 7.25 所示。

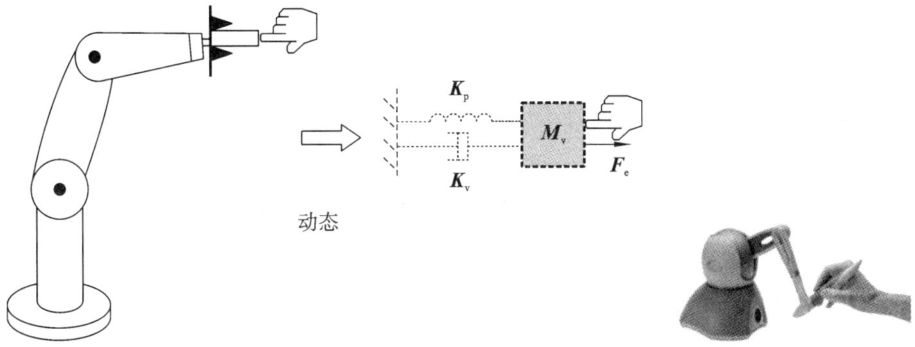

图 7.25　人机交互中的阻抗控制原理

当利用**导纳控制器**实现力觉交互时，力觉交互设备的力传感器检测人在设备末端施加的交互力，导纳控制器根据设定的阻抗参数生成位置扰动，进而利用位置控制器驱动力觉交互设备运动。此时，设备对交互力的响应符合设定的阻抗特性。简单来说，力觉交互中的导纳控制器实现了把力转变为运动的过程。

当利用**阻抗控制器**实现力觉交互时，力觉交互设备检测由人拖带产生的关节位移，然后控制器根据设定的阻抗参数控制设备的关节力矩，以期在末端产生符合期望的交互力。可见，力觉交互中的阻抗控制器完成了把运动转换成力的过程。此时，式(7.36)中的接触力既可以通过力传感器测量，也可以由力渲染算法生成。例如，如果以当前位姿为平衡点，让力觉交互设备去模拟一个弹簧，则可以很容易地根据虚拟刚度和位置偏移量计算出末端力。因此，利用阻抗控制器实现力觉交互时，并不要求力觉交互设备安装力传感器。

通过更改阻抗参数，可以获得不同的交互效果，如图 7.26 所示。以协作型机器人的应用为例：当设定虚拟质量和阻尼为零时，机器人在人的拖动下会呈现主动弹簧的效果，这可以让机器人帮助人夹持工件并保持在固定位置，而当人推动机器人时，机器人会表现出像弹簧一样的柔顺性；另一种常用的阻抗参数是虚拟刚度为零而虚拟质量很小，此时，机器人可被人随意拖动并停止在任意位姿，拖动力仅与拖动速度成正比，机器人表现为一个阻尼器，这一特性可以用于拖带示教。

应用于力觉交互设备的阻抗和导纳控制器具有如下特点：

(1) 阻抗控制器只有检测到关节位置的变化才能生效，因此，在控制的初始时刻，并不能有效消除力觉交互设备本身惯量、阻尼和耦合力的影响。于是，基于阻抗控制器的力觉交互设备通常要求具有很轻的结构和小的摩擦，并推荐采用小惯量、无减速或小传动比伺服电机，以避免减速器带来额外的回差和阻尼。

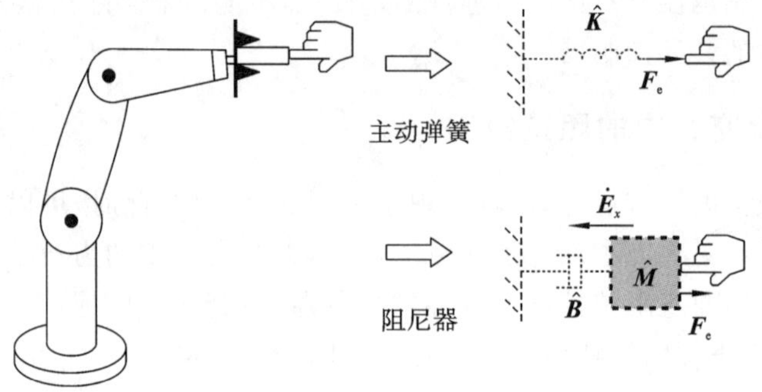

图 7.26　不同的阻抗参数与交互效果示意图

(2) 阻抗控制器不适合模拟大刚度环境，因为大的虚拟刚度会把小的位移转换成较大的力输出，在延迟、传感器误差和人握持不稳定的情况下，容易造成振荡，所以，基于阻抗控制器的力觉交互设备更适合模拟低刚度、小质量的环境。

(3) 当接触力可以由力渲染算法计算时，采用阻抗控制器的力觉交互设备不需要安装力传感器。

(4) 导纳控制器根据检测到的末端力生成位置指令，由位置控制器模拟指定的阻抗特性。只要交互设备位置控制器稳定、响应快，这一从力到运动的变换过程，不受力觉交互设备自身惯量和阻尼的影响。因此，导纳控制器可用于结构质量大、采用大传动比电机驱动的力觉交互设备。

(5) 导纳控制器不适用于模拟小质量环境。理论上，较小的接触力也会使小质量物体产生较大的加速度，当人手跟不上交互设备的运动时，容易引起接触力的波动，从而导致系统失稳。因此，基于导纳控制器的力觉交互设备适合模拟高刚度、大质量的环境。

(6) 在任何情况下，采用导纳控制器的力觉交互设备都需要安装力传感器。

7.4.7　基于位置控制器的力闭环控制

无论阻抗控制器还是导纳控制器，它们本质上都是力的开环控制器，无法保证机器人末端实际接触力精确跟踪力指令。为了实现精确力控制，必须实施力的闭环控制。图 7.5 所示有速度阻尼的力控制器是一种力闭环控制器。但是，由于它是基于精确模型的逆动力学控制器，因此只能采用集中力矩控制模式，而难以用于多数工业机器人。

受导纳控制器的启发，可以把力闭环控制器构建在位置控制器的基础上，形成包含位置回路的力闭环控制器，如图 7.27 所示。

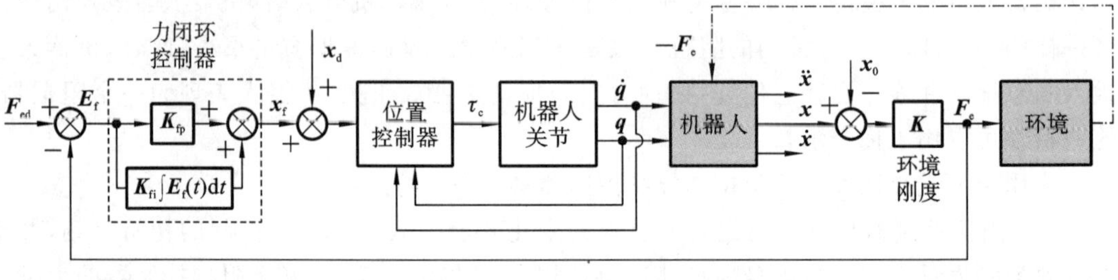

图 7.27　包含位置控制器的力闭环控制器

其中的力闭环控制器采用了如下形式的 PI 控制器

$$\boldsymbol{x}_{\mathrm{f}} = \boldsymbol{K}_{\mathrm{fp}}\boldsymbol{E}_{\mathrm{f}} + \boldsymbol{K}_{\mathrm{fi}}\int \boldsymbol{E}_{\mathrm{f}}(t)\mathrm{d}t \tag{7.45}$$

式(7.45)把力偏差 $\boldsymbol{E}_{\mathrm{f}}$ 转换为位置偏移量 $\boldsymbol{x}_{\mathrm{f}}$，然后与已有的位置指令 $\boldsymbol{x}_{\mathrm{d}}$ 混合，发送给后续的位置控制器。根据式(7.28)可知，理论上，力控制刚度 $\boldsymbol{K}_{\mathrm{fp}}$ 应为位置控制器刚度 $\boldsymbol{K}_{\mathrm{p}}$ 与环境刚度 $\boldsymbol{K}$ 的联合刚度的倒数，该控制器可以实现稳态下的无偏差力控制。

需要注意的是，图 7.27 所示控制器实际上是一个适用于弹性接触环境的力位混合控制器。为了避免在无约束方向上指定期望力而导致机器人出现位置漂移，作为指令规划器的上位机，应当如 7.3 节分析的那样，把接触点切平面内的 $\boldsymbol{F}_{\mathrm{ed}}$ 分量置为零。这样，才能实现稳定、有效的力控制。如果位置指令 $\boldsymbol{x}_{\mathrm{d}}$ 为零，图 7.27 控制器就变为一个单纯的力控制器。

【例 7-2】 仍然考察例 6-7 中的平面 2R 机器人，机器人在初始位置 $\boldsymbol{x}_0=(0.1,0)^{\mathrm{T}}(\mathrm{m})$ 位置与一个刚度为 $\boldsymbol{K}=\begin{pmatrix}0 & 0\\ 0 & 10\end{pmatrix}(\mathrm{N/m})$ 的弹性平面发生接触，位置指令为 $\boldsymbol{x}_{\mathrm{d}}=(0.06,-0.01)^{\mathrm{T}}(\mathrm{m})$，如图 7.28 所示，把位置指令视为阶跃输入，如图 7.29 所示。试设计阻抗控制器，希望实现：在 x 方向，调节时间 $t_{\mathrm{s}x}=0.5\ \mathrm{s}$，阻尼比 $\zeta_x=1$；在 y 方向调节时间 $t_{\mathrm{s}y}=0.5\ \mathrm{s}$，阻尼比 $\zeta_y=1$，期望停止位置为 $x_{\mathrm{r}y}=-0.009(\mathrm{m})$，要求：

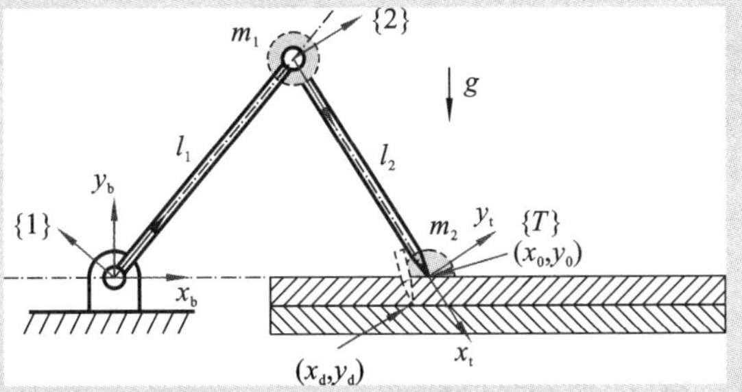

图 7.28　平面 2R 机器人在弹性平面约束下运动

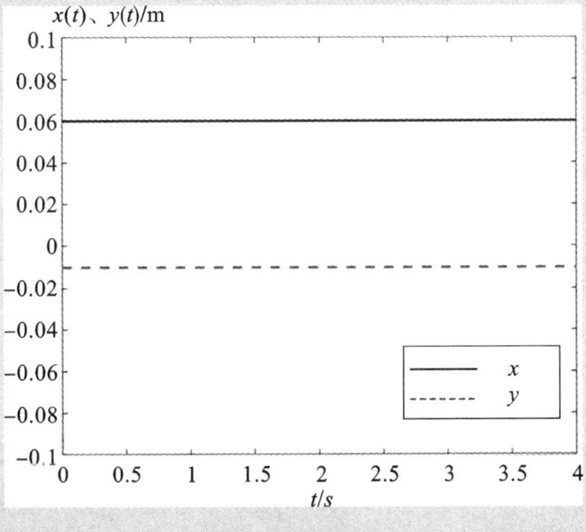

扫码下载
仿真例程

图 7.29　位置指令曲线

(1) 计算两个方向的阻抗控制器参数；

(2) 构建仿真系统进行仿真验证，绘制沿 x、y 两个方向的位置响应曲线，以及 y 方向的力响应曲线。

解

1. 计算阻抗控制器参数矩阵

1) x 方向

依据题意，x 方向调节时间 $t_{sx}=0.5$ s，阻尼比 $\zeta_x=1$，为临界阻尼，则自然频率为

$$\omega_{nx}=4.75/t_{sx}=9.5\ \mathrm{rad/s}$$

因为 x 方向环境刚度为零，没有接触力，所以根据齐次二阶微分方程计算控制参数。首先指定 $M_{vx}=2$ kg，然后由式(7.42)得

$$\begin{cases}K_{px}=M_{vx}\omega_{nx}^2=180.5\\K_{vx}=\dfrac{2\zeta_x K_{px}}{\omega_{nx}}=38\end{cases}$$

2) y 方向

依据题意，y 方向调节时间 $t_{sy}=0.5$ s，阻尼比 $\zeta_y=0.707$，为欠阻尼，则自然频率为

$$\omega_{ny}=3.5/(\zeta_y t_{sx})=9.9\ \mathrm{rad/s}$$

因为 y 方向环境刚度不为零，所以，先根据式(7.41)计算刚度系数，以保证稳态时机器人停在期望位置

$$K_{py}=\frac{K_y(x_{ry}-x_{0y})}{x_{dy}-x_{ry}}=90$$

然后由式(7.42)得

$$\begin{cases}M_{vy}=\dfrac{K_{py}+K_y}{\omega_{ny}^2}=1.02\ \mathrm{kg}\\K_{vy}=\dfrac{2\zeta_y(K_{py}+K_y)}{\omega_{ny}}=14.28\end{cases}$$

2. 仿真验证

根据图 7.20 搭建 SIMULINK 仿真系统或编写仿真程序，得到图 7.30 和图 7.31 所示结果。

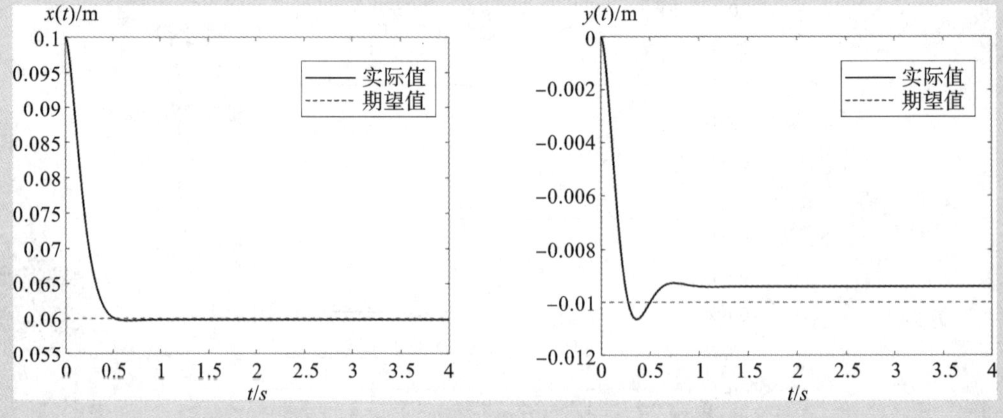

图 7.30　平面 2R 机器人的阻抗控制器位置响应曲线

上述仿真结果均符合理论值，说明阻抗控制器能够模拟设定的系统阻抗特征，但是，不能保证接触方向上准确到达指令位置，因此，需要单独指定期望停止位置，且指令位置应该在期望停止位置的远端。两者相差越大，控制刚度越小。

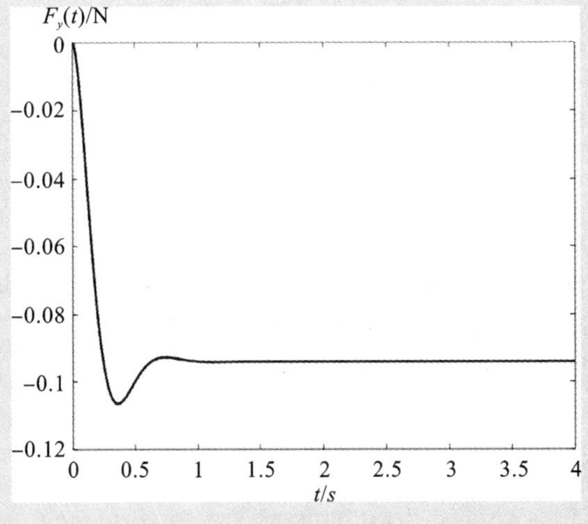

图 7.31 平面 2R 机器人的阻抗控制器力响应曲线

本章小结

(1) 刚性接触条件下采用力位混合控制，可以兼顾自由方向的运动控制和约束方向的力控制。力位混合控制器可以利用逆动力学运动控制器与力闭环控制器组合而成，设计的核心是根据接触面方程获得运动和力控制量的投影矩阵。

(2) 在设计力位混合控制器时，需要根据接触条件的变化改变控制策略，这个规划过程通常人工完成。

(3) 在有限接触刚度条件下，当仅考虑环境刚度时，可以利用环境的刚度模型，根据希望的终止位姿或接触力重新计算新的指令位姿，以确保机器人与环境接触时仍然能够运动到希望的终止位姿，或得到期望的接触力。

(4) 阻抗控制基于逆动力学控制的思路，构造具有期望阻抗特征的受迫振动误差动力学方程，把位置控制和力控制纳入一个统一的模型框架中，具有结构简单、既适用于运动控制又适用于力控制的特点。

(5) 导纳控制是在阻抗控制的概念之上，根据力传感器反馈值和期望的阻抗模型计算位置增量，再依靠传统的位置控制器控制机器人运动，以模拟期望的阻抗特性。导纳控制器可应用于工业机器人，通用性好。

(6) 阻抗控制和导纳控制都可用于力觉交互设备的力模拟，基于阻抗控制的力觉交互设备不需安装力传感器，而导纳控制则需要。

(7) 在位置控制器之外，设计力 PI 控制器，生成符合预期力的位置指令偏移量，可以实现力闭环控制。

习　　题

简答分析题

7-1　仿照图 7.7，描述机器人把一个方形截面的轴插入一个方孔的过程中，自然约束的变化过程，以及在各状态下应当施加的人工约束，并说明控制策略。

7-2　简述阻抗控制和导纳控制的基本原理，以及它们各自应用于机器人和力觉交互设备时的特点。

7-3　证明式(7.28)。

7-4　证明式(7.39)。

7-5　对于例 7-1，如果要求力位混合控制器使机械臂在 x 方向的运动控制刚度为 5，并处于临界阻尼状态，试求解运动控制器参数。

7-6　对于例 7-2 所示情形，希望采用位置保持 PD 控制器使机器人运动到期望位置 $\boldsymbol{x}_{\mathrm{d}}=(x_{\mathrm{d}},y_{\mathrm{d}})^{\mathrm{T}}$，平面的接触刚度矩阵为 $\boldsymbol{K}=\begin{pmatrix}0 & 0\\0 & k_y\end{pmatrix}$，平面在外力作用下将沿 y 轴方向发生变形，假定平面的初始位置为 $y_0=0$，根据图 7.32 所示，显然，机器人需要克服接触力才能接近期望位置。如果位置保持 PD 控制器的位置刚度矩阵为 $\boldsymbol{K}_{\mathrm{p}}=\begin{pmatrix}k_{\mathrm{p}x} & 0\\0 & k_{\mathrm{py}}\end{pmatrix}$，试给出平衡状态下接触力和机器人实际停止位置的表达式。

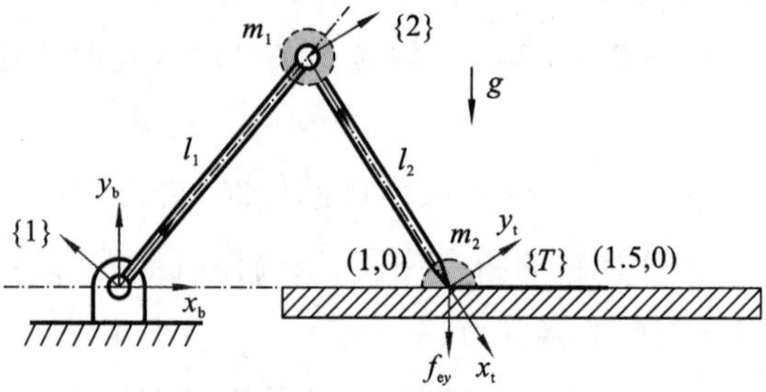

图 7.32　平面 2R 机器人在刚性平面上绘制直线

7-7　条件与习题 7-6 相同，设计阻抗控制器控制机器人运动，该阻抗控制器的控制参数为：$\boldsymbol{M}_{\mathrm{v}}=\begin{pmatrix}m_{\mathrm{v}x} & 0\\0 & m_{\mathrm{vy}}\end{pmatrix}$，$\boldsymbol{K}_{\mathrm{v}}=\begin{pmatrix}k_{\mathrm{v}x} & 0\\0 & k_{\mathrm{vy}}\end{pmatrix}$，$\boldsymbol{K}_{\mathrm{p}}=\begin{pmatrix}k_{\mathrm{p}x} & 0\\0 & k_{\mathrm{py}}\end{pmatrix}$，试分别写出 x、y 两个方向的误差动力学方程表达式。当期望位置为常数且控制参数确定时，尝试把该误差动力学方程转换为式(7.39)的形式。

编程练习题

7-8　利用 MATLAB 编程，验证例 7-1 和例 7-2。

参考文献

[1] 西西里安诺,夏维科,维拉尼.机器人学建模、规划与控制[M].张国良,曾静,陈励华,译.西安:西安交通大学出版社,2015.

[2] 克雷格.机器人学导论[M].4版.负超,王伟,译.北京:机械工业出版社,2018.

[3] 刘辛军,谢福贵,汪劲松.并联机器人机构学基础[M].北京:高等教育出版社,2018.

[4] 林奇,朴钟宇.现代机器人学机构、规划与控制[M].于靖军,贾振中,译.北京:机械工业出版社,2020.

[5] 丛爽,李泽湘.实用运动控制技术[M].北京:电子工业出版社,2006.

[6] 杜增辉,孙克军.图解步进电机和伺服电机的应用与维修[M].北京:化学工业出版社,2015.

[7] 隋修武.机械系统微机控制原理与设计[M].北京:中国水利水电出版社,2019.

[8] 杨耕,罗应立.电机与运动控制系统[M].2版.北京:清华大学出版社,2014.

[9] 周凯.PC数控原理、系统及应用[M].北京:机械工业出版社,2006.

[10] 郇极,靳阳,肖文磊.基于工业控制编程语言IEC 61131-3的数控系统软件设计[M].北京:北京航空航天出版社,2011.

[11] 科克.机器人学、机器视觉与控制——MATLAB算法基础[M].刘荣,等译.北京:电子工业出版社,2016.

[12] 孟庆明.自动控制原理[M].北京:高等教育出版社,2019.

[13] 胡寿松.自动控制原理[M].6版.北京:科学出版社,2015.

[14] 日本机器人学会.机器人技术手册[M].宗光化,程君实,等译.北京:科学出版社,2008.

[15] 西西利亚诺,哈提卜.机器人手册[M].2版.于靖军,译.北京:机械工业出版社,2022.

[16] 熊有伦,等.机器人学建模、控制与视觉[M].武汉:华中科技大学出版社,2018.

[17] 郝丽娜.工业机器人控制技术[M].武汉:华中科技大学出版社,2018.

[18] AN C H, ATKESON C G, HOLLERBACH J M. Model-based control of a robot manipulator[M]. Cambridge, MA: MIT Press, 1988.

[19] ANDERSON R J, SPONG M W. Hybrid impedance control of robotic manipulators [J]. IEEE Journal of Robotics and Automation, 1988, 4: 549-556.

[20] BRUYNINCKX H, DE SCHUTTER J. Specification of force-controlled actions in the "task frame formalism" — A synthesis[J]. IEEE Transactions on Robotics and Automation, 1996, 12: 581-589.

[21] BRUYNINCKX H, DUMEY S, DUTRÉ S, et al. Kinematic models for model-based compliant motion in the presence of uncertainty [J]. International Journal of

Robotics Research, 1995, 14: 465-482.

[22] CACCAVALE F, NATALE C, SICILIANO B, et al. Resolved-acceleration control of robot manipulators: A critical review with experiments[J]. Robotica, 1998, 16: 565-573.

[23] CACCAVALE F, NATALE C, SICILIANO B, et al. Six-DOF impedance control based on angle/axis representations[J]. IEEE Transactions on Robotics and Automation, 1999, 15: 289-300.

[24] CACCAVALE F, NATALE C, SICILIANO B, et al. Robot impedance control with nondiagonal stiffness[J]. IEEE Transactions on Automatic Control, 1999, 44: 1943-1946.

[25] CANNY J F. The complexity of robot motion planning[M]. Cambridge, MA: MIT Press, 1988.

[26] CHIACCHIO P, PIERROT F, SCIAVICCO L, et al. Robust design of independent joint controllers with experimentation on a high-speed parallel robot[J]. IEEE Transactions on Industrial Electronics, 1993, 40: 393-403.

[27] CHIAVERINI S, SICILIANO B. The unit quaternion: A useful tool for inverse kinematics of robot manipulators[J]. Systems Analysis Modelling Simulation, 1999, 35: 45-60.

[28] CHIAVERINI S, SICILIANO B, EGELAND O. Review of the damped least-squares inverse kinematics with experiments on an industrial robot manipulator[J]. IEEE Transactions on Control Systems Technology, 1994, 2: 123-134.

[29] CHIAVERINI S, SICILIANO B, VILLANI L. Force/position regulation of compliant robot manipulators[J]. IEEE Transactions on Automatic Control, 1994, 39: 647-652.

[30] CHOSET H, LYNCH K M, HUTCHINSON S, et al. Principles of robot motion: Theory, algorithms, and implementations[M]. Cambridge, MA: MIT Press, 2005.

[31] CHOU J C K. Quaternion kinematic and dynamic differential equations[J]. IEEE Transactions on Robotics and Automation, 1992, 8: 53-64.

[32] DE FAZIO T L, SELTZER D S, WHITNEY D E. The instrumented remote center of compliance[J]. Industrial Robot, 1984, 11: 238-242.

[33] DE LUCA A, MANES C. Modeling robots in contact with a dynamic environment [J]. IEEE Transactions on Robotics and Automation, 1994, 10: 542-548.

[34] DE SCHUTTER J, BRUYNINCKX H, DUTRÉ S, et al. Estimating first-order geometric parameters and monitoring contact transitions during force-controlled compliant motions[J]. International Journal of Robotics Research, 1999, 18: 1161-1184.

[35] DE SCHUTTER J, BRUYNINCKX H, ZHU W H, et al. Force control: A bird's eye view[C]//SICILIANO B, VALAVANIS K P. Control Problems in Robotics and Automation. London: Springer-Verlag, 1998: 1-17.

[36] DE SCHUTTER J, VAN BRUSSEL H. Compliant robot motion I. A formalism for

specifying compliant motion tasks[J]. International Journal of Robotics Research, 1988,7(4):3-17.

[37] DE SCHUTTER J, VAN BRUSSEL H. Compliant robot motion II. A control approach based on external control loops[J]. International Journal of Robotics Research,1988,7(4):18-33.

[38] DUBOWSKY S,DESFORGES D T. The application of model referenced adaptive control to robotic manipulators [J]. ASME Journal of Dynamic Systems, Measurement,and Control,1979,101:193-200.

[39] EPPINGER S D,SEERING W P. Introduction to dynamic models for robot force control[J]. IEEE Control Systems Magazine,1987,7(2):48-52.

[40] FEATHERSTONE R. Position and velocity transformations between robot end effector coordinates and joint angles[J]. International Journal of Robotics Research, 1983,2(2):35-45.

[41] FEATHERSTONE R. Robot dynamics algorithms[M]. Boston,MA:Kluwer,1987.

[42] FEATHERSTONE R, KHATIB O. Load independence of the dynamically consistent inverse of the Jacobian matrix[J]. International Journal of Robotics Research,1997,16:168-170.

[43] FLIESS M,LÉVINE J,MARTIN P,et al. Flatness and defect of nonlinear systems: Introductory theory and examples[J]. International Journal of Control, 1995, 61: 1327-1361.

[44] FRANKLIN G F,POWELL J D,EMAMI-NAEINI A. Feedback control of dynamic systems[M]. 5th ed. Lebanon,IN:Prentice-Hall,2005.

[45] FREUND E. Fast nonlinear control with arbitrary pole-placement for industrial robots and manipulators[J]. International Journal of Robotics Research,1982,1(1): 65-78.

[46] GOOD M C, SWEET L M, STROBEL K L. Dynamic models for control system design of integrated robot and drive systems [J]. ASME Journal of Dynamic Systems,Measurement,and Control,1985,107:53-59.

[47] GORINEVSKI D M, FORMALSKY A M, SCHNEIDER A Y. Force control of robotics systems[M]. Boca Raton,FL:CRC Press,1997.

[48] HOGAN N. Impedance control: An approach to manipulation: Part I—Theory[J]. ASME Journal of Dynamic Systems,Measurement,and Control,1985,107(1):1-7.

[49] HOLLERBACH J M. A recursive Lagrangian formulation of manipulator dynamics and a comparative study of dynamics formulation complexity[J]. IEEE Transactions on Systems,Man,and Cybernetics,1980,10:730-736.

[50] HOROWITZ R, TOMIZUKA M. An adaptive control scheme for mechanical manipulators—Compensation of nonlinearity and decoupling control[J]. ASME Journal of Dynamic Systems,Measurement,and Control,1986,108:127-135.

[51] HSIA T C S,LASKY T A,GUO Z. Robust independent joint controller design for industrial robot manipulators[J]. IEEE Transactions on Industrial Electronics,

1991,38:21-25.

[52] HSU P, HAUSER J, SASTRY S. Dynamic control of redundant manipulators[J]. Journal of Robotic Systems, 1989, 6:133-148.

[53] KHALILH K. Nonlinear systems[M]. Englewood Cliffs: Prentice-Hall, 2002.

[54] KHALIL W, BENNIS F. Symbolic calculation of the base inertial parameters of closed-loop robots[J]. International Journal of Robotics Research, 1995, 14:112-128.

[55] KHALIL W, DOMBRE E. Modeling, identification and control of robots[M]. London: Hermes Penton Ltd, 2002.

[56] KHATIB O. A unified approach to motion and force control of robot manipulators: The operational space formulation[J]. IEEE Journal of Robotics and Automation, 1987, 3:43-53.

[57] KHOSLA P K, KANADE T. Experimental evaluation of nonlinear feedback and feedforward control schemes for manipulators[J]. International Journal of Robotics Research, 1988, 7(1):18-28.

[58] KOIVO A J. Fundamentals for control of robotic manipulators[M]. New York: Wiley, 1989.

[59] KREUTZ K. On manipulator control by exact linearization[J]. IEEE Transactions on Automatic Control, 1989, 34:763-767.

[60] LATOMBE J C. Robot motion planning[M]. Boston, MA: Kluwer, 1991.

[61] LAUMOND J P. Robot motion planning and control[M]. Berlin: Springer-Verlag, 1998.

[62] LAVALLE S M. Planning algorithms[M]. New York: Cambridge University Press, 2006.

[63] LEAHY M B, SARIDIS G N. Compensation of industrial manipulator dynamics[J]. International Journal of Robotics Research, 1989, 8(4):73-84.

[64] LEE C S G. Robot kinematics, dynamics and control[J]. IEEE Computer, 1982, 15(12):62-80.

[65] LIM K Y, ESLAMI M. Robust adaptive controller designs for robot manipulator systems[J]. IEEE Journal of Robotics and Automation, 1987, 3:54-66.

[66] LIN C S, CHANG P R, LUH J Y S. Formulation and optimization of cubic polynomial joint trajectories for industrial robots[J]. IEEE Transactions on Automatic Control, 1983, 28:1066-1073.

[67] LIN S K. Singularity of a nonlinear feedback control scheme for robots[J]. IEEE Transactions on Systems, Man, and Cybernetics, 1989, 19:134-139.

[68] LONCARIC J. Normal forms of stiffness and compliance matrices[J]. IEEE Journal of Robotics and Automation, 1987, 3:567-572.

[69] LOZANO-PEREZ T. Automatic planning of manipulator transfer movements[J]. IEEE Transactions on Systems, Man, and Cybernetics, 1981, 11(10):681-698.

[70] LOZANO-PEREZ T. Robot programming[J]. Proceedings IEEE, 1983, 71:821-841.

[71] LOZANO-PEREZ T, MASON M T, TAYLOR R H. Automatic synthesis of fine-

motion strategies for robots[J]. International Journal of Robotics Research, 1984, 3(1): 3-24.

[72] LUH J Y S. Conventional controller design for industrial robots: A tutorial[J]. IEEE Transactions on Systems, Man, and Cybernetics, 1983, 13: 298-316.

[73] LUH J Y S, WALKER M W, PAUL R P C. On-line computational scheme for mechanical manipulators[J]. ASME Journal of Dynamic Systems, Measurement, and Control, 1980, 102: 69-76.

[74] LUH J Y S, WALKER M W, PAUL R P C. Resolved-acceleration control of mechanical manipulators[J]. IEEE Transactions on Automatic Control, 1980, 25: 468-474.

[75] LUH J Y S, ZHENG Y F. Computation of input generalized forces for robots with closed kinematic chain mechanisms[J]. IEEE Journal of Robotics and Automation, 1985, 1: 95-103.

[76] LUMELSKY V J. Sensing, intelligence, motion: How robots and humans move in an unstructured world[M]. Hoboken, NJ: Wiley, 2006.

[77] MASON M T. Compliance and force control for computer controlled manipulators[J]. IEEE Transactions on Systems, Man, and Cybernetics, 1981, 6: 418-432.

[78] NIJMEIJER H, VAN DE SCHAFT A. Nonlinear dynamical control systems[M]. Berlin: Springer-Verlag, 1990.

[79] OGATA K. Modern control engineering[M]. 4th ed. Englewood Cliffs: Prentice-Hall, 2002.

[80] PAUL R P. Manipulator Cartesian path control[J]. IEEE Transactions on Systems, Man, and Cybernetics, 1979, 9: 702-711.

[81] PAUL R P. Robot manipulators: mathematics, programming, and control[M]. Cambridge, MA: MIT Press, 1981.

[82] PAUL R P, SHIMANO B E, MAYER G. Kinematic control equations for simple manipulators[J]. IEEE Transactions on Systems, Man, and Cybernetics, 1981, 11: 449-455.

[83] RAIBERT M H, CRAIG J J. Hybrid position/force control of manipulators[J]. ASME Journal of Dynamic Systems, Measurement, and Control, 1981, 103: 126-133.

[84] SALISBURY J K. Active stiffness control of a manipulator in Cartesian coordinates[C]//Proceedings of 19th IEEE Conference on Decision and Control, 1980: 95-100.

[85] SALISBURY J K, CRAIG J J. Articulated hands: Force control and kinematic issues[J]. International Journal of Robotics Research, 1982, 1(1): 4-17.

[86] SCIAVICCO L, SICILIANO B. Modelling and control of robot manipulators[M]. 2nd ed. London: Springer, 2000.

[87] SHEPPERD S W. Quaternion from rotation matrix[J]. AIAA Journal of Guidance and Control, 1978, 1: 223-224.

[88] SICILIANO B, VILLANI L. Robot force control[M]. Boston, MA: Kluwer, 2000.

[89] SPONG M W, HUTCHINSON S, VIDYASAGAR M. Robot modeling and control

[M]. New York: Wiley, 2006.

[90] SPONG M W, VIDYASAGAR M. Robust linear compensator design for nonlinear robotic control[J]. IEEE Journal of Robotics and Automation, 1987, 3: 345-351.

[91] TARN T J, BEJCZY A K, YUN X, et al. Effect of motor dynamics on nonlinear feedback robot arm control[J]. IEEE Transactions on Robotics and Automation, 1991, 7: 114-122.

[92] TARN T J, WU Y, XI N, et al. Force regulation and contact transition control[J]. IEEE Control Systems Magazine, 1996, 16(1): 32-40.

[93] TAYLOR R H. Planning and execution of straight line manipulator trajectories[J]. IBM Journal of Research and Development, 1979, 23: 424-436.

[94] TAYLOR R H, GROSSMAN D D. An integrated robot system architecture[J]. Proceedings IEEE, 1983, 71: 842-856.

[95] YUAN J S C. Closed-loop manipulator control using quaternion feedback[J]. IEEE Journal of Robotics and Automation, 1988, 4: 434-440.